新时代中国仿真应用丛书

航天器控制系统仿真

胡海霞 王鹏基 张新邦 **编著**

国防工业出版社

·北京·

内 容 简 介

本书聚焦现代航天器控制系统仿真需求，系统整合了多年来仿真理论研究与工程实践成果，初步探讨了智能航天器控制系统的仿真，适用于航天领域地面仿真验证的广泛需求。内容涵盖了姿态轨道动力学模型及数值模拟方法、控制系统部件仿真建模与评估、通用数学仿真平台、基于模型的星上控制算法建模、数据评估系统、液体晃动仿真模拟，以及半物理/全物理仿真技术等。书中特别介绍了近地卫星、空间交会与操控、深空探测三大领域控制系统数学仿真和物理试验的典型应用案例，直观展示了复杂航天器控制系统仿真解决方案。

本书可以作为航天器控制系统设计仿真工程师、科研人员和相关专业学生快速建立控制系统概念、深入理解控制系统仿真的指南，也可作为工业仿真技术研发与工程实践的重要参考资料。

图书在版编目(CIP)数据

航天器控制系统仿真 / 胡海霞，王鹏基，张新邦编著. -- 北京：国防工业出版社，2025.7. -- ISBN 978-7-118-13722-4

Ⅰ．V448.2

中国国家版本馆 CIP 数据核字第 2025E48G10 号

※

国防工业出版社出版发行
（北京市海淀区紫竹院南路 23 号　邮政编码 100048）
雅迪云印（天津）科技有限公司印刷
新华书店经售

*

开本 710×1000　1/16　插页 11　印张 27½　字数 453 千字
2025 年 7 月第 1 版第 1 次印刷　印数 1—1500 册　定价 148.00 元

（本书如有印装错误，我社负责调换）

国防书店：(010)88540777　　书店传真：(010)88540776
发行业务：(010)88540717　　发行传真：(010)88540762

新时代中国仿真应用丛书
编委会

主　任: 曹建国
副主任: 王精业　毕长剑　蒋鄂平　游景玉
　　　　韩力群　吴连伟
委　员: 丁刚毅　马　杰　王　沁　王乃东
　　　　王会霞　王家胜　王健红　申闫春
　　　　刘翠玲　邵峰晶　吴　杰　吴重光
　　　　李　华　郭会明　陈建华　邱晓刚
　　　　金伟新　张　柯　张中英　张新邦
　　　　胡海霞　姚宏达　顾升高　贾利民
　　　　徐　挺　龚光红　曹建亭　董　泽
　　　　程芳真

本书编委会

主　编：胡海霞
副主编：王鹏基　张新邦
作　者：（以姓氏拼音为序）

陈守磊　杜　航　郝永波　胡海霞
林瀚峥　刘　洁　石　磊　孙赫婕
涂俊峰　王鹏基　魏　懿　武云丽
于　强　张新邦　张　一

序 言

"聪者听于无声,明者见于未形。"当前,"仿真技术"以强大的牵引性、带动性、创新性,有力促进了虚拟现实、人工智能等大批前沿科技的发展。仿真领域已经成为国际竞争的新焦点、经济倍增的新引擎、军事斗争的新高地。

即将付梓的这套"新时代中国仿真应用丛书",就为推动新时代仿真领域的发展进行了重要理论探索,可谓应运而生、恰逢其时,有助于我们把握先机,努力掌握仿真领域创新发展的主动权。

所谓"不畏浮云遮望眼",仿真的根本目的,就是要运用好信息技术革命的成果,来驱散经济社会复杂系统的迷雾,看清态势、明辨方向、掌控全局,实现预见未来、设计未来、赢得未来。这就像双方下棋一样,如果脑子里装着所有的棋谱和战法,就一定能快速反应、从容应对。以军事领域为例,美国从国防部到各军兵种,都有仿真建模的研究机构,如国防部建模仿真协调办公室(M&SCO)、海军建模与仿真办公室(NMSO)、空军建模与仿真局(AFAMS)等。美军在军事行动前,常对部队训练水平和战争进程进行兵棋推演,推演时间、效果与实际作战往往能达到高度一致,对战争胜利发挥至关重要的作用。在未来战场上,仿真要做到拥有各种先验的最佳路径、棋谱战法,能够根据敌人的兵力部署、可能的作战想定,迅速地给出最佳的应对策略,而且是算无遗策。

从更广领域看,当前的经济社会是一个开放的复杂巨系统,其涉及因素众多、关系耦合交织、功能结构复杂,对仿真提出了更高要求。仿真绝不是对现实世界中单个要素的简单再现和拼盘,而是要以虚拟仿真的手段,做到集成和升华,像剥笋一样,一层又一层,实现"拨开云雾见青天"的效果。这就需要我们充分利用各领域、各行业、各系统的先进技术与数据资源,运用系统工程思想、理论、方法、工具,做到集腋成裘,"集大成,得智慧"。

"千金之裘,非一狐之腋也。""新时代中国仿真应用丛书"要编出水平、编出影响,离不开各方的大力支持和悉心指导。在此,恳请各有关方面的专家,关注本丛书,汇聚起跨部门、跨行业、跨系统、跨地域的智慧和力量,让颠覆性的思想充分迸发,让变革性的观点广泛聚合,把本丛书打造成为仿真领域传世精品。

孙家栋:中国科学院院士,"共和国勋章"获得者。

序 言

  航天器控制系统的研制离不开充分的地面仿真试验,仿真技术在航天器控制系统设计、测试和飞行控制中发挥着不可替代的作用。2003年出版的《卫星控制系统仿真技术》是当年以刘良栋主编为代表的作者们工程实践的经验总结,是航天科技队伍老一代航天器控制系统仿真人心血凝聚的精神和智慧成果。

  20年来,中国航天事业快速发展。载人航天、月球和深空探测、北斗导航等重大工程取得了一系列重大突破,推动了我国科技的进步。从载人航天工程到月球探测任务,再到火星探测计划等,中国航天器在控制技术的支持下成功完成了多项重大任务。航天器控制系统作为航天器最复杂的核心系统之一,取得了返回再入、交会对接、地外天体着陆和巡视等控制技术突破。现代航天器控制系统已逐步具备高精度和高自主性的能力,能够确保航天器在复杂空间环境中稳定飞行,并自主准确执行各种任务。

  航天器控制仿真技术通过计算机或实际硬件设备模拟航天器的运行状态和控制过程,设计、优化和验证控制算法,实现对航天器姿态轨道的准确控制。这一技术对于保障航天任务的安全、提高任务成功率及降低研发成本具有重要意义。随着航天器控制技术的不断发展,航天器控制仿真技术也在不断创新和完善,尤其是在航天器控制系统高精度仿真模型、数学仿真支撑平台、空间交会对接和地外天体着陆半物理仿真系统等方面进步明显。

  针对现代航天器控制系统仿真验证需求,北京控制工程研究所航天器控制系统仿真中心团队紧密围绕复杂航天器高精度动力学模型精确仿真、新型部件数字建模、控制系统通用仿真平台,以及航天器控制系统物理仿真技术等,进行了长期、系统的研究与实践。功能强大扩展性好的通用仿真平台和多个大型复杂物理试验系统等的成功研制,为航天器控制系统的地面验证提供了仿真试验条件,支撑了多项重大任务的成功实施。

  本书第1~8章主要对控制系统部件建模与评估、通用数学仿真平台、基于模型的星上控制算法建模、航天器控制系统液体晃动数学仿真和半物理/全物理仿真等的研究成果进行了总结。第 9~11 章根据作者团队承担的科研任务,给出了近地卫星、空间交会与操控、深空探测三大领域控制系统数学仿真和地面物理仿真试验的典型应用案例,充分证明了通用仿真平台和物理仿真系统的有效性,展示了仿真技术在解决复杂工程仿真试验问题上的能力。

本书是一本基于作者及其团队仿真技术经验和科研成果,融合了仿真基础理论和实际工程应用的学术专著,既可作为从事控制仿真技术工作的专业人员和科技工作者的参考书,也可作为宇航相关学科学生的教材,并将对促进我国航天器控制系统仿真技术的进一步研究和发展做出贡献。相信随着仿真技术的不断进步和应用的深入,控制系统仿真在航天领域将发挥更大的作用,推动航天技术的持续发展。

吴宏鑫

2023 年 12 月 24 日

吴宏鑫:中国科学院院士。

前　言

　　仿真技术作为重要的科学研究和工程技术手段之一,具有独特的优势和广泛的应用领域,逐渐成为认识与改造世界的第三种科研方式。仿真技术以相似原理、模型理论、系统技术、信息技术和建模仿真应用领域有关的技术为基础,能够模拟复杂系统的行为和性能,是一门多学科综合性技术。它具有系统性、高效性、多样性等特点,能够深化理论认识、拓展研究领域、提高研究效率,为科研工作者提供有力的支持。

　　航天器最显著的特点是复杂、昂贵、环境严酷,要求极高的成功率,任何疏忽都会产生不可挽回的严重后果。仿真技术在航天器研制中发挥着重要作用,仿真试验在航天器研制中的重要地位不言而喻,贯穿可行性论证、方案设计、在轨飞行和故障分析等各个阶段。通过仿真,设计师对航天器控制系统的方案设计及控制算法是否满足用户提出的功能和技术指标要求进行验证,并在反复迭代和优化过程中最终确定姿态轨道控制算法,完成航天器控制系统设计。仿真技术的广泛应用,大大降低了航天器研制成本,提高了可靠性,保障了航天器稳定运行,加快了航天器控制技术的发展进程。

　　控制系统仿真通常包括数学仿真和物理仿真两大类。数学仿真是以数学方程式相似为基础的仿真方法,它通过数学模型来刻画控制系统被控对象,预测系统性能。物理仿真则是通过真实系统的几何相似物或物理类比物进行试验,模拟复杂控制系统的行为。随着计算机技术和数值方法的不断进步,数学仿真更加快速、高效,在航天器控制系统地面验证中全面应用。物理仿真在科学研究、工程设计中也发挥着重要的作用,直接利用实物开展试验,"看得见、摸得着",尤其是对于航天器复杂动力学或新型控制系统方案的系统级闭环验证,在某些关键性能指标的验证上具有更高的可信度。数学仿真和物理仿真作为两种重要的仿真方法,同时存在,相互结合,在各自的领域内不断发展和完善。

　　本书作者及其团队来自北京控制工程研究所航天器控制系统仿真中心,

深耕数学仿真和物理仿真技术,一直从事航天器控制系统仿真的研究与实际应用工作。本书对团队20年研究成果和实际应用经验进行了总结,系统介绍航天器控制系统仿真模型、通用仿真平台、物理试验方法,并给出在典型工程中的应用。

本书介绍的模型、平台、方法和工程设计仿真要点已在载人航天、深空探测、北斗导航等为代表的众多航天器工程中发挥了重要作用。多年来的仿真研究和应用成果引起了业内人士的关注和讨论。为促进学术和技术交流,我们决定撰写本书,在总结经验的同时,探索新方法,以求共同进步,为航天器控制系统仿真技术的发展作一点贡献,推动航天控制和工业控制的快速发展。

本书共分12章。第1章为概论,介绍了航天器控制系统仿真的概念、分类和功能;第2章和第3章分别介绍了动力学相关数学模型和控制系统部件建模,给出了航天器轨道动力学模型、姿态动力学、环境干扰力和力矩模型,以及典型控制系统新型部件的仿真建模等;第4~6章重点介绍控制系统通用数学仿真平台AOCS、基于模型的星上控制算法建模、数据评估系统与仿真模型修正等,从数学仿真平台到控制算法建模,再到数据评估和模型修正,体现了数学仿真的最新研究成果,是本书的核心;第7章针对越来越多的充液航天器,给出了液体晃动的等效动力学模型和液体晃动的闭环CFD数值仿真方法;第8章重点介绍航天器控制系统物理仿真与评估,从半物理仿真和全物理仿真两个维度阐述模拟方法、基本原理、主要设备以及等效性评估;第9~11章,对近地卫星领域、空间交会与操控领域及深空探测领域的控制系统仿真技术应用情况进行了详细介绍,通过这部分可以更好地理解数学仿真和物理仿真在型号研制工作中发挥的作用;第12章是对智能航天器控制系统仿真的展望。针对智能航天器控制系统对仿真的需求,给出了智能学习训练平台总体方案和空间场景学习训练样本的仿真模拟方法,介绍空间目标智能感知学习的初步研究成果。

本书第1章由张新邦、胡海霞撰写,第2章由魏懿、张新邦撰写,第3章由武云丽、陈守磊撰写,第4章由涂俊峰撰写,第5章由林瀚峥撰写,第6章由武云丽、胡海霞撰写,第7章由于强撰写,第8章由郝永波、张新邦、王鹏基撰写,第9章由郝永波、刘洁撰写,第10章由张一、石磊、胡海霞撰写,第11章由王鹏基、孙赫婕撰写,第12章由胡海霞、杜航撰写。全书由胡海霞、王鹏基和张新邦统稿。

本书研究成果得到了中国航天科技集团公司、中国空间技术研究院、北京控制工程研究所和空间智能控制技术国家重点实验室的大力支持。

还有不少同志对仿真研究做了很多工作,特别是李永、何英姿、魏春岭、曾海波、汤亮、王淑一、刘潇翔、张海博、董文强、张晓文、王硕、徐超、雷冰瑶等。李隆康、王高阳两位同学对本书进行了审稿。在此,谨向所有同志表示衷心的感谢!由于作者水平有限,书中疏漏和不足之处在所难免,欢迎读者批评指正。

作 者

2023 年 12 月

目 录

第1章 概论 ·· 1
   1.1 航天器控制系统仿真概念 ··· 2
   1.2 航天器控制系统仿真分类 ··· 3
   1.3 航天器控制系统仿真功能 ··· 8
   1.4 本章小结 ··· 9

第2章 动力学相关数学模型及其数值解算 ···································· 10
   2.1 概述 ··· 10
   2.2 航天器轨道动力学 ··· 10
      2.2.1 轨道的描述 ··· 10
      2.2.2 轨道摄动 ··· 12
      2.2.3 邻近航天器相对轨道运动 ·· 18
      2.2.4 轨道计算 ··· 20
   2.3 航天器姿态动力学 ··· 22
      2.3.1 姿态的描述 ··· 22
      2.3.2 刚体姿态动力学 ··· 31
      2.3.3 姿态运动学方程 ··· 32
      2.3.4 带挠性附件的姿态动力学 ·· 35
      2.3.5 充液航天器小幅晃动等效动力学模型 ························· 37
   2.4 环境干扰力和力矩模型 ··· 43
      2.4.1 太阳辐射压力 ·· 43
      2.4.2 天体引力 ··· 44
      2.4.3 地球磁力矩 ··· 47

XIII

2.4.4　大气阻力和气动力矩 ·············· 47
　2.5　时间系统及模型实现 ·············· 48
　　　2.5.1　时间系统的定义 ·············· 48
　　　2.5.2　主要时间系统间转换算法 ·············· 51
　2.6　地球自转运动相关计算 ·············· 54
　　　2.6.1　岁差 ·············· 54
　　　2.6.2　章动 ·············· 55
　　　2.6.3　地球自转 ·············· 56
　　　2.6.4　极移 ·············· 56
　2.7　空间坐标系的定义与转换方法 ·············· 57
　　　2.7.1　空间坐标系的定义 ·············· 57
　　　2.7.2　主要坐标系间的转换方法 ·············· 59
　2.8　日月星历计算 ·············· 61
　　　2.8.1　太阳位置矢量的近似计算 ·············· 61
　　　2.8.2　月球位置矢量的近似计算 ·············· 61
　2.9　常微分方程组数值求解方法 ·············· 62
　　　2.9.1　常微分方程数值求解的单步法 ·············· 63
　　　2.9.2　常微分方程数值求解的线性多步法 ·············· 66
　2.10　本章小结 ·············· 69

第3章　控制系统部件仿真建模及新型敏感器模型评估 ·············· 70
　3.1　概述 ·············· 70
　3.2　姿态测量敏感器建模 ·············· 71
　　　3.2.1　太阳敏感器 ·············· 71
　　　3.2.2　地球敏感器 ·············· 73
　　　3.2.3　星敏感器 ·············· 75
　　　3.2.4　陀螺 ·············· 78
　3.3　位置测量敏感器建模 ·············· 79
　　　3.3.1　加速度计 ·············· 79
　　　3.3.2　全球导航卫星系统敏感器 ·············· 81
　　　3.3.3　微波雷达 ·············· 83

目录

  3.3.4 激光雷达 ·· 86
  3.3.5 光学成像相对位姿敏感器 ······················· 88
 3.4 执行机构建模 ·· 90
  3.4.1 飞轮 ··· 92
  3.4.2 控制力矩陀螺 ·· 93
  3.4.3 磁力矩器 ·· 94
  3.4.4 推力器 ·· 95
 3.5 新型敏感器的数字建模与评估 ····················· 96
  3.5.1 可见光成像敏感器数字单机 ·················· 97
  3.5.2 激光三维成像敏感器数字单机 ············ 100
  3.5.3 微波测距测速敏感器数字单机 ············ 105
 3.6 本章小结 ·· 107

第4章 控制系统通用数学仿真平台 AOCS ················ 108
 4.1 概述 ·· 108
 4.2 仿真平台总体架构 ······································ 108
 4.3 仿真模型标准化接口 ·································· 110
  4.3.1 模型接口的演变 ································· 110
  4.3.2 统一模型接口 ····································· 113
  4.3.3 仿真模型的封装示例 ·························· 125
  4.3.4 通过接口调用模型 ····························· 130
 4.4 图形化建模工具 ·· 132
  4.4.1 软件实现原理 ····································· 132
  4.4.2 软件模块组成 ····································· 133
  4.4.3 软件特色功能 ····································· 136
 4.5 仿真运行控制工具 ······································ 142
  4.5.1 软件模块组成 ····································· 142
  4.5.2 软件特色功能 ····································· 147
 4.6 可视化建模及演示验证工具 ······················· 148
  4.6.1 三维场景管理模块 ····························· 149
  4.6.2 三维模型管理模块 ····························· 149

         4.6.3　仿真驱动模块 …………………………………… 150
　4.7　工况管理工具 ……………………………………………… 150
         4.7.1　实现原理 ……………………………………… 151
         4.7.2　软件功能 ……………………………………… 152
　4.8　并行打靶工具 ……………………………………………… 158
         4.8.1　单机并行打靶工具 …………………………… 158
         4.8.2　集群并行打靶工具 …………………………… 159
　4.9　本章小结 …………………………………………………… 161

第5章　基于模型的星上控制算法建模 …………………………… 162
　5.1　概述 ………………………………………………………… 162
　5.2　星上控制算法建模过程 …………………………………… 163
　5.3　算法封装模块 ……………………………………………… 164
         5.3.1　算法封装功能 …………………………………… 165
         5.3.2　算法封装实现原理 ……………………………… 165
　5.4　控制器建模模块 …………………………………………… 167
         5.4.1　状态流图 ………………………………………… 168
         5.4.2　算法列表 ………………………………………… 169
         5.4.3　算法的配置和编号 ……………………………… 170
         5.4.4　变量控制 ………………………………………… 171
         5.4.5　代码检查 ………………………………………… 171
         5.4.6　建模工程合并 …………………………………… 173
         5.4.7　基于组件化的控制器图形化建模技术 ………… 175
　5.5　算法建模文档生成模块 …………………………………… 177
         5.5.1　变量对应符号选择 ……………………………… 177
         5.5.2　符号检查 ………………………………………… 179
         5.5.3　文档生成器 ……………………………………… 179
　5.6　控制器代码生成模块 ……………………………………… 180
         5.6.1　控制器代码生成器 ……………………………… 181
         5.6.2　C语言工程生成 ………………………………… 182
         5.6.3　控制器建模工程的同步更新 …………………… 185

5.7 本章小结 …… 186

第6章 数据评估系统与仿真模型修正 …… 188

6.1 概述 …… 188
6.2 数据评估系统的整体方案 …… 190
 6.2.1 硬件部署框架 …… 190
 6.2.2 软件运行架构 …… 191
6.3 数据库管理系统 …… 193
 6.3.1 数据结构预设置与处理 …… 193
 6.3.2 数据存储 …… 194
 6.3.3 数据查询与分析 …… 195
 6.3.4 工程管理 …… 196
 6.3.5 数据库管理 …… 197
6.4 评估工具设计环境 …… 198
 6.4.1 算法封装处理及运行 …… 200
 6.4.2 算法工具发布 …… 202
6.5 评估工具 …… 204
 6.5.1 性能指标计算工具 …… 204
 6.5.2 故障诊断与处理工具 …… 205
 6.5.3 仿真置信度工具 …… 205
 6.5.4 通用计算工具 …… 206
6.6 模型修正 …… 207
 6.6.1 太阳光压模型修正 …… 208
 6.6.2 星敏感器系统误差模型修正 …… 211
6.7 本章小结 …… 213

第7章 航天器控制系统液体晃动数学仿真 …… 214

7.1 概述 …… 214
7.2 液体晃动的等效力学模型 …… 215
 7.2.1 液体小幅自由晃动的理想数学建模 …… 216
 7.2.2 液体晃动参数计算方法 …… 219
 7.2.3 基于等效力学模型的液体晃动仿真算例 …… 224

7.3 液体晃动的闭环计算流体力学数值仿真方法 …… 230
7.3.1 液体晃动问题的计算流体力学技术发展情况 …… 230
7.3.2 基于光滑粒子流体动力学方法的闭环仿真 …… 231
7.4 本章小结 …… 248

第8章 控制系统物理仿真与评估 …… 249
8.1 概述 …… 249
8.1.1 半物理仿真 …… 249
8.1.2 全物理仿真 …… 250
8.1.3 微重力地面模拟方法 …… 251
8.2 物理仿真基本原理 …… 255
8.2.1 半物理仿真基本原理 …… 255
8.2.2 全物理仿真基本原理 …… 257
8.3 半物理仿真主要设备 …… 260
8.3.1 运动模拟器 …… 260
8.3.2 目标模拟器 …… 263
8.3.3 仿真计算机系统 …… 266
8.4 半物理仿真主要形式 …… 268
8.4.1 系统级闭环半物理仿真 …… 268
8.4.2 控制计算机闭环半物理仿真 …… 269
8.4.3 电性能闭环半物理综合测试 …… 271
8.5 全物理仿真主要设备 …… 272
8.5.1 运动模拟器 …… 272
8.5.2 卸载装置 …… 277
8.5.3 仿真控制平台 …… 277
8.5.4 其他支持设备 …… 282
8.6 全物理仿真主要形式 …… 284
8.6.1 姿态控制全物理仿真 …… 284
8.6.2 相对运动 GNC 全物理仿真 …… 285
8.7 物理仿真试验等效性评估 …… 286
8.7.1 半物理仿真试验等效性评估 …… 287

　　　　8.7.2　全物理仿真试验等效性评估 ·············· 288

　8.8　本章小结 ····························· 290

第 9 章　近地航天器控制系统仿真 ·············· 291

　9.1　概述 ······························· 291

　9.2　近地卫星控制仿真需求 ················· 291

　9.3　基于通用数学仿真平台的近地卫星 GNC 数学仿真 ······ 293

　　　9.3.1　近地卫星快速仿真系统 ············· 293

　　　9.3.2　典型单星数学仿真应用 ············· 294

　　　9.3.3　典型星群数学仿真应用 ············· 302

　9.4　基于单轴气浮台的超大惯量航天器姿态控制全物理
　　　仿真系统 ··························· 302

　　　9.4.1　系统方案 ······················· 303

　　　9.4.2　干扰力矩估计 ··················· 306

　　　9.4.3　转动惯量估计 ··················· 307

　　　9.4.4　推广应用 ······················· 309

　9.5　基于三轴气浮台的航天器姿态控制全物理仿真系统 ······ 309

　　　9.5.1　系统组成与工作原理 ·············· 310

　　　9.5.2　大型三轴气浮台 ················· 311

　　　9.5.3　台上控制仿真系统 ··············· 311

　　　9.5.4　地面控制台 ···················· 312

　　　9.5.5　试验内容及结果分析 ············· 313

　　　9.5.6　推广应用 ······················· 317

　9.6　本章小结 ····························· 317

第 10 章　空间交会与操控航天器控制系统仿真 ········ 318

　10.1　概述 ······························· 318

　10.2　空间交会与操控领域控制仿真需求 ········ 319

　　　10.2.1　两个航天器交会飞行过程 ········· 319

　　　10.2.2　相对运动控制系统仿真特点及需求 ··· 321

　10.3　基于通用数学仿真平台的交会与操控 GNC
　　　　数学仿真 ··························· 322

XIX

    10.3.1 交会与操控数学仿真系统体系架构………………… 322

    10.3.2 数学仿真系统建立 ……………………………………… 324

    10.3.3 交会与操控数学仿真系统功能 ……………………… 329

    10.3.4 典型交会对接制导导航与控制数学仿真应用 …… 331

  10.4 九自由度交会对接半物理仿真试验系统 …………………… 332

    10.4.1 概述 ……………………………………………………… 332

    10.4.2 系统基本原理 ………………………………………… 333

    10.4.3 系统技术方案 ………………………………………… 334

    10.4.4 试验系统组成 ………………………………………… 334

    10.4.5 系统工作流程 ………………………………………… 337

    10.4.6 典型交会对接半物理试验应用 ……………………… 337

  10.5 基于气浮平台的超近相对运动控制全物理仿真系统 …… 339

    10.5.1 概述 ……………………………………………………… 339

    10.5.2 系统基本原理 ………………………………………… 339

    10.5.3 系统技术方案 ………………………………………… 340

    10.5.4 试验系统组成 ………………………………………… 342

    10.5.5 典型系统工作流程 …………………………………… 346

    10.5.6 月球轨道交会对接 GNC 全物理试验应用 ……… 347

  10.6 本章小结 ………………………………………………………… 349

第 11 章 深空探测航天器控制系统仿真 …………………………… 350

  11.1 概述 ………………………………………………………………… 350

  11.2 深空探测航天器控制仿真需求 ……………………………… 351

    11.2.1 深空探测航天器控制系统传统数学仿真 ………… 351

    11.2.2 深空探测航天器控制系统仿真新需求 …………… 352

  11.3 基于通用数学仿真平台的深空 GNC 数字仿真系统 …… 352

    11.3.1 仿真系统总体方案 …………………………………… 352

    11.3.2 仿真系统技术实现整体方案 ……………………… 355

    11.3.3 深空探测 GNC 通用数学仿真系统体系架构 …… 357

    11.3.4 深空数字星表 ………………………………………… 357

    11.3.5 深空领域新型敏感器数字单机 ……………………… 358

11.3.6 仿真总控 360
11.3.7 典型深空探测制导导航与控制数学仿真应用 361

11.4 地外天体软着陆 GNC 半物理试验系统 366
11.4.1 概述 366
11.4.2 系统基本原理 367
11.4.3 系统技术方案 368
11.4.4 软着陆运动模拟装置 370
11.4.5 月面模拟沙盘屏 371
11.4.6 光线模拟器 372
11.4.7 地面仿真控制计算机 373
11.4.8 星上 GNC 产品 373
11.4.9 地面试验总控计算机 374
11.4.10 接口箱 374
11.4.11 通信网络 374
11.4.12 系统工作流程 374
11.4.13 典型软着陆半物理试验应用 377

11.5 小天体接近附着 GNC 半物理试验系统 381
11.5.1 概述 381
11.5.2 系统基本原理 382
11.5.3 系统技术方案 384
11.5.4 探测器六自由度运动模拟装置 386
11.5.5 小天体转动模拟装置 386
11.5.6 小天体地形模拟沙盘 387
11.5.7 其他地面支持设备 387
11.5.8 系统工作流程 388
11.5.9 小天体接近附着半物理试验应用 388

11.6 本章小结 395

第12章 智能航天器控制系统仿真初步研究 396
12.1 概述 396
12.2 智能航天器控制系统仿真需求 397

12.3 智能学习训练平台总体方案 …………………………… 398
12.4 空间场景学习训练样本的仿真模拟 …………………… 400
  12.4.1 三维场景模拟 …………………………………… 400
  12.4.2 航天器及其典型部件三维数字建模 …………… 401
  12.4.3 可见光成像敏感器数字单机 …………………… 402
  12.4.4 图像标注与感知样本集生成 …………………… 402
12.5 空间目标智能感知学习初步实现 ……………………… 404
  12.5.1 航天器身份识别 ………………………………… 404
  12.5.2 航天器目标检测 ………………………………… 405
  12.5.3 航天器局部特征分割 …………………………… 406
  12.5.4 航天器相对姿态估计 …………………………… 407
12.6 基于通用数学仿真平台的学习训练及智能模型闭环
  方法 ……………………………………………………… 409
  12.6.1 C语言仿真环境和算法训练层的编程接口 …… 409
  12.6.2 智能模型在通用数学仿真平台 AOCS 上的
     闭环方法 ………………………………………… 410
12.7 本章小结 ………………………………………………… 412

参考文献 …………………………………………………………… 413

第1章 概论

航天是人类拓展宇宙空间的产物,遨游太空、探索宇宙是人类自古以来的美好梦想,早在中国古代就流传着嫦娥奔月的美好传说。20 世纪初,在齐奥尔科夫斯基(俄国)、戈达德(美国)、奥伯特(德国)等航天先驱的杰出贡献下,近代火箭和航天飞行技术取得了重大突破[1]。1957 年,苏联利用火箭把世界上第一颗人造地球卫星送入轨道,成为世界史上航天纪元的开端。经过半个多世纪的快速发展,航天已经成为 21 世纪最活跃和最有影响力的科学技术领域之一。

中国航天事业历经 60 多年的发展,取得了举世瞩目的成就。

1970 年,东方红一号卫星成功发射,《东方红》乐曲响彻寰宇。"听得到"的目标圆满实现,短波遥测系统、电子乐音装置取得了巨大成功。1975 年,我国首颗返回式遥感卫星发射成功,开创了我国空间控制与推进技术先河,使我国成为世界上第三个掌握航天器返回控制技术的国家。1997 年,东方红三号通信卫星 02 星顺利入轨,标志着我国掌握了地球静止轨道卫星三轴稳定控制推进技术,开启了长寿命卫星研制先河。2002 年,"资源二号"卫星成功发射,标志着我国掌握了低轨卫星高精度姿态确定和三轴稳定控制推进技术,卫星控制技术再上新台阶,开启了高精度、高稳定度卫星研制的先河。

1999 年,我国第一艘无人试验飞船神舟一号在太空飞行了 21 小时后顺利返回。神舟一号搭载了我国首个集制导、导航与控制功能于一体的航天器控制系统,使我国成为世界上第三个独立掌握载人空间飞行及可控再入返回技术的国家。2011 年,神舟八号在轨与天宫一号对接成功,我国成为世界上第三个独立掌握空间交会对接技术的国家。2022 年,中国空间站完成建造并转入长期运营阶段,标志着载人航天工程三步走圆满完成。

2007 年中国首次绕月探测成功,树立了中国航天的第三个里程碑,开启了由近地空间向地外天体探测的新时代。2013年"嫦娥"三号探测器圆满完成了地外天体软着陆任务,巡视器"玉兔"号月球车驶离着陆器踏上月球,中国成为世界上第三个完整掌握月面软着陆及巡视技术的国家。2020年"嫦娥"五号返回器在预定区域高精度着陆,标志着我国首次月球采样返回任务圆满成功,也标志着中国探月工程"绕、落、回"三步走规划如期完成。2021年,天问一号成功着陆于火星乌托邦平原南部预选区,"祝融"号火星车驶离着陆平台,开始巡视探测,获取在火星表面移动过程的视频,这是人类首次获取火星车在火星表面移动过程影像。首次火星着陆探测任务的圆满成功,标志着中国迈出了自主开展行星探测的第一步。

进入新时代后,我国高度重视航天事业发展,明确了"建设航天强国"的战略要求。《2016中国的航天》白皮书首次提出航天强国发展愿景,提出未来五年中国将加快航天强国建设步伐,力争2030年左右跻身世界航天强国行列。《2021年人工智能发展白皮书》为中国航天事业的发展打开了新局面,借助人工智能东风,有望实现航天控制的自我超越。

航天器姿态轨道控制系统(以下简称航天器控制系统)应用于航天器的整个任务期间,是确保卫星、飞船在空间保持正确轨道、正确姿态的总指挥,是任务成败的关键因素,也是航天器的核心关键系统。航天器控制系统是由敏感器、控制器和执行机构组成的复杂闭环系统,涉及控制、计算机、信息处理、电子、光学、机械等多个学科。航天器具备组成复杂、造价昂贵、运行环境严酷且成功率要求高等显著特点,该特点决定了地面仿真试验在航天器控制系统研制中占有十分重要的地位。

1.1 航天器控制系统仿真概念

航天器控制系统仿真是利用计算机和各种物理仿真设备,通过数学模型或物理模型进行模拟实验,验证控制系统的设计方案是否符合功能和性能指标要求,同时通过优化算法、调整控制参数等方式改善系统性能,降低因设计缺陷导致的潜在在轨运行风险。

航天器控制系统是由敏感器、控制器、执行机构、受控的航天器本体及空间环境(包括太阳、月亮、恒星、地球)组成的一个复杂系统[2],其结构原理图如图1-1所示。

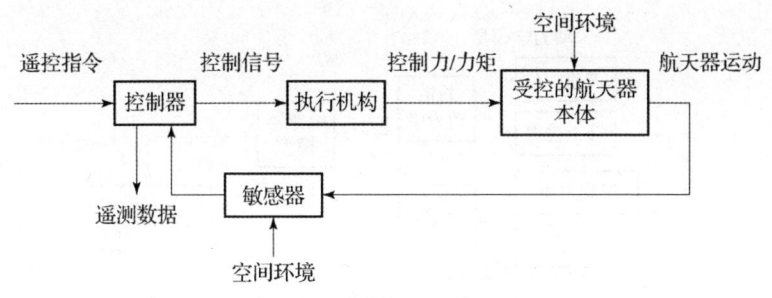

图 1-1　航天器控制系统结构原理图

航天器控制系统仿真技术是以相似原理、系统技术、信息技术及其应用领域有关的专业技术为基础,以计算机和各种专用物理效应设备为工具,利用系统建模对真实的或假想的航天器系统进行动态实验研究的一门多学科综合技术。

航天器是一种特殊的产品,其特点决定了航天器控制系统的研制过程离不开仿真技术。仿真技术在航天器控制系统研制中的应用十分广泛,研制与应用过程中的可行性论证、方案论证、在轨飞行、故障分析与复现等各个阶段都通过仿真进行验证。正是仿真技术的广泛应用,加快了航天器控制的发展进程[3]。

1.2　航天器控制系统仿真分类

根据介入模型的不同,航天器控制系统仿真一般分三类:数学仿真、半物理仿真和全物理仿真。

1. 数学仿真

数学仿真又称计算机仿真,是全部用数学模型代替实际系统进行的系统仿真,如图 1-2 所示。数学仿真最关键的问题是建立能正确反映系统性能的数学模型。航天器控制系统数学仿真的数学模型包括控制系统部件(敏感器、控制器、执行机构等)模型、空间环境模型、动力学(轨道动力学、姿态动力学)模型、控制器算法模型等。以姿态动力学模型为例,建模的步骤如下:

(1)确定对象的物理状态。如确定航天器是刚体,还是带有挠性附件或液体晃动的附件。

(2)建立数学模型。应用物理机理、类比简化和数学分析方法建立对象的模型,通常得到微分方程形式的数学模型。

(3)应用坐标变换、模态截断降阶等方法将模型降阶化简。

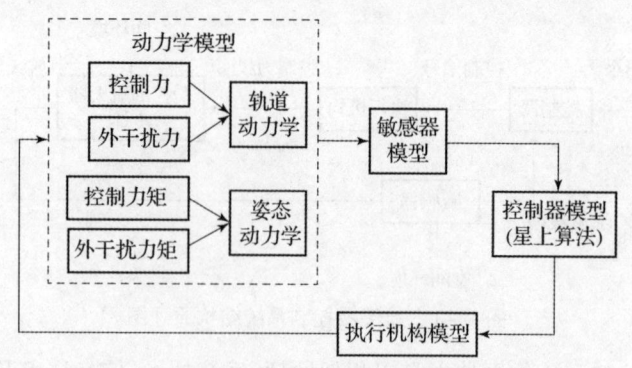

图1-2 航天器控制系统数学仿真框图

(4)确定模型参数。

(5)验证和确认模型。航天器动力学模型验证的方法一般有比较不同方法所得的模型是否一致、比较简化模型和真实模型仿真结果的一致性及其差别大小。仿真模型主要通过在轨飞行验证进行确认和修正。

数学仿真能力主要体现在以下四个方面。

(1)复杂系统建模的能力:包括多体系统动力学建模、航天器扰动动力学建模、复杂挠性附件耦合建模等。

(2)多学科协同仿真的能力:航天器控制系统数学仿真应尽量完整地反映航天器不同层次、不同部件的多学科特性,在提高各子系统模型精度的基础上,考虑系统非线性和时变特性的影响,最终实现各子系统间耦合的准确、高效仿真,如液体晃动的姿态控制闭环仿真等。

(3)高性能计算能力:通过计算机集群等硬件环境和并行算法相关软件完成复杂控制系统的快速仿真,将仿真任务通过网络分配至多个任务节点,大幅提高计算能力和效率。

(4)仿真平台的能力:模型管理、控制算法设计与建模、仿真程序自动生成和仿真报告自动生成的能力,可以实现对复杂控制系统任务的快速仿真验证。

数学仿真在航天器控制系统研制中的作用如图1-3所示,航天器控制系统研制过程的多个环节需要数学仿真验证。航天器控制系统任务的复杂化和研制周期的缩短,对数学仿真提出了更高的要求。一方面,需要针对复杂的航天器及飞行任务建立更加精确、可靠的动力学模型与控制算法模型;另一方面,对航天器数学仿真平台提出了新的挑战和要求,如能够支持基于模型的开发理念,采用代码自动生成技术,建立可以进行快速仿真验证的通用平台,为航天器设计提供强有力的仿真验证环境和条件支持。

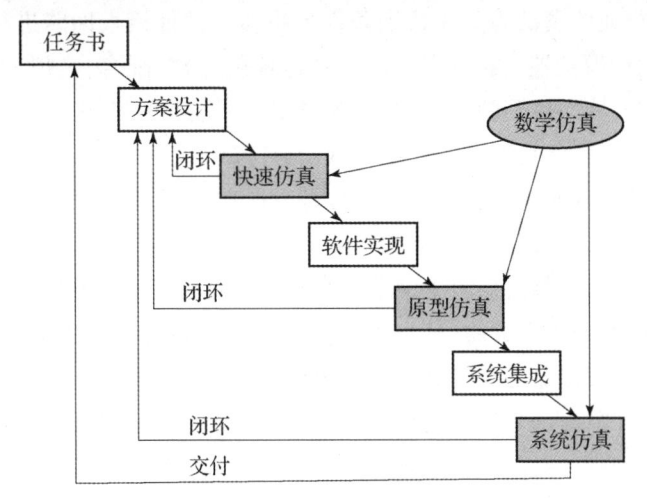

图 1-3 数学仿真在航天器控制系统研制中的作用

由于数学仿真重复性好、精度高、灵活性大、使用方便、成本较低,因此得到了广泛应用。北京控制工程研究所经过十几年的努力,研制并持续升级形成了通用性、方便性、高效性兼具的航天器控制系统通用数学仿真平台(attitude orbit control system,AOCS)。该系统在仿真模型规范化和仿真接口标准化的基础上,突破了系统仿真软件自动生成技术,具有可视化组态建模、自动化仿真软件生成、可视化三维演示等功能,实现了仿真模型和接口标准化,显著提高了航天器控制系统工程设计与仿真验证的基础能力。具备以下特点及功能。

(1)系统快速迁移:支持 Win、Linux、麒麟跨系统开发和使用,以及高性能集群并行仿真;

(2)数据全程可控:可在运行过程中对任意仿真变量实时进行绘图或修改;

(3)语言自由扩展:平台模型可脱离平台由任意语言编写或调用。

2. 半物理仿真

除数学仿真之外,存在硬件/实物接入在回路中的系统,称为半物理和全物理仿真,两者的区别在于仿真试验中应用的航天器动力学模型种类不同。如果部分环节特别是动力学应用数学模型则是半物理仿真(又称半实物仿真),动力学应用物理模型(又称物理效应模型)则是全物理仿真。由于动力学数学模型一般在仿真计算机上进行解算,因此也可以用仿真系统中是否有动力学仿真计算机来区分:有动力学仿真计算机的是半物理仿真,否则是全物理仿真。

大型半物理仿真试验要在特定条件下将参试部件接入回路进行试验,通过地面设备(运动模拟器、目标模拟器、仿真计算机等)的配合,模拟航天器在轨道上运行的状态,从而达到验证方案、检验系统实际性能的目的。

航天器半物理仿真的具体应用领域十分广泛,试验内容十分丰富,航天器控制系统半物理仿真的应用可总结为三种基本形式:计算机在回路仿真、控制系统电性能综合测试、敏感器/控制器在回路仿真。

在没有特殊说明时,传统意义上的半物理仿真是指以敏感器/控制器在回路仿真为主要框架的仿真试验,其特点是仿真系统内有复杂的运动模拟器等仿真专用设备;运动模拟器的设计、应用技术是半物理仿真的关键技术之一。

由于有硬件接入回路,半物理仿真需要有一系列仿真设备的支持,这些设备主要包括运动模拟器、目标模拟器、仿真计算机、试验测控设备等。

1)运动模拟器

半物理仿真一般用伺服转台来模拟航天器的姿态运动。转台分单轴、三轴和多轴(多自由度)等多种形式。常规航天器半物理仿真中一般应用三轴转台或单轴转台。在进行交会对接仿真试验中,运动模拟器则需要增加平动功能,成为多自由度运动模拟器。

2)目标模拟器

目标模拟器是用来模拟参考目标(如地球、太阳、月亮、恒星等)特性的设备。

航天器控制系统内的敏感器若以硬件形式接入回路参加试验,一般需要相应的目标模拟器配合才能工作。如太阳敏感器需要太阳模拟器来配合、地球敏感器需要地球模拟器来配合等。

3)仿真计算机

仿真计算机是仿真系统的核心设备之一,主要用来解算航天器动力学、运动学模型,进行坐标变换,控制运动模拟器和目标模拟器运动。

4)试验测控设备

试验测控设备的主要功能:对整个试验进行管理和同步、数据采集显示和处理、遥控遥测指令模拟和某些信号的补偿等。

典型的航天器控制半物理仿真系统结构框图如图1-4所示。

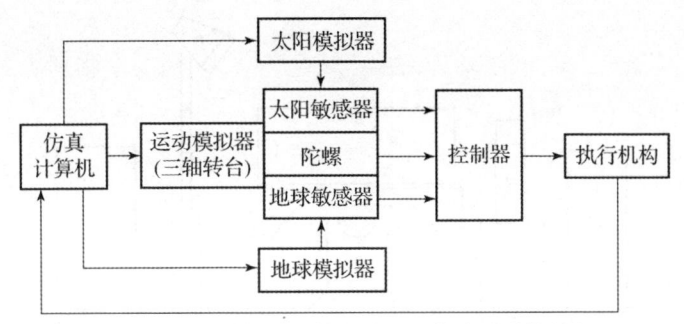

图1-4 典型的航天器控制半物理仿真系统结构框图

3. 全物理仿真

航天器控制系统全物理仿真与数学仿真、半物理仿真类似,是航天器研制过程中的重要手段和方法,对于验证控制系统方案设计的正确性、检验实际控制系统的功能和性能是十分重要的[2]。全物理仿真一般采用气浮台模拟航天器在太空的微重力环境,尤其适合于控制对象的动力学数学模型不够成熟或尚未确认的情况,此时数学仿真和半物理仿真难以满足验证要求,应用全物理仿真对控制系统方案进行验证是十分必要的。

我国在航天器研制工作初期就开始进行全物理仿真技术研究并服务于型号研制,1970年利用三轴气浮台进行返回式卫星气浮台仿真试验时,发现了冷气喷管的推力矢量偏向问题;1996年进行"资源一号"卫星轮控系统仿真时,发现了动量轮在低转速制动时有异常现象问题,这些发现都为型号研制作出了贡献。另外,在航天器控制系统的多项预先研究方面,如姿态控制研究、动量轮性能研究、大型挠性太阳帆板和天线附件等多体卫星动力学控制技术研究、自旋卫星液体晃动缩比模型试验研究等,都应用了全物理仿真技术。

在全物理仿真试验中也有硬件接入回路,但是和半物理仿真不同,全物理仿真试验时的动力学没有应用数学模型,而是应用物理模型。它利用单轴气浮台或三轴气浮台来模拟航天器在外层空间的无摩擦无阻尼运动,气浮台依靠高压气体浮起,在空气轴承与轴承座之间形成一层气膜,使台体实现无摩擦相对运动。全物理仿真试验要求气浮台(包括其搭载物)与实际航天器具有相等的转动惯量,或者两者的惯量比等于试验时的执行机构与实际航天器的执行机构控制力矩之比。三轴气浮台试验可以模拟航天器三轴耦合运动,如用于验证带有斜装飞轮或控制力矩陀螺的航天器控制系统性能。

典型的航天器控制三轴气浮台全物理仿真系统示意图如图1-5所示。

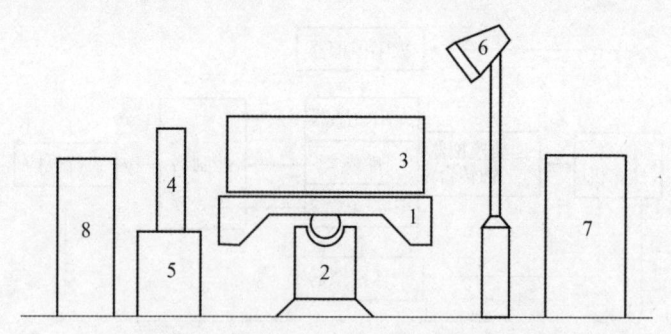

图1-5 典型的航天器控制三轴气浮台全物理仿真系统示意图

1—气浮台体;2—气浮台座;3—星上参试部件;4—地球模拟器;
5—轨道平台;6—太阳模拟器;7—高压气源系统;8—总控制台。

1.3 航天器控制系统仿真功能

航天工程是一项高风险、高投入、高难度的系统工程,在航天器控制系统研制过程中,仿真是一个不可缺少的环节并贯穿整个工程。根据仿真应用的不同阶段,其功能大致可以分为四种。

1. 方案设计仿真

方案设计仿真主要以数学仿真为主,根据需要也可应用半物理或全物理仿真,对设计进行优化,对性能进行验证。由于系统研制过程的复杂性,需要对大量的矛盾进行协调和折中,因此方案设计仿真将反复进行多次。

2. 系统性能验证仿真

系统性能验证仿真通常是系统研制完成以后航天器发射前在半物理或全物理仿真实验室进行,相当于产品验收试验,试验的结果应定量或半定量地对系统的性能作出评价。部分性能指标的验证通过数学仿真完成。

3. 故障对策仿真[4]

为了提高系统可靠性,航天器通常配备多种冗余部件,系统设计具有可重构功能。由于故障表现的多样性,在轨航天器故障诊断和处置仍然是一个难题,仿真验证是发现问题、解决问题,提高系统自主应对故障能力的重要手段。

4. 航天员的操作培训

载人航天领域需要在地面对航天员进行训练,如航天员在交会对接半物理仿真试验室进行人工交会对接的操作培训、在水池进行失重环境的活动训练等。

1.4　本章小结

本章回顾了我国航天器控制技术发展的里程碑,介绍了航天器控制系统仿真概念,给出了航天器控制系统仿真分类,并对航天器控制系统仿真功能进行了描述。仿真是航天器控制系统研制不可缺少的环节,在方案论证、设计、测试及优化过程中发挥重要作用,贯穿于整个航天器工程。随着计算机技术和仿真技术的不断进步,航天器控制系统仿真能力不断提高,为航天事业的发展提供更加坚实的支撑。

第2章 动力学相关数学模型及其数值解算

2.1 概　述

航天器控制系统设计仿真中用到的动力学相关数学模型主要包括航天器轨道动力学模型、航天器姿态动力学模型、环境干扰力和力矩模型、时间系统及模型、日月星历计算模型等。其中，轨道动力学和姿态动力学通过微分方程组进行描述，主要用来刻画航天器在空间中轨道和姿态的运动规律，称航天器轨道姿态动力学模型。通常情况下，这类微分方程是与时间相关的时变方程，难以有解析解。随着计算机技术的发展，通过数值计算可有效解决微分方程求解的难题，于是研究人员在计算机上通过数学模型进行大量计算和分析，从而得到航天器的运动状态及控制系统各个参数随时间的变化规律。本章主要介绍航天器控制系统仿真中动力学相关数学模型及其数值解算。

2.2 航天器轨道动力学

▶ 2.2.1 轨道的描述

轨道运动是指航天器质心的平移运动。

在航天器轨道问题分析中，通常的做法是忽略航天器受到的除地球引力外的其他外力（如地球形状非球形及地球密度不均产生的附加引力、太空中稀薄气体的阻力、太阳光压、太阳和月亮的引力等，详见2.2.2节），得到的轨道称为二体轨道,它是航天器轨道运动的最主要特性。

首先,对轨道相关的几个天文学术语进行简单阐述。

1)升交点

升交点是指航天器从地球的南半球向北半球飞行时经过地球赤道平面的点 N(图2-1)。

2)春分点

春分点是指太阳相对地球从南半球向北半球运动的时候经过地球赤道平面的点 Υ(图2-1)。

3)黄道面

黄道面是指地球绕太阳公转的平面。

为了描述航天器在空间的位置,定义地心(赤道)惯性坐标系 $OXYZ$:坐标原点 O 在地球中心;X 轴沿地球赤道面和黄道面的交线,指向春分点;Z 轴指向北极;Y 轴在赤道平面上垂直于 X 轴,见图2-1。

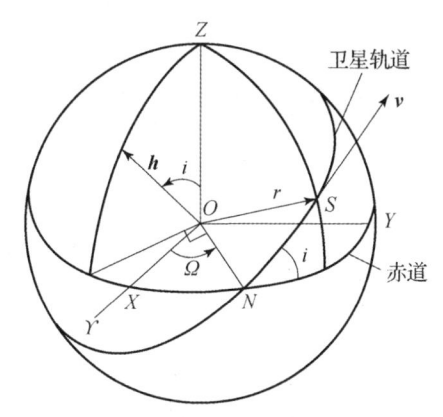

图2-1 地心惯性坐标系和航天器轨道

4)轨道6要素

轨道6要素又称6根数,包括:

(1)轨道倾角 i。轨道平面和赤道平面的夹角,或轨道面法线与 Z 轴的夹角。

(2)升交点赤经 Ω。在地心赤道惯性坐标系中以 X 轴的赤经为零,读取升交点的赤经;或升交点到地心的连线和 X 轴的夹角。

(3)半长轴 a。航天器椭圆轨道椭圆的半长轴长度。

(4)偏心率 e。航天器椭圆轨道椭圆的偏心率。

(5) 近地点辐角 ω。从升交点到地心的连线和从近地点到地心的连线之间的夹角。

(6) 过近地点时刻 t_p。航天器经过近地点的时刻。

2.2.2 轨道摄动

二体运动是航天器在中心引力场中且没有任何其他摄动力时的运动,即开普勒(Kepler)运动。它代表了航天器理想运动的基本规律,即航天器的轨道是永恒不变的。但航天器的实际运动表明,航天器的轨道 6 要素都在发生着微弱的变化,这种实际运动和理想运动的偏差称为轨道摄动。

航天器在轨道上始终受着空间环境各种摄动力的作用,这些摄动力包括地球形状非球形和质量不均匀产生的附加引力、大气的气动阻力、太阳和月球的引力以及太阳光照射压力等。在摄动力的作用下,航天器轨道不再遵循二体轨道特征规律,其周期、偏心率、升交点赤经和轨道倾角等不断变化。虽然这些摄动力只有地球中心引力的约十万分之一,但长时间的作用仍将使航天器轨道偏离任务要求,因而需要采取相应的轨道保持措施。而主动轨道保持将消耗燃料,从而影响航天器寿命。因此,考虑利用空间环境的某些摄动,使航天器轨道具有特殊的性质(如太阳同步轨道各次轨道星下点当地时是相同的),将有利于航天器对地拍照等应用任务的实践。

轨道摄动计算包括摄动方程的建立和求解。二体运动的基本参数称为轨道要素,描述轨道要素变化和摄动力之间关系的方程称为摄动方程,这是一组以轨道要素为状态变量的微分方程。

航天器实际轨道是一组随时间变化的椭圆包络线。每个时刻的椭圆轨道称为密切轨道(密切椭圆),描述密切轨道运动的轨道要素称为密切要素,这就是经典天体力学中的参数变易法。

摄动方程求解的结果表明,在摄动力为零时,轨道要素为常数,航天器的运动轨道是二体轨道,此时也称无摄运动。当摄动力不为零时,轨道要素是随时间变化的变量。与时间成正比的变化称为长期摄动,周期性的变化按周期长短分为长周期摄动和短周期摄动,短周期摄动的周期和运行轨道周期同量级。

令 F_r 为航天器矢径 r 方向的摄动力分量,F_t 为轨道面上垂直于矢径 r 并指向速度方向的摄动力分量,F_n 为沿轨道面法线按 F_r、F_t、F_n 组成右手坐标系取向的摄动力分量。摄动方程描述为

第 2 章　动力学相关数学模型及其数值解算

$$\begin{cases} \dfrac{\mathrm{d}a}{\mathrm{d}t} = \dfrac{2}{n\sqrt{1-e^2}} [F_r e\sin f + F_t(1+e\cos f)] \\ \dfrac{\mathrm{d}e}{\mathrm{d}t} = \dfrac{\sqrt{1-e^2}}{na} [F_r \sin f + F_t(\cos E + \cos f)] \\ \dfrac{\mathrm{d}i}{\mathrm{d}t} = \dfrac{r\cos(\omega+f)}{na^2\sqrt{1-e^2}} F_n \\ \dfrac{\mathrm{d}\Omega}{\mathrm{d}t} = \dfrac{r\sin(\omega+f)}{na^2 \sin i \sqrt{1-e^2}} F_n \\ \dfrac{\mathrm{d}\omega}{\mathrm{d}t} = \dfrac{\sqrt{1-e^2}}{nae} \left(-F_r \cos f + F_t \dfrac{2+e\cos f}{1+e\cos f} \sin f - \cos i \dfrac{\mathrm{d}\Omega}{\mathrm{d}t} \right) \\ \dfrac{\mathrm{d}M}{\mathrm{d}t} = n - \dfrac{1-e^2}{nae} \left[F_r \left(\dfrac{2er}{p} - \cos f \right) + F_t \left(1 + \dfrac{r}{p} \right) \sin f \right] \end{cases}$$

式中：f 为真近点角；E 为偏近点角；M 为平近点角；n 为航天器轨道的平均角速度；r 为地心距；P 为半通径；其余各符号的意义见 2.2.1 节。对于二体运动有 $F_r = F_t = F_n = 0$，所以 $\dfrac{\mathrm{d}M}{\mathrm{d}t} = n$，其余 5 个轨道要素都是常值。

卫星的轨道动力学方程为复杂的非线性方程，一般很难求得其严格的解析解。通常做法是采用摄动分析解法求出其小参数幂级数解，或者用数值计算方法求其精确解，具体有以下两种方法：

（1）近似解析法。

对列出的摄动方程通过级数展开或变量变换等方法解出方程的近似解析解。它能清楚地表示轨道变化和摄动力之间的对应关系。只需已知航天器初始运动状态，就能计算出航天器任意时刻的位置和速度。为了使方程可以求解，往往需要对摄动力的物理模型进行简化，这样就会使精度受到一定影响。对于几种摄动力同时求解的情况，近似解析法仍有较大困难。

（2）数值计算法。

对于列出的运动方程或摄动方程，选用合适的数值计算法可以得到运动的数值解。将航天器在某一个时刻的已知位置和速度作为初值，通过计算机数值积分计算就可以得到航天器在任意时刻的位置和速度，即根据给定的历元时刻 t_0 的航天器位置 $r(t_0)$ 和速度 $\dot{r}(t_0)$ 作为初始值，采用数值计算法精确求得任意时刻 t 的航天器位置 $r(t)$ 和速度 $\dot{r}(t)$。原则上，数值计算法只要列出方程就可以进行计算，并且可以计算同时包括多种摄动力的摄动方程，得出的结果精度很高。但数值计算法只能给出数值间的关系,是近似解。同时需要注意的是,如果要推算很长时间,则计算过程中的累积误差不容忽视。

1. 摄动方程形式

卫星轨道动力学方程可表示如下:

$$\begin{cases} \ddot{\boldsymbol{r}} = -\dfrac{\mu}{r^3}\boldsymbol{r} + \boldsymbol{a}_e + \boldsymbol{a}_a + \boldsymbol{a}_s + \boldsymbol{a}_l \\ \dot{m} = -\dfrac{F}{gI_{sp}} \end{cases}$$

式中:a_e 为地球非球形引力摄动加速度;a_a 为大气阻力加速度;a_s 为第三体(日、月)引力加速度;a_l 为太阳光压加速度;I_{sp} 为比冲;μ 为地球引力常数。

2. 地球引力场非中心性引起的摄动

假设航天器位置在 J2000 地心惯性坐标系(J2000 地心惯性坐标系以及其余常用坐标系的定义均在 2.7.1 节中进行详细描述)中表示为 r_{ECI},在计算地球引力时,首先将航天器位置转换到地固系中(表示为 R_{ECF}),转换关系为

$$R_{ECF} = HG \cdot r_{ECI}$$
$$HG = (EP)(ER)(NR)(PR)$$

式中:(EP) 为极移矩阵;(ER) 为地球自转矩阵;(NR) 为章动矩阵;(PR) 为岁差矩阵。

地球引力位函数表示如下:

$$V = \frac{\mu}{r}\left[1 + \sum_{l=2}^{\infty}\overline{C}_l\left(\frac{R_e}{r}\right)^l\overline{P}_l\sin\varphi + \sum_{l=2}^{\infty}\sum_{m=1}^{n}\left(\frac{R_e}{r}\right)^l \cdot \right.$$
$$\left. \overline{P}_{lm}\sin\varphi(\overline{C}_{lm}\cos(m\lambda) + \overline{S}_{lm}\sin(m\lambda))\right] \tag{2-1}$$

式中:r 为地心距;φ 为纬度;λ 为经度;R_e 为地球半径;μ 为地球引力常数。中心引力位、带谐项引力位和田谐项引力位,分别记为

$$V_c = \frac{\mu}{r}$$

$$V_l = \frac{\mu}{r}\sum_{l=2}^{\infty}\overline{C}_l\left(\frac{R_e}{r}\right)^l\overline{P}_l\sin\varphi$$

$$V_{lm} = \frac{\mu}{r}\sum_{l=2}^{\infty}\sum_{m=1}^{n}\left(\frac{R_e}{r}\right)^l\overline{P}_{lm}\sin\varphi(\overline{C}_{lm}\cos(m\lambda) + \overline{S}_{lm}\sin(m\lambda))$$

在地固系中,中心引力加速度为

$$\frac{\partial V_c}{\partial \boldsymbol{r}} = -\frac{\mu}{r^3}\boldsymbol{r}$$

带谐项引力加速度为

$$\frac{\partial V_l}{\partial \boldsymbol{r}} = \frac{\partial V_l}{\partial r} \cdot \frac{\partial r}{\partial \boldsymbol{r}} + \frac{\partial V_l}{\partial \sin\varphi} \cdot \frac{\partial \sin\varphi}{\partial \boldsymbol{r}} + \frac{\partial V_l}{\partial \lambda} \cdot \frac{\partial \lambda}{\partial \boldsymbol{r}}$$

田谐项引力加速度为

$$\frac{\partial V_{lm}}{\partial \boldsymbol{r}} = \frac{\partial V_{lm}}{\partial r} \cdot \frac{\partial r}{\partial \boldsymbol{r}} + \frac{\partial V_{lm}}{\partial \sin\varphi} \cdot \frac{\partial \sin\varphi}{\partial \boldsymbol{r}} + \frac{\partial V_{lm}}{\partial \lambda} \cdot \frac{\partial \lambda}{\partial \boldsymbol{r}}$$

其中，$\boldsymbol{r}$ 为从地心到卫星的矢量在地固系中的表示。

综上可得如下微分方程组：

$$\frac{\partial \lambda}{\partial \boldsymbol{r}} = \frac{\boldsymbol{r}}{r} = \frac{1}{r}\begin{pmatrix} x \\ y \\ z \end{pmatrix}$$

$$\frac{\partial \sin\varphi}{\partial \boldsymbol{r}} = -\frac{z}{r^3}\boldsymbol{r} + \frac{1}{r}\boldsymbol{k} = -\frac{z}{r^3}\begin{pmatrix} x \\ y \\ z \end{pmatrix} + \frac{1}{r}\begin{pmatrix} 0 \\ 0 \\ 1 \end{pmatrix}$$

$$\frac{\partial \lambda}{\partial \boldsymbol{r}} = \frac{1}{x^2 + y^2}\begin{pmatrix} -y \\ x \\ 0 \end{pmatrix} = \frac{1}{\sqrt{x^2 + y^2}}\begin{pmatrix} -\sin\lambda \\ \cos\lambda \\ 0 \end{pmatrix}$$

$$\frac{\partial V_l}{\partial \lambda} = -\frac{\mu}{r^2}\sum_{l=2}^{\infty} \overline{C}_l(l+1)\left(\frac{R_e}{r}\right)^l \overline{P}_l(\sin\varphi)$$

$$\frac{\partial V_l}{\partial \sin\varphi} = \frac{\mu}{r}\sum_{l=2}^{\infty} \overline{C}_l\left(\frac{R_e}{r}\right)^l \overline{P}'_l(\sin\varphi)$$

$$\frac{\partial V_l}{\partial \lambda} = 0$$

$$\frac{\partial V_{lm}}{\partial r} = -\frac{\mu}{r^2}\sum_{l=2}^{\infty}\sum_{m=1}^{l}\left(\frac{R_e}{r}\right)^l (l+1)\overline{P}_{lm}\sin\varphi(\overline{C}_{lm}\cos(m\lambda) + \overline{S}_{lm}\sin(m\lambda))$$

$$\frac{\partial V_{lm}}{\partial \sin\varphi} = \frac{\mu}{r}\sum_{l=2}^{\infty}\sum_{m=1}^{l}\left(\frac{R_e}{r}\right)^l \overline{P}'_{lm}\sin\varphi(\overline{C}_{lm}\cos(m\lambda) + \overline{S}_{lm}\sin(m\lambda))$$

$$\frac{\partial V_{lm}}{\partial \lambda} = \frac{\mu}{r}\sum_{l=2}^{\infty}\sum_{m=1}^{l} m\left(\frac{R_e}{r}\right)^l \overline{P}_{lm}\sin\varphi(\overline{S}_{lm}\cos(m\lambda) - \overline{C}_{lm}\sin(m\lambda))$$

式(2-1)中的勒让德(Legendre)函数及其导数的递推公式：

$$\begin{cases} \overline{P}_0(\mu) = 1 \quad \overline{P}_1(\mu) = \sqrt{3}\mu \\ \overline{P}_l(\mu) = \sqrt{\frac{2l+1}{2l-1}}\left[\left(2 - \frac{1}{l}\right)\mu\overline{P}_{l-1}(\mu) - \sqrt{\frac{2l-1}{2l-3}}\left(1 - \frac{1}{l}\right)\overline{P}_{l-2}(\mu)\right] \quad (l \geq 2) \end{cases}$$

$$\begin{cases} \overline{P}_{1,1}(\mu) = \sqrt{3}\sqrt{1-\mu^2} \\ \overline{P}_{l,l}(\mu) = \sqrt{\dfrac{2l+1}{2l}}\sqrt{1-\mu^2}\,\overline{P}_{l-1,l-1}(\mu) \quad (l \geqslant 2) \\ \overline{P}_{l,l-1}(\mu) = \sqrt{(2l+1)}\mu\overline{P}_{l-1,l-1}(\mu) \quad (l \geqslant 2) \\ \overline{P}_{l,m}(\mu) = \sqrt{\dfrac{(2l+1)(2l-1)}{(l+m)(l-m)}}\mu\overline{P}_{l-1,m}(\mu) - \sqrt{\dfrac{(2l+1)(l+m-1)(l-m-1)}{(2l-3)(l+m)(l-m)}} \\ \qquad\qquad \overline{P}_{l-2,m}(\mu) \quad (l \geqslant 2; m=1,2,\cdots,l-2) \end{cases}$$

$$\begin{cases} \overline{P}'_1(\mu) = \sqrt{3} \\ \overline{P}'_l(\mu) = \dfrac{l}{1-\mu^2}\left[\sqrt{\dfrac{2l+1}{2l-1}}\overline{P}_{l-1}(\mu) - \mu\overline{P}_l(\mu)\right] \quad (l \geqslant 2) \end{cases}$$

$$\overline{P}'_{lm}(\mu) = \dfrac{1}{1-\mu^2}\left[\sqrt{\dfrac{2l+1}{2l-1}(l+m)(l-m)}\,\overline{P}_{l-1,m}(\mu) - l\mu\overline{P}_{l,m}(\mu)\right]$$

航天器地球引力加速度为

$$\boldsymbol{a}_{\text{ECF}} = \dfrac{\partial V_c}{\partial \boldsymbol{r}} + \dfrac{\partial V_l}{\partial \boldsymbol{r}} + \dfrac{\partial V_{lm}}{\partial \boldsymbol{r}}$$

航天器地球引力加速度转换到 J2000 地心惯性系为

$$\boldsymbol{a}_{\text{ECI}} = HG^{\text{T}} \cdot \boldsymbol{a}_{\text{ECF}}$$

3. 大气阻力摄动

对于近地卫星,特别是轨道较低的卫星,大气阻力的影响显著。由于大气阻力始终作用在卫星上,即使这个力并不大,但长时间的积累效应仍然很大。

大气对卫星所产生的阻力加速度 F 的计算方法为

$$F = -\dfrac{1}{2}c_{\text{D}}\dfrac{A}{m}\rho v \boldsymbol{\nu}^{[2]}$$

式中:c_{D} 为阻力系数;A 为卫星沿速度方向的投影面积;m 为卫星质量;$\boldsymbol{\nu}$ 为卫星相对大气的速度矢量;v 为卫星相对大气的速度;ρ 为大气密度。

大气的物理特性非常复杂,自卫星技术全面应用以来,获得了大量的高层大气观测资料,在长期的研究、观测、分析和探索过程中,先后出现了很多大气模型,诸如国际标准大气模型 CIRA 系列模型、Jacchia 系列模型、MSIS 系列模型、DTM 模型等。大气密度 MSIS 系列中最新的 NRLMSISE2.1 模型计算的 C 程序代码在以下网址可以获取:

http://ccmc.gsfc.nasa.gov/models/NRLMSIS~2.1/。

4. 太阳光压摄动

如果卫星的外形为一个平面,面积为 S,作用在整个卫星上的光压力为[5]

$$F_\Theta = -\kappa S \rho_\Theta \hat{L}_\Theta \quad (\kappa = 1 + \eta) \qquad (2-2)$$

对一个球形卫星,相应的光压力也由式(2-2)表达,其中 S 为截面积。ρ_Θ 为光压强度,$\hat{L}_\Theta$ 为辐射源方向单位矢量,η 为反射系数。地心、卫星与太阳的相对位置如图2-2所示。

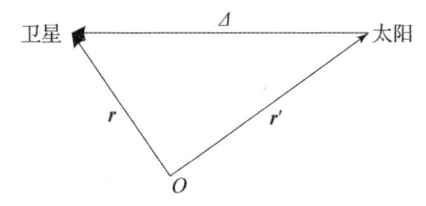

图2-2 地心、卫星与太阳的相对位置

式(2-2)中 $\hat{L}_\Theta$ 方向与图中 Δ 方向相反,而光压强度 ρ_Θ 并不是常量。空间任意一点处的光压强度与该点到太阳的距离有关。若仍记该距离 Δ_0 处的光压强度为 ρ_Θ,则距太阳 Δ 处的光压强度实为 $\rho_\Theta \Delta_0^2/\Delta^2$,相应式(2-2)可写成:

$$F_\Theta = \kappa S \rho_\Theta \left(\frac{\Delta_0^2}{\Delta^2}\right) \frac{\Delta}{\Delta}$$

$$\Delta = r - r'$$

这表明光压力实为中心斥力,与引力方向相反。

卫星获得的光压摄动加速度在地心坐标系中的形式为

$$\boldsymbol{a}_\Theta = \kappa \frac{S}{m} \rho_\Theta \left(\frac{\Delta_0^2}{\Delta^2}\right) \frac{\Delta}{\Delta}$$

式中:m 为卫星的质量。

5. 日月引力摄动

日月和大行星的引力作用对卫星运动的影响,是天体力学中的典型摄动问题。虽然这类摄动力也是一种保守力,但由于日、月和地球、卫星相距都不太远,问题也较复杂。关于日、月的非球形引力部分,摄动加速度为

$$\boldsymbol{F} = -G'\left(\frac{\Delta}{\Delta^3} + \frac{r'}{r'^3}\right)$$

式中:G' 为日、月引力常数;Δ 和 r' 的定义见图2-2。详细描述请见2.4.2节日月引力部分。

2.2.3 邻近航天器相对轨道运动

设有两个邻近的航天器,一个为自由飞行的主航天器(目标航天器)S,另一个为伴随航天器(追踪航天器)P,在地心惯性坐标系中它们的位置分别用矢量 r_S 和 r_P 表示,见图 2-3。

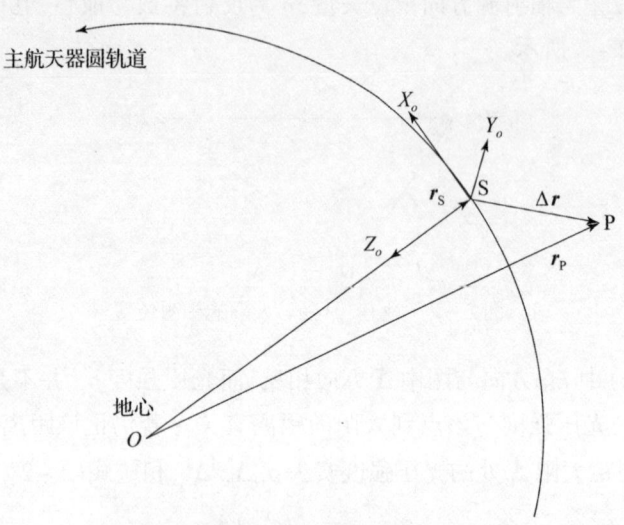

图 2-3 邻近航天器相对轨道运动示意图

有运动方程[6]:

$$\begin{cases} \dfrac{d^2 r_s}{dt^2} = -\dfrac{\mu}{r_s^3} r_s \\ \dfrac{d^2 r_p}{dt^2} = -\dfrac{\mu}{r_p^3} r_p + a \end{cases} \quad (2-3)$$

式中:a 为追踪航天器的轨道控制推力加速度。设矢量 Δr 的起点为 S,终点为 P,则有

$$\Delta r = r_p - r_s$$

由式(2-3)可得

$$\frac{d^2 \Delta r}{dt^2} = \frac{d^2 r_p}{dt^2} - \frac{d^2 r_s}{dt^2} = \frac{\mu}{r_s^3}\left[r_s - \frac{r_s^3}{r_p^3} r_p\right] + a$$

于是有

$$\frac{d^2 \Delta r}{dt^2} = \frac{\mu}{r_s^3}\left[-\Delta r + \frac{r_p}{r_p} \cdot \frac{r_p^3 - r_s^3}{r_p^2}\right] + a \quad (2-4)$$

第 2 章 动力学相关数学模型及其数值解算

由于两航天器距离接近,矢量 r_p 和 r_s 的夹角很小,有

$$r_p = r_s + \Delta r \cdot \frac{r_p}{r_p} \tag{2-5}$$

将式(2-5)代入式(2-4)得

$$\frac{d^2 \Delta r}{dt^2} = \frac{\mu}{r_s^3}\left[-\Delta r + 3\left(\Delta r \cdot \frac{r_s}{r_s}\right)\frac{r_s}{r_s} \right] + a \tag{2-6}$$

在研究相对运动时,用动坐标系来描述运动是方便的。动坐标系取目标航天器的轨道系 $SX_oY_oZ_o$(图 2-3),原点为目标航天器的质心为 S,X_o 轴沿目标航天器的速度方向,Z_o 轴指向地心,y_o 轴沿轨道法线反方向。设目标航天器运动于圆轨道,轨道角速度矢量为 ω_0,轨道系 Y_o 轴的单位矢量为 y_o,Δr 在惯性系的绝对加速度用 $\frac{d^2 \Delta r}{dt^2}$ 表示,P 点在轨道系的相对位置、速度和加速度分别表示为 $\boldsymbol{\rho}$、$\dot{\boldsymbol{\rho}}$、$\ddot{\boldsymbol{\rho}}$。

轨道系上 P 点的牵连加速度为 $-\omega_0^2[\boldsymbol{\rho} - (\boldsymbol{\rho} \cdot y_0)y_0]$,科氏加速度为 $2\boldsymbol{\omega}_0 \times \dot{\boldsymbol{\rho}}$,$\frac{d^2 \Delta r}{dt^2}$ 是 $\ddot{\boldsymbol{\rho}}$ 与 P 点的牵连加速度和 P 点的科氏加速度三者之和,即有

$$\frac{d^2 \Delta r}{dt^2} = \ddot{\boldsymbol{\rho}} - \omega_0^2[\boldsymbol{\rho} - (\boldsymbol{\rho} \cdot y_0)y_0] - 2\omega_0 y_0 \times \dot{\boldsymbol{\rho}} \tag{2-7}$$

由于 $\frac{\mu}{r_s^3} = \omega_0^2$,由式(2-6)得

$$\frac{d^2 \Delta r}{dt^2} = \omega_0^2\left[-\boldsymbol{\rho} + 3\left(\boldsymbol{\rho} \cdot \frac{r_s}{r_s}\right)\frac{r_s}{r_s} \right] + a \tag{2-8}$$

由式(2-7)与式(2-8)得

$$\ddot{\boldsymbol{\rho}} - 2\omega_0 y_0 \times \dot{\boldsymbol{\rho}} - \omega_0^2\left[3\left(\boldsymbol{\rho} \cdot \frac{r_s}{r_s}\right)\frac{r_s}{r_s} - (\boldsymbol{\rho} \cdot y_0)y_0 \right] = a \tag{2-9}$$

以轨道系为参考系有

$$\begin{cases} \dot{\boldsymbol{\rho}} = \begin{bmatrix} \dot{x} & \dot{y} & \dot{z} \end{bmatrix}^T \quad \dot{\boldsymbol{\rho}} = \begin{bmatrix} \dot{x} & \dot{y} & \dot{z} \end{bmatrix}^T \\ \boldsymbol{\rho} = \begin{bmatrix} x & y & z \end{bmatrix}^T \\ y_0 = \begin{bmatrix} 0 & 1 & 0 \end{bmatrix}^T \\ 2\omega_0 y_0 \times \dot{\boldsymbol{\rho}} = \begin{bmatrix} 2\omega_0 \dot{z} & 0 & -2\omega_0 \dot{x} \end{bmatrix}^T \\ 3\left(\boldsymbol{\rho} \cdot \frac{r_s}{r_s}\right)\frac{r_s}{r_s} = \begin{bmatrix} 0 & 0 & 3z \end{bmatrix}^T \\ (\boldsymbol{\rho} \cdot y_0)y_0 = \begin{bmatrix} 0 & y & 0 \end{bmatrix}^T \end{cases}$$

于是得到式(2-9)在轨道坐标系中以坐标分量的表达式：

$$\begin{cases} \ddot{x} - 2\omega_0 \dot{z} = a_x \\ \ddot{y} + \omega_0^2 y = a_y \\ \ddot{z} + 2\omega_0 \dot{x} - 3\omega_0^2 z = a_z \end{cases} \quad (2-10)$$

式(2-10)称为希尔方程(也称 C-W 方程)，需满足如下条件：
(1)应用无摄动的二体轨道；
(2)主航天器(目标航天器)运行于圆轨道；
(3)伴随航天器(追踪航天器)与主航天器的距离很近，与轨道半径相比是小量。

对于无控运动(自由运动，$a_x = a_y = a_z = 0$)，希尔方程的解析解：

$$\begin{cases} x(t) = -\dfrac{2\dot{z}_0}{\omega_0}\cos\omega_0 t + \left(\dfrac{4\dot{x}_0}{\omega_0} - 6z_0\right)\sin\omega_0 t + \left(x_0 + \dfrac{2\dot{z}_0}{\omega_0}\right) - (3\dot{x}_0 - 6\omega_0 z_0)t \\ y(t) = y_0\cos\omega_0 t + \dfrac{\dot{y}_0}{\omega_0}\sin\omega_0 t \\ z(t) = \dfrac{\dot{z}_0}{\omega_0}\sin\omega_0 t + \left(\dfrac{2\dot{x}_0}{\omega_0} - 3z_0\right)\cos\omega_0 t + \left(4z_0 - \dfrac{2\dot{x}_0}{\omega_0}\right) \end{cases} \quad (2-11)$$

式中：$x_0 \ 、\dot{x}_0 \ 、y_0 \ 、\dot{y}_0 \ 、z_0 \ 、\dot{z}_0$ 为初始条件。

航天器在自由飞行时处于失重状态，在失重且无控条件下两个相邻的航天器相对位置会如何变化，什么条件下能相对静止，伴随航天器能如何伴飞，这些问题可以通过式(2-11)来分析。由此式可知，在无控条件下，法向运动是以目标航天器的轨道角速度 ω_0 为角频率的简谐振荡，它的幅值和相位取决于法向运动初始条件，与轨道平面内的运动无关。轨道平面内径向运动与切向运动是互相耦合的，它们都含有以 ω_0 为角频率的简谐振荡分量和常值分量，切向振荡比径向振荡的幅值大 1 倍，相位超前 90°，切向运动具有随时间线性增长的分量。

2.2.4 轨道计算

1. 根据位置速度求轨道根数

由已知位置 $\boldsymbol{r} = (x,y,z)^T$ 和速度 $\boldsymbol{v} = (\dot{x},\dot{y},\dot{z})^T$ 求轨道根数 $a \ 、e \ 、i \ 、\Omega \ 、\omega \ 、M$：

$$r = \sqrt{x^2 + y^2 + z^2}$$

$$v = \sqrt{\dot{x}^2 + \dot{y}^2 + \dot{z}^2}$$

$$a = \frac{1}{\dfrac{2}{r} - \dfrac{v^2}{\mu}}$$

$$\boldsymbol{h} = \boldsymbol{r} \times \boldsymbol{v}$$

$$\boldsymbol{U}_z = \begin{bmatrix} 0 \\ 0 \\ 1 \end{bmatrix}$$

$$\boldsymbol{N} = \boldsymbol{U}_z \times \boldsymbol{h}$$

$$p = \frac{\boldsymbol{h} \cdot \boldsymbol{h}}{\mu}$$

$$e = \sqrt{1 - \frac{p}{a}}$$

$$i = \arccos\left(\frac{\boldsymbol{h} \cdot \boldsymbol{U}_z}{|\boldsymbol{h}|}\right)$$

$$\Omega = \begin{cases} \arccos(N_x) & (N_y > 0) \\ 2\pi - \arccos(N_x) & (N_y \leqslant 0) \end{cases}$$

式中:N_x 为 $\boldsymbol{N}$ 的第一个分量;N_y 为 $\boldsymbol{N}$ 的第二个分量。

$$\boldsymbol{e} = \frac{\boldsymbol{v} \cdot \boldsymbol{h}}{\mu} - \frac{\boldsymbol{r}}{r}$$

$$\omega = \begin{cases} \arccos\left(\dfrac{\boldsymbol{N} \cdot \boldsymbol{e}}{|\boldsymbol{N}||\boldsymbol{e}|}\right) & (e_z > 0) \\ 2\pi - \arccos\left(\dfrac{\boldsymbol{N} \cdot \boldsymbol{e}}{|\boldsymbol{N}||\boldsymbol{e}|}\right) & (e_z \leqslant 0) \end{cases}$$

其中 e_z 为 $\boldsymbol{e}$ 的第三个分量。

$$u = \begin{cases} \arccos\left(\dfrac{\boldsymbol{r} \cdot \boldsymbol{N}}{|\boldsymbol{r}||\boldsymbol{N}|}\right) & (z > 0) \\ 2\pi - \arccos\left(\dfrac{\boldsymbol{r} \cdot \boldsymbol{N}}{|\boldsymbol{r}||\boldsymbol{N}|}\right) & (z \leqslant 0) \end{cases}$$

$$E = a\tan2\left(\frac{r\sin(u-\omega)}{a\sqrt{1-e^2}}, \frac{r}{a}\cos(u-\omega) + e\right)$$

$$M = E - e\sin E$$

2. 根据 6 个轨道根数求位置速度

由已知轨道根数 a、e、i、Ω、ω、M 求位置 $\boldsymbol{r}$ 和速度 $\boldsymbol{v}$。

(1) 首先由开普勒方程 $M = E - e\sin E$ 求偏近点角 E,通常用牛顿迭代法:

①初始化:设初值 $E_0 = M$
②迭代更新并检查收敛性:

$$E_1 = E_0 - \frac{E_0 - e\sin E_0 - M}{1 - e\cos E_0} \quad (|E_1 - E_0| > 1 \times 10^{-8})$$

③输出最终的偏近点角结果:

$$E = E_1$$

(2)求得偏近点角后,进一步求解位置:

$$r = a[1 - e\cos E]$$

$$f = \operatorname{atan2}[a\sqrt{1-e^2}\sin E, a(\cos E - e)]$$

$$\boldsymbol{P} = \begin{pmatrix} \cos\Omega\cos\omega - \sin\Omega\sin\omega\cos i \\ \sin\Omega\cos\omega + \cos\Omega\sin\omega\cos i \\ \sin\omega\sin i \end{pmatrix}, \quad \boldsymbol{Q} = \begin{pmatrix} -\cos\Omega\sin\omega - \sin\Omega\cos\omega\cos i \\ -\sin\Omega\sin\omega + \cos\Omega\cos\omega\cos i \\ \cos\omega\sin i \end{pmatrix}$$

$$\boldsymbol{r} = r\cos f \cdot \boldsymbol{P} + r\sin f \cdot \boldsymbol{Q}$$

$$\boldsymbol{v} = -\sqrt{\frac{\mu}{p}}\{\sin f \boldsymbol{P} - [\cos f + e]\boldsymbol{Q}\}$$

2.3 航天器姿态动力学

2.3.1 姿态的描述

姿态运动是指航天器绕其质心的转动。

描述一个物体的姿态,需要用两个坐标系,一个是参考坐标系 $Ox_r y_r z_r$,另一个是固联在物体上的本体坐标系 $Ox_b y_b z_b$,此物体相对于参考系的姿态就是两个坐标系间的姿态。

下面叙述3种姿态描述方式:方向余弦式、欧拉角式、四元数式[1]。

1. 方向余弦式

为了方便,直接以 $\boldsymbol{x}$、$\boldsymbol{y}$、$\boldsymbol{z}$ 表示坐标轴的单位矢量,下标表示坐标系的种类,这里分别以 r、b 表示参考系和本体系。两个坐标系之间的方向余弦共有9个,以 $A_{xx}, A_{xy}, \cdots$ 表示,有

$$\begin{cases} A_{xx} = \boldsymbol{x}_b \cdot \boldsymbol{x}_r & A_{yx} = \boldsymbol{y}_b \cdot \boldsymbol{x}_r & A_{zx} = \boldsymbol{z}_b \cdot \boldsymbol{x}_r \\ A_{xy} = \boldsymbol{x}_b \cdot \boldsymbol{y}_r & A_{yy} = \boldsymbol{y}_b \cdot \boldsymbol{y}_r & A_{zy} = \boldsymbol{z}_b \cdot \boldsymbol{y}_r \\ A_{xz} = \boldsymbol{x}_b \cdot \boldsymbol{z}_r & A_{yz} = \boldsymbol{y}_b \cdot \boldsymbol{z}_r & A_{zz} = \boldsymbol{z}_b \cdot \boldsymbol{z}_r \end{cases}$$

第 2 章　动力学相关数学模型及其数值解算

将方向余弦组成一个矩阵(方向余弦阵)：

$$A = \begin{bmatrix} A_{xx} & A_{xy} & A_{xz} \\ A_{yx} & A_{yy} & A_{yz} \\ A_{zx} & A_{zy} & A_{zz} \end{bmatrix}$$

或写成：

$$A = \begin{bmatrix} A_{11} & A_{12} & A_{13} \\ A_{21} & A_{22} & A_{23} \\ A_{31} & A_{32} & A_{33} \end{bmatrix}$$

矩阵 A 完全确定航天器在参考坐标系中的姿态，此方向余弦阵 A 又称姿态矩阵。

由于参考坐标系和物体本体坐标系都是正交坐标系，这 9 个元素还满足 6 个约束方程：

$$\begin{cases} A_{xx}^2 + A_{xy}^2 + A_{xz}^2 = 1 \\ A_{yx}^2 + A_{yy}^2 + A_{yz}^2 = 1 \\ A_{zx}^2 + A_{zy}^2 + A_{zz}^2 = 1 \end{cases}$$

$$\begin{cases} A_{xx}A_{yx} + A_{xy}A_{yy} + A_{xz}A_{yz} = 0 \\ A_{xx}A_{zx} + A_{xy}A_{zy} + A_{xz}A_{zz} = 0 \\ A_{yx}A_{zx} + A_{yy}A_{zy} + A_{yz}A_{zz} = 0 \end{cases}$$

因此有 3 个姿态参数是独立的，只要用 3 个独立参数就可以描述航天器姿态。

姿态矩阵 A 也是两坐标系之间的转换矩阵(坐标转换矩阵)，设空间有矢量 V，在参考系的值为 V_r，在本体系的值为 V_b，则有

$$V_b = A V_r$$

另外，姿态矩阵 A 还具有正交矩阵的特性：

$$A^{-1} = A^T$$

方向余弦矩阵的 9 个数(矩阵 A)有两个意义，它既是本体系相对参考系的姿态(静态观察)，因此可以称为姿态矩阵；又是从参考系机动到本体系的机动参数(动态观察)，机动的形式是它的矩阵 A，所以又称为转换矩阵。这两个意义实际上是统一的，是从不同角度观察的结果。

从参考系开始，设第一次机动的矩阵为 A，第二次机动的矩阵为 A'，最终得到姿态为 $A'' = A'A$。

2. 欧拉角式

根据欧拉定理,刚体绕固定点的转动也可以是绕该点的若干次有限转动的合成。在欧拉转动中,将参考坐标系绕坐标轴转动 3 次得到本体坐标系。3 次转动中每次的旋转轴是被转动坐标系的某一个坐标轴,每次的转动角为欧拉角(也称姿态角)。因此欧拉角确定的姿态矩阵是 3 次坐标转换矩阵的乘积。这些坐标转换矩阵都有如下标准形式(下标表示转轴):

$$\boldsymbol{R}_x(\theta) = \begin{bmatrix} 1 & 0 & 0 \\ 0 & \cos\theta & \sin\theta \\ 0 & -\sin\theta & \cos\theta \end{bmatrix}$$

$$\boldsymbol{R}_y(\theta) = \begin{bmatrix} \cos\theta & 0 & -\sin\theta \\ 0 & 1 & 0 \\ \sin\theta & 0 & \cos\theta \end{bmatrix}$$

$$\boldsymbol{R}_z(\theta) = \begin{bmatrix} \cos\theta & \sin\theta & 0 \\ -\sin\theta & \cos\theta & 0 \\ 0 & 0 & 1 \end{bmatrix}$$

姿态矩阵还与三次转动的顺序有关,转动顺序可分为两类。

第一类:第一次和第三次的转动绕同类坐标轴进行,第二次转动绕另两类轴中的一轴进行。

第二类:每次转动是绕不同类别的坐标轴进行。

如以数字顺序 1、2、3 分别代表各类坐标系的坐标轴 x、y、z,则属于第一类转动顺序的可表示为

$$1-2-1 \quad 1-3-1 \quad 2-1-2$$
$$2-3-2 \quad 3-1-3 \quad 3-2-3$$

属于第二类转动顺序的可表示为

$$1-2-3 \quad 1-3-2 \quad 2-1-3$$
$$2-3-1 \quad 3-1-2 \quad 3-2-1$$

对于三轴稳定的航天器主要应用第二类转动顺序,在半物理仿真中需要驱动三轴转台时也应用第二类转动顺序,且转序对应三轴转台的外、中、内三轴。如应用 2-3-1 转序,则转台外轴为 y 轴,中轴为 z 轴,内轴为 x 轴。

对地定向三轴稳定航天器姿态的参考坐标系是轨道坐标系(见 2.7.1 节定义)。定义航天器本体坐标系 $Ox_b y_b z_b$:坐标原点在航天器的质心,在航天器姿态理想对地即姿态角为零时,本体系的各轴和轨道系的重合。

第 2 章 动力学相关数学模型及其数值解算

航天器本体系的 x 轴也叫滚动轴,其转角滚动角以 φ 表示;y 轴为俯仰轴,其转角俯仰角以 θ 表示;z 轴为偏航轴,其转角偏航角以 ψ 表示。当以 3 – 1 – 2 转序转动时,可由欧拉角求得转换矩阵:

$$\boldsymbol{A}_{312}(\psi,\varphi,\theta) = \boldsymbol{R}_y(\theta)\boldsymbol{R}_x(\varphi)\boldsymbol{R}_z(\psi)$$

$$= \begin{bmatrix} -\sin\varphi\sin\theta\sin\psi + \cos\theta\cos\psi & \sin\varphi\sin\theta\cos\psi + \cos\theta\sin\psi & -\cos\varphi\sin\theta \\ -\cos\varphi\sin\psi & \cos\varphi\cos\psi & \sin\varphi \\ \sin\varphi\cos\theta\sin\psi + \sin\theta\cos\psi & -\sin\varphi\cos\theta\cos\psi + \sin\theta\sin\psi & \cos\varphi\cos\theta \end{bmatrix}$$

根据上式,也可由转换矩阵 $\boldsymbol{A}$ 求转序为 3 – 1 – 2 的欧拉角:

$$\varphi = \arcsin[A_{23}]$$

$$\theta = \arctan\left[\frac{-A_{13}}{A_{33}}\right]$$

$$\psi = \arctan\left[\frac{-A_{21}}{A_{22}}\right]$$

以 θ 为例,在编程时需要作如下处理:

如果 $A_{33} = 0$ 且 $(-A_{13}) > 0$,则 $\theta = \dfrac{\pi}{2}$;

如果 $A_{33} = 0$ 且 $(-A_{13}) < 0$,则 $\theta = -\dfrac{\pi}{2}$;

如果 $A_{33} > 0$,则 $\theta = \arctan\left(\dfrac{-A_{13}}{A_{33}}\right)$;

如果 $A_{33} < 0$ 且 $(-A_{13}) > 0$,则 $\theta = \pi + \arctan\left(\dfrac{-A_{13}}{A_{33}}\right)$;

如果 $A_{33} < 0$ 且 $(-A_{13}) < 0$,则 $\theta = -\pi + \arctan\left(\dfrac{-A_{13}}{A_{33}}\right)$。

上面由姿态矩阵求欧拉角的公式内,分母不能为零,即当 $\varphi = 90°$ 时是 3 – 1 – 2 欧拉转动的奇点。出现奇点是欧拉角式的一个缺点。

下面给出第二类转序中其他 5 个转序的转换矩阵[5]:

$$\boldsymbol{A}_{123}(\varphi,\theta,\psi) = \begin{bmatrix} \cos\theta\cos\psi & \sin\varphi\sin\theta\cos\psi + \cos\varphi\sin\psi & -\cos\varphi\sin\theta\cos\psi + \sin\varphi\sin\psi \\ -\cos\theta\sin\psi & -\sin\varphi\sin\theta\sin\psi + \cos\varphi\cos\psi & \cos\varphi\sin\theta\sin\psi + \sin\varphi\cos\psi \\ \sin\theta & -\sin\varphi\cos\theta & \cos\varphi\cos\theta \end{bmatrix}$$

$$\boldsymbol{A}_{132}(\varphi,\psi,\theta) = \begin{bmatrix} \cos\theta\cos\psi & \cos\varphi\cos\theta\sin\psi + \sin\varphi\sin\theta & \sin\varphi\cos\theta\sin\psi - \cos\varphi\sin\theta \\ -\sin\psi & \cos\varphi\cos\psi & \sin\varphi\cos\psi \\ \sin\theta\cos\psi & \cos\varphi\sin\theta\sin\psi - \sin\varphi\cos\theta & \sin\varphi\sin\theta\sin\psi + \cos\varphi\cos\theta \end{bmatrix}$$

$$A_{213}(\theta,\varphi,\psi) = \begin{bmatrix} \sin\varphi\sin\theta\sin\psi + \cos\theta\cos\psi & \cos\varphi\sin\psi & \sin\varphi\cos\theta\sin\psi - \sin\theta\cos\psi \\ \sin\varphi\sin\theta\cos\psi - \cos\theta\sin\psi & \cos\varphi\cos\psi & \sin\varphi\cos\theta\cos\psi + \sin\theta\sin\psi \\ \cos\varphi\sin\theta & -\sin\varphi & \cos\varphi\cos\theta \end{bmatrix}$$

$$A_{231}(\theta,\psi,\varphi) = \begin{bmatrix} \cos\theta\cos\psi & \sin\psi & -\sin\theta\cos\psi \\ -\cos\varphi\cos\theta\sin\psi + \sin\varphi\sin\theta & \cos\varphi\cos\psi & \cos\varphi\sin\theta\sin\psi + \sin\varphi\cos\theta \\ \sin\varphi\cos\theta\sin\psi + \cos\varphi\sin\theta & -\sin\varphi\cos\psi & -\sin\varphi\sin\theta\sin\psi + \cos\varphi\cos\theta \end{bmatrix}$$

$$A_{321}(\psi,\theta,\varphi) = \begin{bmatrix} \cos\theta\cos\psi & \cos\theta\sin\psi & -\sin\theta \\ \sin\varphi\sin\theta\cos\psi - \cos\varphi\sin\psi & \sin\varphi\sin\theta\sin\psi + \cos\varphi\cos\psi & \sin\varphi\cos\theta \\ \cos\varphi\sin\theta\cos\psi + \sin\varphi\sin\psi & \cos\varphi\sin\theta\sin\psi - \sin\varphi\cos\psi & \cos\varphi\cos\theta \end{bmatrix}$$

当欧拉角都是小量时(一般小于5°),可以认为与转序无关,有

$$A = \begin{bmatrix} 1 & \psi & -\theta \\ -\psi & 1 & \varphi \\ \theta & -\varphi & 1 \end{bmatrix}$$

同样姿态角(欧拉角)既是相对于参考系的姿态,也是姿态机动的参数。如进行了两次欧拉角机动,第一次机动可由它的转序得到转换矩阵 A,第二次机动得到矩阵 A',最终得到矩阵 $A'' = A'A$,再由 A'' 求得最终的姿态角。

3. 四元数式

根据理论力学中的欧拉定理,刚体绕固定点的任意位移,可由绕过此点的某一个轴(轴单位矢量 e)转过一个角度(转角 ϕ)而得到,以此可得到姿态描述的欧拉轴/角参数式。为了便于对姿态矩阵进行矩阵运算,由欧拉轴/角参数式组成4个姿态参数,这种表示法称为欧拉四元数,简称四元数,前3个代表欧拉轴方向,第4个代表欧拉转角,定义四元数 q 由三维矢量 $\hat{q}$ 和标量 q_4 组成,即

$$q = \begin{bmatrix} \hat{q} \\ q_4 \end{bmatrix} = \begin{bmatrix} q_1 \\ q_2 \\ q_3 \\ q_4 \end{bmatrix} = \begin{bmatrix} e_x \sin\dfrac{\phi}{2} \\ e_y \sin\dfrac{\phi}{2} \\ e_z \sin\dfrac{\phi}{2} \\ \cos\dfrac{\phi}{2} \end{bmatrix} \quad (2-12)$$

式中:e_x、e_y、e_z 为转轴单位矢量的3个投影值;ϕ 为转动角度。这4个参数满足约束方程:

$$q_1^2 + q_2^2 + q_3^2 + q_4^2 = 1$$

由四元数求姿态矩阵：

$$\boldsymbol{A} = \begin{bmatrix} q_1^2 - q_2^2 - q_3^2 + q_4^2 & 2(q_1q_2 + q_3q_4) & 2(q_1q_3 - q_2q_4) \\ 2(q_1q_2 - q_3q_4) & -q_1^2 + q_2^2 - q_3^2 + q_4^2 & 2(q_2q_3 + q_1q_4) \\ 2(q_1q_3 + q_2q_4) & 2(q_2q_3 - q_1q_4) & -q_1^2 - q_2^2 + q_3^2 + q_4^2 \end{bmatrix} \quad (2-13)$$

由姿态矩阵求四元数[5]：

$$\begin{cases} q_4 = \pm \frac{1}{2}(1 + A_{11} + A_{22} + A_{33})^{\frac{1}{2}} \\ q_1 = \frac{1}{4q_4}(A_{23} - A_{32}) \\ q_2 = \frac{1}{4q_4}(A_{31} - A_{13}) \\ q_3 = \frac{1}{4q_4}(A_{12} - A_{21}) \end{cases} \quad (2-14)$$

q_4 表达式中的正负号任取，取正号（负号）相当于绕定轴转 ϕ 角（$\phi + 2\pi$ 角）。

四元数既是相对于参考系的姿态，也是姿态机动的参数。从参考系开始，设第一次机动参数为 $\boldsymbol{q}$，第二次机动参数为 $\boldsymbol{q}'$，最终姿态为 $\boldsymbol{q}''$，则有

$$\begin{bmatrix} q_1'' \\ q_2'' \\ q_3'' \\ q_4'' \end{bmatrix} = \begin{bmatrix} q_4' & q_3' & -q_2' & q_1' \\ -q_3' & q_4' & q_1' & q_2' \\ q_2' & -q_1' & q_4' & q_3' \\ -q_1' & -q_2' & -q_3' & q_4' \end{bmatrix} \begin{bmatrix} q_1 \\ q_2 \\ q_3 \\ q_4 \end{bmatrix} \quad (2-15)$$

或

$$\begin{bmatrix} q_1'' \\ q_2'' \\ q_3'' \\ q_4'' \end{bmatrix} = \begin{bmatrix} q_4 & -q_3 & q_2 & q_1 \\ q_3 & q_4 & -q_1 & q_2 \\ -q_2 & q_1 & q_4 & q_3 \\ -q_1 & -q_2 & -q_3 & q_4 \end{bmatrix} \begin{bmatrix} q_1' \\ q_2' \\ q_3' \\ q_4' \end{bmatrix} \quad (2-16)$$

当 $\boldsymbol{q}$（初姿态）和 $\boldsymbol{q}''$（终姿态）已知，根据式（2-13）得到由 $\boldsymbol{q}$ 组成的矩阵并求逆，可求得姿态机动参数 $\boldsymbol{q}'$。

应用四元数代数方法可简化姿态矩阵运算。代数四元数的定义为

$$\boldsymbol{q} = q_1 \boldsymbol{i} + q_2 \boldsymbol{j} + q_3 \boldsymbol{k} + q_4 \quad (2-17)$$

这里 $\boldsymbol{i}$、$\boldsymbol{j}$、$\boldsymbol{k}$ 为参考坐标轴上的单位矢量，又称超虚数。有超虚数的乘法规则如下：

$$\begin{cases} i^2 = j^2 = k^2 = -1 \\ ij = -ji = k \\ jk = -kj = i \\ ki = -ik = j \end{cases} \quad (2-18)$$

代数四元数的逆 q^{-1} 为

$$q^{-1} = -q_1 i - q_2 j - q_3 k + q_4$$

令两个四元数 q 和 q' 相乘,乘积为 q'',可写成

$$q'' = qq' = (q_1 i + q_2 j + q_3 k + q_4)(q_1' i + q_2' j + q_3' k + q_4') \quad (2-19)$$

注意:四元数的乘法是不可交换的,即一般 $q_1 q_2 \neq q_2 q_1$,乘积和次序有关。利用四元数乘积规则式(2-18),式(2-19)乘积的展开式与式(2-16)的结果等同,因此,式(2-19)为用代数四元数法表示姿态转动所对应的姿态参数的转换。注意,姿态四元数乘积的顺序与姿态矩阵乘积的顺序相反。

利用四元数逆的定义,可更简便得出将初始姿态 q 转到目标姿态 q'' 所需姿态机动四元数 q',即有

$$q' = q^{-1} q'' = (-q_1 i - q_2 j - q_3 k + q_4)(q_1'' i + q_2'' j + q_3'' k + q_4'') \quad (2-20)$$

这里不用矩阵求逆运算,计算更简便。

欧拉角和四元数之间的转换,可以通过姿态矩阵 A 作为中间变量进行转换,如先将姿态角转换成姿态矩阵 A,再由 A 求四元数;或由四元数得到 A,再得到欧拉角。

也有直接将欧拉角转化到四元数的方法,以欧拉 3-2-1 转序为例。

设第一次 z 轴转动角度 ψ,由四元数的定义即式(2-12)可得到第一个四元数 $q^{(1)}$,有

$$q_1^{(1)} = q_2^{(1)} = 0$$

$$q_3^{(1)} = \sin \frac{\psi}{2}$$

$$q_4^{(1)} = \cos \frac{\psi}{2}$$

即

$$q^{(1)} = \sin \frac{\psi}{2} k + \cos \frac{\psi}{2}$$

第二次 y 轴转动角度 θ 得到 $q^{(2)}$,有

$$q_1^{(2)} = q_3^{(2)} = 0$$

$$q_2^{(2)} = \sin\frac{\theta}{2}$$

$$q_4^{(2)} = \cos\frac{\theta}{2}$$

即

$$\boldsymbol{q}^{(2)} = \sin\frac{\theta}{2}\boldsymbol{j} + \cos\frac{\theta}{2}$$

第三次 x 轴转动角度 φ 得到 $\boldsymbol{q}^{(3)}$，有

$$q_2^{(3)} = q_3^{(3)} = 0$$

$$q_1^{(3)} = \sin\frac{\varphi}{2}$$

$$q_4^{(3)} = \cos\frac{\varphi}{2}$$

即

$$\boldsymbol{q}^{(3)} = \sin\frac{\varphi}{2}\boldsymbol{i} + \cos\frac{\varphi}{2}$$

最终的姿态为 $\boldsymbol{q}$，应用代数四元数的乘法，有

$$\begin{aligned}
&\boldsymbol{q} = \boldsymbol{q}^{(1)}\boldsymbol{q}^{(2)}\boldsymbol{q}^{(3)} = \left(\boldsymbol{k}\sin\frac{\psi}{2} + \cos\frac{\psi}{2}\right)\left(\boldsymbol{j}\sin\frac{\theta}{2} + \cos\frac{\theta}{2}\right)\left(\boldsymbol{i}\sin\frac{\varphi}{2} + \cos\frac{\varphi}{2}\right) \\
&= \boldsymbol{i}\left(\sin\frac{\varphi}{2}\cos\frac{\theta}{2}\cos\frac{\psi}{2} - \cos\frac{\varphi}{2}\sin\frac{\theta}{2}\sin\frac{\psi}{2}\right) + \\
&\quad \boldsymbol{j}\left(\cos\frac{\varphi}{2}\sin\frac{\theta}{2}\cos\frac{\psi}{2} + \sin\frac{\varphi}{2}\cos\frac{\theta}{2}\sin\frac{\psi}{2}\right) + \\
&\quad \boldsymbol{k}\left(\cos\frac{\varphi}{2}\cos\frac{\theta}{2}\sin\frac{\psi}{2} - \sin\frac{\varphi}{2}\sin\frac{\theta}{2}\cos\frac{\psi}{2}\right) + \\
&\quad \left(\cos\frac{\varphi}{2}\cos\frac{\theta}{2}\cos\frac{\psi}{2} + \sin\frac{\varphi}{2}\sin\frac{\theta}{2}\sin\frac{\psi}{2}\right)
\end{aligned}$$

所以在 3－2－1 转序时，有

$$q_1 = \sin\frac{\varphi}{2}\cos\frac{\theta}{2}\cos\frac{\psi}{2} - \cos\frac{\varphi}{2}\sin\frac{\theta}{2}\sin\frac{\psi}{2}$$

$$q_2 = \cos\frac{\varphi}{2}\sin\frac{\theta}{2}\cos\frac{\psi}{2} + \sin\frac{\varphi}{2}\cos\frac{\theta}{2}\sin\frac{\psi}{2}$$

$$q_3 = \cos\frac{\varphi}{2}\cos\frac{\theta}{2}\sin\frac{\psi}{2} - \sin\frac{\varphi}{2}\sin\frac{\theta}{2}\cos\frac{\psi}{2}$$

$$q_4 = \cos\frac{\varphi}{2}\cos\frac{\theta}{2}\cos\frac{\psi}{2} + \sin\frac{\varphi}{2}\sin\frac{\theta}{2}\sin\frac{\psi}{2}$$

同样可得到 3 - 1 - 2 转序时,有

$$q_1 = \sin\frac{\varphi}{2}\cos\frac{\theta}{2}\cos\frac{\psi}{2} - \cos\frac{\varphi}{2}\sin\frac{\theta}{2}\sin\frac{\psi}{2}$$

$$q_2 = \cos\frac{\varphi}{2}\sin\frac{\theta}{2}\cos\frac{\psi}{2} + \sin\frac{\varphi}{2}\cos\frac{\theta}{2}\sin\frac{\psi}{2}$$

$$q_3 = \cos\frac{\varphi}{2}\cos\frac{\theta}{2}\sin\frac{\psi}{2} + \sin\frac{\varphi}{2}\sin\frac{\theta}{2}\cos\frac{\psi}{2}$$

$$q_4 = \cos\frac{\varphi}{2}\cos\frac{\theta}{2}\cos\frac{\psi}{2} - \sin\frac{\varphi}{2}\sin\frac{\theta}{2}\sin\frac{\psi}{2}$$

在 1 - 2 - 3 转序时,有

$$q_1 = \sin\frac{\varphi}{2}\cos\frac{\theta}{2}\cos\frac{\psi}{2} + \cos\frac{\varphi}{2}\sin\frac{\theta}{2}\sin\frac{\psi}{2}$$

$$q_2 = \cos\frac{\varphi}{2}\sin\frac{\theta}{2}\cos\frac{\psi}{2} - \sin\frac{\varphi}{2}\cos\frac{\theta}{2}\sin\frac{\psi}{2}$$

$$q_3 = \cos\frac{\varphi}{2}\cos\frac{\theta}{2}\sin\frac{\psi}{2} + \sin\frac{\varphi}{2}\sin\frac{\theta}{2}\cos\frac{\psi}{2}$$

$$q_4 = \cos\frac{\varphi}{2}\cos\frac{\theta}{2}\cos\frac{\psi}{2} - \sin\frac{\varphi}{2}\sin\frac{\theta}{2}\sin\frac{\psi}{2}$$

在 1 - 3 - 2 转序时,有

$$q_1 = \sin\frac{\varphi}{2}\cos\frac{\theta}{2}\cos\frac{\psi}{2} - \cos\frac{\varphi}{2}\sin\frac{\theta}{2}\sin\frac{\psi}{2}$$

$$q_2 = \cos\frac{\varphi}{2}\sin\frac{\theta}{2}\cos\frac{\psi}{2} - \sin\frac{\varphi}{2}\cos\frac{\theta}{2}\sin\frac{\psi}{2}$$

$$q_3 = \cos\frac{\varphi}{2}\cos\frac{\theta}{2}\sin\frac{\psi}{2} + \sin\frac{\varphi}{2}\sin\frac{\theta}{2}\cos\frac{\psi}{2}$$

$$q_4 = \cos\frac{\varphi}{2}\cos\frac{\theta}{2}\cos\frac{\psi}{2} + \sin\frac{\varphi}{2}\sin\frac{\theta}{2}\sin\frac{\psi}{2}$$

在 2 - 1 - 3 转序时,有

$$q_1 = \sin\frac{\varphi}{2}\cos\frac{\theta}{2}\cos\frac{\psi}{2} + \cos\frac{\varphi}{2}\sin\frac{\theta}{2}\sin\frac{\psi}{2}$$

$$q_2 = \cos\frac{\varphi}{2}\sin\frac{\theta}{2}\cos\frac{\psi}{2} - \sin\frac{\varphi}{2}\cos\frac{\theta}{2}\sin\frac{\psi}{2}$$

$$q_3 = \cos\frac{\varphi}{2}\cos\frac{\theta}{2}\sin\frac{\psi}{2} - \sin\frac{\varphi}{2}\sin\frac{\theta}{2}\cos\frac{\psi}{2}$$

$$q_4 = \cos\frac{\varphi}{2}\cos\frac{\theta}{2}\cos\frac{\psi}{2} + \sin\frac{\varphi}{2}\sin\frac{\theta}{2}\sin\frac{\psi}{2}$$

在 2 – 3 – 1 转序时,有

$$q_1 = \sin\frac{\varphi}{2}\cos\frac{\theta}{2}\cos\frac{\psi}{2} + \cos\frac{\varphi}{2}\sin\frac{\theta}{2}\sin\frac{\psi}{2}$$

$$q_2 = \cos\frac{\varphi}{2}\sin\frac{\theta}{2}\cos\frac{\psi}{2} + \sin\frac{\varphi}{2}\cos\frac{\theta}{2}\sin\frac{\psi}{2}$$

$$q_3 = \cos\frac{\varphi}{2}\cos\frac{\theta}{2}\sin\frac{\psi}{2} - \sin\frac{\varphi}{2}\sin\frac{\theta}{2}\cos\frac{\psi}{2}$$

$$q_4 = \cos\frac{\varphi}{2}\cos\frac{\theta}{2}\cos\frac{\psi}{2} - \sin\frac{\varphi}{2}\sin\frac{\theta}{2}\sin\frac{\psi}{2}$$

四元数姿态参数表示法的优点:不包含三角函数,没有奇点,约束条件简单,它的导数表达式易于应用。

2.3.2 刚体姿态动力学[8]

假设物体(航天器)由 N 个质点 $\rho_i(i=1,2,\cdots,N)$ 组成,质点 ρ_i 具有质量 m_i,总质量 $M = \sum_{i=1}^{N} m_i$,参考坐标系 $Oxyz$ 为惯性系,O 至 ρ_i 的矢量记为 $\boldsymbol{r}_i$,ρ_i 的速度矢量记为 $\boldsymbol{v}_i$,物体的质心记为 C,从 O 到 C 的矢量记为 $\boldsymbol{r}_C$,ρ_i 受到的外力矢量记为 $\boldsymbol{F}_i$,将 $\boldsymbol{Q} = \sum_{i=1}^{N} m_i \boldsymbol{v}_i$ 称为物体总动量。

假设点 O_s 为 $Oxyz$ 中的一个参考点,它可以是固定的,也可以是不固定的。记 O 到 O_s 的矢量为 $\boldsymbol{r}_s$,O_s 的速度矢量为 $\boldsymbol{v}_s$,由 O_s 到 ρ_i 的矢量记为 $\boldsymbol{r}_{si}$,将 $\boldsymbol{H}_s = \sum_{i=1}^{N} \boldsymbol{r}_{si} \times m_i \boldsymbol{v}_i$ 称为物体相对于 O_s 的动量矩矢量(它的模为角动量),则有

$$\frac{\mathrm{d}}{\mathrm{d}t}\boldsymbol{H}_s = \sum_{i=1}^{N} \boldsymbol{r}_{si} \times \boldsymbol{F}_i - \boldsymbol{v}_s \times \boldsymbol{Q} \tag{2-21}$$

式(2-21)表明,以惯性系为参考系,以 O_s 为参考点,动量矩矢量对时间求导等于外力矩矢量减去参考点速度矢量与物体动量矢量的矢积。

当参考点取物体质心 C 时,有 $\boldsymbol{v}_s \times \boldsymbol{Q} = 0$,于是有

$$\frac{\mathrm{d}}{\mathrm{d}t}\boldsymbol{H}_C = \sum_{i=1}^{N} \boldsymbol{r}_{Ci} \times \boldsymbol{F}_i = \boldsymbol{T} \tag{2-22}$$

式中:$\boldsymbol{T}$ 为外力矩。此式是以惯性系为参考系,以质心为参考点的表达式,形式非常简单,即动量矩对时间的微分等于外力矩。

但是以惯性系为参考系,对动量矩的计算是不方便的,简单来讲,r_{Ci}在惯性系内的投影是一个变量,只有在本体系内的投影是一个常量。于是从本体坐标系 $Ox_by_bz_b$(通常与航天器固联)为参考系,以质心 C 为参考点,记动量矩 H_C 在本体坐标系 $Ox_by_bz_b$ 中对时间求导为 $\dot{H}_C$,则有

$$\dot{H}_C + \omega \times H_C = T \tag{2-23}$$

式中:ω 为航天器本体坐标系的转动角速度矢量。

将式(2-23)投影到航天器本体系,则写成

$$I\dot{\omega} + \omega \times I\omega = T \tag{2-24}$$

式中:I 为航天器在航天器本体系中的转动惯量阵;ω 为 ω 在航天器本体系中的投影。

$$I = \begin{bmatrix} I_{xx} & -I_{xy} & -I_{xz} \\ -I_{xy} & I_{yy} & -I_{yz} \\ -I_{xz} & -I_{yz} & I_{zz} \end{bmatrix}$$

其中,对角线元素为刚体绕坐标轴 x、y、z 的转动惯量,其他元素为惯量积,有

$$I_{xx} = \int(y^2+z^2)\mathrm{d}m, \quad I_{yy} = \int(x^2+z^2)\mathrm{d}m, \quad I_{zz} = \int(x^2+y^2)\mathrm{d}m$$

$$I_{xy} = \int xy\mathrm{d}m, \quad I_{yz} = \int yz\mathrm{d}m, \quad I_{xz} = \int xz\mathrm{d}m$$

式(2-24)可再写成

$$I\dot{\omega} + \tilde{\omega}I\omega = T \tag{2-25}$$

式中

$$\tilde{\omega} = \begin{bmatrix} 0 & -\omega_z & \omega_y \\ \omega_z & 0 & -\omega_x \\ -\omega_y & \omega_x & 0 \end{bmatrix} \tag{2-26}$$

2.3.3 姿态运动学方程

姿态动力学给出了力矩和姿态角速度矢量 ω 的关系式,姿态可用方向余弦、欧拉角和四元数等姿态参数描述,但还需要知道 ω 和姿态参数之间的关系。姿态运动学方程还是描述角速度矢量 ω 和姿态参数的关系,它关注的是航天器在空间中的运动轨迹和姿态变化,并不涉及产生这些变化的物理原因。姿态运

动学是姿态动力学的基础,基于运动学方程,才能应用动力学方程进行姿态仿真。

1. 角速度与方向余弦阵

$$\dot{A} = -\tilde{\omega}A$$

2. 角速度与四元数

$$\begin{bmatrix} \dot{q}_1 \\ \dot{q}_2 \\ \dot{q}_3 \\ \dot{q}_4 \end{bmatrix} = \frac{1}{2} \begin{bmatrix} 0 & \omega_z & -\omega_y & \omega_x \\ -\omega_z & 0 & \omega_x & \omega_y \\ \omega_y & -\omega_x & 0 & \omega_z \\ -\omega_x & -\omega_y & -\omega_z & 0 \end{bmatrix} \begin{bmatrix} q_1 \\ q_2 \\ q_3 \\ q_4 \end{bmatrix}$$

$$= \frac{1}{2} \begin{bmatrix} q_4 & -q_3 & q_2 & q_1 \\ q_3 & q_4 & -q_1 & q_2 \\ -q_2 & q_1 & q_4 & q_3 \\ -q_1 & -q_2 & -q_3 & q_4 \end{bmatrix} \begin{bmatrix} \omega_x \\ \omega_y \\ \omega_z \\ 0 \end{bmatrix}$$

3. 角速度与欧拉角

以 3-1-2 转序为例,第一次 z 轴转动的角速度 $\dot{\psi}$ 要经过 x 轴转动 φ 角度,在 y 轴转动 θ 角度,得到 $\dot{\psi}$ 在本体坐标系的值;第二次 x 轴转动的角速度 $\dot{\varphi}$ 要经过 y 轴转 θ 得到在本体坐标系的值;第三次 y 轴转动角速度 $\dot{\theta}$ 不用坐标变换,就是在本体坐标系的值。所以有

$$\begin{bmatrix} \omega_x \\ \omega_y \\ \omega_z \end{bmatrix} = A_y(\theta)A_x(\varphi) \begin{bmatrix} 0 \\ 0 \\ \dot{\psi} \end{bmatrix} + A_y(\theta) \begin{bmatrix} \dot{\varphi} \\ 0 \\ 0 \end{bmatrix} + \begin{bmatrix} 0 \\ \dot{\theta} \\ 0 \end{bmatrix}$$

$$= \begin{bmatrix} -\dot{\psi}\cos\varphi\sin\theta \\ \dot{\psi}\sin\varphi \\ \dot{\psi}\cos\varphi\cos\theta \end{bmatrix} + \begin{bmatrix} \dot{\varphi}\cos\theta \\ 0 \\ \dot{\varphi}\sin\theta \end{bmatrix} + \begin{bmatrix} 0 \\ \dot{\theta} \\ 0 \end{bmatrix}$$

$$= \begin{bmatrix} \dot{\varphi}\cos\theta - \dot{\psi}\cos\varphi\sin\theta \\ \dot{\theta} + \dot{\psi}\sin\varphi \\ \dot{\varphi}\sin\theta + \dot{\psi}\cos\varphi\cos\theta \end{bmatrix}$$

根据上式,可以求得由 ω_x、ω_y、ω_z 分别表示的 $\dot{\varphi}$、$\dot{\theta}$、$\dot{\psi}$。各转序的方程如下:

1) 1-2-3 转序的欧拉角运动学方程

$$\begin{cases} \dot{\varphi} = \dfrac{\omega_x \cos\psi - \omega_y \sin\psi}{\cos\theta} \\ \dot{\theta} = \omega_y \cos\psi + \omega_x \sin\psi \\ \dot{\psi} = \omega_z - (\omega_x \cos\psi - \omega_y \sin\psi)\tan\theta \end{cases}$$

2) 1-3-2 转序的欧拉角运动学方程

$$\begin{cases} \dot{\varphi} = \dfrac{\omega_x \cos\theta + \omega_z \sin\theta}{\cos\psi} \\ \dot{\theta} = \omega_y + (\omega_x \cos\theta + \omega_z \sin\theta)\tan\psi \\ \dot{\psi} = \omega_z \cos\theta - \omega_x \sin\theta \end{cases}$$

3) 2-3-1 转序的欧拉角运动学方程

$$\begin{cases} \dot{\varphi} = \omega_x - (\omega_y \cos\varphi - \omega_z \sin\varphi)\tan\psi \\ \dot{\theta} = \dfrac{\omega_y \cos\varphi - \omega_z \sin\varphi}{\cos\psi} \\ \dot{\psi} = \omega_z \cos\varphi + \omega_y \sin\varphi \end{cases}$$

4) 2-1-3 转序的欧拉角运动学方程

$$\begin{cases} \dot{\varphi} = \omega_x \cos\psi - \omega_y \sin\psi \\ \dot{\theta} = \dfrac{\omega_x \sin\psi + \omega_y \cos\psi}{\cos\varphi} \\ \dot{\psi} = \omega_z + (\omega_y \cos\psi + \omega_x \sin\psi)\tan\varphi \end{cases}$$

5) 3-1-2 转序的欧拉角运动学方程

$$\begin{cases} \dot{\varphi} = \omega_x \cos\theta + \omega_z \sin\theta \\ \dot{\theta} = \omega_y - (\omega_z \cos\theta - \omega_x \sin\theta)\tan\varphi \\ \dot{\psi} = \dfrac{\omega_z \cos\theta - \omega_x \sin\theta}{\cos\varphi} \end{cases}$$

6) 3-2-1 转序的欧拉角运动学方程

$$\begin{cases} \dot{\varphi} = \omega_x + (\omega_z \cos\varphi + \omega_y \sin\varphi)\tan\theta \\ \dot{\theta} = \omega_y \cos\varphi - \omega_z \sin\varphi \\ \dot{\psi} = \dfrac{\omega_y \sin\varphi + \omega_z \cos\varphi}{\cos\theta} \end{cases}$$

2.3.4 带挠性附件的姿态动力学

带挠性附件航天器一般是指结构由刚性主体(中心刚体)和挠性附件组成的航天器,这类航天器姿态的测量和控制执行机构均安装在刚性主体上,而且刚性主体的质量远大于挠性附件的质量。现代航天器的挠性附件种类很多,它可以是大面积的抛物面挠性天线,或长达几十米的挠性太阳电池帆板。为了降低发射质量,这些附件的刚度和质量都很小,用经典的刚体或半刚体动力学模型已不能准确地描述这类航天器的动力学特性。另外,现代航天器对姿态定向精度的要求越来越高,而挠性附件的变形和振动必然影响航天器的稳定性和定向精度。因此,建立准确的动力学模型来描述这类航天器的姿态运动和挠性运动是十分重要的。

假定卫星中心体为刚体,挠性附件的一端固定(无旋转关节)安装在中心体上,参考系取与中心体固联的本体坐标系 $Ox_by_bz_b$,假定挠性附件变形为弹性小变形。

为了描述挠性附件的变形和振动,最常用的办法是混合坐标模型。混合坐标模型通常使用刚体运动状态变量(例如 O 点在空间的位置、速度,中心体绕 O 点转动的姿态角和角速度)来描述中心体或 $Ox_by_bz_b$ 的运动,同时用模态坐标来描述挠性附件在 $Ox_by_bz_b$ 中的变形位移。

在振动理论的研究中,"模态"是一个十分重要的概念。模态是机械结构的固有振动特性,也可以认为模态是具有特定模式的振动状态。一个模态的参数包括频率、阻尼比、振型等。以一个悬臂梁为例,在振动动力学研究中可以建立偏微分方程,但由于系统各变量之间的耦合,因此对其求解是非常困难的。从数学上讲,模态的使用使微分方程组解耦,从而使问题得到解决。

一个悬臂梁存在无穷个模态频率 $0 \leq \omega_1 \leq \omega_2 \leq \cdots$,图2-4 给出了悬臂梁的前三阶模态的振型。

研究中心体固定时挠性附件的振动,考虑附件上典型质量元 dm。当附件未变形时

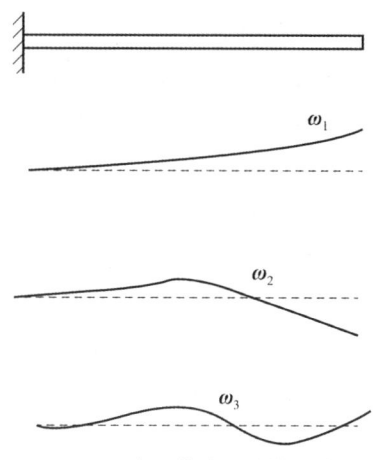

图2-4 悬臂梁的前三阶模态的振型

$\mathrm{d}m$ 在 $Ox_{\mathrm{b}}y_{\mathrm{b}}z_{\mathrm{b}}$ 中的位置坐标列矢量为 $\boldsymbol{\rho}$,当发生变形运动时,其位置变为 $\boldsymbol{r}=\boldsymbol{\rho}+\boldsymbol{u}(\boldsymbol{\rho},t)$。根据弹性振动理论,在一定的初始条件下,自由运动的位移函数具有如下形式:

$$\boldsymbol{u}(\boldsymbol{\rho},t) = \boldsymbol{\Phi}(\boldsymbol{\rho})\sin(\omega t + \gamma)$$

即各质量元以相同的频率及相位和不同的振幅及方向做简谐振动,将 ω 称为模态频率,$\boldsymbol{\Phi}(\boldsymbol{\rho})$ 为模态形状函数(简称模态函数,与振型同概念)。

对于连续体挠性附件,存在无穷个模态频率 $0 \leq \omega_1 \leq \omega_2 \leq \cdots$ 和相应的模态函数 $\boldsymbol{\Phi}_1(\boldsymbol{\rho}),\boldsymbol{\Phi}_2(\boldsymbol{\rho}),\cdots$。

一般情况下,位移函数可以按模态展成无穷级数:

$$\boldsymbol{u}(\boldsymbol{\rho},t) = \sum_{i=1}^{\infty} g_i(t)\boldsymbol{\Phi}_i(\boldsymbol{\rho})$$

式中:时变系数 $g_i(t)$ 为模态坐标,在工程中模态函数是用有限元法近似计算得到的。式中的级数只能写到有限项,其中高阶项计算误差较大。另外,高阶模态通常不易被外力激发,它们对系统的整体运动影响也较小。为了简化问题,需要进行模态截断,即保留级数中最重要的前 N 阶模态,舍掉所有更高阶的模态,得

$$\boldsymbol{u}(\boldsymbol{\rho},t) = \sum_{i=1}^{N} g_i(t)\boldsymbol{\Phi}_i(\boldsymbol{\rho})$$

这样仅用 N 个模态坐标就可描述附件的变形运动。

模态频率和模态函数与附件的边界条件有关。在混合坐标模型中通常使用中心体静止不动时附件的模态,称为固定 – 自由模态或悬臂模态。与此相对比,中心体可自由运动时整个航天器(中心体和附件的组合体)的振动模态称为自由 – 自由模态或组合体模态。悬臂模态只与附件的结构特性(刚度、质量分布、与中心体连接方式等)有关,而与中心体的特性无关。其模态参数可由结构工程师确定,模态参数一般通过附件结构的有限元法计算获得,一部分构件的特性(如铰链的刚度)可以试验确定。

设模态截断时取 N,一个在主刚体(航天器本体)带有单个大型太阳电池帆板的航天器,混合坐标姿态动力学方程如下式所示:

$$\begin{cases} \boldsymbol{I}_s \dot{\boldsymbol{\omega}}_s + \boldsymbol{R}_{As} \dot{\boldsymbol{\omega}}_A + \boldsymbol{F}_s \ddot{\boldsymbol{\eta}} + \boldsymbol{\omega}_s \times (\boldsymbol{I}_s \boldsymbol{\omega}_s + \boldsymbol{R}_{As} \boldsymbol{\omega}_A + \boldsymbol{F}_s \dot{\boldsymbol{\eta}}) = \boldsymbol{T}_s + \boldsymbol{T}_d \\ \boldsymbol{R}_{As}^{\mathrm{T}} \dot{\boldsymbol{\omega}}_s + \boldsymbol{I}_A \dot{\boldsymbol{\omega}}_A + \boldsymbol{F}_A \ddot{\boldsymbol{\eta}} + \boldsymbol{\omega}_A \times (\boldsymbol{R}_{As}^{\mathrm{T}} \boldsymbol{\omega}_s + \boldsymbol{R}_A \boldsymbol{\omega}_A + \boldsymbol{F}_A \dot{\boldsymbol{\eta}}) = \boldsymbol{T}_p \\ \ddot{\boldsymbol{\eta}} + 2\xi\boldsymbol{\Omega}\dot{\boldsymbol{\eta}} + \boldsymbol{\Omega}^2 \boldsymbol{\eta} + \boldsymbol{F}_s^{\mathrm{T}} \dot{\boldsymbol{\omega}}_s + \boldsymbol{F}_A^{\mathrm{T}} \dot{\boldsymbol{\omega}}_A = 0 \end{cases} \quad (2-27)$$

式中：I_s 为航天器惯量阵（3×3 矩阵）；I_A 为帆板绕转动轴的惯量阵（3×3 矩阵）；ω_s 为航天器姿态角速度（3×1 列矢量）；ω_A 为帆板转动角速度（3×1 列矢量）；R_{As} 为帆板转动运动与航天器转动运动的耦合系数阵（3×3 矩阵）；F_s 为帆板振动运动与航天器转动运动的耦合系数阵（$3\times N$ 矩阵）；F_A 为帆板振动运动与帆板转动运动的耦合系数阵（$3\times N$ 矩阵）；T_s 为控制力矩（3×1 列矢量）；T_d 为外扰力矩（3×1 列矢量）；T_p 为帆板驱动力矩（3×1 列矢量）；η 为挠性模态坐标（$N\times1$ 列矢量）；Ω 为模态振型频率（$N\times N$ 对角矩阵）；ξ 为挠性模态阻尼系数。

2.3.5 充液航天器小幅晃动等效动力学模型

充液系统可分为全充液系统和部分充液系统。全充液系统中的液体不形成自由液面，对于腔内充满不可压缩理想无旋液体的情况，可以在系统动力学建模中将液体用 Zhukovskiy 等效刚体代替，由于液体不能完全伴随腔体做各种姿态运动，因此液体等效刚体的惯量张量与"凝固液体"的惯量张量不同，问题归结为等效刚体惯量张量的计算[2]；而部分充液系统中的液体还存在着晃动的问题，更符合航天工程中的实际情况，因为随着燃料的消耗，航天器通常处于不同充液比（充液体积与贮箱容积之比）的部分充液状态。

一般情况下，当液体晃动幅度低于充液腔体半径 15% 时，将其定义为小幅晃动，大于 25% 时归为大幅晃动，介于小幅晃动和大幅晃动之间的为有限幅晃动，大幅晃动和有限幅晃动可统称为非线性晃动。

本节针对当前航天器控制领域中应用最为广泛的轴对称贮箱内液体小幅晃动等效力学模型的基本假设、等效原则及在动力学建模中的应用注意事项进行了简要阐述，第 7 章将对贮箱内液体小幅等效模型参数求解方法及大幅晃动问题的数值分析方法进行详细论述。

轴对称贮箱内的小幅晃动问题如图 2-5 所示，液体的每一阶晃动模态都对应一个单摆模型或弹簧-质量模型，各阶的晃动模态是线性解耦的，故可以单独考虑各阶晃动与贮箱的耦合作用，一般一阶晃动占绝对主导地位；另外，只有靠近自由液面的部分液体参与晃动，而靠近贮箱底部的部分液体伴随贮箱运动，并不参与晃动，这部分液体将被等效成相对贮箱静止的质量点甚至质量块。建立等效力学模型的原则是等效系统对贮箱的作用力、力矩及其特征频率、动能与原充液系统的完全相等。根据该等效原则，就可以针对不同情况，确定液体晃动的等效力学模型参数。等效力学模型参数可以由理论分析计算得到,也可以通过实验测算来确定,由于不过采用实验方法一般很难确定高于一阶的等效晃动质量,因此对于高阶晃动,只能利用理论计算方法来确定等效力学模型参数。

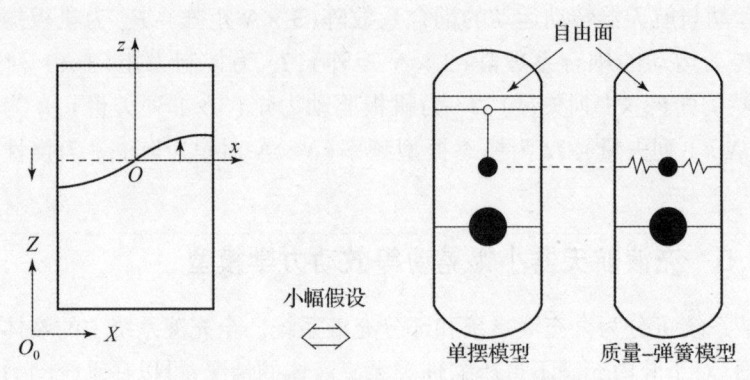

图 2-5 液体小幅晃动的等效力学模型

1. 航天器充液姿态动力学建模方法

1) 建模基本假设及简化方法

当航天器发动机进行持续点火变轨时,加速度使液体各质点受到惯性力。航天器发动机推力矢量一般固联本体,因而惯性力场也固联本体并随本体转动。

对此种液体运动模型作以下基本假设:

(1) 航天器中除了液体之外,其余部分(包括贮箱)都是刚体。

(2) 液体是均匀而不可压缩的。

(3) 液体接近理想流体,黏性的影响是一阶小量。

(4) 忽略液体表面张力。

(5) 液体相对于贮箱进行小幅晃动。

充液航天器建模过程大致与带挠性附件的航天器相似:先对航天器固定时液体在固定力场中的晃动进行模态分析;将航天器中液体运动按航天器固定时晃动模态作级数展开,其展开式系数称为模态坐标;由于通常情况下低阶模态的作用大于高阶模态的物理事实,对展开式进行截断,取对应于最低晃动频率的模态;将截断后的展开式代入充液航天器的分布参数模型,即可使模型离散化,得到以常微分方程描述的充液航天器模型,模型中由模态函数确定的系数称为耦合系数。最后通过与单摆系统或质量弹簧系统运动方程的比较,建立等效力学模型参数与耦合系数的关系。

2) 带有轴对称贮箱的充液卫星混合坐标模型

轴对称贮箱特是指内部形状为旋转对称的推进剂容器,且其对称轴与常值加速度方向平行(图2-6),至于每个贮箱中心点(在对称轴上)在星体中的位置则未加限制。

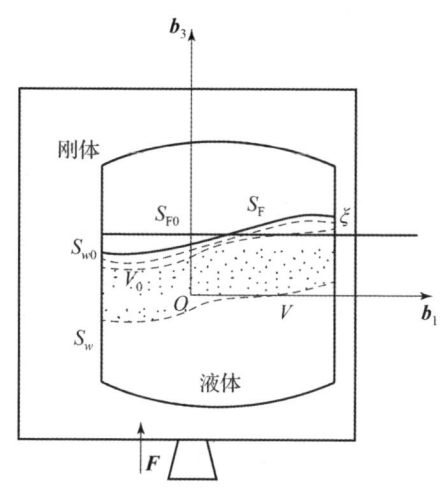

图2-6 有加速度时充液航天器的微幅运动

设坐标系 $Ob_1b_2b_3$ 的原点 O 和坐标轴均固联于航天器刚体部分,以下所有矢量用其在此坐标系中的分量列矩阵表示。记 b_1、b_2、b_3 为沿三个坐标轴方向的单位矢量。设发动机加速度在本体上固定,大小为 g,沿 b_3 方向。设 m_R、r_{Rc} 和 I_R 分别为刚体部分的质量、对 O 点的质心位置矢量和惯量张量,v_R 和 a_R 为 O 点绝对速度和加速度,$a = a_R - gb_3$ 为扰动加速度,ω_R 为刚体部分的绝对角速度,F_L 和 T_L 为液体对刚体的作用力及其关于 O 点的力矩,F_E 和 T_E 为作用在刚体上的外力和外力矩。

为描述液体运动,记 V 为航天器中一个或多个贮箱内液体所占有的体积,S_W 为液体固壁界面,S_F 为液体在平衡状态的自由表面,这里 S_F 是垂直于加速度方向的平面。ξ 为垂直于 S_F 的表面波高,n 为固壁面或自由面的外法向。又记 r 为平衡状态中液体质点在本体系中的位置矢量,r' 为液体质点相对于贮箱中心的位置矢量,ρ 为液体密度。记

$$m = m_R + \int_V \rho dv, \quad r_c = \frac{1}{m}\left(m_R r_{Rc} + \int_V \rho r dv\right)$$

$$F = F_E - mgb_3, \quad T = T_E - mgr_c \times b_3$$

m、r_c、F、T 分别为系统总质量、系统总质心位置矢量、干扰力、干扰力矩。

充液航天器混合坐标动力学方程中的未知变量包括 O 点的加速度 a、刚体的角速度 ω、液体晃动按照航天器固定时晃动模态展开的广义坐标 $\alpha_k(k=1,2,\cdots)$，混合坐标微分方程如下：

$$\begin{cases} m\boldsymbol{a} - m\boldsymbol{r}_c \times \dot{\boldsymbol{\omega}} + \sum_{k=1}^{\infty} C_{Tk}\ddot{\boldsymbol{\alpha}}_k = \boldsymbol{F} \\ m\boldsymbol{r}_c \times \boldsymbol{a} + (\boldsymbol{I}_R + \boldsymbol{I}_L^e)\dot{\boldsymbol{\omega}} + \sum_{k=1}^{\infty}(C'_{Rk}\boldsymbol{b}_3 + C_{Tk}\boldsymbol{r}_{Tk}) \times \ddot{\boldsymbol{\alpha}}_k - g\boldsymbol{b}_3 \times \sum_{k=1}^{\infty} C_{Tk}\boldsymbol{\alpha}_k = \boldsymbol{T} \\ \boldsymbol{P}_{12}[C_{Tk}\boldsymbol{a} + (C'_{Rk}\boldsymbol{b}_3 + C_{Tk}\boldsymbol{r}_{Tk}) \cdot \dot{\boldsymbol{\omega}} + \mu_k(\ddot{\boldsymbol{\alpha}}_k + \lambda_k^2 \boldsymbol{\alpha}_k)] = 0 (k=1,2,\cdots) \end{cases}$$
(2-28)

式中：λ_k 为第 k 个晃动模态频率；μ_k 为第 k 个晃动模态的广义质量；C_{Tk}、C_{Rk} 分别为第 k 个晃动模态的平动耦合系数和关于系统质心的转动耦合系数；r_{Tk} 为贮箱中心点在星体中的位置；$\boldsymbol{I}_L^e$ 为液体晃动中固定质量部分的等效惯量张量矩阵。因为边界条件和加速度的轴对称性质，星体固定时每一个晃动频率 λ_k 都对应着两个模态坐标，分别为 $\boldsymbol{\alpha}_{k1}$ 和 $\boldsymbol{\alpha}_{k2}$，其对器壁的作用大小相等，分别沿 $\boldsymbol{b}_1$ 和 $\boldsymbol{b}_2$ 方向运动。因此，这里记 $\boldsymbol{\alpha}_k = \alpha_{k1}\boldsymbol{b}_1 + \alpha_{k2}\boldsymbol{b}_2$，将模态写成矢量形式。以上几个晃动参数或者由晃动的流体动力学方程边值问题模态分析结果转换而来，或者由地面晃动试验结果转换而来。式(2-28)中矩阵 $\boldsymbol{P}_{12} = \text{diag}(b_1, b_2, 0)$ 代表在 Ob_1b_2 平面上投影的运算。

式(2-28)的第一个方程是平动方程，第二个方程是转动方程，第三个方程是液体晃动方程。可以看到，对于每一个晃动模态，其模态坐标的变化与单摆系统或质量-弹簧系统在加速度 a 和角加速度 $\dot{\omega}$ 激励下的强迫运动相似。

3）等效摆系统

假设航天器模型由刚体和若干单摆组成，坐标系 $Ob_1b_2b_3$ 和有关刚体的符号定义同前。设第 k 个单摆的质量为 m_k，摆长度为 l_k，悬挂点对 O 点位置矢量为 $\boldsymbol{h}_k$，记 $\boldsymbol{L}_k = \boldsymbol{h}_k - l_k\boldsymbol{b}_3$。它是摆的平衡位置矢量。当摆运动时，摆质量的位置成为 $\boldsymbol{L}_k + l_k\boldsymbol{\gamma}_k$，而 $\boldsymbol{\gamma}_k = \gamma_{k1}\boldsymbol{b}_1 + \gamma_{k2}\boldsymbol{b}_2$，其中 γ_{k1}、γ_{k2} 是摆角。又假设另有固定质量块，其质量为 m_0，质心位置为 $\boldsymbol{L}_0$，对质心的惯量张量矩阵为 $\boldsymbol{I}_0$，如图 2-7 所示。可以导出此单摆系统的动力学微分方程为

$$\begin{cases} \left(m_R + m_0 + \sum_{k=1}^{\infty} m_k\right) \boldsymbol{a}_R - \left(m_R \boldsymbol{r}_{Rc} + m_0 \boldsymbol{L}_0 + \sum_{k=1}^{\infty} m_k \boldsymbol{L}_k\right) \times \dot{\boldsymbol{\omega}} + \sum_{k=1}^{\infty} m_k l_k \boldsymbol{\gamma}_k = \boldsymbol{F}_E \\ \left(m_R \boldsymbol{r}_{Rc} + m_0 \boldsymbol{L}_0 + \sum_{k=1}^{\infty} m_k \boldsymbol{L}_k\right) \times \boldsymbol{a}_R + \left(\boldsymbol{I}_R + \boldsymbol{I}_0 + \boldsymbol{I}'_0 + \sum_{k=1}^{\infty} \boldsymbol{I}'_k\right) \dot{\boldsymbol{\omega}} + \\ \sum_{k=1}^{\infty} m_k l_k \boldsymbol{L}_k \times \ddot{\boldsymbol{\gamma}}_k - g \boldsymbol{b}_3 \times \sum_{k=1}^{\infty} m_k l_k \boldsymbol{\gamma}_k = \boldsymbol{T}_E \\ \boldsymbol{P}_{12} \cdot \left[\boldsymbol{a}_R - \boldsymbol{L}_k \times \dot{\boldsymbol{\omega}} + l_k \left(\ddot{\boldsymbol{\gamma}}_k + \frac{g}{l_k} \boldsymbol{\gamma}_k\right)\right] = 0 \quad (k = 1, 2, \cdots) \end{cases}$$

$$(2-29)$$

不难证明,式(2-28)和式(2-29)等价,即式(2-29)是式(2-28)的等效力学模型,只要

$$\begin{cases} l_k = \dfrac{g}{\lambda_k^2} \\ m_k = \dfrac{C_{Tk}^2}{\mu_k} \\ \boldsymbol{L}_k = \dfrac{C'_{Rk}}{C_{Tk}} \boldsymbol{b}_3 + \boldsymbol{r}_{Tk} \\ m_0 = m - m_R - \sum_{k=1}^{\infty} m_k \\ \boldsymbol{L}_0 = \dfrac{1}{m_0}\left(m\boldsymbol{r}_c - m_R \boldsymbol{r}_{Rc} - \sum_{k=1}^{\infty} m_k \boldsymbol{L}_k\right) \\ \boldsymbol{I}_0 = \boldsymbol{I}_L^e - \boldsymbol{I}'_0 - \sum_{k=1}^{\infty} \boldsymbol{I}'_k \end{cases}$$

$$(2-30)$$

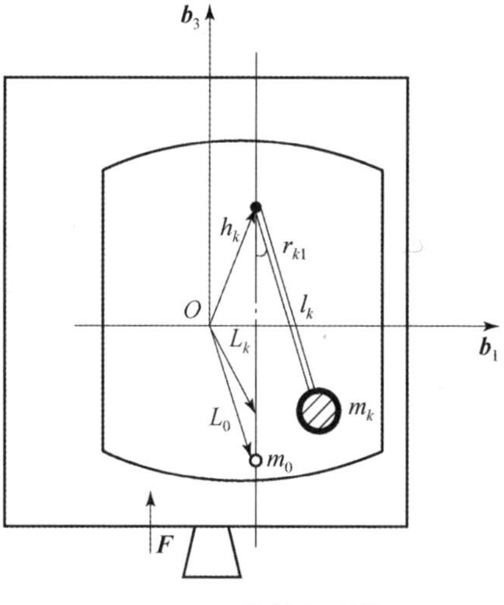

图 2-7 等效摆系统

同时,摆角 $\boldsymbol{\gamma}_k$ 与振型坐标 $\boldsymbol{\alpha}_k$ 比例保持以下关系:

$$\boldsymbol{\gamma}_k = \frac{C_{Tk}}{m_k l_k} \boldsymbol{\alpha}_k$$

4) 质量-弹簧系统

假设航天器模型由刚体和若干质量-弹簧组成。设第 k 个振子的质量为 m_k、平衡位置为 $\boldsymbol{L}_k$。该质量不能沿 $\boldsymbol{b}_3$ 方向运动,在 $O\boldsymbol{b}_1\boldsymbol{b}_2$ 平面内受到弹簧支撑。当位移为 $\boldsymbol{W}_k = W_{k1} \boldsymbol{b}_1 + W_{k2} \boldsymbol{b}_2$ 时,弹簧恢复力为 $-K_k \boldsymbol{W}_k$。又设固定质量块质量为 m_0、质心位置为 $\boldsymbol{L}_0$,对质心的惯量矩阵为 $\boldsymbol{I}_0$,如图 2-8 所示。

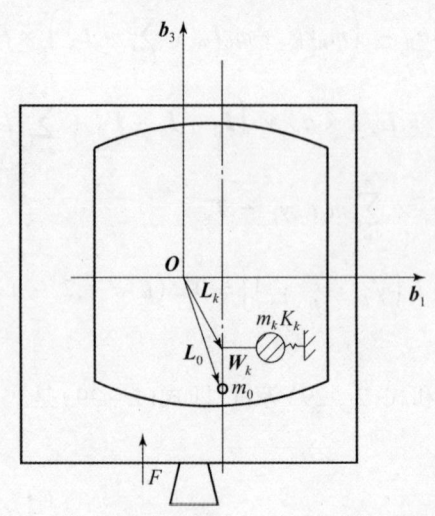

图2-8 质量-弹簧系统(只画了一个质量-弹簧振子)

用类似摆系统的方法可得到质量-弹簧系统与充液系统相似的条件。它与式(2-30)基本相同,只需将其中第一式以 $K_k = m_k \lambda_k^2$ 替换即可,而质量 m_k、位移 W_k 与振型坐标 α_k 及摆角 γ_k 的关系为

$$W_k = \frac{C_{Tk}}{m_k} \alpha_k = l_k \gamma_k$$

因此在微幅运动范围内,摆系统与质量-弹簧系统是完全等价的,都可作为充液系统的等效力学模型。等效摆模型作一个简单变换 $\gamma_k = W_k / l_k$,就变为质量-弹簧模型。

2. 等效力学模型的应用[9]

1) 液体晃动阻尼比

前面的讨论都针对理想流体。方程式(2-29)中没有任何阻尼项,方程形式又是对称的,它的特征根将是纯虚根,这不利于闭环控制的设计。实际上液体都是有黏性的,考虑黏性就会在方程中引入阻尼系数,于是式(2-29)第三个方程变为

$$\boldsymbol{P}_{12} \cdot [\boldsymbol{a} - \boldsymbol{L}_k \times \dot{\boldsymbol{\omega}} + l_k(\ddot{\gamma}_k + 2d_k \lambda_k \dot{\gamma}_k + \lambda_k^2 \gamma_k)] = 0 \quad (k = 1, 2, \cdots)$$

式中:d_k 为第 k 阶振型的阻尼比。阻尼比可以根据经验公式估计,或者在数值计算中估计,或者在地面试验中测量得到。

2) 等效的条件

等效力学模型仅适用于航天器部分和液体都做微幅运动的情况。姿态机动

时刚体的角速度有时比较大,不能当作一阶小量。对这种问题可在线性化过程中保留含 ω 的二次项,使精度得到改善。

3) 平动耦合项

在液体晃动模型中包含刚体的平移运动与液体晃动的耦合项。在姿态控制分析设计中出于分析重点的考虑而将平移项忽略是不可取的,应尽可能保留各种耦合项,只能把那些经过证明确实影响很小的项略去。

4) 振型截断

动力学方程式(2-29)中无穷求和必须根据各阶振型的影响程度进行截断。通常每个贮箱在垂直于加速度的两个方向各保留1个或2个最低阶振型。

5) 坐标原点的选择

在式(2-29)中坐标原点的选择尚不唯一,可以根据计算需要选在整星质心,或刚体质心,或刚体加液体晃动模型固定质量块的组合质心上。例如,选 O 点为平衡状态下整星质心,使 $r_c = 0$,则第一式中第二项和第二式中第一项(a 和 ω 间的动力学耦合项)可抵消。也可从第三式中解出 $\dot{\gamma}_k$ 代入第一、二式,此时选 O 点为刚体和固定质量块的共同质心计算较为便捷。

2.4 环境干扰力和力矩模型

环境对航天器运动的干扰力和干扰力矩大小,与轨道高度有直接的关系。对于1000km以上的高轨道航天器来说,太阳辐射压力和力矩是引起姿态和轨道误差的主要原因,具有大面积太阳电池帆板的航天器尤其如此,日月引力对轨道的影响也比较显著。对于500~1000km的中轨道航天器,重力梯度力矩和磁力矩通常是主要干扰力矩,地球非球形摄动是主要摄动力。对于500km以下的低轨道航天器,气动干扰力矩对姿态的影响和气动阻力对轨道的影响都不可忽略。

2.4.1 太阳辐射压力

太阳辐射压力又称太阳光压。太阳光压与航天器到太阳的距离平方成反比,对于地球附近的航天器来说,其垂直于太阳光的完全吸收表面上所受光压压强为
$$p = 4.5 \times 10^{-6} \text{N/m}^2$$
如图2-9所示,垂直于太阳光完全反射(镜面反射)时表面所受光压压强为 $2p$。

阳光照射到物体表面,设吸收率为 α,反射系数为 γ,则有 $\gamma = 1 - \alpha$。

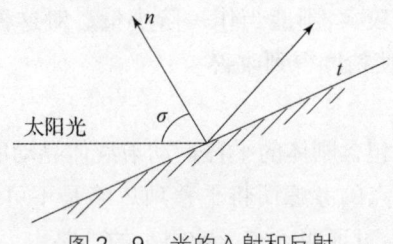

图 2-9 光的入射和反射

设入射角为 σ，面积元 dA 上的光压为 $d\boldsymbol{f}$，注意面积元 dA 接收到光通量是垂直光照时的 $\cos\sigma$ 倍，其中被吸收部分在面积元的法向和切向都产生力，被反射部分只在法向产生力，所以有

$$d\boldsymbol{f} = -p(1+\gamma)\cos^2\sigma \boldsymbol{n} dA + p(1-\gamma)\sin\sigma\cos\sigma \boldsymbol{t} dA$$

式中：$\boldsymbol{n}$ 为受照射面积的法线单位矢量；$\boldsymbol{t}$ 为受照射面积的切线单位矢量。

航天器受到的总光压为

$$\boldsymbol{F} = \int d\boldsymbol{f} \tag{2-31a}$$

航天器受到的关于质心的光压力矩为

$$\boldsymbol{T} = \int \boldsymbol{\rho} \times d\boldsymbol{f} \tag{2-31b}$$

式中：$\boldsymbol{\rho}$ 为由航天器质心至面积元 dA 的矢量，积分区域为所受太阳辐照的航天器表面，即要从航天器全部表面中排除背向太阳或受其他结构遮挡而不受阳光照射的表面。

由于式(2-31)是一个复杂的积分，为方便计算，一种方法可将太阳在航天器本体系中的方向用两个参数来表示，事先利用式(2-31)计算出 $\boldsymbol{F}$ 和 $\boldsymbol{T}$ 作为这两个参数的函数，制作成表，在仿真时作为插值使用。

另一种方法是忽略姿态误差，以轨道系为标准，以时间 t 为变量，计算出函数 $\boldsymbol{F}(t)$ 和 $\boldsymbol{T}(t)$。进一步地说，由于太阳方向的惯性空间运动比航天器轨道运动慢得多，$\boldsymbol{F}(t)$ 和 $\boldsymbol{T}(t)$ 大致上具有轨道周期，可以展开成时间的傅里叶级数，并按具体的日期季节计算相应有关的常数。

2.4.2 天体引力

1. 地球引力

1) 地球中心引力

设地球是质量分布均匀的理想球体，地球对航天器的径向引力只与地心距平方成反比,与航天器的经度、纬度无关,这是地球中心引力。在地球中心引力场中,航天器的轨道运动特性符合开普勒定律的描述。

但是只要航天器的质量分布是非对称的,地球中心引力也将对航天器产生干扰力矩(重力梯度力矩)。为便于理解,先应用希尔方程式(2-32)对重力梯度力矩进行简单分析。在轨道坐标系下的希尔方程为

$$\begin{cases} \ddot{x} - 2\omega_0 \dot{z} = a_x \\ \ddot{y} + \omega_0^2 y = a_y \\ \ddot{z} + 2\omega_0 \dot{x} - 3\omega_0^2 z = a_z \end{cases}$$

以轨道系为参考系,当 $\dot{x}$、$\dot{y}$、$\dot{z}$、$\ddot{x}$、$\ddot{y}$、$\ddot{z}$ 为零,则有

$$a_z = -3\omega_0^2 z \tag{2-32}$$

式(2-32)说明航天器静止且姿态误差为零时,在位置 z 处有加速度即存在力,由于是静止状态,这个力就是重力,也就是空间的微重力,其重力加速度为 $-3\omega_0^2 z$,与 z 值成比例,这也就是重力梯度稳定卫星要设计成哑铃形的原因。

考虑重力梯度稳定航天器,在小姿态角时的重力梯度力矩 $\boldsymbol{T}_g$ 投影在轨道系中表示为

$$\begin{cases} T_{gx} = 3\omega_0^2 (I_{zz} - I_{yy})\varphi \\ T_{gy} = 3\omega_0^2 (I_{zz} - I_{xx})\theta \\ T_{gz} = 0 \end{cases}$$

式中:φ、θ 分别为航天器姿态的滚动角和俯仰角;I_{xx}、I_{yy}、I_{zz} 分别为航天器绕本体系 x、y、z 轴的转动惯量(主惯量)。只有 $I_{zz} \ll I_{xx}$ 且 $I_{zz} \ll I_{yy}$ 时,才能得到姿态稳定所需要的恢复力矩。设轨道角速度取典型值 $\omega_0 = 10^{-3}$ rad/s,主惯量差值为 1000kg·m²,姿态偏差角度为1°,则重力梯度力矩值为 5.25×10^{-5} N·m。

2)地球非球形引力

实际的地球质量不是均匀分布的,它的形状是不规则的扁状球体,赤道半径超过极轴的半径约21.4km,同时,赤道又呈轻微的椭圆状。这些现象使航天器在轨道的切线和法线方向也受到引力作用,而且径向引力不仅与距离有关,还与航天器的经度、纬度有关。这些附加的力学因素称为地球形状摄动力。

地球非球形引力对航天器姿态的影响可以忽略。

在研究地球形状摄动力时,可应用力的位函数(或称为力的势函数)。由于引力是保守力,即在引力作用下物体移动做的功与路径无关,只与起点和终点的位置有关。于是引入势能的概念,势能只与位置有关。所谓某点引力位,就是在

引力场中,单位质量质点在此点所具有的能量,它的数值等于单位质量的质点从无穷远处移到此点时引力所做的功(由于质点引力和质点矢径方向相反,这里引力所做功是负值),而地球引力位函数的梯度就是引力场的引力加速度。

在与地球固联的坐标系中,地球非球形引力的位函数在地心距 r、地理经度 λ 和地心纬度 Φ 处取值为

$$V_{gt} = \frac{\mu}{r} \sum_{n=2}^{N} \left(\frac{R_e}{r}\right)^n \sum_{m=0}^{n} p_n^m(\sin\Phi)(c_{nm}\cos m\lambda + s_{nm}\sin m\lambda)$$

式中:μ 为地球引力常数;R_e 为地球赤道平均半径;P_n^m 为 n 阶 m 级勒让德函数;c_{nm} 为系数,其中 c_{n0} 为带谐系数;c_{nm}、s_{nm} ($m \neq 0, m < n$) 为田谐系数;c_{nn} 为扇谐系数。这些系数经过多年卫星和地面的大地测量综合确定,目前已形成多个地球引力场模型。选定具体模型数据,计算勒让德函数和三角函数,计算位函数对 r、Φ、λ 的偏导数(位函数的梯度),再得到需要的地球非球形引力加速度在地心惯性系中的分量,为轨道摄动方程提供数据。

2. 日月引力

日月引力对航天器姿态的扰动可以忽略。

日月引力对航天器轨道的影响应考虑,尤其对高轨道航天器如静止卫星的轨道运动有着重要影响。在惯性空间来看,日月对航天器的引力是万有引力,引力加速度分别为

$$-\frac{\mu_s}{r_{sv}^3} \boldsymbol{r}_{sv}, \quad -\frac{\mu_m}{r_{mv}^3} \boldsymbol{r}_{mv}$$

式中:μ_s 和 μ_m 为日月引力常数;$\boldsymbol{r}_{sv}$、$\boldsymbol{r}_{mv}$ 为日月引力中心至航天器的距离矢量;r_{sv}、r_{mv} 为 $\boldsymbol{r}_{sv}$ 和 $\boldsymbol{r}_{mv}$ 的大小。

由于航天器的运动是在地心坐标系中描述的,而地心运动受到了日月引力的影响,因此在地心坐标系中,日、月对航天器的作用应该扣掉日、月对地球的作用,日引力摄动加速度 $\dfrac{\boldsymbol{F}_{dgs}}{m}$ 和月引力摄动加速度 $\dfrac{\boldsymbol{F}_{dgm}}{m}$ 为

$$\frac{\boldsymbol{F}_{dgs}}{m} = -\mu_s \left(\frac{\boldsymbol{r}_{sv}}{r_{sv}^3} - \frac{\boldsymbol{r}_{se}}{r_{se}^3}\right)$$

$$\frac{\boldsymbol{F}_{dgm}}{m} = -\mu_m \left(\frac{\boldsymbol{r}_{mv}}{r_{mv}^3} - \frac{\boldsymbol{r}_{me}}{r_{me}^3}\right)$$

式中:$\boldsymbol{r}_{se}$、$\boldsymbol{r}_{me}$ 分别为日、月引力中心至地球中心的矢量;r_{se}、r_{me} 分别为 $\boldsymbol{r}_{se}$ 和 $\boldsymbol{r}_{me}$ 的大小。

2.4.3 地球磁力矩

由于卫星上存在残余磁矩或磁力矩器磁矩 M，它与地球磁场 B 相互作用，产生作用于卫星的力矩：

$$T = M \times B$$

航天器上的剩磁矩约为 $10 \mathrm{A} \cdot \mathrm{m}^2$ 或更小，磁力矩器产生的磁矩可以达到 $100 \mathrm{A} \cdot \mathrm{m}^2$ 或更大，地球磁场强度从地球表面 $3 \times 10^{-5} \mathrm{T}$（特斯拉）到静止轨道高度 $10^{-7} \mathrm{T}$。大小为 $1\mathrm{T}(\mathrm{Wb/m}^2)$ 的磁通密度矢量，同与它垂直的大小为 $1 \mathrm{A} \cdot \mathrm{m}^2$ 的磁矩相互作用产生磁力矩 $1 \mathrm{N} \cdot \mathrm{m}$。

除航天器磁矩与地球磁场相互作用产生磁力矩外，当航天器在地球磁场中运动时感生涡流，并与地球磁场作用而产生对航天器的力和力矩。这种力和力矩都比其他环境力和力矩小得多，可以忽略。

2.4.4 大气阻力和气动力矩

航天器通常在离地面 100km 以上高度运行，此时大气相对于航天器的运动为自由分子流。空气分子撞击到卫星表面后，几乎没有反射，来流质点的全部动能和动量被表面完全吸收。这样在任意面积元 dA 上所受的气动力为

$$\mathrm{d}\boldsymbol{f} = -\frac{1}{2}\rho u^2 C_D (\boldsymbol{n} \cdot \hat{\boldsymbol{u}}) \hat{\boldsymbol{u}} \mathrm{d}A$$

式中：ρ 为航天器所在区域大气密度；u、$\hat{u}$ 分别为航天器相对于大气的速度矢量及其单位矢量；n 为面积元的外法向单位矢量；dA 为面积元的面积；C_D 为阻力系数，与表面材料性质及空气质点的入射角 $\arccos(\boldsymbol{n} \cdot \hat{\boldsymbol{u}})$ 有关，如果没有实测数据，可以取 $C_D = 2.0$。

因为地球旋转带动大气旋转，所以有

$$\boldsymbol{u} = \boldsymbol{V} - \boldsymbol{\omega}_0 \times \boldsymbol{r}$$

式中：r、V 分别为航天器在地心惯性系中的瞬时位置和速度矢量；$\boldsymbol{\omega}_0$ 为地球自转角速度矢量。

作用在整个航天器的气动力和（关于航天器质心）力矩为

$$\boldsymbol{F} = \int \mathrm{d}\boldsymbol{f}, \quad \boldsymbol{T} = \int \boldsymbol{r}_{Ca} \times \mathrm{d}\boldsymbol{f}$$

式中：r_{Ca} 为航天器质心到面积元 dA 的矢量，积分区域包括面向来流（$\boldsymbol{n} \cdot \hat{\boldsymbol{u}} \leq 0$）但不会受遮挡的表面。

当航天器姿态运动引起的表面元 dA 的速度比质心相对于来流速度 u 小得多时,可将航天器整体所受到的气动阻力和气动力矩写成

$$F = -\frac{1}{2}\rho u_0^2 C_D A \hat{u}_0, \quad T = -\frac{1}{2}\rho u_0^2 C_D A r_{C_p} \times \hat{u}_0$$

式中:u_0 为质心相对于空气的速度,$u_0 = |u_0|$,$\hat{u}_0 = \dfrac{u_0}{u_0}$;$A$ 为垂直于 u 的星体最大截面积;r_{C_p} 为质心到压力中心(所有 df 合力作用点)的矢量。

2.5 时间系统及模型实现

在卫星的运动方程中,虽然时间是独立变量,但在不同的物理量纲下,需要使用不同的时间系统。因此,明确时间系统的定义和相互转换关系是轨道计算的前提条件。

2.5.1 时间系统的定义

1. 恒星时

恒星时是恒星连续两次经过某地上中天的时间间隔,一般选择春分点代替恒星作为参考点。取春分点上中天的时刻作为恒星日的开始。由于春分点的上中天通过某一点的子午圈,因此恒星时是地方性的。春分点在当地上中天的时刻为当地恒星时的 0 时,春分点在当地的时角定义为当地恒星时。格林尼治的地方恒星时,称为格林尼治恒星时 S_G。任意经度 λ 的地方恒星时 S 与格林尼治恒星时 S_G 之间的关系可描述为

$$S = S_G + \lambda \quad (2-33)$$

由恒星时的定义可以看出,恒星时以春分点的时角来度量,恒星时的变化率就是春分点周日视运动的速率。由于岁差和章动的影响,春分点在位置上有缓慢的变化,根据春分点的运动,可以把它分为平春分点和真春分点,对应的恒星时也分平恒星时和真恒星时。

2. 太阳时

以太阳的周日视运动为依据而建立的时间计量系统,称为真太阳时。真太阳指太阳视圆面的中心。真太阳连续两次下中天的时间间隔称为真太阳日。真太阳时定义为真太阳的时角 t'_S 加上 12^h,即

$$m'_S = t'_S + 12^h \quad (2-34)$$

若 $t'_s > 12^h$，则真太阳时为从式(2-34)中减去 24^h。

由于地球绕太阳运动的轨道是椭圆，且黄道和赤道存在 ε 的交角，太阳赤经增加不均匀。由于真太阳日的不均匀性，真太阳日不适合进行时间计算。为了弥补真太阳日的缺陷，纽康(Newcomb)引入了假想的平太阳。其长度等于一年中真太阳的平均长度。以平太阳日为基准来度量的时间成为平太阳时，建成平时。平太阳赤经 α_S 满足：

$$\begin{aligned}\alpha_S &= 279°41'27''.54 + 129602768''.13T + 1''.3935T^2 \\ &= 18^h 38^m 45^s.836 + 8640184^s.542T + 0^s.0929T^2\end{aligned} \quad (2-35)$$

式中：T 为 1900 年 1 月 1 日 12 时起算的儒略世纪数，且为

$$T_N = \frac{JD(t) - 2415020.0}{36525} \quad (2-36)$$

式中：JD 为儒略日期。

平太阳时在当地的时角 t_S 加上 12^h，成为该地的地方平太阳时，即

$$m_S = t_S + 12^h \quad (2-37)$$

3. 世界时

格林尼治的平太阳时即世界时(universal time, UT)。地球上每个地方子午圈均存在一个地方平太阳时 m_S。它和世界时的关系可描述为

$$m_S = UT + \lambda \quad (2-38)$$

式中：λ 为当地经度。

为了使用方便，分区计时的概念被引入。把整个地球按照子午圈划分为 24 个时区，每个时区包括经度 15°。每个时区以中央子午线的平太阳时为该区的区时。格林尼治子午圈两边各 7.5° 的经度范围定义为零时区。该时区采用世界时，向东细分为东一时区、东二时区……东十二时区和西一时区、西二时区……西十二时区。每隔一时区向东递增 1 小时，向西递减 1 小时。北京时对应第八区，所以有

$$北京时 = UT + 8^h \quad (2-39)$$

世界时是以地球自转为基础的，由于地球自转的不均匀性和极移的影响，世界时也是不均匀的。为了消除不均匀的影响，必须进行适当的修正。目前世界时主要分三种：UT0、UT1、UT2。

UT0 是以地球瞬时极为参考而定的时间，由各天文台根据观测恒星的结果直接计算而得。

UT1 是现今实用的一种平太阳时，对 UT0 进行极移改正得到，是相对于平

均极的子午圈的世界时,有

$$UT1 = UT0 + \Delta\lambda_S \qquad (2-40)$$

式中:$\Delta\lambda_S = (1/15)(x_p\sin\lambda - y_p\cos\lambda)\tan\varphi$;$\lambda$、$\varphi$ 为测站的天文经纬度;x_p、y_p 是极移量。

UT2 是在 UT1 的基础上,进一步参考地球自转速率周年变化而确定的时间,即

$$UT2 = UT1 + \Delta T_S \qquad (2-41)$$

式中:$\Delta T_S = 0^s.022\sin(2\pi t) - 0^s.012\cos(2\pi t) - 0^s.006\sin(4\pi t) + 0^s.007\cos(4\pi t)$;$t$ 以贝塞尔年为单位,$t = (MJD(t) - 51544.033)/365.2422$;MJD 是简约儒略日期。

4. 原子时

原子时(atomic time, AT)是以物质内部原子运动的特征为基础建立的时间计量系统。1967 年 10 月,第 13 届国际计量大会决定引入新的秒长定义,即以铯原子Cs^{133}基态两超精细能级间在零磁场中跃迁辐射振荡 9192631770 周所经历的时间作为 1s 的长度,称为国际单位制(SI)秒。国际原子时(international atomic time, TAI)的秒长为 SI,原子时时间起点定义为 1958 年 1 月 1 日 0 时(UT2),期望这一瞬间 TAI 时刻与 UT 时刻相同,但事后发现两者相差 0.0039s。

5. 协调世界时

原子时使时间计量有了质的飞跃,但它和地球自转没有任何关系。而以地球自转为基础的世界时在天文系统中仍有广泛的用途。为此,提出了协调世界时(coordinated universal time, UTC)。由于原子时长比世界时略短,世界时将渐渐落后于原子时。为了兼顾世界时时刻和原子时秒长两者的需要,国际上规定将协调世界时作为标准时间和频率发布的基础,地面观测系统以 UTC 为时间记录标准。

协调世界时的秒长和国际原子时秒长一致,在时刻上则尽量要求与世界时接近。从 1972 年起规定两者的差值不超过 0.9s。通常在 UTC 中插入 1s(即正闰秒)进行调整。具体调整由 IERS 根据天文观测资料作出决定。

6. 动力学时

动力学时是天体动力学理论及其历表所用的时间。动力学时是一种概念上的均匀时间尺度,根据所述运动方程所对应参考点的不同,动力学时可分为两种。

质心动力学时(barycentric dynamical time, TDB)是以太阳系质心为中心的

局部惯性系中的坐标时,是一种抽象、均匀的时间尺度。

地球动力学时(terrestrial dynamical time,TDT)是以地球质心为中心的局部惯性系中的坐标时,1991 年以后称为地球时(TT)。地球时适用于各种地心坐标系,包括地心天球坐标系和地固系。在人造地球卫星动力学方程中,采用该尺度作为独立变量。

7. 儒略日

在天文学中为了方便地计算一个相当长时期的累计日数,采用一种称为儒略日的长期记日法。

从公元前 4713 年儒略历 1 月 1 日格林尼治平时 12 时为起算点,连续累计的日数称为儒略日,记为 JD。

儒略日是天文学中常用的记日法,在天文年历"世界时和恒星时"表内,载有当年每日对应的儒略日数。由于儒略日的位数太多,又与通常起点 0 时有半天之差,因此规定"准儒略日"(简约儒略日),记为 MJD。它的起算点为 1858 年 11 月 17 日世界时 0 时。儒略日和简约儒略日之差为 JD – MJD = 2400000.5 日,MJD 的起算点和平太阳日的起算点一致,均为子夜。

2.5.2 主要时间系统间转换算法

主要时间系统之间的转换框图如图 2 – 10 所示。

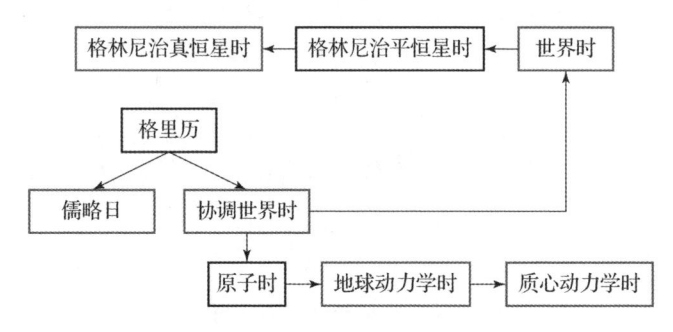

图 2 – 10 主要时间系统之间的转换框图

1. 格里历到儒略日的转换

设年、月、日、时、分、秒分别为 Y、M、D、h、m、s,则儒略日的计算公式为(这里"[ ]"表示取整数部分):

$$J = D - 32075 + [1461 \times (Y + 4800 + [(M-14)/12])/4] + [367 \times (M - 2 - [(M-14)/12] \times 12)/12] -$$

$$[3 \times [(Y+4900+[(M-14)/12])/100]/4]$$
$$JD = J - 0.5 + h/24 + m/1440 + s/86400 \quad (2-42)$$
$$MJD = JD - 2400000.5 \quad (2-43)$$

由儒略日计算年、月、日、时、分、秒的公式为(这里"[ ]"表示取整数部分)：

$$J = [MJD + 2400000.5 + 0.5]$$

$$N = \left[\frac{4(J+68569)}{146097}\right]$$

$$L_1 = J + 68569 - \left[\frac{N \times 146097 + 3}{4}\right]$$

$$Y_1 = \left[\frac{4000(L_1+1)}{1461001}\right]$$

$$L_2 = L_1 - \left[\frac{1461 \times Y_1}{4}\right] + 31$$

$$M_1 = \left[\frac{80 \times L_2}{2447}\right]$$

$$D = L_2 - \left[\frac{2447 \times M_1}{80}\right]$$

$$L_3 = \left[\frac{M_1}{11}\right]$$

$$M = M_1 + 2 - 12 \times L_3$$

$$Y = [100(N-49) + Y_1 + L_3]$$

$$s_1 = (MJD - [MJD]) \times 86400$$

$$h = \left[\frac{s_1}{3600}\right]$$

$$m = \left[\frac{s_1 - h \times 3600}{60}\right]$$

$$s = s_1 - h \times 3600 - m \times 60$$

2. 世界时 UTC 到地球动力学时 TDT 的转换

地球动力学时的秒长与原子时一致。地球动力学时与原子时的差为固定的32.184s，而原子时与协调世界时的差为跳秒，因此世界时 UTC 到地球动力学时 TDT 的时间转化公式如下：

$$TDT = TAI + 32.184s$$
$$TAI = UTC + 跳秒数$$

UTC 时间与跳秒数对比见表 2-1。

表 2-1 UTC 时间与跳秒数对比

时间(UTC)	跳秒数 TAI – UTC/s
1972 年 1 月 1 日 0 时	10
1972 年 7 月 1 日 0 时	11
1973 年 1 月 1 日 0 时	12
1974 年 1 月 1 日 0 时	13
1975 年 1 月 1 日 0 时	14
1976 年 1 月 1 日 0 时	15
1977 年 1 月 1 日 0 时	16
1978 年 1 月 1 日 0 时	17
1979 年 1 月 1 日 0 时	18
1980 年 1 月 1 日 0 时	19
1981 年 7 月 1 日 0 时	20
1982 年 7 月 1 日 0 时	21
1983 年 7 月 1 日 0 时	22
1985 年 7 月 1 日 0 时	23
1988 年 1 月 1 日 0 时	24
1990 年 1 月 1 日 0 时	25
1991 年 1 月 1 日 0 时	26
1992 年 7 月 1 日 0 时	27
1993 年 7 月 1 日 0 时	28
1994 年 7 月 1 日 0 时	29
1996 年 1 月 1 日 0 时	30
1997 年 7 月 1 日 0 时	31
1999 年 1 月 1 日 0 时	32
2006 年 1 月 1 日 0 时	33
2009 年 1 月 1 日 0 时	34
2012 年 1 月 1 日 0 时	35
2015 年 1 月 1 日 0 时	36
2017 年 1 月 1 日 0 时	37

3. 世界时 UTC 到 UT1 的转换

根据天文观测直接测定的世界时加上极移改正后记为 UT1，UT1 反映地球自转，在计算格林尼治恒星时的时候使用。

$$UT1 = UTC + dUT1$$

UTC 与 UT1 的差 dUT1 可以由 IERS 公报给出，使用时采用线性内插求出某特定时刻的差。IERS 公报的网址为 http://www.iers.org。

4. 北斗时 BDT 到世界时 UTC 的转换

北斗卫星导航系统采用时间基准为北斗时，它是一种原子时，以国际单位 SI 秒为基本单位连续累计，不用跳秒的形式。起始历元为协调世界时（UTC）2006 年 1 月 1 日 0 时 0 分 0 秒。BDT 和 UTC 之间的跳秒信息在卫星播放的导航电文中播报。

BDT = UTC +（从 2006 年 1 月 1 日 0 时 0 分 0 秒到当前时刻的）跳秒数

2.6 地球自转运动相关计算

岁差、章动、地球自转和极移的变化构成了地球自转运动的完整问题。

2.6.1 岁差

太阳、月亮对地球非球形部分的引力作用使地球像陀螺那样，自转轴在空间摆动。反映在天球上即天极的运动，它使北天极绕北黄极沿半径为黄赤交角 ε 的小圆顺时针（从天球以外看）旋转，周期约为 25800 年。但实际的天极运动轨道并不是简单的小圆，还有小振动。因此将实际的天极运动分解为两种运动：一是一个假想的天极绕黄极的小圆运动，这个假想的天极叫平天极；二是真天极绕平极的运动。平极的运动叫日月岁差，相应的平春分点西退，而真天极绕平极的运动叫章动，章动是有很多不同周期运动合成的，若忽略掉短周期的微小运动，则真天极绕平极做顺时针的椭圆运动，周期为 18.6 年。

此外，由于行星对地球绕日公转运动的摄动，黄道平面也有一种缓慢的变化，从而引起黄极的运动，这种现象为行星岁差，它比日月岁差小得多。

将平赤道和平春分点分别作为基本圈和基本点的赤道坐标系叫平赤道坐标系。岁差和章动量的计算都已采用标准历元 J2000，并以儒略世纪为单位，有 $t = \dfrac{JD(t) - JD(J2000)}{36525.0}$，其中，$JD(t)$ 是计算时刻 t 对应的儒略日，$JD(J2000)$ 是历元 J2000 对应的儒略日。

(PR):岁差矩阵,$(PR) = R_z(-z_A)R_y(\theta_A)R_z(-\zeta_A)$

$$(PR) = \begin{bmatrix} \cos(-z_A) & \sin(-z_A) & 0 \\ -\sin(-z_A) & \cos(-z_A) & 0 \\ 0 & 0 & 1 \end{bmatrix} \begin{bmatrix} \cos(\theta_A) & 0 & -\sin(\theta_A) \\ 0 & 1 & 0 \\ \sin(\theta_A) & 0 & \cos(\theta_A) \end{bmatrix}$$

$$\begin{bmatrix} \cos(-\zeta_A) & \sin(-\zeta_A) & 0 \\ -\sin(-\zeta_A) & \cos(-\zeta_A) & 0 \\ 0 & 0 & 1 \end{bmatrix}$$

由标准历元向计算历元的平赤道坐标系之间的转换的 3 个岁差参数 ζ_A、z_A、θ_A 由下式计算:

$$\begin{cases} \zeta_A = 2306''.2181t + 0''.30188t^2 + 0''.017998t^3 \\ z_A = 2306''.2181t + 1''.09468t^2 + 0''.018203t^3 \\ \theta_A = 2004''.3109t - 0''.42665t^2 - 0''.041833t^3 \end{cases} \quad (2-44)$$

相应的赤经岁差 m_A(有时也用 μ 表示)和赤纬岁差 n_A 分别为

$$m_A = \zeta_A + z_A = 4612''.4362t + 1''.39656t^2 + 0''.036201t^3$$

$$n_A = \theta_A \quad (2-45)$$

▶ 2.6.2 章动

关于章动量,可取 IAU 1980 章动序列,该序列给出的黄经章动 $\Delta\phi$ 和交角 $\Delta\varepsilon$ 的计算公式,包括周期从 4.7 天到 18.6 年,其形式为

$$\begin{cases} \Delta\phi = \sum_{j=1}^{106} (A_{0j} + A_{1j}t)\sin\left(\sum_{i=1}^{5} k_{ji}\alpha_i(t)\right) \\ \Delta\varepsilon = \sum_{j=1}^{106} (B_{0j} + B_{1j}t)\cos\left(\sum_{i=1}^{5} k_{ji}\alpha_i(t)\right) \end{cases} \quad (2-46)$$

式中:A_{0j}、A_{1j}、B_{0j}、B_{1j}、k_{ji} 为相应的系数,5 个基本变量 $\alpha_i(1 \sim 5)$ 分别为月球的平近点角 l、太阳的平近点角 l'、月球的升交角距 F、日月平角距 D 和月球轨道升交点平黄经 Ω,有

$$\begin{cases} \alpha_1 = l = 134°57'46''.733 + (1325^r + 198°52'02''.633)t + 31''.310t^2 \\ \alpha_2 = l_1 = 357°31'39''.804 + (99^r + 359°03'01''.224)t - 0''.577t^2 \\ \alpha_3 = F = 93°16'18''.877 + (1342^r + 82°01'03''.137)t - 13''.257t^2 \\ \alpha_4 = D = 297°51'01''.307 + (1236^r + 307°06'41''.328)t - 6''.891t^2 \\ \alpha_5 = \Omega = 125°02'40''.280 - (5^r + 134°08'10''.539)t + 7''.455t^2 \end{cases} \quad (2-47)$$

式中:$1^r = 360° = 1296000″$;t 为从标准历元 J2000 起算的世纪数。

方便起见,表 2-2 列出了式(2-35)的最大的前 5 项。

表 2-2 IAU 1980 章动序列前 5 项

j	周期/日	$k_{j1},k_{j2},k_{j3},k_{j4},k_{j5}$	$A_{0j},A_{1j}(0″.0001)$	$B_{0j},B_{1j}(0″.0001)$
1	6793.4	0,0,0,0,1	-171996,-174.2	92025,8.9
2	182.6	0,0,2,-2,2	-13187,-1.6	5736,-3.1
3	13.7	0,0,2,0,2	-2274,-0.2	977,-0.5
4	3399.2	0,0,0,0,2	2026,0.2	-895,0.5
5	365.2	0,1,0,0,0	1426,-3.4	54,-0.1

(NR):章动矩阵,有

$$(NR) = R_x(-(\varepsilon + \Delta\varepsilon))R_z(-\Delta\phi)R_x(\varepsilon)$$

式中:$\Delta\phi$ 为黄经章动;$\Delta\varepsilon$ 为交角章动;ε 为黄赤交角。

黄赤交角计算公式:

$$\varepsilon = 23°26′21″.448 - 46″.8150t - 0″.00059t^2 \qquad (2-48)$$

2.6.3 地球自转

格林尼治恒星时即 0°地理经线的赤经,也就是 0°地理经线相对春分点的角度。由于真春分点和平春分点的不同,因此格林尼治恒星时又分为格林尼治真恒星时 GAST 和格林尼治平恒星时 GMST,两者的差为赤经章动。

$$GMST = 280°.46061837 + 360°.98564736629(JD(t) - 2451545.0) +$$
$$0°.0003875T^2 - 2°.6 \cdot 10^{-8}T^3$$

$$GAST = GMST + \Delta\phi\cos\varepsilon$$

式中:$\Delta\phi$ 为黄经章动;ε 为黄赤交角。

2.6.4 极移

与岁差、章动中地球自转轴在空间的运动不同,极移是地球自转轴在其本体内的移动。地极的这种运动,既涉及地球内部复杂的地球物理过程,又与地球表面和大气层内发生的季节性气象有关。前者是在没有外力的作用下产生的,称为自由极移,周期为14个月。后者是由外部作用引起的周年运动,称为受迫极移。这两种极移是地极运动的主要部分。极移并不改变地球自转轴在空间的位置,却使天顶在天球上的位置发生变化。

(EP):极移矩阵,略去极移二阶项,$(EP) = \begin{bmatrix} 1 & 0 & x_p \\ 0 & 1 & -y_p \\ -x_p & y_p & 1 \end{bmatrix}$,$x_p$,$y_p$是极移两分量,其量级不超过0.8″。

IERS公报给出每天的极移量,同时给出一段时间内的预报,网址为http://www.iers.org。在使用时采用线性内插求出特定时刻的极移量x_p、y_p。

2.7 空间坐标系的定义与转换方法

2.7.1 空间坐标系的定义

1. 惯性参考坐标系

1)天体中心J2000惯性坐标系($O_t X_I Y_I Z_I$)

J2000.0惯性坐标系,简称惯性系。以历元J2000.0地球平赤道坐标系为例,坐标原点在地心,X_I轴平行于平春分点方向;Z_I轴平行于地球旋转轴,指向赤北极;Y_I轴与X_I轴、Z_I轴构成右手坐标系。

可把地心J2000.0惯性坐标系平移至其他天体中心。在深空探测中常用的坐标系包括日心J2000惯性坐标系、月心J2000惯性坐标系、火心J2000惯性坐标系、小天体中心J2000惯性坐标系等。

2)J2000日心平黄道惯性坐标系($O_{SME} X_{SME} Y_{SME} Z_{SME}$)

坐标原点O_{SME}位于太阳中心,基本平面为J2000.0平黄道面,$O_{SME}X_{SME}$轴在基本平面内指向J2000.0平春分点,$O_{SME}Z_{SME}$轴垂直基本平面指向北极方向,$O_{SME}Y_{SME}$轴与$O_{SME}Z_{SME}$轴、$O_{SME}X_{SME}$轴垂直并构成右手直角坐标系。

2. 天体固联坐标系

1)地球固联坐标系($O_e X_{eF} Y_{eF} Z_{eF}$)

坐标系原点O_e位于地心;X_{eF}轴在地球赤道平面内,并指向地球零度经线;Z_{eF}轴垂直于地球赤道平面,与地球自转角速度矢量方向一致;Y_{eF}轴与X_{eF}轴、Z_{eF}轴构成右手坐标系。该坐标系主要用于建立地球引力场模型。

2）月球固联坐标系（$O_m X_{mF} Y_{mF} Z_{mF}$）

坐标系原点 O_m 位于月心；X_{mF} 轴在月球赤道平面内，并指向月球零度经线；Z_{mF} 轴垂直于月球赤道平面，与月球自转角速度矢量方向一致；Y_{mF} 轴与 X_{mF} 轴、Z_{mF} 轴构成右手坐标系。该坐标系主要用于建立月球引力场模型。

3）火星固联坐标系（$O_{mr} X_{mrF} Y_{mrF} Z_{mrF}$）

坐标系原点 O_{mr} 位于火星中心；Z_{mrF} 轴为火星北极轴，X_{mrF} 轴指向 J2000 火星平赤道面与火星本初子午线交点，Y_{mrF} 轴与 X_{mrF} 轴、Z_{mrF} 轴构成右手直角坐标系。

4）小天体固联坐标系（$O_a X_{aF} Y_{aF} Z_{aF}$）

坐标原点 O_a 位于小天体质心，Z_{aF} 轴沿小天体自转轴指向北极，$X_{aF} Y_{aF}$ 平面位于小天体假想球赤道平面内，其中 X_{aF} 轴指向小天体假想本初子午线与小天体假想球赤道平面的交点，三轴构成右手直角坐标系。

小天体假想本初子午线由小天体表面明显标志物确定。此坐标系具有小天体旋转角速度。

5）小天体附着点坐标系（$O_{as} X_{aL} Y_{aL} Z_{aL}$）

坐标原点在小天体附着点 O_{as} 上，Z_{aL} 轴沿附着点局部地形平面法线，且由附着点指向天体体外为正；$+X_{aL}$ 轴在附着点局部平面内，沿小天体自转轴与 $+Z_{aL}$ 轴叉乘后的方向为正；$+Y_{aL}$ 轴在附着点局部平面内且构成右手坐标系。

3. 天体地理坐标系

1）地球天东北坐标系（$O_{es} X_{eG} Y_{eG} Z_{eG}$）

原点位于航天器星下点（地球表面 O_{es} 上），X_{eG} 轴取为当地天向（由月心指向坐标原点 O_{es} 方向），Y_{eG} 轴指向当地东向，Z_{eG} 轴构成右手坐标系。

2）月球天东北坐标系（$O_{ms} X_{mG} Y_{mG} Z_{mG}$）

原点位于航天器星下点（月球表面 O_{ms} 上），X_{mG} 轴取为当地天向（由月心指向坐标原点 O_{ms} 方向），Y_{mG} 轴指向当地东向，Z_{mG} 轴构成右手坐标系。

3）火星天南东坐标系 $O_1 X_{mrG} Y_{mrG} Z_{mrG}$

坐标原点 O_1 位于火星航天器质心，$O_1 X_{mrG}$ 轴由火星中心指向坐标原点 O_1 方向，$O_1 Y_{mrG}$ 轴在当前时刻与 $O_1 X_{mrG}$ 轴垂直并指向当地南向，$O_1 Z_{mrG}$ 轴构成右手坐标系。

4. 天体轨道坐标系

1）地心轨道坐标系（$O_e X_{eO} Y_{eO} Z_{eO}$）

原点位于航天器质心 O_e，$X_{eO} Z_{eO}$ 平面位于航天器绕地球转动的轨道平面内，

其中 Z_{eO} 轴沿地心轨道的径向,由航天器指向地心为正,X_{eO} 轴在轨道平面内与 Z_{eO} 轴垂直并指向航天器速度方向,三轴构成右手坐标系。

2)其他天体轨道坐标系($O_a X_{aO} Y_{aO} Z_{aO}$)

原点位于天体质心 O_a,$X_{aO} Z_{aO}$ 平面位于天体绕太阳公转的轨道平面内,其中 Z_{aO} 轴沿日心轨道的径向,由天体指向日心为正,X_{aO} 轴在轨道平面内与 Z_{aO} 轴垂直并指向天体速度方向,三轴构成右手坐标系。

3)地月 $L2$ 点旋转坐标系($O_{L2} X_{L2} Y_{L2} Z_{L2}$)

该坐标系由月球公转白道坐标系延伸而来,如图 2-11 所示。

坐标原点位于地月 $L2$ 点,$X_{L2} Y_{L2}$ 平面位于月球绕地球公转的白道平面内,其中 X_{L2} 轴由地心指向月心方向为正,Y_{L2} 轴平行于白道切向(月球公转速度方向),Z_{L2} 轴沿白道法线方向。

图 2-11 地月 $L2$ 点旋转坐标系示意图

2.7.2 主要坐标系间的转换方法

表 2-3 列出了几种常用的地心坐标系的定义。

表 2-3 空间坐标系定义

坐标系	原点	参考平面	X 轴方向
历元平赤道地心惯性系	地心	历元平赤道	指向该历元的平春分点
瞬时平赤道地心系	地心	瞬时平赤道	指向瞬时平春分点
瞬时真赤道地心系	地心	瞬时真赤道	指向瞬时真春分点
准地固坐标系	地心	瞬时真赤道	参考平面与格林尼治子午面的交线方向
地固坐标系	地心	与地心和国际协议原点(CIO)连线正交的平面	参考平面与格林尼治子午面的交线方向
卫星轨道坐标系	星心	卫星轨道平面	卫星运动方向

缩写词：
历元平赤道地心惯性系(earth center inertial,ECI)
瞬时平赤道地心系(mean of date,MOD)
瞬时真赤道地心系(true of date,TOD)
准地固坐标系(pseudo Earth center fixed,PECF)
地固坐标系(earth center fixed,ECF)
卫星轨道坐标系(vehicle velocity local horizontal,VVLH)

1. 历元平赤道地心惯性系与瞬时平赤道地心系转换

这两个坐标系之间的差别是岁差，有 $r_M = (PR)r$，(PR) 是岁差矩阵，它由3个旋转矩阵构成，$(PR) = R_z(-z_A)R_y(\theta_A)R_z(-\zeta_A)$。
式中：z_A、θ_A、ζ_A 为3个岁差参数，见 2.6.1 节式(2-44)。

2. 瞬时平赤道地心系与瞬时真赤道地心系转换

这两个坐标系之间的差别是章动，有 $r_T = (NR)r_M$，(NR) 是章动矩阵，它由三个旋转矩阵构成，$(NR) = R_x(-(\varepsilon+\Delta\varepsilon))R_z(-\Delta\phi)R_x(\varepsilon)$。
式中 $\Delta\varepsilon$、$\Delta\theta$ 为章动参数，见 2.6.2 节式(2-46)和式(2-48)。

由上可知，历元平赤道地心惯性系到瞬时真赤道地心系之间的转换关系为 $r_T = (GR)r$，其中 (GR) 为岁差章动矩阵，$(GR) = (NR)(PR)$。

3. 瞬时真赤道地心系与准地固坐标系转换

因准地固坐标系是随着地球自转而转动的，那么它与瞬时真赤道地心系之间的差别即地球自转角——格林尼治恒星时 S_G，有 $R_T = (ER)r_T$，(ER) 是地球自转矩阵，有 $(ER) = R_z(S_G)$。

4. 准地固坐标系与地固坐标系转换

这两者的差别是极移，有 $R = (EP)R_T$，极移矩阵 (EP) 略去极移二阶项，

$$(EP) = \begin{bmatrix} 1 & 0 & x_p \\ 0 & 1 & -y_p \\ -x_p & y_p & 1 \end{bmatrix}, x_p、y_p 是极移两分量。$$

5. 卫星轨道坐标系与历元平赤道地心惯性系转换

卫星轨道坐标系原点为卫星质心，OZ 轴指向地心，OX 轴在卫星轨道平面内，垂直于 OZ 轴，指向卫星运动方向。

r_{VVLH}：矢量在卫星轨道坐标系的坐标。
R_{ECI}：矢量在历元平赤道惯性坐标系的坐标。

r_{VVLH}和R_{ECI}的对应转换关系如下：

$$\begin{cases} r_{VVLH} = R_X\left(-\frac{\pi}{2}\right) \cdot R_Z\left(u+\frac{\pi}{2}\right) \cdot R_X(i) \cdot R_Z(\Omega) \cdot R_{ECI} \\ R_{ECI} = R_Z(-\Omega) \cdot R_X(-i) \cdot R_Z\left(-u-\frac{\pi}{2}\right) \cdot R_X\left(\frac{\pi}{2}\right) * r_{VVLH} \end{cases}$$

式中：Ω、i、u分别为卫星的升交点赤经、倾角和卫星辐角($u = \omega + f$)。

2.8 日月星历计算

计算日月星历使用JPL的DE 405模型，读取数据文件后使用切比雪夫(Chebychev)多项式插值得到日月及各大行星的位置速度。

当不需要高精度的日月星历时，可以采用近似公式进行计算。

2.8.1 太阳位置矢量的近似计算

太阳在J2000地心平赤道坐标系中的平均轨道根数σ'为

$$\begin{cases} a = 1.00000102(ua), 1ua = 1.49597870 \times 10^8 \text{km} \\ e = 0.01670862 - 0.00004204T - 0.00000124T^2 \\ i = \varepsilon = 23°.439291 - 0°.01300417T - 0°.00000016T^2 \\ \Omega = 0°.0 \\ \omega = 282°.937347 + 0°.32256206T - 0°.00015757T^2 \\ M = 357°.5291 + 0°.98556200804d - 0°.0007734d^2 \end{cases}$$

式中：T为儒略世纪，$T = 36525^d$，d的单位为地球日。

2.8.2 月球位置矢量的近似计算

月球在J2000地心平赤道坐标系中的位置r为[10]

$$r = R_x(-\varepsilon) \begin{bmatrix} R\cos\delta\cos\beta \\ R\sin\delta\cos\beta \\ R\sin\beta \end{bmatrix} \qquad (2-49)$$

式中：$\boldsymbol{R}_x$为黄道坐标系到赤道惯性坐标系的转换矩阵；ε为黄赤交角；R为月球的地心距离；δ、β分别为月球在黄道面上相对于春分点的经度、纬度。

$$\varepsilon = 23°.43929111$$

$$\boldsymbol{R}_x(-\varepsilon) = \begin{bmatrix} 1 & 0 & 0 \\ 0 & \cos\varepsilon & -\sin\varepsilon \\ 0 & \sin\varepsilon & \cos\varepsilon \end{bmatrix}$$

忽略了小于150km的项计算的月球的地心距离 R:

$R = 385000 - 20905\cos(L) - 3699\cos(2D-L) - 2956\cos(2D) - 570\cos(2L) +$
$246\cos(2L-2D) - 205\cos(L1-2D) - 171\cos(L+2D) - 152\cos(L+L1-2D)$

月球在黄道面上相对于春分点的经度 δ:

$\delta = L0 + 22640'' \cdot \sin(L) + 769'' \cdot \sin(2L) - 4586'' \cdot \sin(L-2D) +$
$2370'' \cdot \sin(2D) - 668'' \cdot \sin(L1) - 412' \cdot \sin(2F) - 212'' \cdot$
$\sin(2L-2D) - 206'' \cdot \sin(L+L1-2D) + 192'' \cdot \sin(L+2D) 148'' \cdot$
$\sin(L-L1) - 125'' \cdot \sin(D) - 110'' \cdot \sin(L+L1) - 55' \cdot \sin(2F-2D)$

月球在黄道面上相对于春分点的纬度 β:

$\beta = 18520'' \cdot \sin(F + 6 - L0 + 412'' \cdot \sin(2F) + 541'' \cdot \sin(L1)) -$
$526'' \cdot \sin(F-2D) + 44'' \cdot \sin(L+F-2D) - 31''\sin(-L+F-2D) -$
$25''\sin(-2L+F) - 23''\sin(L1+F-2D) + 21''\sin(-L+F) +$
$11''\sin(-L1+F-2D)$

其中5个基本参数如下:

$$\begin{cases} L0 = 218°.31617 + 481267°.88088 \cdot T - 4''.06 \cdot T^2 \\ L = 134°.96292 + 477198°.86753 \cdot T + 33''.25 \cdot T^2 \\ L1 = 357°.52543 + 35999°.04944 \cdot T - 0''.58 \cdot T^2 \\ F = 93°.27283 + 483202°.01873 \cdot T - 11''.56 \cdot T^2 \\ D = 297°.85027 + 445267°.11135 \cdot T - 5''.15 \cdot T^2 \end{cases}$$

式中:$L0$ 为月球的平黄经;L 为平近地点黄经;$L1$ 为太阳的平近点角;F 为月球相对于升交点的辐角;D 为日月平经度之差;T 为儒略世纪。

2.9 常微分方程组数值求解方法

在对航天器控制系统进行闭环仿真时,通常会转化成常微分方程组的初值问题,如下所示:

$$\begin{cases} \dot{y} = f(t,y) \\ y(0) = y_{t_0} \end{cases}$$

常微分方程初值问题的数值解法[11-14]是求其精确解 $y(t)$ 在一系列离散点 $t_1,t_2,\cdots,t_N$ 处的近似值 $y_1,y_2,\cdots,y_N$，即 $y_i \approx y(t_i)(i=1,2,\cdots,N)$。按算法的特点分类，常微分方程初值问题的数值方法可分为单步法与线性多步法、显式方法和隐式方法等不同类型。

2.9.1 常微分方程数值求解的单步法

1. 低阶单步法

单步法是指仅通过前一个离散点的值来求解当前离散点近似值的离散方法。其差分方程的一般形式为

$$\begin{cases} y_{i+1} = y_i + h\varphi(t_i, y_i, h) \\ y_0 = y_{t_0} \end{cases} \quad \text{或} \quad \begin{cases} y_{i+1} = y_i + h\varphi(t_i, y_i, y_{i+1}, h) \\ y_0 = y_{t_0} \end{cases}$$

式中：h 为积分步长；φ 为增量函数。单步法有显式格式与隐式格式之分，显式格式的特点是方程等号右侧不含 y_{i+1}，隐式格式则是在方程右侧含有 y_{i+1}。以上两个公式中，前一个公式为显式，后一个公式为隐式。常微分方程求解的稳定性是指数值解在计算过程中对初始误差或舍入误差的敏感性，即初始误差在计算过程中不会放大。稳定性描述了数值方法在误差传播和积累过程中的表现，它是数值方法能否获得精确解的重要属性之一。

考虑增量函数的不同形式，对常微分方程的积分形式 $y_{i+1} = y_i + \int_{t_i}^{t_{i+1}} f(t,y)\mathrm{d}t$ 分别采用左矩形、右矩形、梯形及中点公式近似，可得到以下一系列低阶单步法，即

一阶显式欧拉方法：

$$y_{i+1} = y_i + hf(t_i, y_i)$$

一阶隐式欧拉方法：

$$y_{i+1} = y_i + hf(t_{i+1}, y_{i+1})$$

二阶隐式梯形方法：

$$y_{i+1} = y_i + \frac{h}{2}[f(t_i, y_i) + f(t_{i+1}, y_{i+1})]$$

二阶隐式中点方法：

$$y_{i+1} = y_i + hf\left[t_{i+\frac{1}{2}}, \frac{1}{2}(y_i + y_{i+1})\right]$$

显式方法通过差分方程的递推关系，从已知的初始条件开始，逐步计算出未

知函数在每个点的近似值。相比之下,隐式方法在每一步都需要通过迭代的方式来近似求解相应的非线性代数方程,虽然这种方法的计算量较大,但由于隐式方法(如提到的三种隐式方法)通常具有无条件稳定性,因此在选择积分步长时更加灵活,不需要像显式方法那样受到稳定性的严格限制。

2. 龙格-库塔(Runge-Kutta)方法

构造高阶单步法的关键在于设计增量函数 $\varphi(t,y,h)$,使 $y(t_{i+1}) = y(t_i) + h\varphi(t_i,y(t_i),h) + O(h^{p+1})$ 中的截断误差阶尽可能高。为了避免直接使用泰勒展开所需要的高阶偏导数计算,通过在每个时间步内多次计算导数,从而在多个点上评估函数的变化情况,最后将这些评估结果进行加权平均,以得到更精确的解。其 s 级方法的格式为

$$\begin{cases} y_{i+1} = y_i + h\sum_{j=1}^{s} b_j k_j \\ k_j = f\left(t_i + c_j h, y_i + h\sum_{j=1}^{s} a_{j,l} k_l\right) \end{cases} \quad (i=0,1,2,\cdots,N-1; j=1,2,\cdots,s)$$

式中:c_j、b_j、$a_{j,l}(j,l=1,2,\cdots,s)$ 为待定实系数。当 $s=1$ 时,方程组变为欧拉法,此时阶数为一阶;当 $s=2$ 时,通过不同系数的赋值可以将方程变为改进的欧拉法。当 $a_{j,l}=0(j \leqslant l)$ 时,该方法为显式龙格-库塔(ERK)方法;当 $a_{j,l}=0(j<l)$ 且在系数矩阵中至少有一个对角元素为非零时,该方法为对角隐式龙格-库塔(DIRK)方法;如果系数矩阵中没有对角元素,或者对角元素不满足特殊条件,则该方法可统称隐式龙格-库塔(IRK)方法。

在构造显式龙格-库塔方法时,一般要求 $\sum_{j=1}^{s} b_j = 1$,$c_j = \sum_{l=1}^{j-1} a_{j,l}$ $(j=2,3,\cdots,s)$。

当 $s=2$ 时,可得到二级二阶龙格-库塔方法类,其中较常用的方法包括:

中点方法:

$$y_{i+1} = y_i + hf\left(t_i + \frac{h}{2}, y_i + \frac{h}{2}f_i\right)$$

胡恩(Heun)方法:

$$y_{i+1} = y_i + \frac{h}{4}\left[f(t_i,y_i) + 3f\left(t_i + \frac{2}{3}h, y_i + \frac{2}{3}hf_i\right)\right]$$

改进的显式欧拉方法:

$$y_{i+1} = y_i + \frac{h}{2}[f(t_i, y_i) + f(t_i + h, y_i + hf_i)]$$

当 $s=3$ 时,得到如下三级三阶显式库塔方法和胡恩方法:

三级三阶显式库塔方法:

$$\begin{cases} y_{i+1} = y_i + \frac{h}{6}(k_1 + 4k_2 + k_3) \\ k_1 = f(t_i, y_i) \\ k_2 = f\left(t_i + \frac{h}{2}, y_i + \frac{hk_1}{2}\right) \\ k_3 = f(t_i + h, y_i - hk_1 + 2hk_2) \end{cases}$$

三级三阶显式胡恩方法:

$$\begin{cases} y_{i+1} = y_i + \frac{h}{4}(k_1 + 3k_3) \\ k_1 = f(t_i, y_i) \\ k_2 = f\left(t_i + \frac{h}{3}, y_i + \frac{hk_1}{3}\right) \\ k_3 = f\left(t_i + \frac{2}{3}h, y_i + \frac{2}{3}hk_2\right) \end{cases}$$

当 $s=4$ 时,可得到在航天器控制仿真系统中广泛应用的四级四阶显式龙格-库塔方法:

$$\begin{cases} y_{i+1} = y_i + \frac{h}{6}(k_1 + 2k_2 + 2k_3 + k_4) \\ k_1 = f(t_i, y_i) \\ k_2 = f\left(t_i + \frac{h}{2}, y_i + \frac{hk_1}{2}\right) \\ k_3 = f\left(t_i + \frac{h}{2}, y_i + \frac{hk_2}{2}\right) \\ k_4 = f(t_i + h, y_i + hk_3) \end{cases}$$

目前仿真计算中主要采用的是四阶龙格-库塔方法,它有足够高的精度和较小的计算量。在计算 y_{i+1} 时只用到 y_i,不用 y_{i-1}、y_{i-2} 等项,即在后一步的计算中,仅仅利用前一步的结果,所以称为单步法。显然它不仅存储量小,而且此法可以自启动,即给定初值后,不必用其他方法来帮助,而直接利用此法进行计算。

步长 h 在整个计算中并不要求固定,可以根据精度要求改变。但在一步中,

为计算若干个系数 K_i，则必须用同一个步长 h。

步骤数 s 与可实现的阶数之间存在对应关系，当 s 较小时，阶数与步骤数相同或接近；而当 s 较大时，阶数上限逐渐受到限制。当 $s=2,3,4$ 时，存在 s 阶显式龙格-库塔方法；但当 $s=5$ 时只能建立四阶显式龙格-库塔方法。为构造五阶精度的显式龙格-库塔方法，s 至少为 6；当 $s=7,8$ 时可设计六阶精度的显式龙格-库塔方法；而当 $s \geq 9$ 时，仅能构造 $s-2$ 阶的显式龙格-库塔方法。

显式龙格-库塔方法的主要优点是无须迭代计算，缺点则是并非无条件稳定，对数值积分步长有较为严苛的要求。而隐式龙格-库塔方法是无条件稳定的，在一些特殊问题的计算中存在优势，常见的隐式龙格-库塔方法有高斯方法、拉道（Radau）方法和洛巴托（Lobatto）方法等，但在航天器控制仿真系统中应用较少，不在本节——阐述。

2.9.2 常微分方程数值求解的线性多步法

挠性复杂航天器模型通常需要考虑挠性附件的模态振动（如太阳帆板）及部件（如帆板驱动系统）内部的动态过程。由于挠性模态的频率分布、部件机械时间常数与电气时间常数差别相当大，以致各状态变量收敛速度差别极大。因此，为了保证性质各异的状态变量积分过程数值稳定，不论是采用变步长算法还是定步长算法，一般都要取很小的积分步长，这使得数值积分效率大为下降。寻求高效的建立大型结构航天器动力学模型的方法一直是业界研究的重点。目前公认的影响建模和仿真效率的因素包括方程推导所使用的基础理论、描述系统运动变量的选取方式，以及方程形成的方法及数值积分的策略等。另外，动力学的建模还必须与分析和计算方法一同考虑，随着计算机仿真技术的不断发展，基于高性能集群的应用对计算效率有明显提升作用，采用多步法也是提升计算效率的有效办法之一。

单步法在每个步长内所计算的多个节点信息在不同步内不能共享，使计算效率受到影响。而多步法的基本思想是充分共享已知的多个先前步计算的 f 函数值。线性 s 步方法的一般形式为

$$\sum_{j=0}^{s} \alpha_j y_{i+j} = h \sum_{j=0}^{s} \beta_j f(t_{i+j}, y_{i+j}) \quad (i=0,1,\cdots,N-1)$$

式中：α_j、β_j 为系数，且 $\alpha_s \neq 0$，α_0、β_0 不能同时为零。若 $\beta_s = 0$，该线性多步法为显式方法；若 $\beta_s \neq 0$，当 f 为 y 的非线性函数时不能直接计算 y_{i+s}，此时该线性多步

法为隐式方法。常见的线性多步法有亚当斯(Adams. J. C.)方法和后向差分方法(backward difference formulas, BDF)方法,前者分为显式方法和隐式方法,后者为隐式方法。

1. 亚当斯方法

亚当斯显式方法基于常微分方程的求积公式 $y_{i+1} = y_i + \int_{t_i}^{t_{i+1}} f(t,y) \mathrm{d}t$。设该步的前 $i \geq s+1$ 个点上的近似值已知,则用 $f(t,y)$ 在 $t_i, t_{i-1}, \cdots, t_{i-s}$ 点的插值多项式 $P_s(t)(s \leq i)$ 替换 $f(t,y)$,得到

$$y_{i+1} = y_i + \int_{t_i}^{t_{i+1}} P_s(t) \mathrm{d}t$$

用牛顿向后插值多项式代替数值积分中的被积函数,则可得到 s 步显式亚当斯 – 巴士福斯(Adams – Bashforth)方法的一般形式:

$$y_{i+1} = y_i + h \sum_{l=0}^{s} \beta_{sl} f_{i-l}$$

1~6 步显式亚当斯方法系数由表 2 – 4 给出。

表 2 – 4　1~6 步显式亚当斯方法系数

p	s	$l \rightarrow$	1	2	3	4	5	6
1	1	β_{sl}	1					
2	2	$2\beta_{sl}$	3	–1				
3	3	$12\beta_{sl}$	23	–16	5			
4	4	$24\beta_{sl}$	55	–59	37	–9		
5	5	$720\beta_{sl}$	1901	–2774	2616	–1274	251	
6	6	$1440\beta_{sl}$	4277	–7923	9982	–7298	2877	–475

如取插值多项式的节点为 $t_{i+1}, t_i, \cdots, t_{i-s+1}$,即得到 s 步隐式亚当斯 – 莫尔顿(Adams – Moulton)方法的一般形式:

$$y_{i+1} = y_i + h \sum_{l=0}^{s} \beta_{sl}^* f_{i-l+1}$$

1~6 步隐式亚当斯方法系数由表 2 – 5 给出。

表 2-5　1~6 步隐式亚当斯方法系数

p	s	$l\rightarrow$	0	1	2	3	4	5
1	0	β_{sl}^*	1					
2	1	$2\beta_{sl}^*$	1	1				
3	2	$12\beta_{sl}^*$	5	8	-1			
4	3	$24\beta_{sl}^*$	9	19	-5	1		
5	4	$720\beta_{sl}^*$	251	646	-264	106	-19	
6	5	$1440\beta_{sl}^*$	475	1427	-798	482	-173	27

与单步法同理,同样步数的隐式多步法稳定性好,但是每一步都需要迭代求解,计算量大。为改善两者的缺点,预估-校正方法结合了显式的效率和隐式的稳定性,先用显式方法预估所要计算点的近似值,再用隐式方法校正,从而提高了数值解的精度和稳定性,同时在计算效率上也有所平衡。

2. BDF 方法

BDF 方法是一类常用于刚性问题的隐式线性多步法。其通过向后差分近似微分方程的导数,具有很好的数值稳定性,因此适合解决刚性常微分方程(ODE),通用形式为

$$\sum_{j=1}^{s}\frac{1}{j}\nabla^j y_{i+s}=hf_{i+s}$$

该方法的阶数越高,其局部截断误差越小,理论上精度也会提高,阶数为 S 的 BDF 方法,其局部截断误差是 $O(h^{s+1})$,即阶数为 S 的 BDF 方法的精度为 S 阶。BDF 方法的稳定性和误差行为在高阶时会变得不理想,通常六阶是实践中可用的最高阶 BDF 方法。超过这个阶数,BDF 方法的稳定性会大幅降低。

BDF 方法具有动态调整阶数的能力,使 BDF 方法在求解过程中能根据问题的局部特性进行调整,保持计算的高效性和稳定性。与亚当斯方法的不同在于此方法对 $y(t)$ 直接采用牛顿向后插值多项式近似,然后再通过微分得到 $y'(t)$,得到的相应的差分格式为

$$\sum_{j=0}^{s}\alpha_j y_{i+j}=h\beta f_{i+s}$$

$\sum_{j=0}^{k}\alpha_j y_{n+j}=h\beta_k f_{n+k}$ 对于 1~6 步 BDF 方法,系数 $\alpha_j(j<s)$、β 如表 2-6 所列。

表 2-6 1~6 步 BDF 方法系数

S	β	α_0	α_1	α_2	α_3	α_4	α_5	α_6
1	1	-1	1					
2	2/3	1/3	-4/3	1				
3	6/11	-2/11	9/11	-18/11	1			
4	12/25	3/25	-16/25	36/25	-48/25	1		
5	60/137	-12/137	75/137	-200/137	300/137	-300/137	1	
6	60/147	10/147	-72/147	255/147	-400/147	450/147	-360/147	1

BDF 方法为隐式方法,开始计算前需采用同阶单步法起步,在之后的迭代计算中也可以采用预估-校正方法提高计算效率。

2.10 本章小结

本章介绍了航天器姿态轨道动力学相关数学模型,主要包括轨道动力学和姿态动力学、环境干扰力和力矩、时间系统、岁差章动、日月星历等,以上模型均为航天器控制仿真系统的重要组成部分。同时介绍了常微分方程组数值求解方法,包括单步法和线性多步法。航天器控制仿真系统中广泛应用的是四级四阶显式龙格-库塔方法,属于高阶单步法。

第3章 控制系统部件仿真建模及新型敏感器模型评估

3.1 概 述

模型是航天器控制系统仿真的基础。除第2章航天器姿态轨道动力学相关数学模型外，航天器控制系统仿真还包括敏感器、执行机构等单机部件的模型，这些模型用来刻画模拟单机部件的工作特性，包括工作原理、精度、误差特性等。航天器控制系统的主要任务是完成航天器的姿态和轨道控制，从所用测量敏感器的种类来分，通常可以分为姿态敏感器类和位置敏感器类；从所用执行机构的种类来分，包括动量交换式、环境场式和质量排出式等。传统航天器控制系统敏感器和执行机构模型经过多次在轨飞行验证和评估修正，相对比较成熟。随着航天器智能自主控制的发展和自主导航技术的应用，以可见光和激光成像等图像类敏感器为代表的新型敏感器不断涌现，其测量输出与天体表面或航天器表面环境特性密切相关。为了更准确地验证包含这些新型敏感器的控制系统的功能性能，需要构建其数字单机模型，并通过实际硬件单机对数字单机模型进行可信性评估和修正，以准确表征新型敏感器单机测量特性，从而对图像识别和导航算法的正确性进行充分仿真验证。

本章对常用敏感器和执行机构，以及新型敏感器和评估进行了介绍，给出每种单机部件的特点和仿真模型。仿真模型库是开展控制系统仿真的必备要素，在仿真模型的基础上，按照高效、通用的建模标准对仿真模型进行规范化，形成的航天器控制系统仿真模型库，为后续快速仿真系统的建立打下基础。

3.2 姿态测量敏感器建模

姿态测量敏感器可分为两大类:方向敏感器和惯性姿态敏感器。

方向敏感器是测量空间基准场外部参考矢量的姿态测量设备。它能获得空间基准场矢量在敏感器坐标系中的投影,测量信息经过适当的数据处理,即可获得外部参考矢量在航天器本体坐标系下的投影值,从而用参考矢量法来确定航天器的姿态。按所敏感基准场的不同,方向敏感器可分为光学、无线电、磁场等敏感器。其中最常用的方向敏感器是光学敏感器,包括红外地球敏感器、太阳敏感器、星敏感器等。各类方向敏感器在原理、具体结构形式、信号和数据处理以及性能等方面都有很大的差别。

与方向敏感器测量外部参考矢量作为基准的方法不同,惯性姿态敏感器(如陀螺)可以在航天器内部建立基准,进而测量航天器相对于此参考基准的姿态变化。

3.2.1 太阳敏感器

1. 部件特点

太阳敏感器是敏感太阳光方向的敏感器,航天器普遍安装了太阳敏感器。对于近地轨道航天器,太阳视线几乎和航天器轨道无关,且其值很小,约为 0.534°。因此,一般把太阳看作点光源,来简化敏感器的设计和姿态确定的算法,这也简化了敏感器的数学模型。因为太阳光强度大、信噪比大,所以比较容易检测。但当航天器处在地球阴影区时,太阳敏感器就无法使用。

根据太阳敏感器探头的输出性质,可分为模拟式太阳敏感器和数字式太阳敏感器。模拟式太阳敏感器探头输出是随太阳角变化的连续电压信号。数字式太阳敏感器探头输出是离散的编码数字电压信号。

1)模拟式太阳敏感器[2]

模拟式太阳敏感器也称余弦检测器。通常这类敏感器是根据硅太阳电池输出电流随太阳入射角按余弦规律变化原理设计的,如图 3-1 所示。太阳电池面的 dA 面积表面上的辐射能通量 dE 为

$$dE = p \cdot n \cdot dA$$

式中:n 为太阳电池面的单位法向矢量;p 为辐射能流的方向和量值。因此,光电池输出的短路电流 I 正比于太阳光入射角 θ 的余弦:

$$I(\theta) = I_0 \cos\theta$$

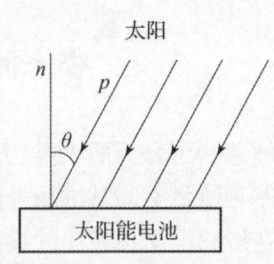

图 3-1 模拟式太阳敏感器(彩图见书末)

式中：$I(\theta)$ 和 I_0 是入射角分别为 θ 和 0 时太阳电池的短路电流。

由于模拟式太阳敏感器的精度低，因此关于反射产生的损耗及光电池有效面积上的传输损失等可以忽略。

将两个以上余弦检测器适当组合，把输出电流进行适当处理可以获得太阳矢量在敏感器坐标系的值(在一定范围内)。模拟式太阳敏感器常用来检测太阳是否是在其视场范围内，即作为检测太阳是否出现的敏感器来应用，其电路输出仅有"0"或"1"的形式，此时可称为 0-1 式太阳敏感器。

2) 数字式太阳敏感器

数字式太阳敏感器又可分为码盘式(图 3-2)和阵列式。在工作原理上，码盘式和阵列式是类似的，下面给出码盘式太阳敏感器工作原理。

图 3-2 码盘式一体化数字太阳敏感器(彩图见书末)

码盘式太阳敏感器有两种基本功能：探测太阳出现和测量太阳光的入射角，测量部件由入口缝和编码码盘组成。阳光通过入口缝照射到码盘上形成一条光带，在码盘的透明区相应的光电池产生信号"1"，码盘的不透明区光电池无信号输出为"0"。对应某一个太阳方位角 θ 时，码道的光电池将相应地输出一系列的"0"和"1"数字。随着太阳方位角 θ 的变化,光带在码盘图案上的位置也发生改变,各码道光电池输出的"0"和"1"值也不同。利用这一系列"0"和"1"不同排列位置的编码方法即可测量出太阳的方位角。

2. 数学模型

定义太阳敏感器测量坐标系 $O_m X_m Y_m Z_m$。X_m 轴沿光逢方向;Z_m 轴垂直于表面向上;Y_m 轴按右手坐标系由 X_m、Z_m 确定。太阳敏感器测量坐标系相对于航天器本体系的安装阵 C_{sb} 第一行为 X_m 轴,沿光逢方向;C_{sb} 第二行为 Y_m 轴;C_{sb} 第三行为 Z_m 轴。

太阳敏感器的数学仿真模型如下:

$$S_s = C_{sb} C_{bo} S_o$$

$$\alpha_S = \arctan \frac{S_{sy}}{S_{sz}}$$

$$\alpha_{S\_Out} = \alpha_S + n_s$$

式中:α_{S_Out} 为仿真模型给出的太阳敏感器输出;$S_s = \begin{bmatrix} S_{sx} & S_{sy} & S_{sz} \end{bmatrix}^T$ 为太阳敏感器测量坐标系下的太阳方位;C_{bo} 为航天器本体相对于轨道系的变化矩阵;n_s 为太阳敏感器测量噪声,噪声指标根据太阳敏感器产品选型确定。

另外,仿真模型中一般还需要给出敏感器有效性标志,若卫星运行在阳照区且 α_S 在太阳敏感器输出角度范围内,则输出有效标志,否则输出无效标志。

3.2.2 地球敏感器

1. 部件特点

地球敏感器利用地球的红外辐射来测量航天器相对于当地垂线(或当地地平)的方位,又称红外地平仪。地球上空 25～50km 有一个红外辐射较为稳定的二氧化碳吸收带,其红外辐射的波长为 14～16μm。地球敏感器的工作波段就选择 14～16μm。目前地球敏感器主要有三种类型:圆锥扫描式地球敏感器、摆动式地球敏感器和静态红外地球敏感器。

1)圆锥扫描式地球敏感器

圆锥扫描式地球敏感器,如图 3-3 所示,一般用于中低轨道三轴稳定航天器,具有测量范围较大的特点。此仪器的光学视

图 3-3 圆锥扫描式地球敏感器
(彩图见书末)

场为窄视场(1°~1.5°),地球辐射通过反射镜、透镜等进入敏感器,扫描电机带动反射镜绕扫描轴旋转,反射镜光轴以圆锥形式扫描空间。当扫描光轴穿越地球时,或者说扫到地球和空间交界时,地球敏感器内的红外探测元件敏感到的红外辐射能量发生突变,形成地球方波,后者经放大和处理后被转变为扫入地球或称扫入地平(前沿)脉冲和扫出(后沿)脉冲。

由于一个地球敏感器只能测出一个地心角(这是指不用弦宽和航天器轨道高度信息),因此为了测量俯仰和滚动两个姿态角,需要安装两个扫描转轴方向不同的圆锥扫描式地球敏感器。

2) 摆动式地球敏感器

摆动式地球敏感器,如图3-4所示,广泛应用于中、高轨卫星,其自带驱动机构,使探头在地平边界往复摆动,故称为摆动式红外地球敏感器。摆动扫描式地球敏感器是一种相对于地球中心测量俯仰角和滚动角的姿态敏感器。敏感器对来自地球地平的 14~16.25μm 波段的入射能量进行调制。敏感器光学系统包括 4 束铅笔型射束组成的复合视场,在正常情况下,随着扫描镜的摆动,这些射束沿南北纬 45°的扫描路径对地平进行扫描,扫描路径包括空间段和地平段,见图3-5。四路地球信号经过四路模拟通道分别处理后产生空地、地空穿越信号,然后与内部扫描基准进行相位比较,得到的信息经逻辑电路处理后得到俯仰姿态与滚动姿态信息。

图3-4 摆动式地球敏感器
(彩图见书末)

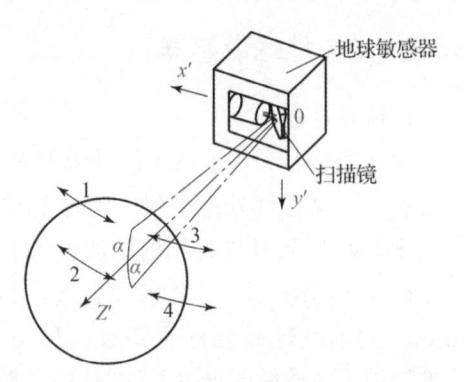

图3-5 摆动式地球敏感器工作
原理简图

3) 静态红外地球敏感器

静态红外地球敏感器,如图3-6所示,是近年新推出的产品,适用于高、中、低不同轨道高度的航天器。该产品视场由广角面阵探测器视场组成,探测器的安装面和微型静态红外产品之间的夹角与地球圆盘的视直径(卫星轨道高度)有关,可根据卫星轨道高度进行适当调整。图3–6为微型静态红外地球敏感器的俯视图,中心为原点,原点指向镜头1的方向为测量坐标系 $+X_b$ 方向,原点指向基准镜方向为 $+Z_b$ 方向,$+Y_b$ 方向与 $+X_b$、$+Z_b$ 方向符合右手螺旋定则。

图3–6 静态红外地球敏感器(彩图见书末)

2. 数学模型

定义地球敏感器测量坐标系 $O_h X_h Y_h Z_h$。从航天器本体系到地球敏感器测量坐标系的转换矩阵 C_{hb} 是根据地球敏感器的安装位置确定的。

地心矢量在红外地球敏感器测量坐标系中的单位矢量 E_h 为

$$E_h = C_{hb} C_b E_o$$
$$\varphi_h = \arctan2(E_{hy}, E_{hz}) + n_{hx}$$
$$\theta_h = -\arcsin(E_{hx}) + n_{hy}$$

式中:φ_h、θ_h 为仿真模型给出的地球敏感器输出;E_o 为航天器轨道系下的地心矢量方位;C_{bo} 为航天器本体相对于轨道系的变化矩阵;n_{hx}、n_{hy} 为地球敏感器测量噪声,噪声指标根据地球敏感器产品选型确定。

3.2.3 星敏感器

1. 部件特点

星敏感器测量恒星在航天器本体系的方位,再利用星历表得到这些恒星在惯性坐标系中的方位,经姿态确定算法即可提供航天器姿态信息。由于恒星的张角很小,星历表的数据经许多年的积累已有很高的精度,星敏感器提供的姿态精度可以达到角秒级,甚至亚角秒级,是目前广泛使用的高精度姿态测量敏感器。星敏感器可分为硬件和软件两部分,甚高精度星敏感器如图3–7所示。

图 3-7　甚高精度星敏感器(彩图见书末)

星敏感器硬件主要包括光学成像系统、探测器和电子组合件。来自恒星的平行光经过光学系统,成像于探测器平面。光学系统需要有适当的散焦,使恒星在面阵上是一斑块,在此斑块上按能量中心法确定星像的中心位置。

星敏感器软件主要包括星载导航星表、星图识别算法。星载导航星表是星图识别的主要依据,它是根据所使用的恒星敏感器的性能指标在天文星表的基础上,经精心筛选而建立起来的。同时为了能迅速提取导航星,筛选出的导航星表要经过精心组织,才能成为实用的星载导航星表。星图识别是根据出现在星敏感器视场中的恒星图像确定其在星表中对应的恒星。星图识别的基础方法是角距匹配法,以此为基础发展出三角形匹配法,该方法又发展出多种变形,所有努力的目标是提高识别速度和降低计算机存储量。

2. 数学模型

如图 3-8 所示,从星敏感器探头中心指向遮光罩方向为星敏感器光轴($+Z_m$ 轴)方向(星敏安装法兰的法线),从星敏感器探头的底部中心指向探头接插件方向为星敏感器 $+Y_m$ 轴方向,星敏感器横轴(星敏感器 $+X_m$ 轴)的指向满足右手正交坐标系。星敏感器测量坐标系相对于航天器本体系的安装矩阵为 C_{stb}。

航天器本体坐标系相对于地心赤道惯性坐标系的转换矩阵为 C_{bI},星敏感器测量得到的星敏感器探头坐标系相对于地心赤道惯性坐标系的转换矩阵为 $C_{\text{SII\_Out}}$。

$$C_{\text{StI}} = C_{\text{Stb}} C_{\text{bI}}$$

$$C_{\text{SII\_Out}} = \begin{bmatrix} \cos\theta_n & 0 & -\sin\theta_n \\ 0 & 1 & 0 \\ \sin\theta_n & 0 & \cos\theta_n \end{bmatrix} \begin{bmatrix} 1 & 0 & 0 \\ 0 & \cos\varphi_n & \sin\varphi_n \\ 0 & -\sin\varphi_n & \cos\varphi_n \end{bmatrix} \begin{bmatrix} \cos\psi_n & \sin\psi_n & 0 \\ -\sin\psi_n & \cos\psi_n & 0 \\ 0 & 0 & 1 \end{bmatrix} C_{\text{StI}}$$

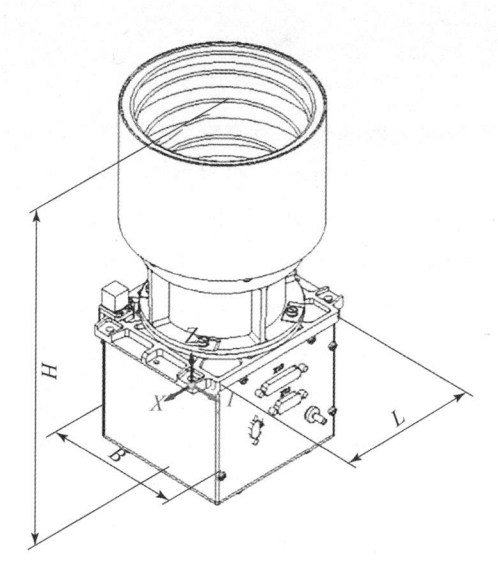

图3-8 星敏感器测量坐标系

式中:φ_n、θ_n、ψ_n 为测量误差,φ_n、θ_n、$\psi_n \sim N(0,\sigma_n^2)$,$\sigma_n$ 根据星敏感器产品选型确定。

若所使用的星敏感器,输出为光轴 Z_{St_Out}、横轴 X_{St_Out}/Y_{St_Out} 信息,则使用下面的输出:

$$[X_{St\_Out} Y_{St\_Out} Z_{St\_Out}]^T = C_{StI\_Out}$$

若所使用的星敏感器,输出为四元数 q_{Out}(q_4 为标量),则使用下面的输出:

$$C_{StI\_Out} = (c_{ij})_{3\times 3}$$
$$q_4 = \sqrt{c_{11} + c_{22} + c_{33} + 1}/2$$
$$q_1 = (c_{23} - c_{32})/(4q_4)$$
$$q_2 = (c_{31} - c_{13})/(4q_4)$$
$$q_3 = (c_{12} - c_{21})/(4q_4)$$
$$q_{Out} = [q_1 \quad q_2 \quad q_3 \quad q_4]^T$$

当上述计算中,q_4 的值为0时,需要采取保护措施避免除0。

星敏感器光轴与太阳方向、地心矢量夹角过小时,易被杂光干扰。需要根据 C_{StI}、太阳在惯性系的方位、地心矢量在惯性系下的方位信息,计算星敏感器光轴与太阳敏感器、地心矢量的夹角,当夹角小于星敏感器产品给出的杂光抑制角时,将星敏感器输出数据置为无效。

3.2.4 陀螺

1. 部件特点

陀螺一般用于测量航天器的惯性角速度,是目前广泛使用的姿态测量敏感器。常用的陀螺有机械陀螺、光纤陀螺、激光陀螺、半球谐振陀螺、静电陀螺等。陀螺性能的一个重要指标是它的漂移,即输入为零条件下单位时间内陀螺输出的变化量。在实际应用中,陀螺的漂移是不可避免的(如电子线路的零漂及噪声、频率检测误差等),随着时间的增加,漂移所造成的姿态确定误差也将逐渐积累增加,所以惯性姿态敏感器在实际使用中不宜长时间单独使用,需利用外部参考矢量的测量来修正。惯性姿态敏感器在短期使用中具有相当高的精度,特别是在做姿态机动时,能在航天器上自主地确定姿态变化过程,这是其主要优点。下面主要介绍三浮陀螺和光纤陀螺。

三浮陀螺是在单自由度液浮陀螺基础上研制的高精度陀螺,如图 3-9 所示,采用动压气浮轴承代替了滚珠轴承来提高陀螺寿命,同时采用磁悬浮来消除陀螺浮子组件和陀螺壳体间的摩擦力矩并对浮子组件进行精确定中,进一步提高陀螺精度。由于其同时采用了液浮技术、动压气浮技术和磁悬浮技术,所以称其为三浮陀螺。以美国为代表的航天发达国家在三浮陀螺技术领域占据领先地位,高精度三浮陀螺在远程战略武器上起着重要作用。国内从 20 世纪 70 年代开始三浮陀螺的研制,近年来国产三浮陀螺产品已经成熟且精度得到了较大幅度提高。

光纤陀螺是基于 Sagnac 效应来工作的。光纤陀螺是光纤传感领域最重要的高精度仪器,典型产品如图 3-10 所示,它具有工艺简单、动态范围大、启动快、寿命长、抗冲击等优点,在航空、航天和航海等领域具有广阔的应用前景。光

图 3-9 三浮陀螺(彩图见书末)

图 3-10 美国 Northrop Grumman 公司的 FOG 2500 光纤陀螺

纤陀螺与传统机械陀螺的一个重要区别是光纤陀螺无运动部件、无加速度引起的误差。但是，由于光纤陀螺中光学元件的特性和环境干扰等，在光纤陀螺的输出信号中存在较大的随机误差。以激光陀螺和光纤陀螺为代表的光学陀螺均有此特点，它们都属于利用非经典原理的新一代陀螺。

2. 数学模型

陀螺的仿真模型一般可写成：

$$\omega_g = V_{Gyro}^T \omega + b + n_g$$

式中：ω_g 为陀螺的测量输出，表示测量得到的星体相对于惯性坐标系的角速度；ω 为航天器本体相对于惯性坐标系的三轴角速度；b 为陀螺的常值漂移；n_g 为陀螺测量噪声，b、n_g 可根据陀螺产品选型确定；V_{Gyro} 为陀螺头在航天器本体坐标系下的安装方位。

陀螺测量角速度都有一定范围，当角速度超过该范围时，输出不再变化，表现为饱和。仿真中设置的饱和阈值根据陀螺产品选型确定。

3.3 位置测量敏感器建模

位置测量敏感器是用来确定航天器空间绝对定位或相对定位的仪表设备，包括加速度计、全球导航卫星系统(GNSS)敏感器、微波雷达、激光雷达、光学成像相对位姿敏感器等。

3.3.1 加速度计

1. 部件特点

加速度计用于敏感运动物体位置的变化，其测量原理是于牛顿第二定律 $F = ma$。具体来说，将合金制成的质块置于供电线圈的磁场中，当外界无加速度时质块处于中立位置，用于输出的感应线圈上的磁通量为零，没有输出信号。当有正加速度时，即有正加速度 a，则有正向力 F 且与加速度 a 成正比。质量块在正向力 F 的作用下偏离中立位置，使输出的感应线圈Ⅰ上的磁通量增加，感应线圈Ⅱ上的磁通量减小，输出的感应线圈上总磁通量方向就为正方向，由此感应的输出电压或电流对应正的加速度。负加速度的测量原理与正加速度的测量原理相同。感应的输出电压或电流还需要经过放大解调滤波等信号处理电路，输出正比于输入加速度的直流电压信号。

加速度计由质量块、DFB 光纤激光器和弹性薄壳组成弹性系统，如图 3 - 11

所示。初始状态下,质量块的重力与弹性薄壳的回复力相互抵消,使弹性系统处于平衡状态。当外界加速度信号作用到传感器时,弹性薄壳和光纤激光器便会受到来自质量块的大小为 $F=ma$ 的拉力或压缩力,进而迫使光纤激光器的谐振腔发生轴向应变,使出射激光受到调制。

图 3-11 三轴高精度加速度计实物图

加速度计的静态加速度灵敏度可表示为

$$S(0) = \frac{\Delta\lambda}{a} = \frac{0.78m\lambda}{EA+KL}$$

其单位为 pm/g。

加速度计的固有频率(谐振频率)表达式为

$$f_0 = \frac{1}{2\pi}\sqrt{\frac{k}{m}} = \frac{1}{2\pi}\sqrt{\frac{EA+KL}{mL}}$$

因此,当光纤激光加速度计工作时,其加速度灵敏度的频率响应为

$$S(f) = S(0)f_0^2 \bigg/ \sqrt{(f^2-f_0^2)^2 + \left(\frac{ff_0}{Q}\right)^2}$$

式中:f_0 为谐振频率;$S(0)$ 为静态加速度灵敏度;Q 为品质因子;k 为整个系统的弹性系数;K 为弹性薄壳的弹性系数;L 为探头底座与质量块之间的光纤激光器的谐振腔长度;E 为光纤的弹性模量;λ 为激光器的输出波长;A 为光纤的横截面积;$\Delta\lambda$ 为激光器波长的改变量。

2. 数学模型

加速度计的输出为比力,加速度可以表示为

第3章 控制系统部件仿真建模及新型敏感器模型评估

加速度计输出简化模型为

$$a = f + g$$

$$f_b = a_b - g_b$$

式中：f 为加速度计测量值；g 为重力加速度；a 为星体质心相对于地心惯性系的加速度；下标 b 表示矢量在卫星本体坐标系下的描述。

3.3.2 全球导航卫星系统敏感器

1. 部件特点

全球导航卫星系统是一种基于卫星定位的导航系统，自主导航信息处理单元实物图如图 3-12 所示。通过全球多个卫星发射信号，利用接收机和地面测量设备测量定位信息，可以提供高精度、高可靠性的定位服务。采用 GNSS 卫星导航的基本原理是测出 4 颗以上导航卫星的实时位置、速度，以及这些导航卫星对应的伪距、伪距率，通过这些信息推算接收机的位置和速度信息。导航卫星的速度和位置信息，通过星历信息解算得到；伪距来源于卫星信号的传输时间；伪距率则来自多普勒观测，当卫星向接收机靠近或远离时，随着二者之间的距离不断缩短或拉大，从卫星发出的载波频率就会发生变化。当卫星向接收机靠近时，频率增加，反之则减小。这个频率变化称为多普勒频移，多普勒频移可转化为伪距率，即伪距的变化率。

图 3-12 自主导航信息处理单元实物图

GNSS 测量误差直接影响精密相对定位测量的精度。为保证测量可靠性，提高定位解算精度，必须对 GNSS 测量误差进行分析及模拟。GNSS 测量误差主要分为以下三类：

（1）与卫星有关误差。其包括卫星轨道误差（星历误差）、卫星钟差、相对论效应。①卫星轨道误差（星历误差）。其指的是由广播星历或其他轨道信息所给出的卫星位置与卫星的实际位置之差。卫星星历误差对相距不远的两个观测点的定位结果产生的影响大体相同，各个卫星的星历误差一般看成互相独立的。②卫星钟差。卫星上虽然使用了高精度的原子钟，但它们仍不可避免地存在误差。这种误差既包含系统的误差（由钟差、频偏、频漂等产生的误差），也包含随机误差。系统误差远比随机误差大,但前者可以通过模型加以修正,在绝对定位中,随机误差无法消除,而在相对定位中,可通过单差模型予以消除。各卫星钟差一般也被看成互相独立的。③相对论效应。其是由于卫星钟和接收机钟所处的状态(运动速度和重力位)不同而引起卫星钟和接收钟之间产生相对钟误差的现象。

(2)信号传播误差。其包括电离层延迟、对流层延迟、多路径效应。①电离层延迟。电离层是高度位于 50~1000km 的大气层。由于太阳的强烈辐射,电离层中的部分气体分子将被电离形成大量的自由电子和正离子。电离层延迟的主要影响区域为 50~350km 空间区域。全球定位系统卫星信号通过电离层时传播速度会产生变化,信号的路径会产生弯曲,致使量测结果产生系统性的偏离,这种现象称为电离层折射。电离层折射的大小取决于时间、太阳黑子数、地点等外界条件。②对流层延迟。对流层是高度为 40km 以下的大气层,大气密度大,成分复杂,大气的状况随着地面的气候变化而变化。电磁波通过对流层时传播速度将发生变化,路径也将产生弯曲,从而使测量结果产生系统误差。对流层折射的大小取决于气温、气压、温度等外界条件。③多路径效应。经某些物体表面反射后到达接收机的信号,将和直接来自卫星的信号叠加进入接收机,使测量值产生系统误差,这种由多路径的信号传播所引起的干涉时延效应称为多路径效应。多路径误差对伪距测量的影响比载波相位测量的影响严重,该项误差取决于测站周围的环境和接收天线的性能。

(3)接收机误差。其包括接收机天线相位中心的偏差和变化、接收机钟差、接收机噪声。①接收机天线相位中心的偏差和变化。其是由于天线质量问题而引入的固有误差,它将直接影响后端接收机的测量精度。②接收机钟差。接收机中使用钟一般都存在一定误差,该项误差的大小主要取决于钟的质量,与使用环境也有一定关系。它对伪距测量和载波相位测量的影响是相同的。同一台接收机对多颗卫星进行同步观测时,接收机钟差对各相应观测值的影响是相同的,且各接收机的钟差之间可视为相互独立。③接收机噪声。其是指接收机在信号捕获、跟踪、处理等部分的随机噪声。

由于上述各项误差对绝对定位和相对定位都有一定影响,因此必须加以消除或削弱。消除或削弱这些误差所造成影响的方法主要有两种:一种是通过建立相应的误差模型进行修正;另一种就是利用求差法,通过观测值间一定方式的相互求差,消去或削弱求差观测值中所包含的相同或相似的误差影响。

2. 数学模型

GNSS 的测量数据输出为 WGS 84 坐标系下的位置速度。GNSS 输出误差模型为

$$\begin{bmatrix} x_{\text{Out\_84}} \\ y_{\text{Out\_84}} \\ z_{\text{Out\_84}} \\ v_{x\text{Out\_84}} \\ v_{y\text{Out\_84}} \\ v_{z\text{Out\_84}} \end{bmatrix} = \begin{bmatrix} x_{84} \\ y_{84} \\ z_{84} \\ v_{x84} \\ v_{y84} \\ v_{z84} \end{bmatrix} + \begin{bmatrix} \nu_x \\ \nu_y \\ \nu_z \\ \xi_x \\ \xi_y \\ \xi_z \end{bmatrix}$$

式中：$[x_{\text{Out\_84}} \quad y_{\text{Out\_84}} \quad z_{\text{Out\_84}} \quad v_{x\text{Out\_84}} \quad v_{y\text{Out\_84}} \quad v_{z\text{Out\_84}}]^{\text{T}}$ 为 GNSS 仿真模型输出的 WGS84 坐标系下的位置、速度；$[x_{84} \quad y_{84} \quad z_{84} \quad v_{x84} \quad v_{y84} \quad v_{z84}]^{\text{T}}$ 为航天器在 WGS 84 坐标系下的真实位置、速度；$[\nu_x \quad \nu_y \quad \nu_z \quad \xi_x \quad \xi_y \quad \xi_z]^{\text{T}}$ 为 GNSS 的位置、速度的误差，该值根据 GNSS 的指标确定。可通过坐标系转换，并根据 2.2.4 节进一步求取轨道根数。

3.3.3 微波雷达

1. 部件特点

微波雷达技术自 20 世纪 60 年代发展至今，经过 60 多年的实践考验已逐步发展成为一种可靠的测量手段。微波雷达是实现交会对接的重要相对测量敏感器之一，不仅可以作为远距离交会测量手段，也可以作为近距离交会对接敏感器，有时微波雷达还兼顾通信功能。交会对接任务对微波雷达的测量要求包括搜索捕获、跟踪定向、测距、测速、测角、测角变化率及星间通信等功能，其工作体制包括一次雷达或二次雷达，其主要的组成部分为主机和天线，如图 3-13 所示。

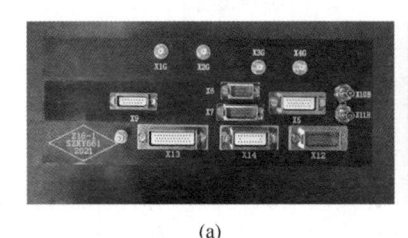

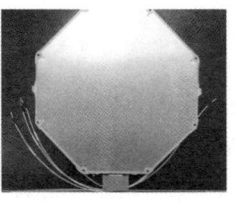

(a)   (b)

图 3-13　微波雷达实物图(彩图见书末)

(a)主机；(b)天线。

一次雷达系统是探测空中物体的反射式主动雷达系统,其工作原理如图 3-14 所示。由雷达发射机发射微波的扫描波束,并由雷达接收机接收从被测目标反射的回波,经过信息处理得到目标相对于雷达的距离、方位及相应的速度信息。一次雷达系统是基本的雷达系统,由发射机、接收机、天线和信号数据处理机等组成。

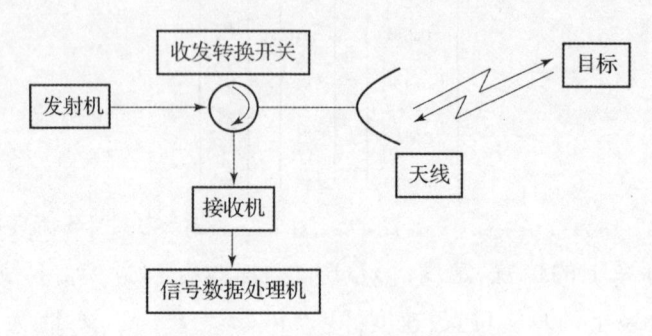

图 3-14 一次雷达系统的工作原理

相对于一次雷达系统,二次雷达系统由雷达和目标上安装的应答机共同组成,先由雷达发出询问脉冲,应答机接收到雷达发出的询问信号后,形成并发射同频率或不同频率的回答信号给雷达。由于这种雷达经过两次(一次询问和一次应答)发射,因此称为二次雷达。二次雷达系统基本工作原理如图 3-15 所示,相比一次雷达,在耗费相同能量情况下,二次雷达可以探测更远的距离。

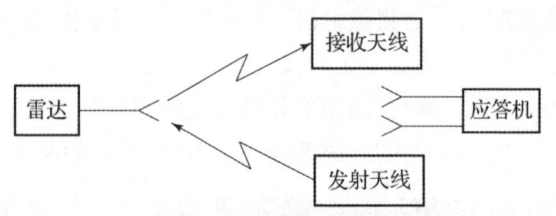

图 3-15 二次雷达系统基本工作原理

一般而言,交会微波雷达通常选择二次雷达,因为即便采用较低发射功率,也能获得较远的作用距离。

微波雷达测距通常采用脉冲和连续波两大体制。脉冲体制测距最简单。对于连续波体制,可采用调频连续波测距、副载波调制相位法测距等。

微波雷达测速同样是采用脉冲和连续波两大体制。利用连续波多普勒和脉冲多普勒测速均能获得较高的测量精度。采用距离微分的方法进行速度测量的精度比多普勒测速的精度差,但方法简单,不受运动速度快慢的影响,然而测量精度与平滑时间有关,适宜粗测速。

微波雷达测角是利用电波在均匀介质中传播的直线性和雷达天线的方向性来实现的。雷达天线将电磁能量汇集在窄波束内,当天线波轴对准目标时,回波信号最强,当目标偏离天线波束轴时回波信号减弱。根据接收回波最强时的天线波束指向来确定目标的方向,这就是角坐标测量的基本原理。雷达测角的方法有相位法和振幅法。

2. 数学模型

微波雷达测量示意图如图3-16所示。假设微波雷达测量坐标系和追踪航天器本体系重合,且微波雷达安装在追踪航天器的质心位置、应答机(角反射器)安装在目标航天器的质心位置,则微波雷达的测量输出为:目标航天器相对于追踪航天器的视线距离ρ_r,目标航天器相对于追踪航天器的仰角α_r和目标航天器相对于追踪航天器的方位角β_r。

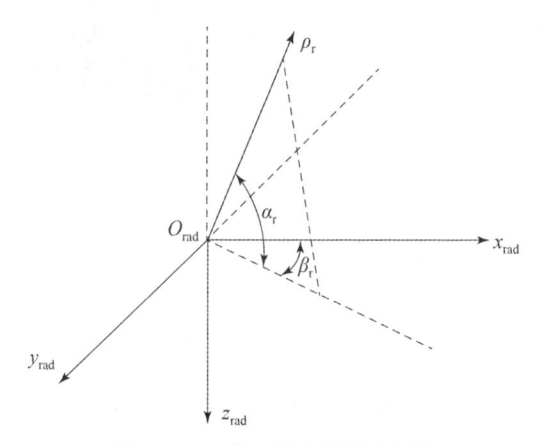

图3-16 微波雷达测量示意图

利用微波雷达测量信息和追踪航天器的姿态信息,计算得到目标航天器质心相对于追踪航天器质心的相对位置在追踪航天器本体系中的表示:

$$\begin{cases} \rho_r = \sqrt{x_r^2 + y_r^2 + z_r^2} + v_{\rho_r} \\ \alpha_r = \arcsin(-z_r/\rho_r) + v_{\alpha_r} \\ \beta_r = \arctan(y_r/x_r) + v_{\beta_r} \end{cases}$$

式中:x_r、y_r、z_r为目标航天器相对于追踪航天器的相对位置;v_{ρ_r}、v_{α_r}、v_{β_r}为目标航天器相对于追踪航天器的相对速度。

通过上述测量信息,进行相关坐标系转换和相对导航计算,可以计算出两个航天器接口之间的相对位置和相对速度。

3.3.4 激光雷达

1. 部件特点

激光雷达是以激光器为辐射源的雷达,是雷达技术和激光技术相结合的产物,其使雷达的工作波段扩展到光波波段,如图 3-17 所示。随着技术的发展,激光雷达的测距、测角和测速精度得到了极大提高,甚至最新研制的激光雷达还具备了较高分辨率激光成像功能。激光雷达由于工作波长较短、单色性好、相干性好,所以具有较高的分辨率、测量精度和抗干扰能力,在侦察、探测等领域具有显著的优势。在空间交会对接中,特别是自主交会对接的近距离交会段,激光雷达得到了广泛应用,主要用于测距、测速、测角、目标捕获和跟踪。

激光雷达由激光发射机、激光接收机、发射光学天线、接收光学天线、光束偏转器、信号处理单元和合作目标等组成,其工作原理如图 3-18 所示。

图 3-17 激光雷达实物图
(彩图见书末)

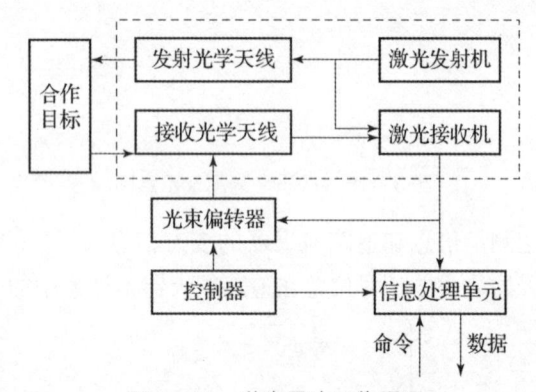

图 3-18 激光雷达工作原理

1) 激光发射机

激光发射机的主要任务是完成激光的产生、调制和光束发射等。根据测量方式不同,激光发射机可以是脉冲形式,也可以是连续调制形式。光源的选择可

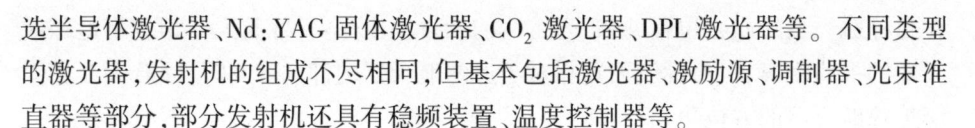

选半导体激光器、Nd:YAG 固体激光器、CO_2 激光器、DPL 激光器等。不同类型的激光器,发射机的组成不尽相同,但基本包括激光器、激励源、调制器、光束准直器等部分,部分发射机还具有稳频装置、温度控制器等。

2) 激光接收机

激光接收机的主要任务是完成回波信号光电转换、混频、放大、整形及目标脱靶量提取。根据探测体制的不同,接收机工作方式也不同。接收机的组成包括探测器偏置、前置放大器、中置放大器、目标跟踪器和信号还原整形装置等。

3) 光学系统

光学系统包括发射望远镜、接收望远镜。发射望远镜完成激光束的准直、整形,达到设计所需的光束发散角;接收望远镜完成激光回波信号汇聚和收集。发射望远镜和接收望远镜的结构形式可采用反射式或透射式,光学系统根据需要还可配置变焦、变发散角、调节光学增益等功能。

4) 光束偏转器

光束偏转器使激光雷达具有对光束扫描的偏转能力,以便于实现对目标的搜索、捕获,以及激光束和探测视场对空域的扫描。

5) 信息处理单元

信号处理单元包括测距模块、测速模块、综合控制模块等,完成对系统各组成部分的时序控制、对距离和速度的测量、对目标的提取和跟踪、对数据进行采集和处理等。

6) 合作目标

目标航天器上安装合作目标,可以增加雷达的作用距离,减少发射功率和天线口径。合作目标通常由多块角反射镜组成,并按照一定的方式排布。单块角镜工作视场为 40°~50°,如果需要更大的角度,则需要多块角镜按一定角度排布组合使用。

按探测体制划分,激光雷达包括相干探测和非相干探测两类;从扫描体制划分,主要有双光锲扫描、双振镜扫描、转鼓加振镜扫描和计算机全息光栅扫描等;从角跟踪体制划分,主要有单脉冲、圆锥扫描法、扫描成像法等;另外,激光雷达的发射机可采用半导体激光器、Nd:YAG 固体激光器、CO_2 激光器、DPL 等多种类型,测量精度由测量方式决定。

2. 数学模型

激光雷达安装于追踪航天器上,假设激光雷达测量坐标系和追踪航天器本体系重合,且激光雷达安装在追踪航天器的质心位置、应答机(角反射器)安装在目标航天器的质心位置,则激光雷达的测量输出为:目标航天器相对于追踪航天器的视线距离 ρ_r,目标航天器相对于追踪航天器的仰角 α_r 和目标航天器相对于追踪航天器的方位角 β_r。

利用激光雷达测量信息和追踪航天器的姿态信息,计算得到目标航天器质心相对于追踪航天器质心的相对位置在追踪航天器本体系中的表示:

$$\begin{cases} \rho_r = \sqrt{x_r^2 + y_r^2 + z_r^2} + v_{\rho_r} \\ \alpha_r = \arcsin(-z_r/\rho_r) + v_{\alpha_r} \\ \beta_r = \arctan(y_r/x_r) + v_{\beta_r} \end{cases}$$

式中:x_r、y_r、z_r 为目标航天器相对于追踪航天器的相对位置;v_{ρ_r}、v_{α_r}、v_{β_r} 为目标航天器相对于追踪航天器的相对速度。

通过上述测量信息,进行相关坐标系转换和相对导航计算,可以计算出两个航天器之间的相对位置和相对速度。

3.3.5 光学成像相对位姿敏感器

1. 部件特点

光学成像相对位姿敏感器是一种高智能化的测量设备,具有体积小、质量轻、功耗低等特点。该敏感器能精确测出两个航天器之间的相对位置、速度、姿态及姿态角速度,作用距离从数米到数百米不等,是一种非常实用的近距离交会测量敏感器,在空间交会对接的平移靠拢段和对接段被广泛应用。

光学成像相对位姿敏感器由安装在追踪航天器上的成像装置(如 CCD 相机、APS 相机等)、安装在目标航天器上的目标标志器(如发光装置或无源光点角反射器)和信息处理器 3 个部分组成,如图 3-19 所示。

图 3-19 光学成像相对位姿敏感器 A/B 型相机实物图(彩图见书末)

1)相机

相机是光学成像相对位姿敏感器测量系统的主要设备,也是系统的核心部分。相机的性能不仅影响成像质量,也关系到系统的一些主要性能指标,如视场、作用范围以及测量精度等。相机主要包括两部分:光学镜头和固态图像敏感器。光学镜头的作用是把三维目标物体投影聚焦到光电敏感器的靶面上;固态图像敏感器的作用是进行光电转换,即将一维图像的光信号转变为电传号。光学镜头的重要性能指标包括光学镜头的视场角、光学镜头相对孔径以及焦距等。

2) 目标标志器

目标标志器由3个以上的特征光点组成,为相机提供合作测量标志。目标标志器上的光点个数选取和光点布局设计与具体测量方案有关,设计时主要考虑测量算法、测量精度、光点识别、冗余能力和可靠性、质量、功耗以及安装条件等。

3) 信息处理器

信息处理器由高速信号处理芯片组成,它是光学成像相对位姿敏感器测量系统的大脑,负责完成图像分割、特征提取、特征匹配、数据融合及运动参数计算等功能,同时通过管理调度模块实现系统内外的沟通。

图像分割的主要任务是从包含许多不确定因素的场景图像中将目标图像分割出来。不确定因素主要来自日、月、星合成的背景光及器件噪声。

2. 数学模型

光学成像相对位姿敏感器的主要工作原理:相机和目标标志器分别固定安装于追踪航天器和目标航天器,在两个航天器上分别建立参考坐标系,通过目标航天器上的特征光点在相机靶面上的成像坐标,利用一定的测量算法计算得到目标航天器和追踪航天器之间的相对位置和相对姿态信息。以下给出最常用的光学成像相对位姿敏感器的测量方法——单目测量方法。

根据透镜成像原理,空间三维物点(目标标志器光点)与像平面上的像点之间的关系如图3-20所示。在光学成像敏感器的目标标志器上安装$n(n \geq 3)$个特征光点$A,B,C,\cdots$,其在相机靶面对应的成像点为$a,b,c,\cdots$。

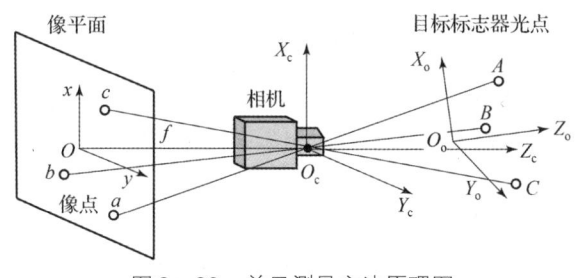

图3-20 单目测量方法原理图

O_c 为光心,是相机镜头的中心;f 为镜头焦距,是光心 O_c 到像平面的距离;Z 轴与相机光轴重合。坐标系 $O_oX_oY_oZ_o$ 为标志坐标系,其原点 O_o 为光点架中心,O_oZ_o 轴沿对接轴方向;坐标系 $O_cX_cY_cZ_c$ 为相机坐标系,其原点 O_c 为投影中心,O_cZ_c 轴与主光轴重合。

M 为追踪航天器相机坐标系 $O_cX_cY_cZ_c$ 相对于目标航天器标志坐标系 $O_oX_oY_oZ_o$ 的相对姿态转换矩阵,它由三个相对姿态角确定,D 为上述两个坐标系之间的相对位置。

对于第 i 个光点,设其在目标航天器标志坐标系下的坐标为 $P(X,Y,Z) = [X_i^O \ Y_i^O \ Z_i^O]^T$,在追踪航天器相机坐标系下的坐标为 $P(x_i,y_i,z_i) = [X_i^C \ Y_i^C \ Z_i^C]^T$,则由刚体运动的坐标转换关系可以得到

$$\begin{bmatrix} X_i^C \\ Y_i^C \\ Z_i^C \end{bmatrix} = M \begin{bmatrix} X_i^O \\ Y_i^O \\ Z_i^O \end{bmatrix} + D \quad (i=1,2,\cdots,n) \tag{3-1}$$

设 $[x_i^t \ y_i^t \ -f]^T$ 为第 i 个光点在相机 CCD 像面上的坐标,则有

$$\begin{cases} x_i^t = -f \dfrac{X_i^C}{Z_i^C} \\ y_i^t = -f \dfrac{Y_i^C}{Z_i^C} \end{cases} \tag{3-2}$$

根据式(3-1)和式(3-2),在多个光点时,通过求解非线性方程可以得到相对位置 D 和相对姿态转换矩阵 M,由此求出相对姿态角。

3.4 执行机构建模

执行机构是对航天器产生控制力和力矩的装置。它根据控制器给出的控制指令,产生作用于航天器的力和力矩,用于姿态稳定、姿态捕获、轨道和姿态机动等。常用的执行机构包括飞轮、控制力矩陀螺、磁力矩器、喷气推力器等。

执行机构按照产生力矩的原理可分为动量交换式、环境场式和质量排出式三种。

1. 动量交换式执行机构

动量交换式执行机构也称惯性执行部件,根据部件的结构特点和产生控制作用的方式,分为飞轮、控制力矩陀螺(单框架和双框架两种)和框架动量轮三种。

1) 飞轮

飞轮实质上是一个带有大转动惯量转子的力矩电机,它既可正向旋转又可反向旋转,利用机构在加速或减速过程中的惯性产生反作用力矩,作用于航天器本体,以改变航天器的姿态,如在航天器上安装三个反作用飞轮,使飞轮的转轴与航天器的三个主惯量轴平行,就能实现航天器三轴姿态的独立控制。

2) 控制力矩陀螺

对于需要较大控制力矩的姿态控制系统,可以采用控制力矩陀螺(control moment gyro,CMG)。CMG 包括恒速旋转的单框架高速转子和双框架高速转子两种。通过转动框架,可以获得很大的输出力矩,其大小取决于转子的角动量和框架转动速率。一个单框架 CMG 能够产生沿一个轴的控制力矩,要实现三轴姿态控制至少要三个单框架 CMG。一个双框架 CMG 能够产生沿两个轴的控制力矩,三轴姿态控制至少应安装两个双框架 CMG。单框架 CMG 有力矩放大作用,结构较简单,已广泛用于大型卫星和空间站的姿态控制系统。为了减少控制通道之间的交叉耦合,每个通道可采用成对的单框架 CMG。

3) 框架动量轮

框架动量轮就是带有框架的动量轮,其角动量的大小和方向均可改变。

动量交换式执行机构的突出优点:无污染;不消耗或很少消耗推进剂,所需电功率可从太阳能电池获得;姿态控制精度高;控制作用与它们的安装位置无关;不破坏航天器内的微重力环境。然而,无论哪种动量交换式执行机构,在常值(相对惯性空间)外扰动力矩作用下,都会出现饱和现象,这时需要用喷气或磁控等手段对动量交换式执行机构进行卸载。

2. 环境场式执行机构

环境场式执行机构是一种利用自然环境与执行机构部件相互作用产生控制力矩的装置,常用的环境场式执行机构为磁力矩器。

磁力矩器利用磁性线圈或电磁铁产生磁矩,与地球磁场相互作用产生施加于航天器的控制力矩,可补偿小干扰力矩引起的姿态偏移和对动量交换装置进行卸载。磁力矩器的优点是无活动部件、简单可靠。三轴姿态控制需在航天器的三个本体轴上各安装一个磁力矩器。由于地磁场随轨道高度呈三次方减小,因此磁力矩器在高轨道航天器上使用效果不大。

3. 质量排出式执行机构

最常用的质量排出式执行机构是喷气推力器,当推力方向不通过航天器质心时,可获得姿态控制力矩。喷气推力器具有控制力/力矩大、适应性强等特点。

质量排出式执行机构所消耗的推进剂是航天器本身携带的,工作寿命受到所携带推进剂总量的限制。通过排出质量产生反作用推力的一整套装置称为推进系统。发动机或推力器的安装应使产生的力矩最大并避免气流对航天器上光学仪器表面产生污染,以及避免气流作用到航天器本体上产生干扰。目前,在航天器轨道和姿态控制中得到应用的推进系统有冷气推进、化学推进和电推进等类型。

3.4.1 飞轮

1. 部件特点

飞轮又称角动量轮或惯性轮,是航天器姿态控制系统中的惯性执行部件,如图3-21所示。飞轮按照姿控系统指令,提供合适的控制力矩,校正航天器的姿态偏差,或完成某种预定的姿态调整。

图3-21 飞轮(彩图见书末)

飞轮执行部件中,比较简单而常用的是反作用飞轮(也称零动量轮)和偏置飞轮(也称动量轮或固定式飞轮),在已发射的以飞轮为执行机构的卫星中,这两种飞轮的使用占绝大多数。

2. 数学模型

飞轮的仿真模型一般可写成

$$T_c = \text{mlf}(T_c, T_{\text{cmlf}}) \tag{3-3}$$

$$\dot{H}_W = T_c - \text{sign}(H_W) \cdot T_f \tag{3-4}$$

$$T_{\text{W\_Out}} = -\dot{H}_W - \omega_s \times H_W \tag{3-5}$$

式中:H_W 为飞轮的转速;T_c 为提供给飞轮的驱动力矩;T_f 为飞轮的摩擦力矩;sign(·)为符号函数;mlf(·)为限幅函数;T_{cmlf} 为飞轮最大驱动力矩;ω_s 为星体相对惯性空间的角速度;$T_{\text{W\_Out}}$ 为飞轮作用于卫星的力矩;T_f 和 T_{cmlf} 根据飞轮产品选型确定。

3.4.2 控制力矩陀螺

1. 部件特点

控制力矩陀螺是空间航天器姿态控制系统的主要执行部件之一,和飞轮一样,也属于动量交换装置,如图 3-22 所示。控制力矩陀螺通过改变高速转子的角动量方向实现控制力矩输出,具有输出力矩大、精度高等优点。一般用于有敏捷机动需求的航天器。

图 3-22　200N·m·s 控制力矩陀螺(彩图见书末)

由于框架角速度所具有的力矩放大特性,在相同的转子角动量条件下,控制力矩陀螺能够输出飞轮无法比拟的大力矩,而不需要耗费太大的功耗。控制力矩陀螺的最大输出力矩往往是飞轮的数百倍至数千倍。

从控制力矩陀螺的应用角度讲,大型航天器(如空间站)通常需要采用大型控制力矩陀螺进行姿态稳定控制(1000~5000N·m·s),中大型卫星平台可以采用中型控制力矩陀螺(100~200N·m·s)进行姿态稳定控制,具有快速机动需求的小卫星平台通常采用小型控制力矩陀螺(15~50N·m·s)实现快速机动。

控制力矩陀螺产品具有标称角动量、最大输出力矩、框架角测量精度、最大框架角速度、功耗、质量、寿命等多项衡量指标,其中标称角动量、最大输出力矩是平台选用控制力矩陀螺产品的关键指标。

2. 数学模型

目前使用较多的是单框架 CMG。对于单框架 CMG 来说,其输出力矩可近似表示为

$$\tau_{out} = \boldsymbol{h}_r \boldsymbol{\omega}_g$$

$$\omega_{\mathrm{g}} = \mathrm{mlf}(\omega_{\mathrm{g}}, \omega_{\mathrm{g\_mlf}})$$

式中:τ_{out}为输出力矩;h_r为高速转子角动量矢量;ω_{g}为低速框架角速度;$\omega_{\mathrm{g\_mlf}}$为低速框架角速度的限幅值,h_r和$\omega_{\mathrm{g\_mlf}}$根据 CMG 产品选型确定。

3.4.3 磁力矩器

1. 部件特点

磁力矩器是利用地磁场控制卫星姿态的主要执行机构。根据控制规律,将磁力矩器通入一定大小和方向的磁电流,使其产生所要求的磁矩,进而在轨道地磁场作用下产生力矩,用于卫星速率阻尼和动量轮卸载,实现卫星姿态磁控制。

磁力矩器主要由磁棒和驱动控制电路两部分组成。磁棒的作用是产生磁矩。它由缠绕着线圈的软磁性材料磁芯构成,线圈用来产生磁场,磁芯起到聚磁的作用。驱动控制电路则接收卫星姿态轨道控制计算机输出的信号,通过驱动电路的放大,产生磁力矩器所需要的工作电流,提供给线圈以产生相应的磁矩。

磁力矩器由长直软芯棒绕多层漆包圆铜线线圈构成,外部由抗辐照聚乙烯热缩套管包覆。使用接插件与控制线路连接,通过底座支架上的 4 个耳孔与星体平面对接安装。

磁力矩器的整体示意如图 3 – 23 所示。

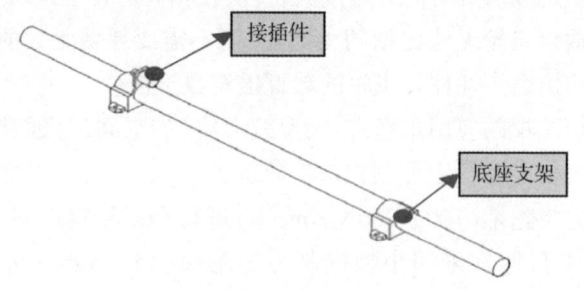

图 3 – 23　磁力矩器的整体示意图

2. 数学模型

磁力矩器的仿真原理如图 3 – 24 所示,具体仿真模型为

$$T_{\mathrm{M\_Out}} = \boldsymbol{M} \times \boldsymbol{B}$$

式中:$T_{\mathrm{M\_Out}}$为磁力矩器仿真模型输出的力矩;$\boldsymbol{B}$为地磁场在卫星本体坐标系上的分量,可根据卫星轨道及本体相对于轨道系的姿态转换矩阵计算获得;$\boldsymbol{M}$为磁力矩器的磁矩矢量,$\boldsymbol{M}$的值根据磁力矩器产品选型确定。

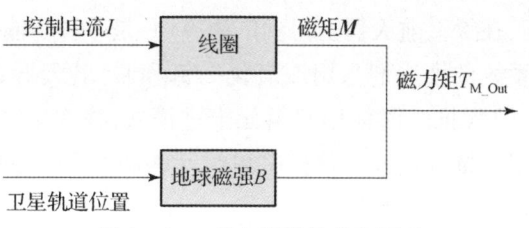

图3-24 磁力矩器的仿真原理

3.4.4 推力器

1. 部件特点

推进系统属于质量排出式的执行机构,目前在航天器上广泛应用的推进系统基本分成三大类:冷气推进系统、化学推进系统和电推进系统。航天器上常用的化学推进系统有固体推进系统、单组元推进系统、双组元推进系统及双模式推进系统。电推进系统目前有静电(离子)推进系统和电磁(脉冲等离子)推进系统。

冷气推进系统的技术成熟,系统简单可靠,控制精度也较高。但由于用压缩气体作为工质,有效比冲低(结构质量较大),限制了其(尤其在大型长寿命航天器上)应用。

固体推进系统主要指使用固体推进剂的火箭发动机,它将燃料和氧化剂聚合在一起。与液体火箭发动机相比,固体火箭发动机比冲低,但结构简单。其主要缺点是只能一次性使用,且精度不高。

单组元推进系统的推进剂在常温常压下能保持稳定,而在使用条件(加热、加压、催化)下又能迅速完全分解,产生能量和推力。它们大多采用无水肼作为推进剂,液体肼被喷注到反应室遇到催化剂后起反应,发生化学变化并产生大量热量,最后高温高压燃气通过喷管排出产生推力。它的综合指标十分优越,是一种非常理想的推进系统。其主要缺点是比冲较低,一般适用于中小航天器。

双组元推进系统利用分别储存的液体燃料和液体氧化剂两组元组合的推进剂,两组元按比例分别进入燃烧室后相互混合燃烧(可自动点火)并产生推力,如图3-25所示。目前大多采用四氧化二氮(氧化剂)和甲基肼(燃烧剂)作为推进剂,它是一种比较成熟的

图3-25 双组元10N推力器
(彩图见书末)

技术,由于比冲高,在大型航天器上得到广泛应用,是一种功能全面的推进系统。

双模式推进系统的推进剂采用四氧化二氮和肼,航天器轨道控制(如远地点发动机点火)需要大推力时使用双组元推进模式,而在姿态控制时采用单组元肼推进剂的单组元推进模式。这样将单组元的高可靠、低推力的优点和双组元的高比冲的优点有机结合起来。

电推进系统的特点是比冲高,比化学推进高几倍甚至十几倍,一直受到人们广泛重视,典型产品如图 3-26 所示,工作场景如图 3-27 所示。但电推进推力小、功耗大、技术复杂。随着航天器可用电功率的增加和技术进步,原来制约电推进应用的不利条件逐步消失,电推进的应用不断增加。

图 3-26 电推进推力器(彩图见书末)　　图 3-27 电推进器放电图像
(彩图见书末)

2. 数学模型

定义函数:

$$l(t-\tau) = \begin{cases} 0 & (t < \tau) \\ 1 & (t \geq \tau) \end{cases}$$

设控制器发出的推力器开启的控制指令为 $U_c = l(t) - l(t-T)$,则有

$$F(t) = F_i \cdot U_c = F_i \cdot [l(t) - l(t-T)]$$

式中:$F(t)$ 为喷气产生的推力;T 为喷气指令脉冲的时间宽度;F_i 为喷管产生的推力,理论标称值根据推力器产品选型确定。

3.5　新型敏感器的数字建模与评估

随着深空探测和空间操控等航天领域的深入发展,控制系统需要配置新型多类别敏感器,如可见光、激光类或者微波类敏感器,面向地外天体、空间航天器整体或局部的场景进行成像和相对测量,从而完成障碍识别和特征匹配,或给出相对导航位置和姿态。

这些新型敏感器的测量与天体表面或目标航天器的表面环境特性息息相关,用传统的真值+误差功能模型难以准确表征敏感器的测量特性,而需要从测量原理上构建其数字单机模型,并在此基础上对制导导航与控制算法,尤其是图像识别和导航算法的正确性以及有效性进行充分仿真验证。本节重点对可见光成像、激光三维成像和微波测距测速三类新型敏感器的数字单机模型进行数字建模和可信性评估。

3.5.1 可见光成像敏感器数字单机

1. 成像原理模拟

1) 基本原理

可见光成像敏感器数字单机主要用于模拟灰度图像或者彩色图像输出。该数字单机模型主要由光学系统仿真模块和电路效应仿真模块组成,如图3-28所示。

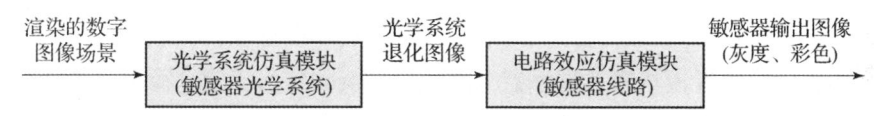

图3-28 可见光成像敏感器数字单机组成

可见光成像敏感器数字单机的模拟原理可描述为以渲染的数字图像场景(如数字地形、数字航天器等)为输入,经过光学系统仿真模拟获得光学系统退化图像,在此基础上增加电路效应影响,最终得到敏感器输出的灰度或彩色图像。

2) 光学系统仿真模块

光学系统仿真模块主要模拟数字渲染图像的退化过程,从而得到退化图像。退化类型主要有图像模糊退化、图像运动模糊、辐射能量退化、图像几何畸变等。光学系统仿真模块模拟渲染图像退化的技术途径如表3-1所列。

表3-1 光学系统仿真模块模拟渲染图像退化的技术途径

序号	退化类型	退化因素	图像退化模拟技术途径 (涉及参数)
1	图像模糊退化	由焦距、入瞳位置、入瞳直径、物距、光学系统调制传递函数、弥散等因素导致的图像模糊	相机焦距 相机焦距的偏差 光学系统入瞳位置偏差 光学系统入瞳之间物距 光学系统调制函数 MTF

续表

序号	退化类型	退化因素	图像退化模拟技术途径（涉及参数）
2	图像运动模糊	由航天器本体运动变化导致的图像模糊	相机与目标的相对运动速度相机积分时间
3	辐射能量退化	由光学系统透过率、光学系统光谱范围、中心波长漂移等因素造成的图像退化	光学系统的透过率光学系统的波长范围中心波长漂移
4	图像几何畸变	光学系统畸变导致的图像退化，包括主点位移和径向畸变	图像几何畸变多项式系数

3）电路效应仿真模块

电路效应仿真模块主要仿真敏感器电路效应对图像产生的影响，包括敏感器器件电学特性影响、曝光方式和积分时间影响、环境温度影响等。

电路效应仿真模块模拟敏感器电路效应影响的技术实施途径主要包括噪声模拟和数据传输误码模拟，如表3-2所列。

表3-2 可见光成像敏感器数字单机模拟电路效应影响技术实施途径

序号	退化类型	电路效应影响因素	技术实施途径
1	噪声模拟	时间噪声：随每次数据采集而波动，包括入射光子噪声、读取噪声和重置噪声 固定模式噪声：每个像素出现的波动，以高斯噪声表示	建立敏感器电路噪声模型，由标准差和随机数组成，用户可设置
2	数据传输误码模拟	图像数据传输误码导致0-1翻转	设置数据传输误码率概率，以标准正态分布产生随机数，使随机数对应的像素数据位发生0-1反转来模拟传输误码

2. 数字单机输出结果

在构建的数字仿真地形场景基础上，可见光成像敏感器数字单机模型的图像输出结果分别如图3-29和图3-30所示。

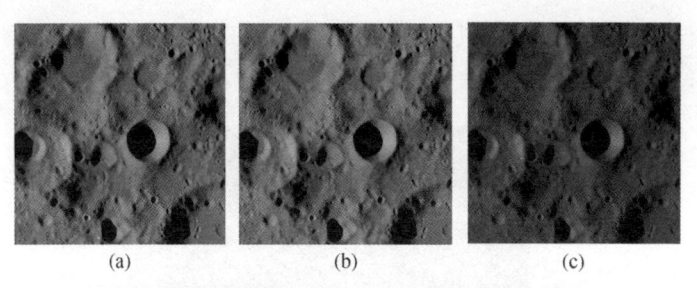

第3章 控制系统部件仿真建模及新型敏感器模型评估

图3-29 可见光成像敏感器数字单机图像退化模拟输出结果(彩图见书末)

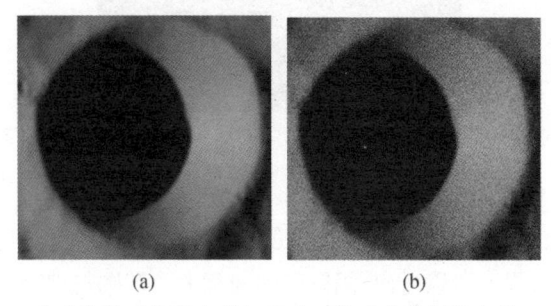

图3-30 可见光成像敏感器数字单机退化图像噪声模拟输出结果(彩图见书末)

图3-29给出了原始场景输入图像、经光学图像模糊后的退化图像以及在光学图像模糊基础上叠加亮度衰减的图像比较,图3-29(a)、(b)、(c)分别是原始场景图像、模糊退化图像和辐射能量退化后的亮度衰减图像。图3-30给出了光学模拟图像和在此基础上叠加噪声后的图像比较,图3-30(a)和(b)分别是模糊退化图像和在此基础上叠加噪声后的图像。

3. 数字单机可信性评估

影响可见光成像敏感器数字单机输出图像质量和可信性的因素很多,这里采用静态验证方式来评价数字单机输出图像的质量和可信性。

1) 可信性评估方法

向数字单机模型加载立方体、标定板等标准尺寸的三维模型输入数据,数字单机模型根据指定的相机参数、光照条件等进行解算,其间不考虑光学系统退化和电路效应影响,在指定位置和姿态条件下比较数字单机输出图像与标准物体理论观测图像之间的轮廓信息,从而定性评价输出图像的空间关系及光学系统模拟的正确性。

2) 可信性评估结果

(1) 空间关系正确性评估。

如图3-31所示,比较可见光成像敏感器数字单机输出图像生成的编码点中心像素位置与理论计算数值,可知可见光成像敏感器数字单机模型能够正确计算空间位置关系。

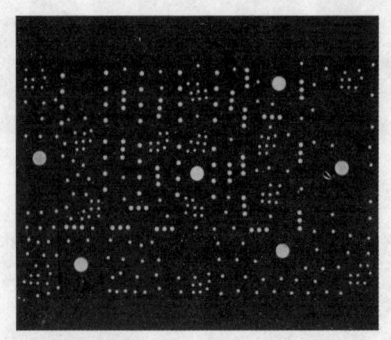

图3-31 可见光成像敏感器数字单机空间关系正确性静态验证(彩图见书末)

(2)光学系统正确性评估。

图3-32给出了不同光照条件下可见光成像敏感器数字单机模型对于立方体输入的阴影生成效果。可以看出,阴影的朝向和大致范围与理论预期相同,说明可见光成像敏感器数字单机模型能够正确模拟光线的传播、反射等光学物理过程。

(a)   (b)

图3-32 可见光成像敏感器数字单机光学系统正确性静态验证(彩图见书末)

(a)正上方加光照;(b)左前方加光照。

3.5.2 激光三维成像敏感器数字单机

1. 成像原理模拟

1)基本原理

激光三维成像敏感器数字单机主要用于模拟点云图像输出。该数字单机模型基本组成与可见光成像敏感器数字单机类似,包括光学系统仿真模块和电路效应仿真模块两部分,如图3-33所示。

```
数字场景                退化点云              敏感器输出图像
(三维图像) → 光学系统仿真模块 → 图像 → 电路效应仿真模块 → (三维点云)
           (敏感器光学系统)         (敏感器线路)
```

图 3-33　激光三维成像敏感器数字单机组成

激光三维成像敏感器数字单机的模拟原理可描述为输入数字场景（如数字地形、数字航天器等）的三维图像，经过激光波束发射和接收（进行碰撞检测）等光学系统仿真模拟后获得退化的三维点云图像数据，在此基础上增加电路效应影响，最终得到敏感器输出的三维点云图像。

该数字单机可实现点扫描、线扫描和曝光式三种成像模式的激光三维成像敏感器输出模拟。

2）光学系统仿真模块

光学系统仿真模块主要模拟数字场景中的三维原始图像经激光波束发射和接收后的退化过程，从而得到退化的三维点云图像。退化类型主要有敏感器测量退化、图像运动退化以及辐射能量退化等。光学系统仿真模块模拟点云图像退化的技术途径如表 3-3 所列。

表 3-3　光学系统仿真模块模拟点云图像退化的技术途径

序号	退化类型	退化因素	点云图像退化模拟技术途径（涉及参数）
1	敏感器测量退化	由激光发散角、反射特性模型等因素导致的点云图像退化	发散角 反射特性模型
2	图像运动退化	由航天器本体运动变化导致的点云图像退化	平台六自由度运动速度 成像模式
3	辐射能量退化	由发射功率、光学系统透过率、光学系统光谱范围等因素造成的图像退化	激光探测器发射功率 光学系统透过率 光学系统波长范围

3）电路效应仿真模块

电路效应仿真模块主要仿真敏感器电路效应对三维点云图像输出产生的影响，包括敏感器电学特性影响、环境温度影响等。

电路效应仿真模块模拟敏感器电路效应影响主要通过噪声模拟来实现，其技术实施途径如表 3-4 所列。

表3-4 激光三维成像激光器数字单机模拟电路效应影响技术实施途径

序号	退化类型	电路效应影响因素	技术实施途径
1	电路噪声模拟	(1)散粒噪声:光电效应产生的载流子在均值上下随机变化,属于白噪声。 (2)暗电流噪声:一定偏压下的漏电流产生的噪声。 (3)热噪声:载流子短时间内无规则热运动产生的电流,属于白噪声。 (4)前放等效噪声:输出信号电流转电压信号过程引入的前置跨阻放大单元噪声	建立敏感器电路噪声模型,由均值和标准差组成,用户可设置

2. 数字单机输出结果

在构建的数字仿真地形场景基础上,激光三维成像敏感器数字单机模型的点云图像输出结果如图3-34所示,图3-34(a)、(b)、(c)、(d)分别表示理想输入、运动退化、振动影响和叠加噪声的点云图像输出。

图3-34对不同退化因素下数字单机三维点云图像输出进行了比较,包括原始场景输入图像、考虑平台运动的退化图像、考虑平台振动的退化图像以及考虑电路效应噪声后的退化图像。需要说明的是,输出结果主要为了说明数字单机模型功能实现情况和图像输出效果,叠加的平台运动、振动和电路噪声并未考虑其真实状态。

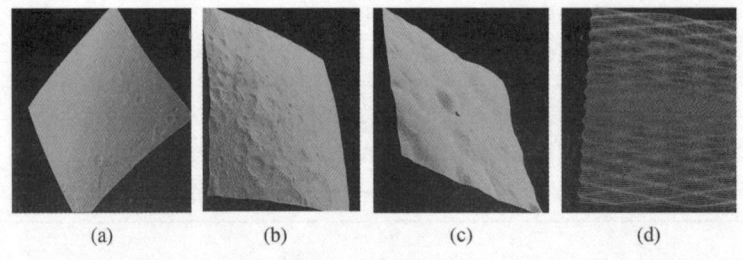

(a)　　　　　(b)　　　　　(c)　　　　　(d)

图3-34 激光三维成像敏感器数字单机模型的点云图像输出结果(彩图见书末)

3. 数字单机可信性评估

1)可信性评估方法

(1)数字评估方法。

向数字单机模型加载的标准几何体数据作为模型输入,经数字单机计算生成仿真的三维点云图像,过程中不考虑光学系统和电路效应产生的退化影响。比较数字单机输出的仿真数据与标准几何体理论观测数据的相似程度来定性评价数字单机模型的可信性。

(2)物理评估方法。

针对真实模拟的地形沙盘,采用真实的激光三维成像敏感器获取三维点云物理图像。同时,将地形沙盘精确三维重建的数字地形作为输入,加载到激光三维成像敏感器数字单机中,在与物理成像一致的位姿初始条件和与真实敏感器一致的分辨率视场角等参数条件下,经过模型计算输出地形沙盘的三维点云仿真图像。通过比较三维点云物理图像和仿真图像来定量评价数字单机模型的可信性。

2)可信性评估结果

(1)数字评估结果。

图3-35给出了激光三维成像数字单机可信性数字评估结果,图3-35(a)、(b)分别表示数字单机理想输出和一定激光发散角下的退化图像输出。图3-35(a)针对标准立方体输入模型,给出了经激光三维成像数字单机模型解算后输出的理想三维点云图像,即未考虑光学系统和电路效应影响的图像。由该输出结果可以定性看出,数字单机模型输出是可信的和有效的。图3-35(b)给出了考虑激光发散角影响下的退化图像输出。将图3-35(b)和(a)进行比较可以定性看出,数字单机的光学系统退化等原理模拟是有效的。

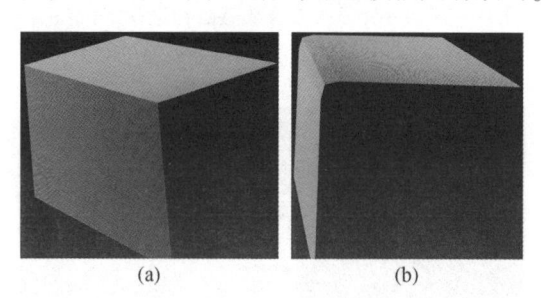

图3-35 激光三维成像数字单机可信性数字评估结果(彩图见书末)

(2)物理评估结果。

图3-36给出了真实地形模拟沙盘的原始图像和激光三维成像敏感器数字单机输出图像的比较结果。可以看出,数字单机输出图像较好地反映了地形模拟沙盘的地貌起伏特征。

图3-37给出了激光三维成像敏感器物理单机和数字单机针对同一个地形

模拟沙盘分别进行成像的局部结果比较。可以看出,数字单机输出图像较好地反映了地形特征,二者具有较高的一致性。

图 3-38 进一步给出了激光三维成像敏感器物理单机和数字单机输出图像的量化比较结果,包括局部图像点云点数匹配度、距离匹配度、视场角匹配度等方面。可以看出,数字单机输出图像在量化参数上也与真实单机输出具有较高的一致性和可信性。

图 3-36 真实地形模拟沙盘(a)和数字单机成像输出结果(b)(彩图见书末)

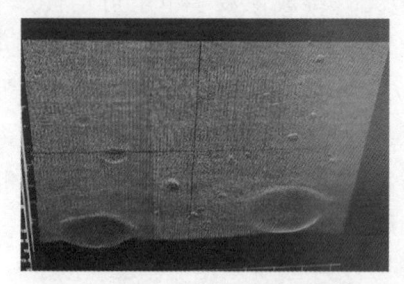

图 3-37 激光三维成像敏感器物理单机(绿色)
与数字单机(紫色)输出图像(彩图见书末)

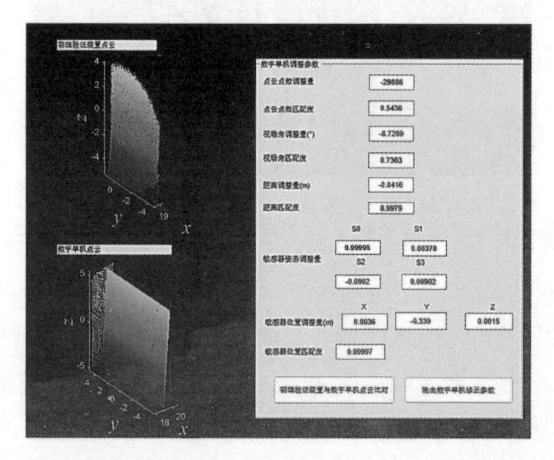

图 3-38 激光三维成像敏感器物理单机与数字单机成像结果量化比较(彩图见书末)

3.5.3 微波测距测速敏感器数字单机

1. 测量原理模拟

1)基本原理

微波测距测速敏感器数字单机主要用于模拟测距测速类敏感器各波束距离和速度参数的实时测量输出。由于微波测距测速敏感器的发射和接收天线波束有一定宽度,在测量时,波束在天体表面地形上将覆盖一定范围("脚印"),需要对此范围内的所有回波信号进行解调处理才能得到最终的距离和速度测量值。因此,微波测距测速敏感器的测量原理与天体表面或目标航天器表面场景息息相关。

微波测距测速敏感器数字单机组成如图3-39所示,包括测距测速仿真模块、电路效应仿真模块和数据处理模块三部分,分别模拟微波天线波束角范围内的"脚印"回波、敏感器线路噪声以及对回波数据的解调处理等。

图3-39 微波测距测速敏感器数字单机组成

微波测距测速敏感器数字单机的模拟原理可描述为:以数字场景(如数字地形、数字航天器等)的三维图像为输入,经过对波束角范围内的数字场景("脚印")进行天线回波信号模拟,生成"脚印"内序列回波数据,在此基础上增加电路效应影响,通过对回波数据进行解调和处理,最终得到敏感器输出的各个波束距离和速度信息。

2)测距测速仿真模块

测距测速仿真模块主要模拟发射和接收天线的回波信号。雷达回波信号模拟主要通过构建雷达回波模型和电磁散射模型来实现,其技术实施途径如表3-5所列。

表3-5 微波测距测速数字单机测距测速仿真技术实施途径

序号	关键步骤	具体内容	技术实施途径(涉及参数)
1	雷达回波模型	(1)构建雷达回波信号与发射信号的功率模型; (2)"脚印"内多个不同时延的回波信号叠加	天线增益目标散射截面积 发射接收距离、接收面积 各目标点接收时延

续表

序号	关键步骤	具体内容	技术实施途径(涉及参数)
2	电磁散射模型	(1)后向散射模型:雷达发射信号的目标散射特性导致回波能量衰减,需建立平均后向散射模型; (2)三角面元:根据"脚印"内的DEM数据,构建三角面元模型,模拟每个散射点的后向散射特性	目标散射截面积 散射系数 三角面元表面粗糙度 介电常数

3)电路效应仿真模块

电路效应仿真模块主要仿真敏感器电路效应对回波信号产生的影响,包括雷达发射和接收通道硬件噪声以及器件损耗对回波信号产生的影响模拟。

电路效应仿真模块技术实施途径主要包括噪声模拟和器件损耗模拟,如表3-6所列。

表3-6 微波测距测速数字单机模拟电路效应影响技术实施途径

序号	影响类型	电路效应影响因素	技术实施途径
1	噪声模拟	雷达发射通道噪声和接收通道噪声对回波信号的影响	建立雷达发射通道和接收通道等效噪声模型,用户可设置发射/接收通道平坦度、噪声系数、量化位数等
2	器件损耗模拟	发射/接收天线增益、发射/接收通道等损耗对回波功率的影响	统一为器件损耗因子,用户可设置

4)数据处理模块

数据处理模块主要模拟雷达信号处理过程,即对前面仿真模拟的"脚印"内多个目标点序列回波信号数据进行解调、滤波、快速傅里叶变换(FFT)、目标检测以及波束中心估计等一系列处理,最终解算得到数字单机输出的各个波束的距离和速度信息。

2. 数字单机输出结果

图3-40给出了电路效应仿真模块参数设置及信噪比影响结果。图3-41给出了微波测距测速敏感器数字单机波束距离和速度输出结果。

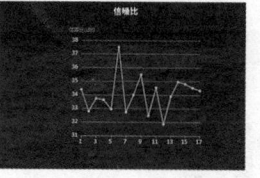

图3-40　电路效应仿真模块参数设置及信噪比影响结果(彩图见书末)

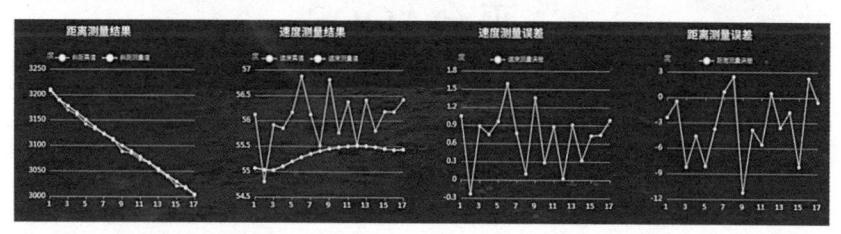

图3-41　微波测距测速敏感器数字单机波束距离和速度输出结果(彩图见书末)

3. 数字单机可信性评估

1) 可信性评估方法

通过物理试验评估方式来定量评价微波测距测速敏感器数字单机模型的可信性。基本方法为将真实的微波测距测速敏感器安装在六自由度运动模拟装置负载盘上，通过事先规划好的运动轨迹驱动六自由度运动模拟装置，实现真实敏感器相对于地形沙盘的精确位置和姿态六自由度相对运动，从而在动态环境下获得相对于地形模拟沙盘的实时距离和速度测量数据。将敏感器产品输出的真实测量数据与在同样运动轨迹和敏感器参数设置下输出的数字单机仿真数据进行比较，以此来定量评价数字单机模拟的可信性。

2) 可信性评估结果

将敏感器实际测量的距离和速度数据与数字单机输出数据进行比较，二者的距离和速度误差均在一定范围内，满足仿真要求。

3.6　本章小结

模型是仿真的基础和关键。本章从航天器控制系统仿真中的部件仿真角度，分别构建了常用姿态敏感器和位置敏感器数学仿真模型，以及常用执行机构数学仿真模型。此外，针对面向场景的仿真验证需求，还对可见光成像、激光三维成像和微波测距测速三类新型敏感器数字单机的模型构建及可信性评估进行了叙述。

第4章 控制系统通用数学仿真平台AOCS

4.1 概述

基于手工编写控制系统仿真程序的传统方式开发效率低,对仿真人员编程能力要求高,程序通用性较差,质量良莠不齐,测试覆盖性难以保证。开发通用数学仿真平台的主要目的是解决上述问题。首先,规范模型接口,建立高精度、高质量的通用仿真模型库;其次,基于规范化模型快速构建仿真程序,提供可视化仿真程序调试、运行控制和演示验证的手段;再次,具备自动化生成测试用例的功能,以保证方案验证的全面覆盖性;最后,提供并行打靶工具,保证正常和拉偏工况仿真的快速性。

控制系统通用数学仿真平台的开发遵循以下几个设计原则:具有可扩展的软件架构设计,各模块间功能独立,可单独开发、测试和集成;满足响应能力、响应速度的性能要求,支持暂停、断点保存、导入导出断点和从断点启动等功能;具有良好的仿真模型移植性,支持多种平台下开发的模型和算法;符合通用的软件开发标准和规范,程序具有良好的可读性、易于维护管理与升级。

4.2 仿真平台总体架构

控制系统通用数字传真平台是姿态轨道控制系统(attitude orbit control simulation,AOCS)平台,也是由多个相互协作的软件构成的工具链,可覆盖整个数学仿真流程,其总体架构如图4-1所示。将仿真平台设计成多个工具可以有效降低软件开发的风险,每个工具都可以独立开发、维护与升级,同时工具之间又可以通过仿真工程文件串联起来形成一个有机的整体,协同完成仿真工作。

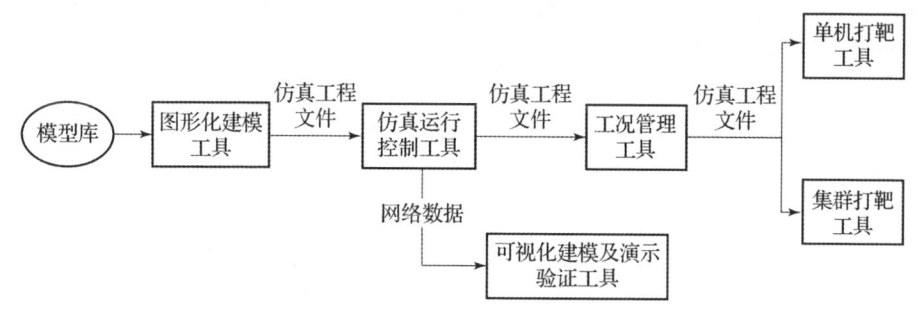

图 4-1 控制系统通用数学仿真平台总体架构

AOCS 平台包含的工具:

(1)图形化建模工具。该工具支持用户通过拖拽连线的操作方式将仿真模型快速组装成一个完整的闭环仿真程序,可以使用交互式界面配置模型的初始化参数,编排仿真模型的注入指令,无须生成代码即可直接运行仿真程序,也可以将仿真程序保存为仿真工程文件传递给其他工具。支持将多个模型封装成子系统,子系统下还可以包含多级子系统,通过这种层次结构可以创建非常复杂的仿真程序。

(2)仿真运行控制工具。可以加载和运行由图形化建模工具创建的仿真工程,并对工程中任意模型间的输入输出数据进行实时显示,支持丰富多样的数据显示方式。用户还可以随时控制仿真暂停、继续、调整仿真速度,也可以在任意时刻手动向模型注入故障指令。

(3)可视化建模及演示验证工具。提供友好的人机界面,使用户可以快速构建三维可视化场景。工具通过可配置的网络数据格式,实时接收仿真程序的输出数据,驱动三维场景动态展示。

(4)工况管理工具。以图形化建模工具创建的仿真工程文件为工况模板,对其中的模型参数或注入指令进行修改,生成新的仿真工况,可以被其他工具使用。工况管理工具采用脚本方式来实现工况参数修改,可以实现大批量工况的自动生成。

(5)单机打靶工具。它可以创建和管理多个进程,每个进程都调用运行工具执行一个仿真工程文件(仿真工况),充分利用多核 CPU 资源同时进行多个仿真工况的并行打靶仿真。工具还可以自动跟踪仿真工况成功、失败或崩溃的情况,在小批量打靶时相比采用高性能集群更方便。

(6)集群打靶工具。当仿真工况数目非常多时,可以将所有仿真工程文件一次提交到高性能集群,由集群调度系统在多个计算节点上同时启动仿真运行工具,从而实现数百甚至数千仿真工况并行执行,使打靶效率大幅提升。

4.3 仿真模型标准化接口

从仿真程序构建到多工况打靶,仿真模型在多个工具之间传递,模型接口的通用性、稳定性非常关键。为此,仿真平台为仿真模型制定了统一的模型接口规范。

4.3.1 模型接口的演变

由于仿真模型接口与仿真工具息息相关,模型接口也随着仿真工具的进化发生着变化。在没有通用仿真工具时,工程师使用手工方式编写 C/C++ 仿真程序,这种方式开发的工作量非常大。后来慢慢形成了功能独立、可代码复用的仿真模型,工程师只需引用包含这些模型的头文件(或源文件),调用这些仿真模型来编写自己的主程序代码,就可以使开发的工作量减少。但由于主程序中调用的每个仿真模型都是经过特化处理的,仿真模型并没有统一的接口。

仿真模型的使用提高了代码复用性,加快了仿真程序的开发效率,但是手写代码依然具有较高的门槛。后来出现了图形化建模工具,用户只需选择仿真模型,配置模型的各种参数,然后工具就可以根据预设的模板生成仿真主流程的 C++ 代码,如图 4-2 所示,同时工具还可以根据用户需要添加相应的数据存储和显示部分的代码,快速生成仿真程序主要框架[15]。

基于代码生成的自动化工具要求仿真模型的接口必须具有一定的规则,这样才能以一致的方式为所有模型生成调用代码。于是对航天器控制系统的仿真模型进行了如下规范,要求每个仿真模型至少包括两个函数,其中一个函数为初始化函数,另一个函数为解算函数。函数的命名和调用方式不要求统一,但是必须用模板来描述。

初始化函数使仿真模型可配置,即在不同的仿真程序中模型能以不同的参数进行设置。初始化函数包括参数和模板两部分,初始化函数的示例:

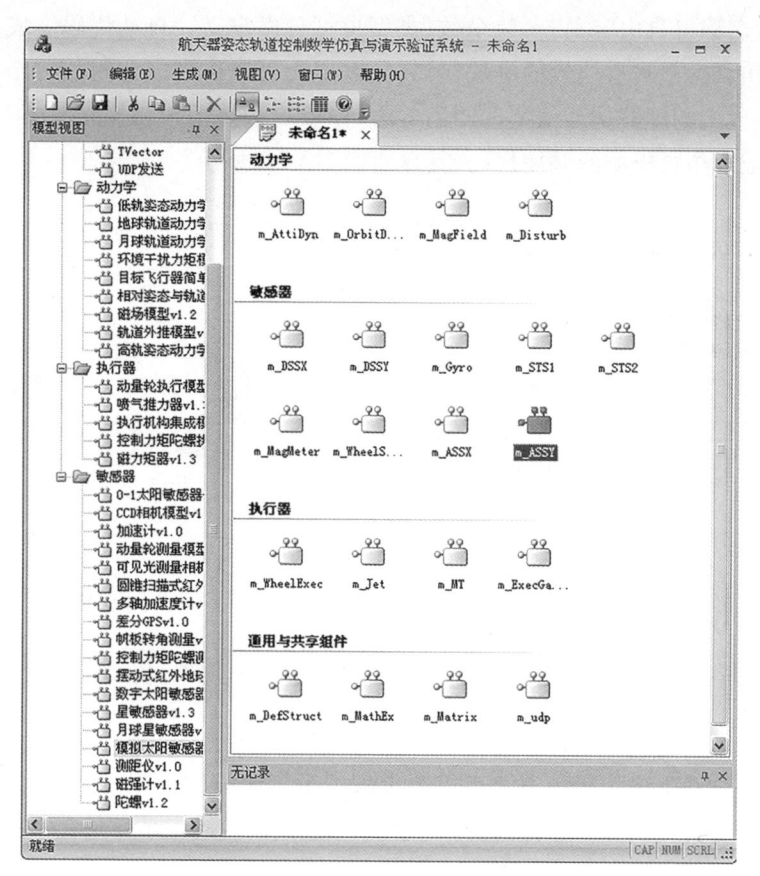

第 4 章 控制系统通用数学仿真平台 AOCS

图 4-2 早期基于代码生成的建模工具

参数:x,y,z

模板:$(mod\_name).init(\$(x),\$(y),\$(z))$;

解算函数,使模型在仿真程序中可以和其他模型进行配合,接受其他模型的输入数据,同时将数据输出给其他模型。解算函数包括参数和模板两部分,解算函数的示例:

参数:a_in,a_out

模板:$(mod\_name).solve(\$(a\_in),\$(a\_out))$;

参数 a_in 为本仿真模型的输入,a_out 为本仿真模型的输出;mod_name 为仿真模型的名称;solve 为解算函数。

这个接口规范非常宽松,只规定了模型要实现初始化和解算两个功能,并没有任何编程语法上的约束。模型可以用 C++ 类来编写,也可以使用 C 函数来编

111

写,函数名称可自由定义,参数个数、类型也可自由定义。自动代码生成技术并不要求仿真模型具有一致的语法接口,只需要为每个仿真模型附加一个描述文件,让生成工具理解仿真模型的调用方法(模板),通过模板替换技术,可以实现自动生成对仿真模型的调用代码,其界面如图4-3所示。

图4-3 用于代码生成的模型描述文件

这种自动生成代码的方式可以大大减少手工编码的工作量,使仿真程序的开发过程变得更快捷。但是这种技术的弊端是代码生成工具只是在生成代码文本,并不理解代码的行为,无法百分百保证生成的代码可以通过编译,而且任何编辑修改最后都要重新生成代码。

此外,生成代码的方式还存在以下弊端:

(1)不同模型源码的兼容性问题。从历史原因和性能方面考虑,目前绝大多数仿真模型都用C/C++语言编写,C/C++编译器的复杂性会导致不同来源的代码库联合编译时存在各种兼容性问题,如编译器版本、依赖库、编译环境等,这些问题对于专业程序开发者来说,非常棘手,对于控制领域的工程师更是如此。

(2)C++程序编译耗时问题。C++程序编译时间长一直受人诟病。在使用自动代码生成工具后,一些简单的修改都需要重新生成代码,导致整个程序需要完全重新编译,耗时问题严重。

(3)跨语言调用问题。有些仿真场景是跨领域、多学科的联合仿真,不同领域惯用的开发语言可能不同,如人工智能领域首选Python语言,不同编程语言之间交互困难,C/C++编写的仿真模型使用场景非常受限。

(4)知识产权保密问题。生成的代码中需要包含模型的源代码,不利于保护知识产权和技术,这样就限制了模型的使用范围,许多模型只能在内部使用,不利于技术交流。

为了解决以上问题,最好的方式是采用二进制接口技术。仿真模型以二进制动态链接库的形式来表达,使用时无须重编译,运行效率相比源代码方式一样高效,模型的调用方可以使用C/C++之外的编程语言。

二进制接口技术其实由来已久,Windows在20世纪90年代就开始使用二进制组件对象模型(COM)。在仿真领域,应用非常广泛的FMI技术也基于二进制接口。但是这些技术或因普适性而过于抽象,或因规范复杂门槛较高。所以借鉴以上二进制技术,针对航天器控制系统仿真领域,方便已有仿真模型代码的封装,AOCS平台制定了一种二进制的统一仿真模型接口,具有简单、高效、灵活的特点。同时,为便于图形化仿真工具自动识别和调用,接口还规定模型具有自描述功能。

4.3.2 统一模型接口

二进制接口技术,要求所有的仿真模型在语法层面上具备统一的接口形式,这样才能以一致的方式调用仿真模型[16]。从控制系统的角度来看,仿真模型需要具备的功能均可以抽象为以下4个。

(1)初始化配置。在仿真开始前允许用户对模型进行参数化配置,建立仿真的初始条件。参数配置可以使模型适用于不同的仿真场景,提高模型的复用能力。

(2)解算。模型根据仿真时间和输入数据,模拟系统的状态变化,并产生输出数据。

(3)注入指令。模型可以在仿真过程中响应外部的指令信号,修改自身的状态,可用来模拟一些突发的事件,如系统故障。

(4)存档和恢复。使模型可以在仿真过程中将自身的状态信息保存,将来可以从保存的时间点恢复状态并继续运行,而无须从头开始仿真。长时间仿真时,存档机制可以使系统快速恢复到保存时的状态,从而节省大量时间。

鉴于C++接口相比C更容易使用,所以统一模型接口使用C++形式。接口的基本形式如下:

```cpp
struct ISimModel
{
    //初始化
    virtual void init(Var param) = 0;
    //解算
    virtual void solve(double time
        int num_inputs, Var * inputs,
        int num_outputs, Var * outputs) = 0;
    //注入指令
    virtual void command(ID cmd, Var arg) = 0;
    //存档
    virtual void save(Stream * stm) = 0;
    //恢复
    virtual void restore(Stream * stm) = 0;
}
```

初始化功能由 init 接口函数实现;解算功能由 solve 接口函数实现,支持多个输入参数和多个输出参数;注入指令功能由 command 接口函数实现,通过不同的 ID 支持多种指令,指令可以携带参数;存档和恢复功能由 save 和 restore 接口函数实现,具体数据从流中读写,以支持来自内存或磁盘的数据内容。

以上接口形式要适用于各种类型的仿真模型,关键在于数据类型 Var。Var 必须是一种能够表达任意数据的通用数据类型。通用数据类型除支持标量类型、数组类型外,还必须支持结构体类型。由于现有仿真模型代码中大量使用 C 语言结构体类型来传递参数,只有支持结构体类型才能减少模型接口封装的工作量,降低代码迁移的成本。AOCS 平台没有采用 FMI 作为仿真模型接口,也是基于这方面的考虑。因为现有的 FMI 标准不支持用户自定义结构体类型,要将已有工程积累的可靠仿真模型封装成 FMI 接口势必需要进行大量的代码修改和重构,存在很大的技术风险。

由于允许用户自由定义数据类型,通用数据类型不仅需要支持运行时类型识别功能,还要实现与编译器版本无关,即使仿真模型和模型调用使用不同的编译器独立编译,互相之间也能安全地传递数据。高级编程语言通常都存在这样的通用类型,如 Java 中的 Object 类型,Javascript 等语言中的 Var 类型,而 C/C++ 中不存在这样的原生类型。所以定义统一模型接口,首先要定义通用数据类型。

1. 通用数据类型

因为 C/C++ 中只有一种原生类型可以表示任意数据类型,那就是 void 指针,所以通用数据类型 Var 实际上就是 void 指针,其定义如下:

```
typedef void* Var;
```

但是原生的 void 指针是不安全的,因为编译后不包含任何类型信息。所以通用数据类型需要构建一种特殊的内存布局,实现在 void 指针基础上附加类型信息,并且能在运行时通过 void 指针访问到类型信息。通用数据类型的内存布局如图 4-4 所示。

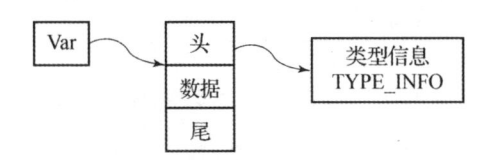

图 4-4 通用数据类型的内存布局

为了使一个 Var 同时指向类型信息和数据本身,可以在数据之前添加一个"头","头"包含了通用数据类型的识别码和指向类型信息的指针,"尾"可以用作数据校验。Var 指向数据本身,这样其可直接转型为对应数据类型的指针。以结构体为例,Var 与对应结构体类型指针是完全等效的,通用数据类型只是在原有结构体数据前后附加了额外的"头"和"尾",并未改变原有结构体的内存布局,这样原本接受结构体指针作为参数的函数无须任何修改就可以接受新的 Var 类型,在封装已有模型代码时能减少很多工作量。同时,Var 指针加上一个固定偏移就能指向"头",从中可获取数据的类型信息。

通用数据类型以数据结构 TYPE_INFO 来描述。TYPE_INFO 可以描述 C 语言基本数据类型,扩展该数据结构可以得到描述数组类型、变长数组类型、结构体类型的数据结构,如图 4-5 所示。

基于 TYPE_INFO 的数据结构能够表示以下类型:

(1) C 语言基本类型:8、16、32、64 的有符号和无符号整型,以及单、双精度浮点型,共 10 种;

(2) 字符串类型;

(3) 数组类型,含多维数组;

(4) 变长数组类型;

(5) 结构体类型。

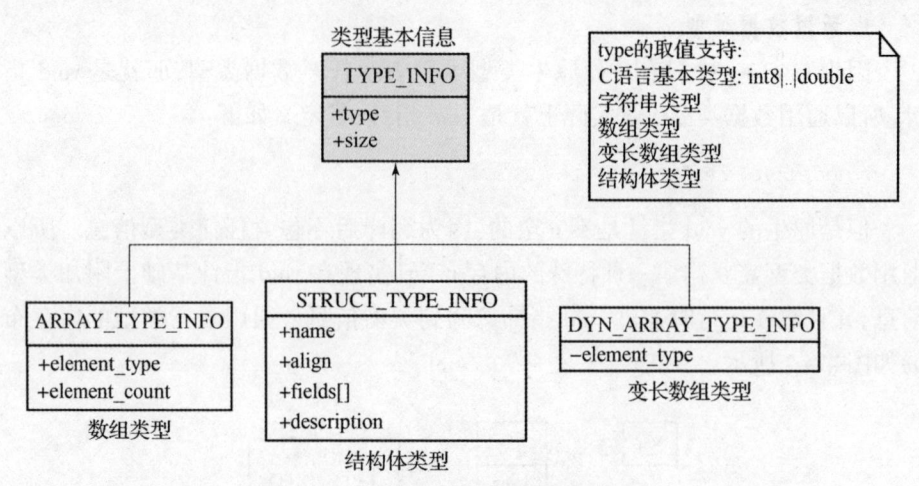

图4-5 描述通用数据类型的数据结构

结构体的字段可以是其他可用的类型,数组元素也可以是其他可用的类型。因此可以支持数组的数组、结构体数组、结构体嵌套等,理论上可以表达非常复杂的数据结构,具备类型自由扩展的能力。

以用户自定义的结构体 MyType 为例,其 C 语言定义如下:

```
struct MyType
{
    int    a;
    double b[3];
};
```

对应的类型信息如下:

```
{
    "name" : "MyType",
    "size" : 32,
    "align" : 8,
    "fields" : [
        {"offset":0, "type":"int", "name":"a"},
        {"offset":8, "type":"double[3]", "name":"b"}
    ]
}
```

为了方便阐述以上使用 JSON 格式来描述类型信息,实际上类型信息是特定的 C 数据结构来表达的。有了 MyType 的类型信息,就可以确定它的内存布局,任何可直接访问内存的编程语言都可以访问 MyType 类型的实例,如遍历其子字段,读写各字段的值。

  类型信息无须完全由用户手写,利用普通 C++编译器就可以自动提取类型的信息,编译器可以保证在任何的编译条件下都能获得正确的结果。用户使用特殊设计的宏对已有的结构体类型重新包装一下,就可以得到对应的描述信息,如下面代码中的 DEFINE_UNI_TYPE 语句。

  通过 TYPE_INFO 结构,数据类型就成为一种可用编程语言表示的对象。当模型使用者查询类型信息时,模型就可以返回该指针,这也是信息查询功能实现的基础。一旦获得 TYPE_INFO 指针,模型和模型使用者就可以在运行时进行类型匹配、数据遍历等操作。下面的代码演示了如何在模型里判断参数类型是否与期望一致,如果模型使用者不小心传入了错误的类型,错误可以很快被定位。

```
struct MyType
{
    int     a;
    double  b[3];
};
DEFINE_UNI_TYPE(MyType, a, b) //< 定义 MyType 的类型信息
void MyModel::init(Var param)
{
    //类型检查
    const TYPE_INFO * require_type = uniTypeOf(MyType); //期望的类型
    const TYPE_INFO * actual_type = getUniType(param); //实际的类型
    if(! uniIsSameType(require_type, actual_type))
    {
        report("输入参数不是期望的类型");
        return;
    }
    //参数类型正确,可直接转型成 MyType 指针
    MyType * p = (MyType * )param;
    /* ... 初始化代码... */
}
```

  最后,由于通用数据类型的内存布局必须符合图 4-4 中的方式。这就要

求程序在分配和释放通用数据类型的变量时,必须执行一些额外的操作,并且需要保证不同仿真模型执行的操作是完全一致的。因此需要在仿真模型之外,额外提供一个公共运行时,来对通用数据类型的分配和释放进行统一的处理,如图 4-6 所示。此外,公共运行时可以封装很多共性的操作,如类型检查、比较、遍历,动态数组的分配和释放,数据类型的自动序列化等,可以简化用户代码。

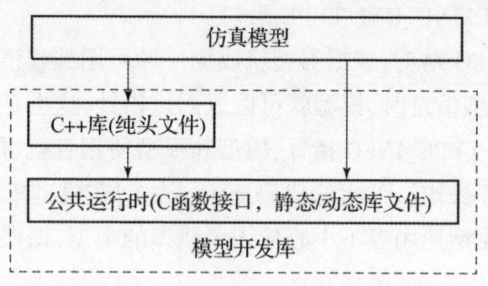

图 4-6 用于模型开发的公共运行时

公共运行时与仿真模型的关系如图 4-6 所示,公共运行时以 C 函数接口形式提供,相比 C++ 更加轻量化,同时能保证二进制兼容性(ABI),可以兼容任意版本的 C++ 编译器。然后在其基础上提供 C++ 库,对公共运行时的 C 函数进行浅层封装,方便 C++ 用户调用。利用 C++ 语言强大的抽象能力,还可以实现对通用数据类型和 C 语言原生类型的一致性访问。

```
//通用数据类型变量
qs::AutoVar var1(uniTypeOf(double[3]));
qs::AutoVar var2(uniTypeOf(double[4]));

//原生类型变量
double arr[3] = {0};

//对原生类型变量和通用类型变量的操作
var1.fromJson("[1,2,3]");      //通用类型的序列化
var1.copyTo(var2);             //通用类型复制。错误,将抛出"类型不兼容异常"
var1.copyTo(arr);              //通用类型复制到原生类型,正确

qs::VarWrap(arr).toJson();     //原生类型包装成通用类型。将输出 [1,2,3]
qs::VarWrap(arr).compare(var1);//原生类型与通用类型的值的比较
```

第4章 控制系统通用数学仿真平台 AOCS

2. 模型接口的定义

前面阐述了模型接口的基本形式,完整的接口还应该支持错误处理和模型实例的创建、销毁。错误处理可以使用错误码,规定模型的接口函数返回错误码,调用者可以通过检查错误码来及时检测和报告错误。模型实例的销毁操作可以通过增加一个接口成员函数 release 来实现。模型的创建功能则由一个独立的创建函数来实现,创建函数指针将作为模型描述信息的一部分暴露给用户。

另外,由于航天器控制系统经常要进行小步长、长时间的仿真,模型不应该因为接口封装而显著增加性能开销。由于在接口中使用了通用数据类型 Var,就要考虑其产生的额外开销。这些开销一般是在进行类型检查时产生,虽然类型检查的开销很小,但当接口函数被频繁调用时(如解算函数可能达到每秒数百万次调用),这些开销就不能忽略不计。所以将解算函数拆分成绑定和解算两部分,在绑定函数里检查 Var 的类型,一旦检查完成,就可以将 Var 当成对应的 C 数据类型指针使用,只要 Var 指向的类型不变,就无须重复检查。只需要调用一次绑定函数,以后循环调用解算函数时无须再进行类型检查,因此基本不会增加性能开销。

综上所述,仿真模型接口的完整定义形式如下:

```
struct ISimModel
{
    typedef int Error;    //< 定义错误码
    typedef const char * ID;                    //< 定义标识 ID
    virtual void release() = 0;                 //销毁模型
    virtual Error init(ID name, Var param) = 0; //初始化
    virtual Error solve(double time) = 0;       //解算
    virtual Error bindIo(
        int num_inputs, Var * inputs,
        int num_outputs, Var * outputs) = 0;    //绑定输入输出参数

    virtual Error unbindIo() = 0;               //解除绑定
    virtual Error command(ID cmd, Var arg) = 0; //注入指令
    virtual Error save(Stream * stm) = 0;       //保存状态
    virtual Error restore(Stream * stm) = 0;    //恢复状态
}
```

solve 函数实现解算功能,但是不再需要输入输出参数。bindIo 函数完成输入输出参数的类型检查,即 io 参数绑定。参数绑定基于一个前提:绑定完成后,每次进行解算,输入输出变量 Var 是不变的,即变量的数据类型是不变的,变化的只是 Var 指向的数据。在现有的航天器控制系统仿真模型中,解算函数的特点也确实满足该前提。

在航天器控制系统闭环仿真程序中,调用仿真模型的基本形式如下:

```
ISimModel * mod = ...;        //创建模型实例
mod->init(...);               //初始化模型

//绑定输入输出参数
Var inargs[M] = {...};
Var outargs[N] = {...};
mod->bindIo(M, inargs, N, outargs);

//解算循环
for(...)
{
    //对输入 inargs[] 指向的实际变量赋值…
    mod->solve(t);
    //读取输出 outargs[] 指向的变量…
}

//结束
mod->unbindIo();
mod->release();
```

因此以上定义的仿真模型接口符合构建航天器闭环仿真程序的要求。

3. 模型的自描述信息

除实现仿真的逻辑功能外,仿真模型还应支持将模型标识、接口参数类型、指令等信息暴露给外部使用者。描述信息必须是结构化的,符合特定规则,这样才能够被计算机程序自动解析,实现工具自动识别、加载和调用。描述信息必须同模型一起发布,这样模型就不需要提供额外的描述文件,所以称为自描述。

目前业界流行的 FMI 模型接口规范就支持模型自描述功能,它规定了将模型的描述信息以 xml 文件进行书写,同模型的执行文件一同打包发布。但是 FMI 规范非常复杂,没有软件工具的帮助,手工书写 xml 文件是非常困难的。

统一模型接口的模型描述信息没有采用 xml 文件方式,而是使用 C/C++ 代码来直接书写。这样,即使没有任何工具,用户也能完成模型封装的全过程。而且描述信息是包含在模型功能代码里的,用户编写模型代码实际上就在编写描述信息,不需要单独维护描述信息,能从根本上保证模型的逻辑功能与描述信息的一致性。

一个仿真模型的描述信息用数据结构 MODEL_INFO 来表示,如图 4 – 7 所示。

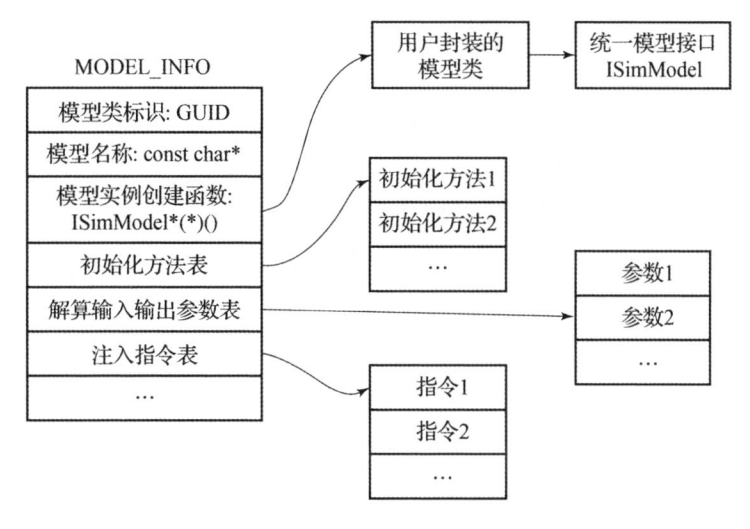

图 4 –7　仿真模型的描述信息

主要字段包括:

(1)模型类标识。这是一个 GUID 类型,须保证每个仿真模型都具有唯一的标识。

(2)模型名称。供用户识别的模型名字符串。

(3)模型实例创建函数。用户通过调用此函数来创建模型的实例,允许创建仿真模型的多个实例。

(4)初始化方法表。允许一个仿真模型提供多个可用的初始化方法,使用不同的标识进行区分。如模型通常会提供两个初始化函数,分别使用简单参数集和复杂参数集的,用户可根据需要选择其中某个初始化方法。

(5) 解算输入输出参数表。用来描述输入输出参数的个数、类型及相关说明。

(6) 注入指令表。仿真模型可支持的注入指令的名称、参数类型及相关说明。

用户只要获得了 MODEL_INFO 结构的指针,就可以获取模型的所有描述信息,同时也可以创建模型的实例。

为了方便用户编写仿真模型的描述信息,简化仿真模型的封装,公共运行时提供了很多便利的宏供用户使用。以注入指令为例,用户必须实现两个功能:一是实现指令的响应逻辑,即模型类的接口函数 ISimModel::command;二是实现描述信息查询功能,即构建 MODEL_INFO 数据结构指向的指令表,用函数 getCommandTable 来实现。示例代码如下:

```
//构建注入指令表的函数
const MODEL_COMMAND_INFO * MyModel::getCommandTable()
{
    static MODEL_COMMAND_INFO table[] =
    {
        { "set_A", uniTypeOf(int), onCmd_SetA, "修改参数 A"},
        { "set_B", uniTypeOf(double[3]), onCmd_SetB, "修改参数 B"},
        /*...其他指令...*/
        { nullptr, nullptr, nullptr, nullptr} //表结束标识
    };
    return table;
}


//响应注入指令的函数
Error MyModel::command(const char * cmd, Var arg)
{
    if(strcmp(cmd, "set_A") == 0)
    {
        int * p = safeCast<int>(arg); //类型测试

        if(! p)
            return wrong_arg_type;     //返回类型错误码
```

第4章　控制系统通用数学仿真平台 AOCS

```
        //类型无误,调用处理函数
        onCmd_SetA( * p);
        return ok;
    }
    if(strcmp(cmd,"set_B") == 0)
    { /* ...处理代码... */ }
}
```

一般情况下,以上两个函数可以满足模型封装的要求,编写也并不复杂。但是随着注入指令数量的扩充,同步维护两处代码就变得非常麻烦,不仅代码重复烦琐,修改还容易造成遗漏。公共运行时提供了相关的宏可以将两处代码合并,示例如下：

```
QS_IMPL_COMMAND_TABLE(MyModel)
    QS_DEF_CMD(set_A, onCmd_SetA, "修改参数 A")
    QS_DEF_CMD(set_B, onCmd_SetB, "修改参数 B")
QS_END_COMMAND_TABLE()
```

这样,模型编写者仅需要维护一个非常简洁的指令表。新增一条指令只需要增加一个指令处理函数,并在指令表中插入一个条目即可,用户甚至无须知道描述信息有关的内容。这种方式使仿真模型的封装变得非常简单,同时代码可读性好,且容易维护。

4. 模型的文件结构

仿真模型经过封装、编译之后就得到可执行的动态运行库文件,调用者可以使用操作系统函数(Windows 系统为 LoadLibrary,Linux 系统为 dlopen)动态加载模型文件。接口规定了模型文件的入口函数为 getModelRegistry,通过该函数可以获得该文件内封装的所有仿真模型的信息注册表。注册表每一项指向一个模型的 MODEL_INFO 数据结构,因此可以在一个模型文件中封装多种仿真模型。解读 MODEL_INFO 数据结构,调用方可以得到模型的所有描述信息,如图 4 - 8 所示。其包括模型的初始化参数的类型、解算输入输出参数类型、支持的指令等信息。利用模型的创建函数指针,调用者可以创建仿真模型的实例。

对于仿真模型动态库文件,调用者可以通过编程方式来动态加载、查询模型信息。示例 C 代码如下：

航天器控制系统仿真

```
         动态库(dll/so)入口函数
         const MODEL_INFO**
         getModelRegistry()
```

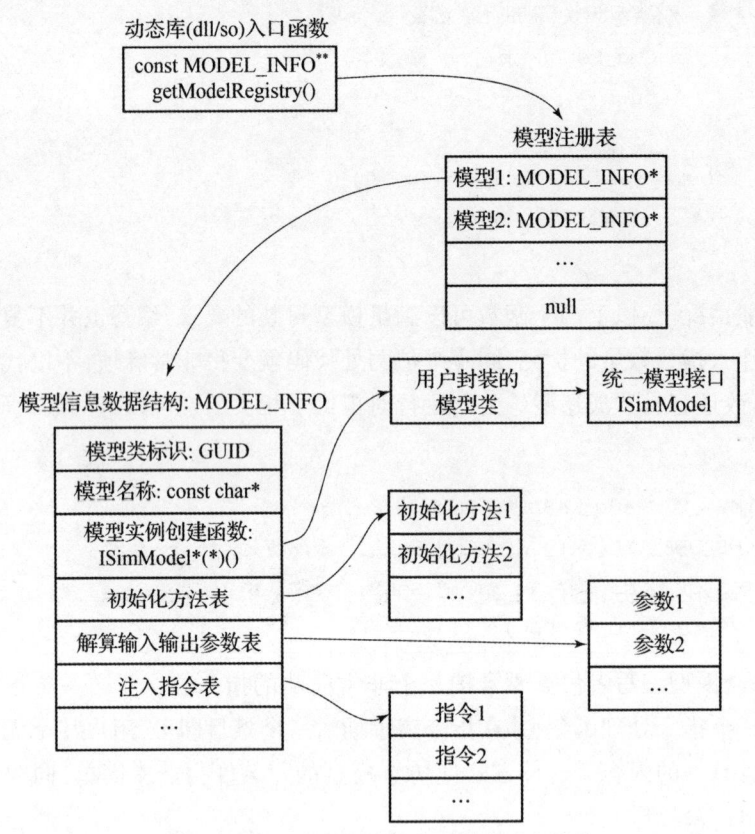

图示：模型注册表
- 模型1: MODEL_INFO*
- 模型2: MODEL_INFO*
- ...
- null

模型信息数据结构: MODEL_INFO
- 模型类标识: GUID
- 模型名称: const char*
- 模型实例创建函数: ISimModel*(*)()
- 初始化方法表
- 解算输入输出参数表
- 注入指令表
- ...

用户封装的模型类 → 统一模型接口 ISimModel

初始化方法1、初始化方法2、...
参数1、参数2、...
指令1、指令2、...

图4-8 仿真模型动态库的信息组织结构

```
//模型加载(略去错误处理)
typedef const MODEL_INFO ** (*EntryFuncType)();
void* dll = dlopen("mymodel.so", RTLD_NOW);
EntryFuncType func = (EntryFuncType)dlsym(dll, "getModelRegistry");
const MODEL_INFO ** table = (*func)();

//遍历并打印模型信息
for (const MODEL_INFO ** pos = table; *pos; ++pos)
{
    const MODEL_INFO * inf = *pos;
    printf("模型名称:%s\n", inf->name);

    printf("可注入指令:\n");
```

```
    for(const MODEL_COMMAND_INFO * * cmd = inf - >cmd_table; *
cmd; + +cmd)
    {
        printf("  % s\n",( * cmd) - >name);
    }
}
```

4.3.3 仿真模型的封装示例

本节以一个简单的示例来演示仿真模型的封装过程。

```
//! PID 模型初始化参数定义
struct PidInitParams
{
    double kp;      //! < 参数 p
    double ki;      //! < ..
    double kd;      //! < ..
    double target;  //! < 控制目标
};
//! PID 模型的功能实现类
class PidImpl
{
public:
    //! 初始化
    void init(const PidInitParams& params);
    //! 解算
    double solve(double time, double input);
    //! 修改参数
    void setKp(double);
    void setKi(double);
    void setKd(double);
    void setTarget(double);
};
```

以上是一个简单的 PID 控制器模型的 C + + 代码,只列出了头文件部分,实现文件与接口封装无关,无须关注。这个类可以代表我们现有的仿真模型代码,接下来阐述如何在不修改源码的基础上将其封装成统一接口的模型。

封装仿真模型的步骤如下：

(1) 将模型的初始化数据类型封装成通用数据类型。此时可根据需要添加参数的帮助信息，该信息可以被自动化工具自动读取，以便实现集成帮助。

```
//! 在 .h 文件中
//! 初始化数据结构包装成通用数据类型(声明)
DECLARE_UNI_TYPE(PidInitParams)
//在 .cpp 文件中
//! 包装成通用数据类型(实现)
//! 与 DEFINE_UNI_TYPE(...) 相比,能定义每个字段的注释信息
BEGIN_IMPL_UNI_TYPE(PidInitParams, "pid 初始化参数类型")
    UNI_FIELD(kp, "参数 p")
    UNI_FIELD(ki, "参数 i")
    UNI_FIELD(kd, "参数 d")
    UNI_FIELD(target, "期望目标")
END_IMPL_UNI_TYPE()
```

(2) 从统一模型接口派生一个新的 C++ 类。将 pid 实现类作为新类的一个成员，所有的功能调用将转发到实现类，这种方式不用修改原有实现代码，能避免在封装过程中引入不必要的错误。

```
//! PID 模型包装成统一接口
class PidCtrlModel : public ISimModel
{
    PidImpl    pid_impl_;   //! < pid 实现
    //! 绑定的输入输出参数
    double*    in_arg_;     //! < 输入
    double*    out_arg_;    //! < 输出
public:
    PidCtrlModel() : in_arg_(nullptr), out_arg_(nullptr)
    {}
    //! 实现 ISimModel 的接口函数
    virtual void release() { delete this; }
    virtual Error bindIo(int num_inargs, Var* inargs, int num_outargs, Var* outargs);
```

```
        virtual Error unbindIo();
        virtual Error solve(double time);
        virtual Error save(IQsStream* stream);
        virtual Error restore(IQsStream* stream);
        //！声明模型的描述信息表
        QS_DECL_COMMAND_TABLE(PidCtrlModel)        //！< 注入指令表
        QS_DECL_INIT_METHOD_TABLE(PidCtrlModel)    //！< 初始化方法表
        QS_DECL_SOLVE_METHOD_INFO(PidCtrlModel)    //！< 解算参数表
    private:
        //！初始化函数
        Error onInit(Var arg);
        //！指令响应函数
        Error onCmdSetKp(double arg)        { pid_impl_.setKp(arg); return e_ok;}
        Error onCmdSetKi(const double arg)  { pid_impl_.setKi(arg); return e_ok;}
        Error onCmdSetKd(const double& arg) { pid_impl_.setKd(arg); return e_ok;}
        Error onCmdSetTarget(double arg)    { pid_impl_.setTarget(arg); return e_ok;}
    };
```

（3）编写该类的接口函数。实现代码很简单，只需完成参数类型检查，然后将调用转发给原有的 PID 模型。其中类型检查非常重要，因为模型的编译环境和模型方的环境存在差异，类型检查可以提前定位类型错误。

```
//实现初始化接口函数
ISimModel::Error PidCtrlModel::onInit(Var arg)
{
    //检查类型
    PidInitParams* p = qs::safeCast<PidInitParams>(arg);
    if(!p)
        return e_arg_type;
    //调用原来 pid 类的实现
    pid_impl_.init(*p);
    return e_ok;
```

```cpp
}
//实现解算接口函数
ISimModel::Error PidCtrlModel::solve(double time)
{
    //使用bindIo绑定的输入输出参数指针,调用原来pid类的实现
    *out_arg_ = pid_impl_.solve(time, *in_arg_);
    return e_ok;
}
//实现解算参数绑定接口函数
ISimModel::Error PidCtrlModel::bindIo(
    int num_inargs, Var * inargs,
    int num_outargs, Var * outargs)
{
    //检查输入和输出参数数目
    if(num_inargs ! = 1)  return e_input_arg_num;
    if(num_outargs ! = 1) return e_output_arg_num;
    //检查参数类型,缓存其指针
    in_arg_ = qs::safeCast<double>(inargs[0]);
    if(! in_arg_)
        return e_input_arg_type;
    out_arg_ = qs::safeCast<double>(outargs[0]);
    if(! out_arg_)
        return e_output_arg_type;
    return e_ok;
}
```

(4) 编写模型的描述信息表,包括初始化方法表、解算参数表、注入指令表。根据前面原理部分的阐述,这些表都具有双重功能,在信息查询时可以返回模型的描述信息,在调用模型功能时又能作为路由表,将调用转发到真正的处理函数。使用表的方式使代码更容易维护,扩展性更好,增加功能只需增加表项即可。运行库提供了一系列宏,方便用户构建这些表。

以下为封装完成的模型接口信息表:

```cpp
//定义初始化方法表
QS_IMPL_INIT_METHOD_TABLE(PidCtrlModel)
    QS_INIT_METHOD(default, onInit, "注释")
```

第 4 章　控制系统通用数学仿真平台 AOCS

```
QS_END_INIT_METHOD_TABLE()

//定义解算参数表
QS_IMPL_SOLVE_METHOD_INFO(PidCtrlModel)
    QS_BEGIN_SOLVE_INPUT_ARGS()
        QS_SOLVE_ARG("i",double,"输入参数")
    QS_END_SOLVE_INPUT_ARGS()

    QS_BEGIN_SOLVE_OUTPUT_ARGS()
        QS_SOLVE_ARG("o",double,"输出参数")
    QS_END_SOLVE_OUTPUT_ARGS()
QS_END_SOLVE_METHOD_INFO(PidCtrlModel)

//定义注入指令表
QS_IMPL_COMMAND_TABLE(PidCtrlModel)
    QS_DEF_CMD(setKp,onCmdSetKp,"设置控制参数 pi")
    QS_DEF_CMD(setKi,onCmdSetKi,"")
    QS_DEF_CMD(setKd,onCmdSetKd,"")
    QS_DEF_CMD(setTarget,onCmdSetTarget,"设置目标值")
QS_END_COMMAND_TABLE()
```

（5）最后一步是实现模型动态库的导出函数 getModelRegistry。公共运行时提供了宏来简化此操作，代码如下：

```
QS_BEGIN_MODEL_REGISTRY()
    QS_REG_MODEL(PidCtrlModel)
    //如果可用多个模型,可增加条目…
QS_END_MODEL_REGISTRY()
```

编译完成就可以得到符合统一模型接口的 PID 模型。对于统一接口的仿真模型动态库，AOCS 平台提供的模型浏览器可以直接查看仿真模型的信息。图 4-9 为封装后的 PID 模型动态库在模型浏览器中可见的信息。

使用这种封装方法可以将航天器控制系统用到的动力学、敏感器、执行器等模型封装为统一模型接口，形成通用的仿真模型库，从而实现模型的高度复用。

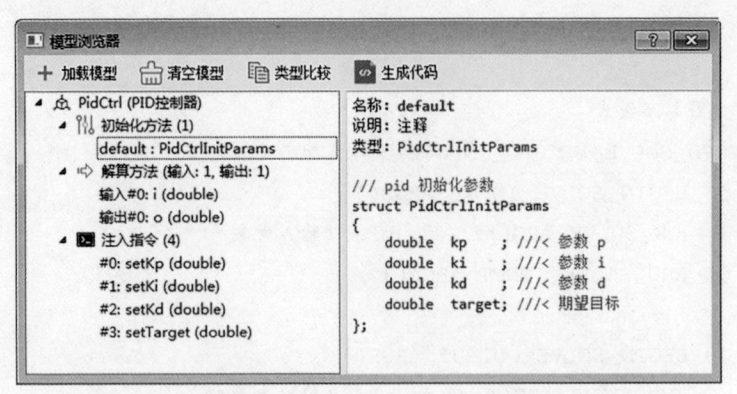

图 4-9 封装后的 PID 模型动态库在模型浏览器中可见的信息

4.3.4 通过接口调用模型

使用统一接口封装的仿真模型,既可以被 C/C++ 语言直接调用,也可以通过其他语言的插件,被其他编程语言调用。如提供一个通用 Python 插件,就可以使用 Python 代码调用仿真模型;提供一个 Node.js 插件,就可以在 Node 环境下调用仿真模型,如图 4-10 所示。仿真模型可实现一次编译,多环境运行,大大扩展了仿真模型的使用场景。

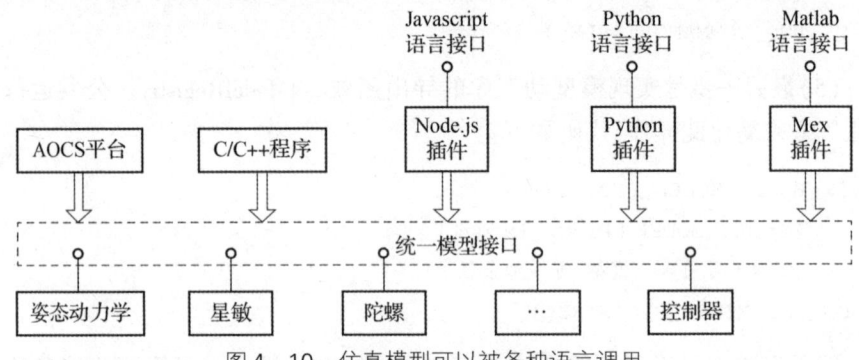

图 4-10 仿真模型可以被各种语言调用

跨语言调用的实现原理主要是基于通用数据类型,只要能完成指定编程语言的数据类型到通用数据类型的自动翻译即可。

以图 4-11 中 Python 语言调用为例,接口转换插件对 Python 用户模拟了仿真模型的接口,它和仿真模型一样具有 init、solve 等函数,只不过函数的参数类型为 Python 的数据类型。这样,当从 Python 代码调用这些函数时,接口转换插件将 Python 类型翻译成通用数据类型,以通用数据类型调用真正的仿真模型,然后将输出的通用数据类型再翻译成 Python 类型返回给 Python 代码,从而完成一次完整调用。这样 Python 代码可以像调用其他 Python 库一样调用仿真模型,而无须了解任何 C/C++ 相关的知识。

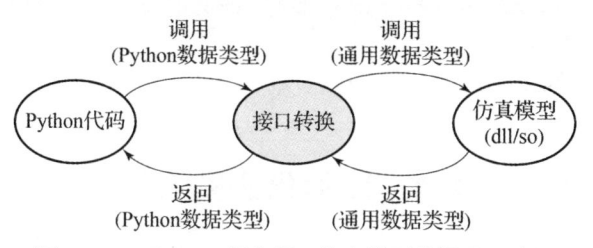

图 4-11　Python 语言调用仿真模型的原理及过程

通用数据类型与 Python 类型的双向翻译其实很简单。由于通用数据类型支持运行时类型访问,因此可以轻松遍历通用数据类型,接口转换插件可以将 C 结构体自动翻译成 Python 的字典类型,将 C 数组翻译成 Python 的列表类型,反之亦然。

以下为 Python 语言调用统一接口模型的示例(部分参数省略):

```
# 创建模型
import qs4py as qs                          # 导入接口库
dll = qs.loadSimModel("dyn_orb_att.dll")    # 加载模型文件
mod = dll.createModelByIndex(0)             # 创建模型实例

# 模型初始化
init_arg = {
    "UTC":{ "year":2022,...},
    "a":42164170.0,"e":0.0,"i":5.0,
    "Omega":270.0,"w":0.0,"M":28.2735,
    "MatrixSequence":312,...
}
mod.init(init_arg)
# 模型解算
inputs = [
    { "Force":[0,0,0],"Torque":[100,0,0],...}
]
outputs = []
```

```
time = 0.0
step = 0.1
for i in range(100)
    outputs = mod.solve(time,step,inputs)
    time = time + step
    print(time,outputs[1]["RealAtt"])
```

4.4 图形化建模工具

用户可以用手工编程的方式调用封装好的模型,来构建控制系统闭环仿真程序。而更简单的使用方式是使用图形化建模工具,AOCS 仿真平台的图形化建模工具可以使用户不用编写程序,而通过图形化配置即可搭建系统闭环程序。

图形化建模工具的主要功能:用户基于可视化界面,通过拖拽创建模型,通过连线建立模型之间的输入输出数据关系,然后只需对模型的参数进行设置,即可构建一个闭环仿真程序。无须生成代码即可运行,从而提高仿真程序的开发和调试效率。

4.4.1 软件实现原理

在图形化建模工具中,仿真程序是用图来表示的。常见的航天器控制系统的闭环仿真程序,在图形化建模工具中的表示形式如图 4 – 12 所示。为了表述清晰,该图中将同类模型简化成了一个(如所有敏感器简化合并成一个节点)。除控制系统的仿真模型之外,一个完整的闭环仿真程序通常还有文件输出、数据显示等功能块。图形化建模工具扩充了仿真模型的概念,将所有可运行的功能块都视为模型,控制系统仿真模型、文件输出、数据显示、网络通信等都是模型,模型在可视化图形中称为节点。模型之间通过输入输出参数来传递数据,在可视化图形中称为连线。

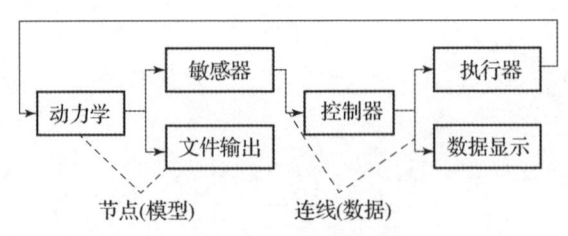

图 4 – 12 典型闭环仿真程序的图形化表示

在图形化建模工具中，仿真程序图由两种图元构成：节点和连线。节点遵循统一模型接口，连线使用通用数据类型。这种高度的抽象可以带来极好的通用性，节点之间的耦合性很小，每个节点都可以独立开发和编译。只要输入输出数据类型匹配，两个节点就可以对接，从而快速组装成仿真程序。程序的扩展性也非常好，增加新的节点不会影响原有程序图。

一个可运行的闭环仿真程序，除用到的仿真模型外，还需要有调度仿真模型的主程序。以前的工具通常采用生成代码的方式自动生成仿真主程序 C/C++ 代码，经过编译后得到可执行的仿真程序，然后才能运行。这种方式过程较为烦琐，每次修改程序结构都需要重新生成代码和编译代码。

应用统一模型接口以后，仿真主程序就能以一致的方式调用所有仿真模型，主程序可以为一种通用的形式，事先编译成二进制执行程序。由于所有仿真模型和数据都是二进制的，整个闭环程序中没有需要编译的代码，即可实现不生成代码而直接运行。通用仿真主程序的流程如图 4-13 所示。

以上主程序流程具有很好的通用性，适用于各种航天器的控制系统仿真。AOCS 平台在此流程基础上实现了通用的仿真调度模块，图形化建模工具、仿真运行控制工具、并行打靶工具都使用同样的仿真调度模块来执行仿真工程，以保证平台中所有工具的仿真结果一致。

4.4.2 软件模块组成

图形化建模工具采用模块化设计，其模块组成如图 4-14 所示。

图形化建模工具主要包含的功能模块：

（1）类型注册表。包含所有在建模和仿真时可用的节点类型的信息数据库，提供类型注册、实例创建、信息查询等服务。系统工具和仿真模型只要注册到注册表中，就可以在设计工具栏中对其进行浏览查看，并在建模时使用它。类型注册表使节点类型的扩展非常方便，增加新的节点类型无须修改代码。另外，类型注册表还实现了仿真模型的管理功能，包括在模型目录自动搜索仿真模型，模型动态库的按需加载和卸载。

（2）设计工具栏。提供类型注册表的浏览和信息展示界面。设计工具栏支持用户使用鼠标拖放来创建节点的实例。

（3）设计建模环境。实现基于节点和连线的图形化建模环境，提供友好的人机交互界面，支持用户撤销操作。

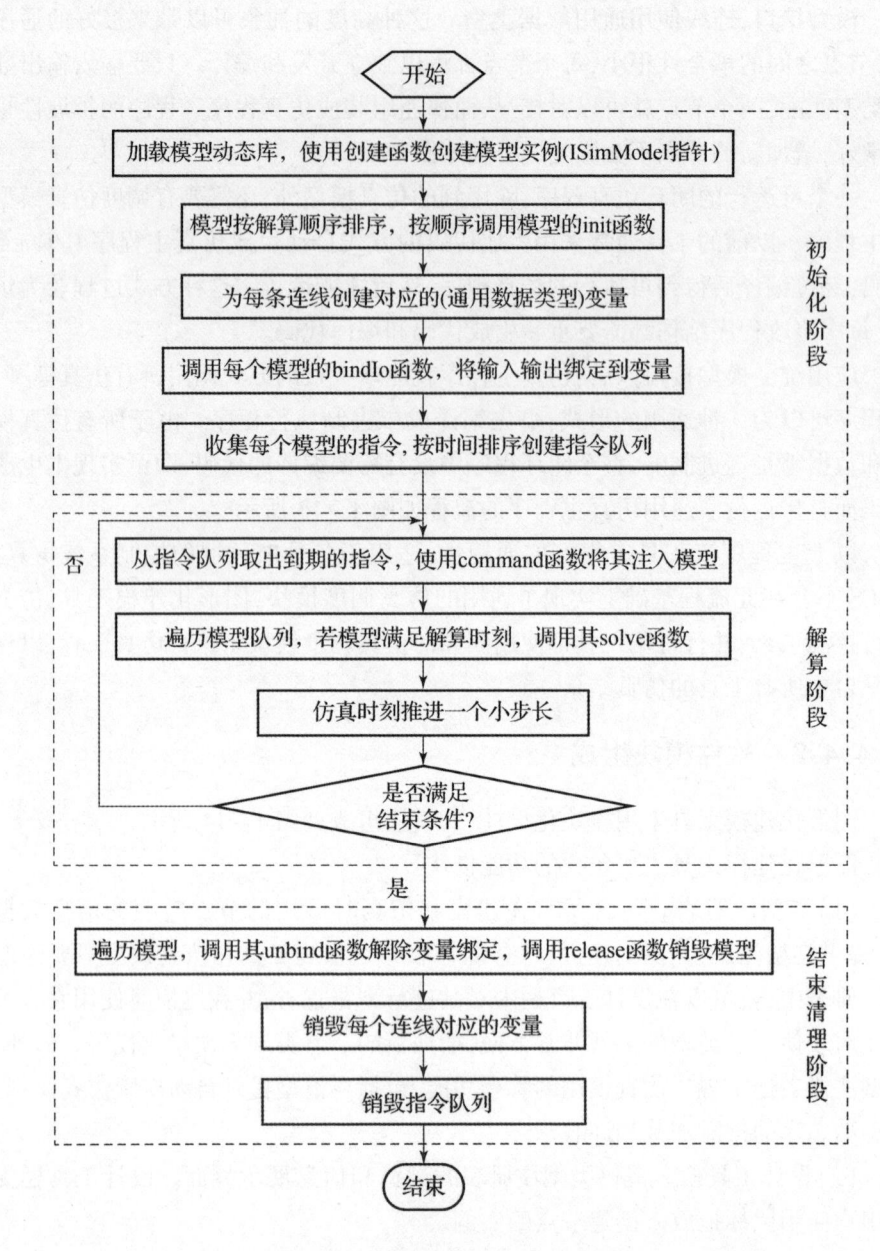

图 4-13 通用仿真主程序的流程

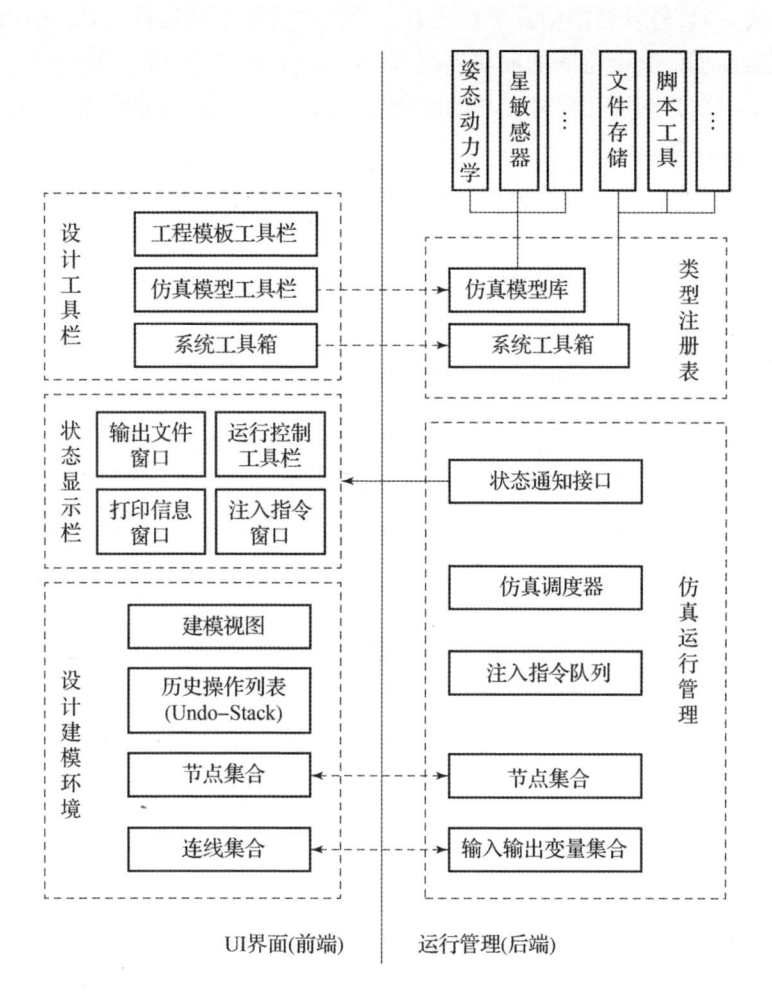

图 4-14 图形化建模工具的模块组成

(4) 仿真运行管理。控制和管理仿真程序运行,负责节点的创建、初始化和解算调度,以及指令队列的管理、仿真时间的管理等,通过状态通知接口将仿真状态和仿真过程中产生的文件输出、打印输出、指令事件暴露给其他模块。

(5) 状态显示栏。实时显示仿真运行状态,包括仿真进度、仿真输出的文件、节点输出的打印信息、注入指令信息等。

图形化建模工具采用前端 UI 界面和后端运行管理分离的架构,这种设计的主要目的是后端部分整体可以作为一个独立的组件,与平台中的其他工具共享,实现模块级的高度复用。如仿真运行控制工具就是在此后端基础上实现了一个新的前端界面,另外通用仿真平台还有一个控制台版本的运行工具,是在此后端基础上实现了一个字符版的前端界面。

图 4-15 为图形化建模工具的使用界面,该工具的操作非常简单,创建一个闭环程序的步骤:

(1)将模型库中的模型拖拽到建模环境中,创建节点;

(2)将节点的输入和输出端口用连线连接;

(3)配置节点的属性,包括初始化参数、注入指令等;

(4)调整节点的解算周期和解算顺序。

完成以上步骤后,单击"运行"按钮即可开始仿真。

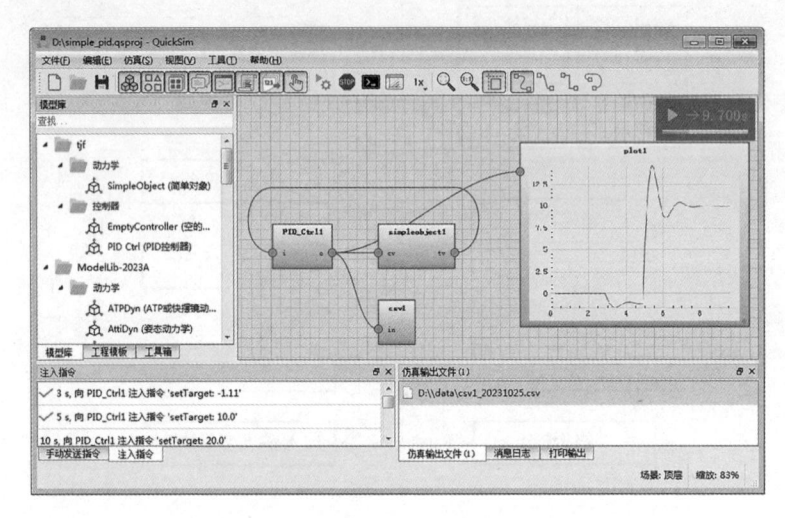

图 4-15 图形化建模工具的使用界面(彩图见书末)

4.4.3 软件特色功能

1. 参数配置界面

基于统一模型接口的自描述功能,建模工具可以通过查询获取模型的各种信息,包括模型的初始化参数及类型,支持的注入指令及类型信息等,从而可以自动生成模型的参数配置界面,用户可以选择以表格方式或直接输入 JSON 文本来配置模型的参数。建模工具可以将模型的描述信息作为帮助集成在输入界面上,如图 4-16 和图 4-17 所示,用户无须记忆复杂的参数项。同时,建模工具也可以自动对输入数据进行检查,帮助用户提前发现并定位错误。

第4章　控制系统通用数学仿真平台AOCS

图4-16　模型初始化参数配置界面

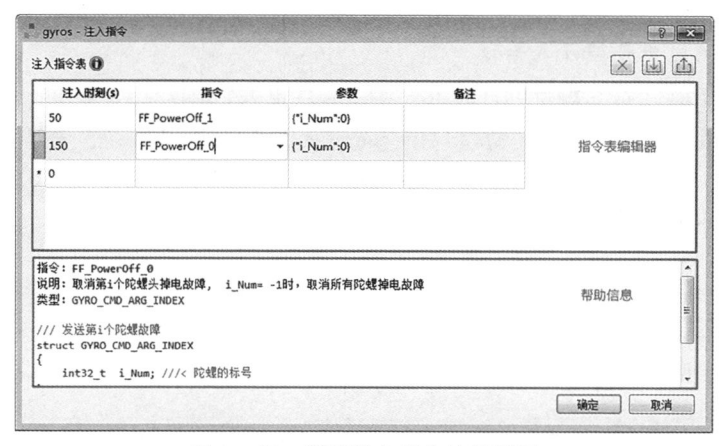

图4-17　模型注入指令编辑界面

2. 端口数据的实时监视

图形化建模工具中所有节点之间传递的是通用数据类型,由于通用数据类型支持运行时类型查询和数据访问,因此建模工具可以实时监视任意节点之间传递的数据,如图4-18所示。

工具使用直接内存访问的方式来读取要监视的连线数据,基于通用数据类型的指针,可以获得该变量下所有子字段偏移,通过指针加上偏移量可以快速定位并读取数据,因此数据监视对仿真的性能影响极小。此外,数据监视是完全按需执行的,只有需要对某项数据进行显示时,才会访问并解析数据,不显示的数据不会耗费计算资源。

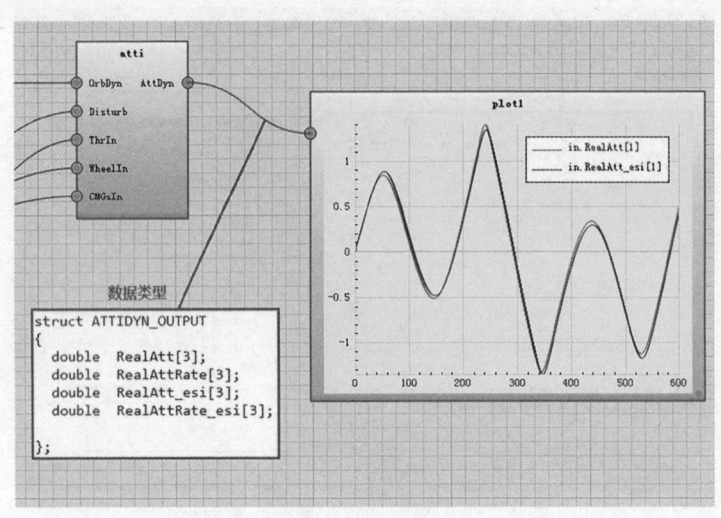

图 4-18 可监视任意连线数据(彩图见书末)

3. 可随时向模型注入指令

除在仿真开始前编排的注入指令外,工具也允许用户在仿真运行中随时向某个节点注入指令(调用模型接口的 command 函数)。基于统一模型接口的查询功能,平台可以实时获取模型可用的指令,以及指令的参数类型、说明等信息,并提供人机友好的界面供用户输入指令,如图 4-19 所示,可以轻松模拟各种故障场景。

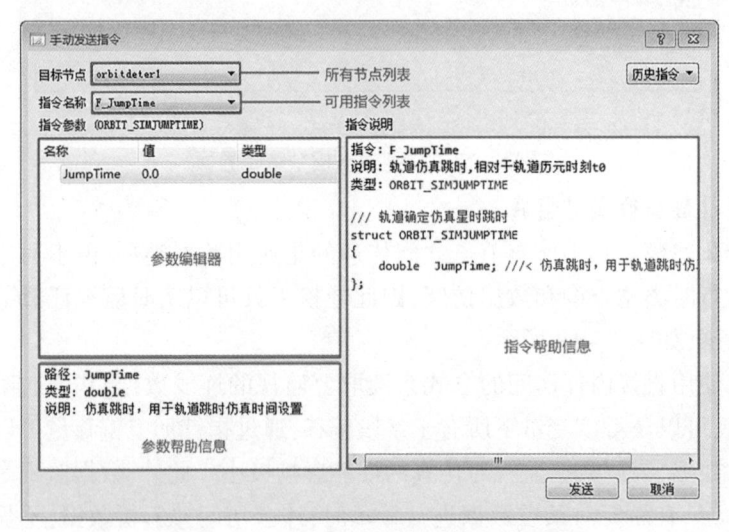

图 4-19 运行时手动发送指令的界面

第4章 控制系统通用数学仿真平台 AOCS

4. 系统工具箱

建模工具扩展了模型的概念,除用户提供的仿真模型外,还包括工具自身提供的系统工具,在图形化界面中都表示为节点。由于二者遵循同样的模型接口,因此对于建模工具来说,二者并无本质的区别。所有节点只要输入输出的数据类型匹配就可以连接,用户的仿真模型节点和系统工具节点可以自由组合使用。

对于仿真程序中的通用功能,如文件存储、数据通信等,建模工具以系统工具箱的形式提供给用户,方便用户创建功能丰富的仿真程序,如图 4-20 所示。

图 4-20 内置的系统工具箱

系统工具箱与用户封装的仿真模型具有相似功能,允许用户进行参数和指令的设置,如图 4-21 所示。

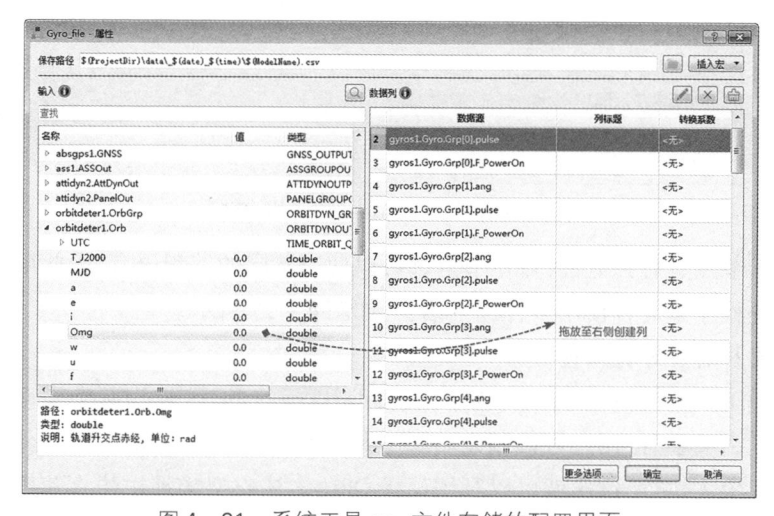

图 4-21 系统工具 csv 文件存储的配置界面

图4-21为"CSV文件存储"工具的参数配置界面,用户只需拖放选择要存储的数据项就能将仿真数据存储到文件,无须编写代码。文件存储可以视为数据显示的一种特殊形式,CSV文件存储工具可以将任意连线的数据存储到文件。

5. 多脚本语言交互

建模工具提供了 C/Lua/Javascript/Python 等多种脚本语言的工具箱,如图4-22所示,可以使用这些语言来编写节点。一般而言,脚本可以方便地实现一些临时功能,如简单数据处理、文件读写等,给用户提供了比参数配置更加灵活的能力。脚本工具箱运行时可以自动将输入输出端口上的通用数据类型映射为脚本空间中的变量,用户可以在脚本代码中直接操作这些变量。

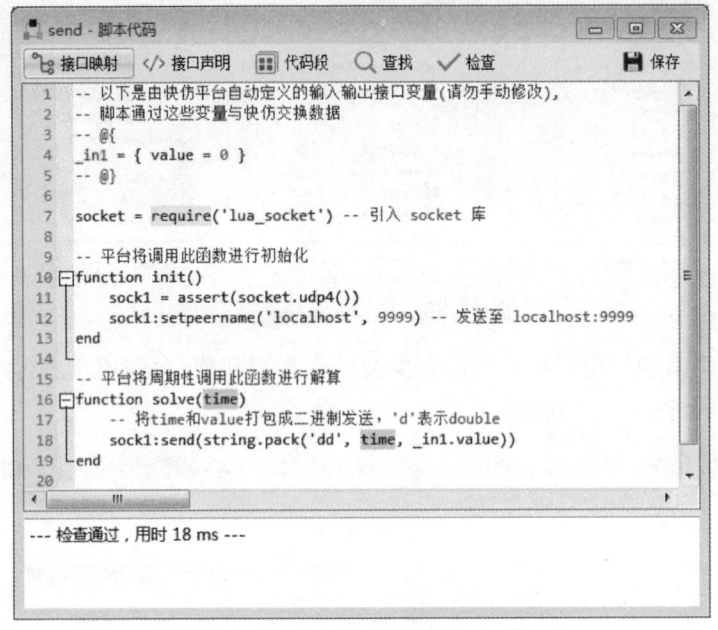

图4-22 Lua脚本实现的网络发数

由于节点具有独立性,每个节点都可以使用不同的编程语言,因此可以在同一个闭环程序里混合使用多种脚本语言,如图4-23所示。

6. 支持异步并行调度

建模工具是以模型(节点)为单位进行调度运行的,这样当两个模型之间没有输入输出关系时,用户可以指定将某个模型异步执行。即将该模型分配到其他的线程中去执行,这样就可以利用现代 CPU 多核心架构加快仿真速度。在用户无感情况下,调度器会自动完成线程之间的数据保护。

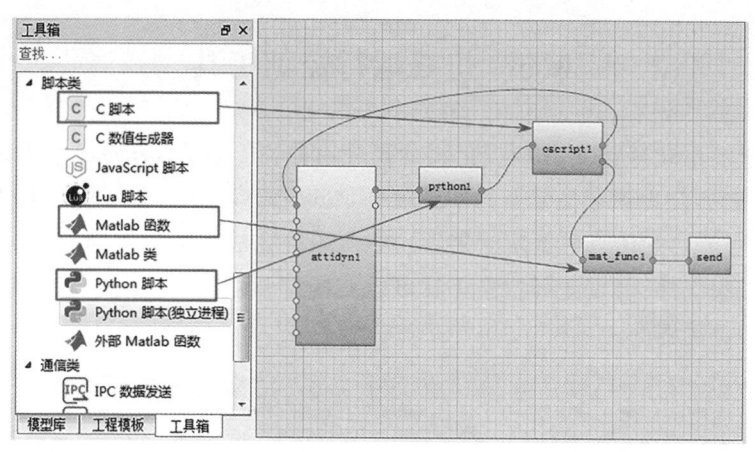

第4章 控制系统通用数学仿真平台 AOCS

图4-23 在同一个闭环程序里混合使用多种脚本语言

异步调度的原理如图4-23所示，模型 s/A/B/C/t 构成仿真程序，模型的调用顺序按其右上角数字，由小到大顺序执行。其同步调度的时间线和将 A/B 设置为异步调度的时间线如图4-24右侧所示，异步调度时会自动创建工作线程来执行模型 A/B，从而实现模型的异步并行。

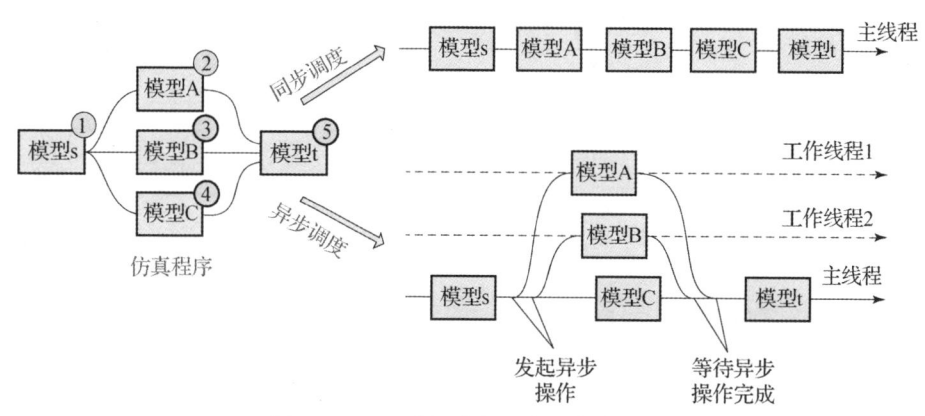

图4-24 同步调度与异步调度的对比

异步调度适用的场景包括：

（1）多个航天器的仿真。可以将每个航天器包装成子系统，指定子系统异步执行，加快仿真速度。经测试，使用子系统封装包含数百颗航天器的工程，在32核心的CPU上异步执行比同步执行的效率提升10倍以上。

（2）有 I/O 读写操作的模型。通过将模型设置成异步执行，可以避免因某个节点长时间等待而拖慢整体仿真的速度。

4.5 仿真运行控制工具

由于图形化建模工具的设计页面尺寸有限,仿真时不方便显示大量数据。AOCS 平台专门提供了仿真运行控制工具,来运行建模工具生成的仿真工程,并提供丰富、灵活的仿真数据实时展示功能。用户完成图形化建模后将结果保存为仿真工程文件,仿真运行控制工具可以直接打开并执行。图 4 – 25 为仿真运行控制工具的界面。

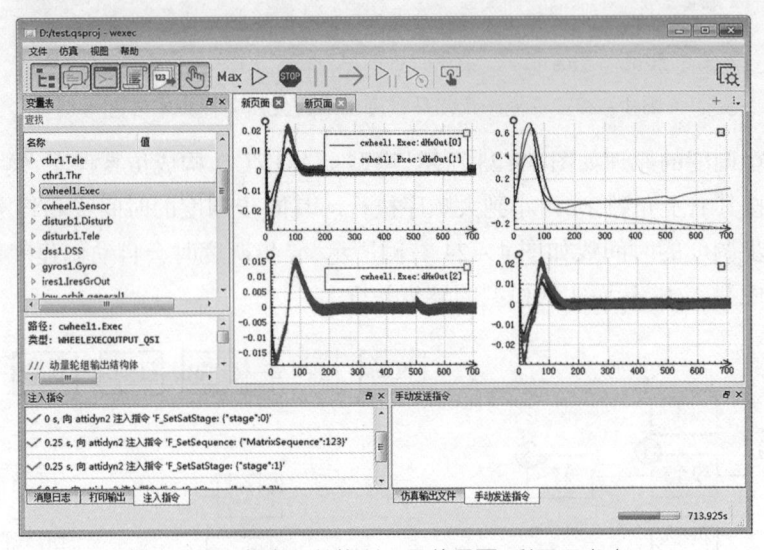

图 4 –25 仿真运行控制工具的界面(彩图见书末)

▶ 4.5.1 软件模块组成

仿真运行控制工具和图形化建模工具共享的后端组件用于仿真管理,前端主要实现了一个可灵活定制、可自由扩展的仿真数据显示框架。仿真运行控制工具的模块组成如图 4 – 26 所示。

其中主要模块为仿真数据显示框架,由三个子模块组成,分别为布局管理器、控件管理器、数据源管理器。

1. 布局管理器

布局管理器用来管理多个显示页面,以及每个页面上显示控件的摆放位置。为了保证用户操作简便,同时兼顾页面样式的灵活性,布局管理器模块主要使用

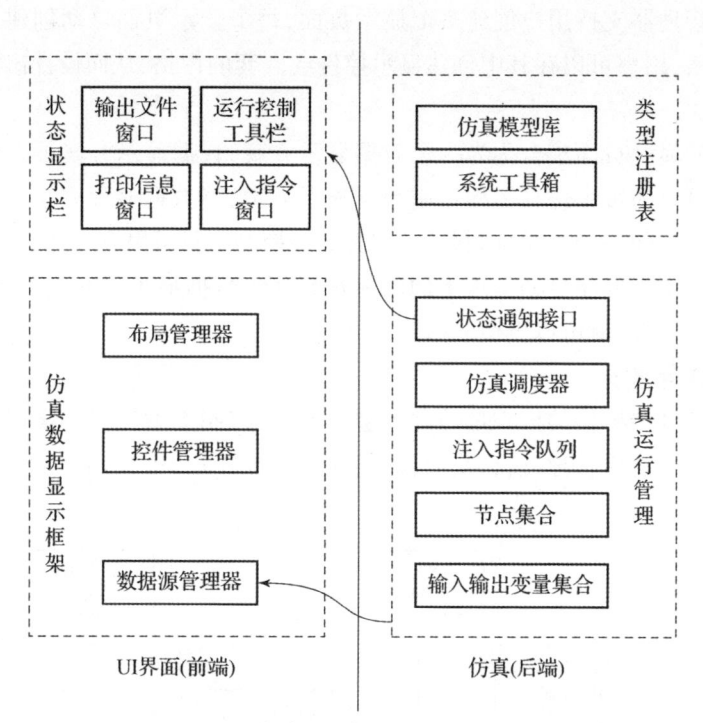

图 4-26 仿真运行控制工具的模块组成

布局窗格来实现。布局窗格将一块矩形区域划分成多行和多列的网格,用户可以通过属性对话框调整布局窗格的行数和列数,以及每个行列的尺寸比例。每个网格中都可以创建一个显示控件,或者一个布局窗格,因此可以实现窗格中嵌套窗格的复杂布局形式,如图 4-27 所示。

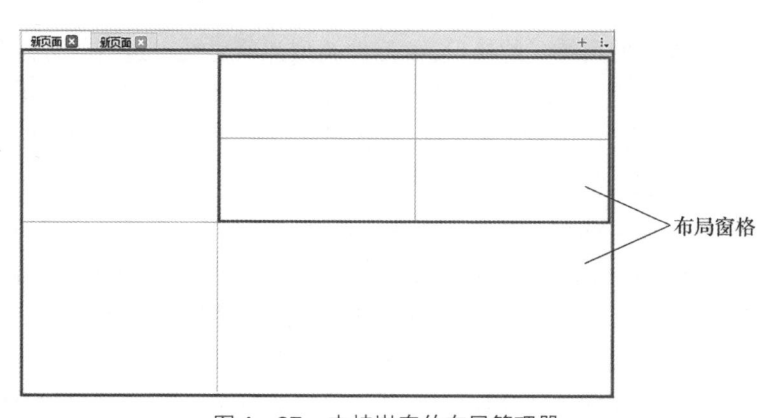

图 4-27 支持嵌套的布局管理器

布局管理器支持用户创建多个显示页面,每个显示页面自动创建一个顶层的布局窗格,用户可以在其中创建显示控件或嵌套的窗格,从而设计出非常丰富的显示界面。

所有的显示页面集合称为一个数据显示方案,数据显示方案可以保存为文件。用户可以为每个仿真工程定制数据显示方案,当数据显示方案文件与仿真工程文件位于同一个目录且同名时,仿真运行控制工具可以自动加载,从而实现打开不同的仿真程序自动呈现不同的显示界面。数据显示方案支持动态加载,即无须停止仿真,就可以更换数据显示方案。

2. 控件管理器

控件管理器模块的核心是控件类型注册表,控制类型注册表实现了所有显示控件的统一注册管理、信息查询和实例创建,如图 4-28 所示。

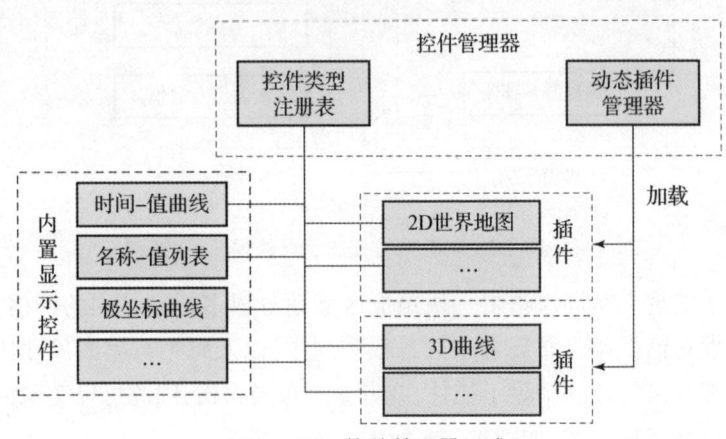

图 4-28 控件管理器组成

所有显示控件使用统一的接口,由控件类型注册表统一进行管理。只要注册到控件类型注册表中,用户就可以在显示页面中创建该控件,如图 4-29 所示。系统内置了多种常用的显示控件,包括时间-值曲线、名称-值列表、$X-Y$曲线、极坐标曲线等。

控件管理器还实现了一个动态插件管理器,支持用户通过插件的形式来扩展显示控件的类别。显示插件为独立的动态库文件,每个插件中可包含多个显示控件类型。软件启动时,动态插件管理器会在插件目录自动搜索显示插件,并将其注册到控件类型注册表,用户就能使用该插件中扩展的显示控件。动态插件管理器支持按需加载,只有用户真正创建的显示控件,插件管理器才会将其对应的插件加载到内存,以优化内存的使用。

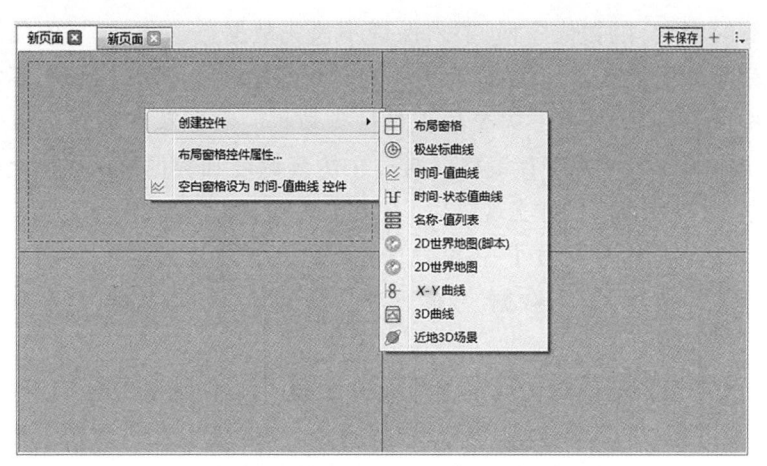

第4章 控制系统通用数学仿真平台 AOCS

图4-29 用户可自由创建各类显示控件

通过控件管理器,仿真运行控制工具可以支持各种丰富的数据显示控件。仿真运行控制工具制定了显示插件接口规范,允许第三方用户开发自己的显示控件。

3. 数据源管理器

数据源管理器用于管理仿真过程中产生的各种状态数据。它实现了发布/订阅模式,所有仿真节点之间连线数据都会发布到数据源管理器,显示控件可以在其中订阅自己关心的数据,当新数据产生时,数据源管理器就会通知显示控件,后者就能刷新界面,如图4-30所示。

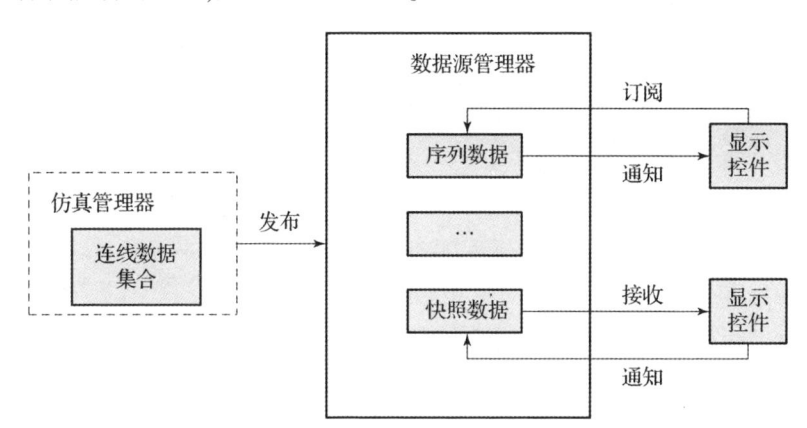

图4-30 数据源管理器的发布订阅模式

数据源管理器根据显示控件对数据的使用方式,将订阅的数据分为序列数据和快照数据两种类型。序列数据为某一项数据在各仿真时刻(仿真模型每个解算时间点)的数值序列,要求保证不遗失数据点,如时间-值曲线控件需要的就是此类数据;快照数据为按一定时间间隔刷新的瞬时数据,不需要关注其历史值,数值表格控件需要的正是这类数据。数据源管理器可以针对数据类型实施不同的数据缓存策略。通过在仿真调度和数据显示控件之间自动缓冲数据,可以使显示控件实现更简单,且仿真运行的速度快慢不会影响显示刷新,避免显示界面卡顿。另外,还可以在控件之间实现数据共享,如多个曲线显示控件订阅了同一个序列数据,数据管理器只会保存一份数据,从而减少内存消耗。

数据源管理器通过对仿真数据的集中管理,可以向仿真数据的消费方(显示控件)提供统一的数据查询、浏览、订阅服务。数据显示控件无须关心仿真程序的逻辑结构,只需从数据管理器提供的数据源选择组件中选择关注的数据源即可。图4-31为时间-值曲线控件属性对话框,用户可以从数据源中选择任何数值类型的数据进行曲线显示。数据源管理器规定了所有仿真数据的统一访问路径,格式为:<节点名>.<端口名>:<子路径>。

图4-31 时间-值曲线控件属性对话框

基于数据源管理器,数据显示控件的实现就会简单很多,而且与仿真程序和仿真运行过程完全解耦。以曲线控件为例,假如其关注某项数据,其路径为"orbit_model.output:pos[0]",它只需向数据源管理器订阅该项数据的"序列"即可,当新的仿真数据产生时,其就会收到通知从而刷新显示内容。

4.5.2 软件特色功能

1. 显示控件丰富

软件提供了丰富的数据显示控件,支持以表格、曲线、三维场景方式来展示数据,如图4-32所示。显示控件采用可扩展插件架构,用户可通过二次开发增加新的显示控件类型。

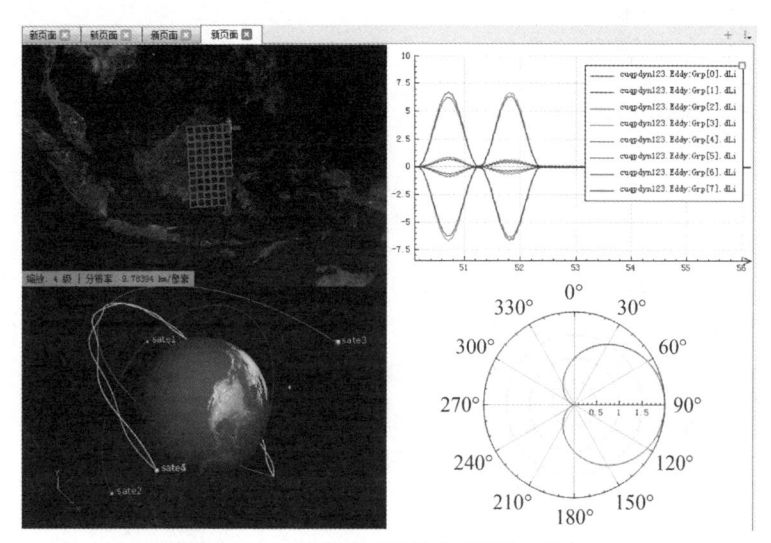

图4-32 丰富的显示控件(彩图见书末)

2. 支持远程数据显示

由于数据管理器在仿真管理器和数据显示控件之间提供数据缓冲,可以实现仿真运行和数据显示的隔离。更进一步地,数据管理器还实现了一种远程模式,支持仿真管理器运行在进程外或者网络上的其他计算中。数据管理器对外通过进程间通信、网络通信与仿真管理器之间传输数据,对内仍然采用订阅方式向显示控件提供数据服务。图4-33为建立远程连接的对话框。

远程数据显示模式可以给用户带来很多灵活性,如将仿真运行在算力强大的远程服务器上,仅在客户端上监视数据;或是在断点调试仿真程序时,显示界面能够继续运行而不被冻结。

3. 模型运行性能探测

在航天器控制系统闭环仿真中,单个模型的解算步长可能小到1ms,而整体仿真时间可能长达数月,因此如何提高仿真效率,缩短仿真用时是用户非常关心

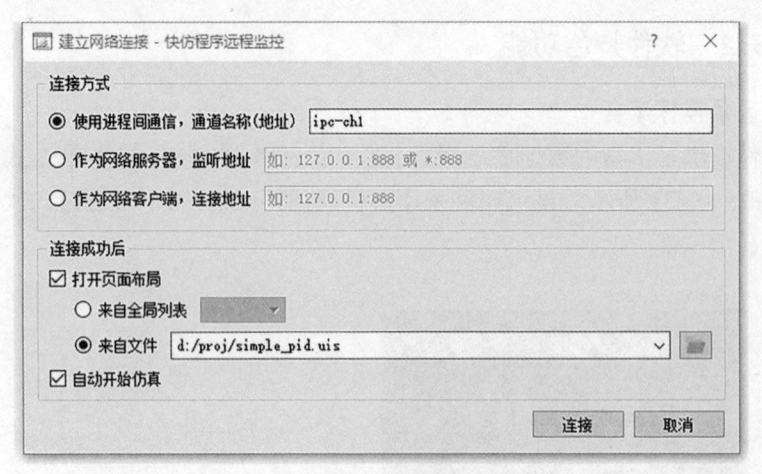

图 4-33 建立远程连接的对话框

的问题。仿真运行控制工具在调度每个模型(节点)时,能自动记录每个模型解算花费的 CPU 时间,并以曲线形式显示,如图 4-34 所示。可以帮助用户定位仿真程序中的热点模型,为优化仿真模型的性能提供参考依据。

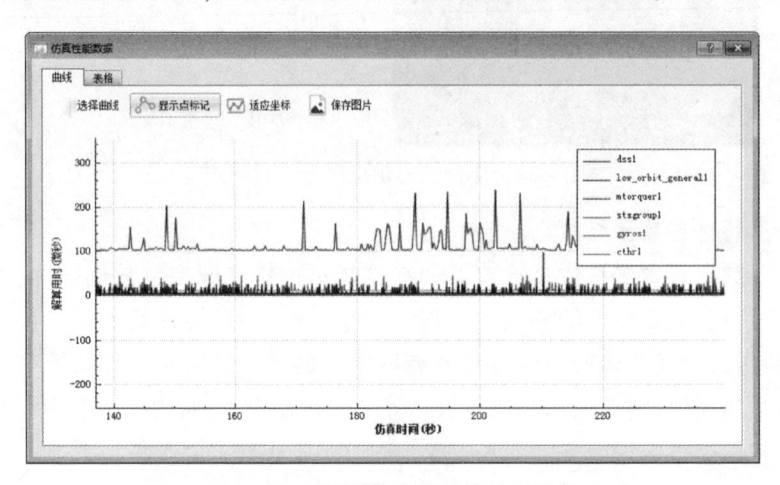

图 4-34 探测仿真模型的运行性能

4.6 可视化建模及演示验证工具

可视化建模及演示验证工具提供丰富的三维模型库和典型的太空三维场景库,支持用户快速构建太空三维演示验证场景。通过配置与仿真工具的网络数据接口,利用 TCP/UDP 协议来实时接收仿真数据,驱动三维场景进行动态演示。

4.6.1 三维场景管理模块

三维场景管理模块主要用于对软件中三维界面的场景进行快速地设计搭建。

三维场景管理模块可根据模型库中已导入的三维模型实时更新显示到场景设计菜单选项中,包含已和三维模型绑定关联的行为模型、参数模型、环境模型。可通过拖拽的形式将场景设计菜单中的模型快速放到场景中搭建出需求场景,场景设计模块支持对场景的光照、背景、整体地形模型、相机模型的添加和删除,以灵活可配置的形式搭建出整体场景。通过场景设计界面可对环境模型的参数进行编辑,如时间、环境模型的选择(地磁场、重力场、大气、重力梯度、太阳光压及日月摄动等)。

三维场景管理模块内建有恒星时空模型,通过空间索引判别其可见性,并依据恒星亮度等级模拟真实的星空背景,如图 4-35 所示。场景管理模块还可根据所在场景位置的恒星光照强度、行星反照率来计算光照强度、模型真实的光照和阴影效果。

图 4-35 三维场景管理界面(彩图见书末)

4.6.2 三维模型管理模块

三维模型管理模块提供了丰富多样的三维模型库,如图 4-36 所示,包括典型卫星模型库、环境库、光源库等,用户可以直接将卫星模型拖放到场景中来快速构建需要的三维场景,也可以使用基本几何体组件库来组装模型。

此外,模块还支持用户将 Pro–E、CAD、FBX 以及 OBJ 等常用格式模型直接导入模型库中,导入后通过模型管理界面可对模型进行组装、着色、分解、移动等操作。除此之外,还可对导入的模型进行分组、修改等操作。

图 4-36 三维模型库管理(彩图见书末)

4.6.3 仿真驱动模块

仿真驱动模块可通过外部数据接口实时接收仿真数据,并在数据的驱动下对航天器模型运动状态进行动态演示,包括航天器的位置姿态变化,对航天器与地球、月球、太阳等天体的相对关系进行实时动态驱动,正确演示出航天器受光照的反射状态、背光面阴影效果。

可视化建模及演示验证工具支持在数据的驱动下对航天器上天线、机械臂、太阳翼等弹性变形部件模型的运动状态进行高精度动态演示,能够展现出弹性部件的内弯、外弯、扭曲等效果。在三维航天器模型中的各个部件都具备了各自的骨骼,软件可以通过控制各个部件对应的骨骼来实现对对应部件的控制。

4.7 工况管理工具

为了对设计方案进行充分验证,通常需要创建大量的仿真测试用例(仿真工况)。传统手动设置参数的方式无法满足大批量的需求,应用工况管理工具,可实现测试用例通用化、标准化,可自动生成大量仿真工况。

工况管理工具以图形化建模工具创建的仿真工程文件为模板,使用图形界面与脚本相结合的方式,管理和生成大量的仿真工况,然后调用打靶仿真工具来批量执行生成的仿真工况,最后将仿真结果汇总生成数学仿真报告,以此提升仿真验证效率[17]。

4.7.1 实现原理

工况管理工具使用树形组织结构来管理大量仿真工况。工况树节点之间采用继承关系,即工况树的每个节点会继承其父节点的初始化参数、注入指令等各项属性,同时再将某一项属性进行特化,从而得到新的仿真工况。这种实现方式的优点:

(1)每个仿真工况的属性信息非常多,而子节点只需设置少量特化的属性,这样工况管理工具只需管理节点特化的属性,维护的信息很少,实现更简单;

(2)修改某一项属性,修改的结果可以沿着继承关系链传递到所有下级节点,可以实现属性的快速、批量更新。

工况树的继承关系非常容易用脚本来实现,举例说明。

图 4-37 为某仿真工况树的图形化表示,工况 case1_0 继承了父节点 root_case 的全部属性,然后对其中的模型"gyro"的初始化参数进行了特化;工况 case2_0 继承了父节点 case1_0 的全部属性,然后对其中的模型增加了一条注入指令。

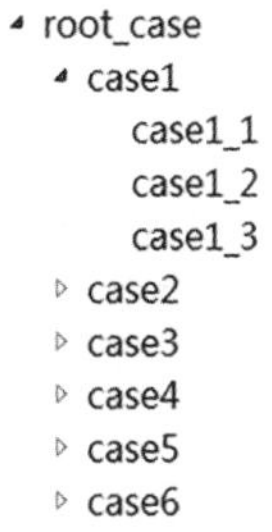

```
▲ root_case
    ▲ case1
        case1_1
        case1_2
        case1_3
    ▷ case2
    ▷ case3
    ▷ case4
    ▷ case5
    ▷ case6
```

图 4-37 仿真工况树的图形化表示

这种关系可以很清晰地用下面的 javascript(以下简称 JS)代码来表达。

```
// 以 root_case 为模板创建子仿真工况 case1
var case1 = root_case.clone()    // 继承(克隆)父节点所有属性
case1.configModelsInit('gyro',{  // 只修改 'gyro' 模型的初始化参数项 'DT'
    DT: 0.3
})
```

```
// 以 case1 为模板创建子仿真工况 case1_1
var case1_1 = case1.clone()           // 继承(克隆)父节点所有属性
case1_1.addModelsCommand('sts',{      // 为模型 'sts' 添加一条注入指令
    time:100,
    key:'FF_PowerOff',
    arg:1
})
```

因此工况管理工具采用 JS 脚本来定义仿真工况,它只需要管理仿真工况之间的继承关系,以及每个仿真工况特化的 JS 脚本,就可以计算出每个仿真工况的全部属性。工况管理工具为用户提供了一系列 JS 函数来访问仿真工况的属性,如修改模型的初始化参数,添加/删除模型的注入指令等。

作为通用编程语言,JS 的功能非常强大。脚本语言也使仿真工况的配置灵活无比,既可使用循环来快速生成大量仿真工况,也可灵活定制参数生成的算法。以下示例展示了通过循环遍历参数集合来批量生成多个工况。

```
// 对参数 a 和 b 所有可能的取值,生成仿真工况
var coll_a = [1,2,5,8,10]         // 参数 a 的取值集合
var coll_b = [0.1,0.4,0.5,1.5]    // 参数 b 的取值集合
coll_a.forEach(a => {
    coll_b.forEach(b => {
        var new_case = root_case
        new_case.configModelsInit('dyn',{
            'a':a,
            'b':b
        })
        new_case.save()
    })
})
```

▶ 4.7.2 软件功能

工况管理工具的界面如图 4-38 所示。
软件主要功能如下。

第4章 控制系统通用数学仿真平台 AOCS

图4-38 工况管理工具的界面(彩图见书末)

1. 编辑仿真工况树

工况树上每个节点(批量工况除外)代表一个仿真工况,对应一个仿真工程文件。其中,树的根节点是从图形化建模工具创建的仿真工程文件导入而来,其他节点都是以根节点为样本,直接或间接继承而来。因此同一棵树上的仿真工况,其仿真程序的结构(节点以及节点之间的连接关系)都是一样的,区别只是节点的配置参数不一样。

工况管理工具以树形控件直观地展示工况树,用户可以方便地增加、删除、复制、插入节点。可以选择任何节点或者子树进行操作,包括生成仿真工程文件、调用打靶工具、生成仿真报告等。

工况树上还有一类特殊的节点,称为批量节点,代表不限数目的工况。这类节点包含的工况不是手动创建的,而是使用脚本自动创建的,脚本可以用简单的循环语句生成数以万计的大量工况,而手工创建这样大量的工况几乎是不可能的。

2. 配置仿真工况内容

用户可以打开工况树上的节点编辑仿真工况的内容,工况的可编辑内容包括节点的初始化参数和注入指令、全局参数和指令。编辑功能使用 JS 脚本语句来实现,因此工况树上每个节点对应一段 JS 脚本,图4-39 为配置仿真工况内容的 JS 脚本。

JS 脚本只做特化配置,即在父工况基础上进行的修改,未涉及的部分则继承父工况,因此 JS 脚本通常都很简短,阅读和维护都非常简单。

153

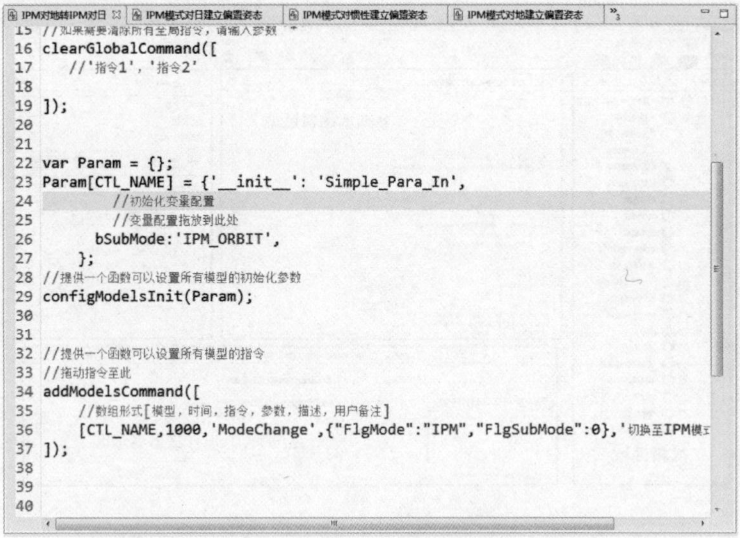

```
15    //如果需要清除所有全局指令，请填入参数
16    clearGlobalCommand([
17        //'指令1','指令2'
18
19    ]);
20
21
22    var Param = {};
23    Param[CTL_NAME] = {'__init__': 'Simple_Para_In',
24        //初始化变量配置
25        //变量配置拖放到此处
26        bSubMode:'IPM_ORBIT',
27        };
28    //提供一个函数可以设置所有模型的初始化参数
29    configModelsInit(Param);
30
31
32    //提供一个函数可以设置所有模型的指令
33    //拖动指令至此
34    addModelsCommand([
35        //数组形式[模型,时间,指令,参数,描述,用户备注]
36        [CTL_NAME,1000,'ModeChange',{"FlgMode":"IPM","FlgSubMode":0},'切换至IPM模式
37    ]);
38
39
40
```

图 4-39　配置仿真工况内容的 JS 脚本

用户可以直接编写脚本代码,也可以通过帮助工具栏来辅助填写代码。由于仿真模型通常包含大量的配置参数和注入指令,记忆这些参数的内容非常困难,因此工况管理工具提供帮助工具栏,可以自动显示模型的各种信息,用户可以将信息直接拖放到脚本区域以补全代码,如图 4-40 和图 4-41 所示。通过统一模型接口的自描述功能,工具可以从仿真模型的动态库中直接提取这些信息。

3. 配置报告生成方案

工况管理工具的一个主要功能是自动生成数学仿真报告。每个仿真工况在生成的报告中占用一章,内容包括工况的参数条件配置和对应的仿真结果,仿真结果通常以各种曲线方式来展示。工况管理工具支持用户对每个仿真工况设置不同的绘图配置方案,然后调用相应的绘图软件对仿真输出的数据文件进行绘图。工况管理工具能自动识别仿真输出文件的结构,并提供友好的绘图配置界面,如图 4-42 所示,用户只需通过参数配置就可以生成样式丰富的曲线。

绘图配置也属于仿真工况的属性,同样支持继承,因此通过修改某仿真工况的绘图配置可以使其快速应用到所有的子孙工况,实现批量更新。

工况管理工具还支持更为灵活的 matlab 绘图配置功能,可以调用用户的 matlab 脚本来输出自定义的图形。此外,用户还可以在 matlab 脚本中编写数据分析和处理的代码,如图 4-43 所示,非常灵活。

第 4 章 控制系统通用数学仿真平台 AOCS

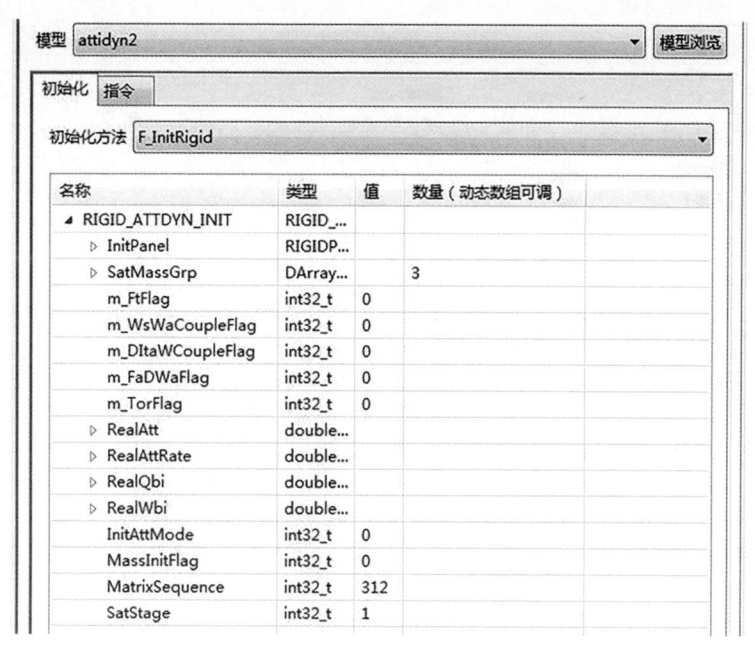

图 4-40 模型初始化参数的帮助工具栏

图 4-41 模型注入指令的帮助工具栏

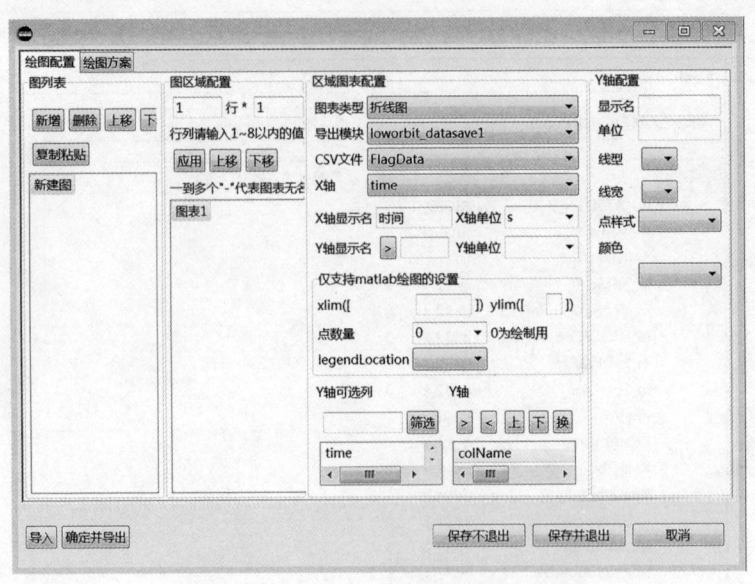

图4-42 工况管理工具绘图配置界面

图4-43 使用自定义matlab脚本绘图

4. 生成仿真报告

工况管理工具可以调用仿真运行工具来批量运行仿真工况,完成后从运行工具的输出统计文件中能自动解析出仿真工况对应的结果数据文件(csv 或 mat

文件),从而将每个仿真工况与其输出的结果相关联,然后按工况树的位置顺序汇总生成仿真报告。

自动生成的报告文档内容示例如图4-44所示。

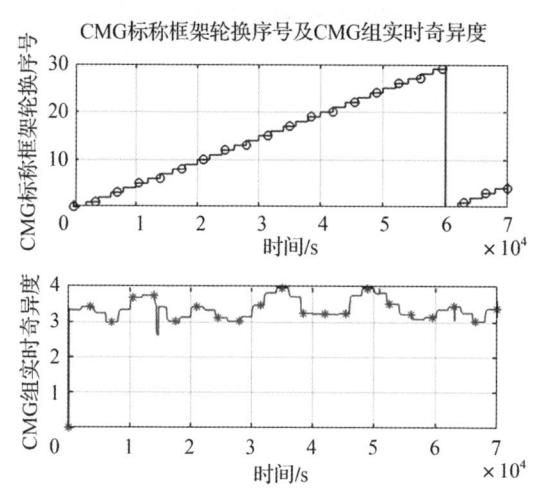

图4-44 自动生成的报告文档内容示例

自动生成的报告文档初始化信息和指令如表4-1、表4-2所示。

表4-1 初始化信息

模型	初始化方法	参数名称	值
s_common_g_5ml	Simple_Para_In	CMG_Init.FS[0]	0
cmgs	F_Simplify	Grp[0].omega0	0.0
cmgs	F_Simplify	Grp[1].delta0	100.5729
cmgs	F_Simplify	Grp[2].delta0	50.56008
cmgs	F_Simplify	Grp[3].delta0	220.3717
cmgs	F_Simplify	Grp[4].delta0	71.9362
cmgs	F_Simplify	Grp[5].delta0	157.1379

表4-2 指令

注入时刻	模型	指令	参数	指令描述
500s	cmgs	FF_PowerOff_Rot_1	{"i_Num":2}	设置cmg高速转子掉电故障
800s	cmgs	FF_PowerOff_Rot_0	{"i_Num":2}	取消cmg高速转子掉电故障

157

4.8 并行打靶工具

仿真工况树最终会生成很多的仿真工程文件,每个工况对应一个仿真工程文件。仿真工程文件是各自独立的,可以独立地被仿真运行工具加载执行。工况打靶就是调用仿真运行工具执行所有的仿真工程,并行打靶就是同时启动多个仿真运行工具的实例,每个实例执行不同的仿真工程。随着仿真工况数量增加,并行打靶缩短仿真运行时间的优势越显著。

由于大量打靶时无须关注数据显示,同时为了使消耗的资源最小化,通用仿真平台提供了控制台版的仿真运行工具。由于控制台版工具无须监视仿真数据,不需要图形界面,不依赖桌面环境,因此运行消耗的资源很少。运行工具会监视重要的事件消息,以文本形式输出到控制台,在打靶时这些文本可以重新定向到文件,当发生错误时可以用于查找原因。控制台版仿真运行工具的运行界面如图4-45所示。

图4-45 控制台版仿真运行工具的运行界面

通用仿真平台提供两种并行打靶方式:单机并行打靶和集群并行打靶。二者都是调用控制台版运行工具来执行仿真工程。区别在于单机打靶更方便,不依赖集群资源,而工况非常多时,集群打靶可以使用更多的算力资源,效率更高。

4.8.1 单机并行打靶工具

单机并行打靶工具包括以下功能:
(1)用户能够根据CPU的个数自行调整并行的数目,也可中途随时更改;
(2)仿真工况之间是进程隔离的,某个仿真工况的意外崩溃不会影响其他仿真工况;

(3) 能记录仿真工况运行结束时的控制台输出信息快照,方便事后分析找错;

(4) 能暂停打靶过程并记录完成情况,后续能继续未完成的打靶任务;

(5) 友好的人机界面,可查看所有打靶工况,随时添加、删除仿真工况。

工况管理工具可以直接调用单机并行打靶工具,将要执行的工况信息传递给打靶工具,用户可在此基础上添加或删除工况,修改命令行参数,如图 4 – 46 所示,然后就可以直接运行了,运行时的工作界面如图 4 – 47 和图 4 – 48 所示。

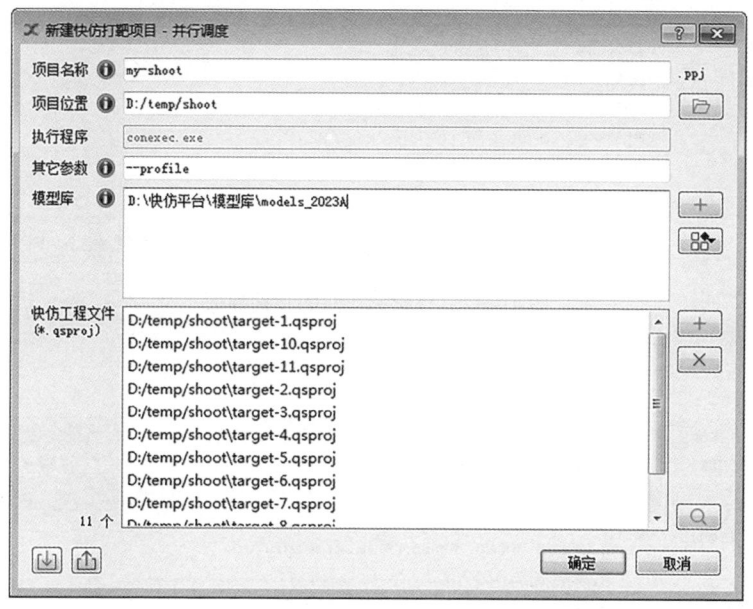

图 4 –46　新建快仿打靶项目并行调度的界面

4.8.2　集群并行打靶工具

当仿真工况数目非常多、单机计算能力不足时,可以使用计算机集群进行打靶,利用集群上的众多 CPU 资源,大幅提高并行数目,缩短仿真执行时间。集群打靶的原理与单机打靶的原理相似,也是同时启动多个控制台版运行工具的实例,分别执行不同的仿真工况。由于需要跨越多台主机,因此需要集群作业调度系统负责调度,集群作业调度系统一般都提供此类功能。

用户可通过 Web 版管理工具向集群调度系统提交打靶作业,通过 Web 页面也可以随时查看打靶执行情况和每个仿真工况的控制台输出信息,如图 4 – 49 所示。

图 4-47 打靶执行时的软件界面

图 4-48 仿真工况的控制台输出

图 4–49　提交集群打靶任务的 Web 界面

4.9　本章小结

  控制系统通用数学仿真平台 AOCS 以统一接口的成熟规范化仿真模型为基础,通过图形化建模工具,使用户快速构建航天器控制系统闭环仿真程序,支持建模完成后直接运行仿真,相比控制系统闭环仿真程序的传统手动编码方式,开发效率得到极大提升,已广泛用于近地、深空、载人航天等领域的航天器控制系统设计仿真。该平台提供了丰富的工具对仿真数据进行可视化展示,方便用户实时观测仿真结果,调试模型参数。同时,通过借助工况管理工具,用户以建好的仿真工程为模板,可快速构建大量的仿真测试用例,然后使用并行打靶工具对大量测试用例进行打靶。控制系统通用数学仿真平台 AOCS 上一系列仿真工具的使用,在大幅提高地面数学仿真工作效率的同时,也提升了型号研制过程中地面验证的质量。

第5章 基于模型的星上控制算法建模

5.1 概 述

对象管理组织(object management group,OMG)于2002年提出模型驱动架构(model-driven architecture,MDA)及相关的模型驱动开发(model-driven development,MDD)等概念之后,"模型驱动"概念在国际上得到广泛关注。围绕模型在软件开发中的作用,除了广泛使用的模型驱动(model-driven)概念,还有基于模型(model-based)、面向模型(model-oriented)、以模型为中心(model-centric)等概念,但"模型驱动"这一概念得到了更多人的认同。"模型驱动"的基本观点是整个软件开发,甚至包括维护阶段,都是围绕模型进行的,其中包括建模、模型转换、模型的执行以及代码生成等环节。

航天器控制系统应用软件的传统开发模式首先由方案设计师编写软件的用户需求文档,其次由第三方仿真人员根据用户需求编写代码进行仿真验证,并确保正确,最后由软件人员依据用户需求进行编码实现。传统开发模式的特点:①算法建模文档的编写完全依靠手工,建模规范性不强。算法信息分散,编写、检查和校对涉及大量的数学公式,需要编写人员认真细致地校对,大量的变量符号需要手工编写数据字典,后期维护过程中的每次更改都要对算法建模文档中涉及的多处相关项进行检查,容易漏项。②软件开发周期较长,效率低。从算法建模文档到验证该算法正确性的数学仿真程序,再到星上软件代码,整个过程中需要经过两次手工编码,代码编写人员可能会对算法建模文档理解不充分,导致逻辑匹配性难以保证,易出错。为排查代码与算法建模文档不一致的地方,需要对代码进行逐句走查。

第 5 章　基于模型的星上控制算法建模

　　基于模型的星上控制算法软件开发过程始终围绕"控制算法模型"展开，包括控制算法需求建模、控制算法模型的方案级验证、代码模型自动生成、代码模型的传递和集成测试等先后多个环节。其中，在进行代码模型的方案级验证时，控制算法模型与控制对象动力学模型、测量模型和执行机构模型等模型共同在航天器控制系统通用数学仿真平台中进行控制系统闭环仿真。控制算法建模开发过程中，设计师边建模边仿真，能够实现"早期验证"。经过充分的方案级验证后的控制算法模型会自动生成需求文档和 C 代码，C 代码经过代码测评后嵌入控制器，再进行系统集成测试，这就是以模型为中心的开发模式的主要流程。最终的控制器代码模型由算法需求模型自动生成，并保持高度一致，"星上软件在环"的系统集成测试问题明显少于传统开发模式。基于模型的星上控制算法开发模式，开发周期短，对整个航天器质量和效率的提升具有较大推动作用[18]，在整个软件开发的过程中，星上控制算法建模平台发挥着至关重要的作用[19]。

5.2　星上控制算法建模过程

　　基于模型的星上控制算法建模平台总体框架如图 5-1 所示，共由四部分构成，包括算法封装模块、控制器建模模块、算法建模文档生成模块和控制器代码生成模块。其中，控制器建模模块包括状态流图、算法配置、算法列表、变量控制、代码检查等；算法建模文档生成模块包括变量对应符号选择、符号检查、文档生成器等。基于模型的星上控制算法建模平台（以下简称算法建模平台）的总体功能包括：

　　（1）能够将规范化算法的代码和文档当作模块集成在生成的控制器代码和算法建模文档中；

　　（2）提供基本算法之上的调用逻辑的建模功能，建模完成后能检验验证；

　　（3）能够将建模后的算法写成一定格式的 Word 文档，将算法中调用的数学函数、变量名以特定数学符号的形式写入该 Word 文档，并能将变量以变量列表的形式生成数据字典；

　　（4）能够将建模后的算法生成到控制器代码中，控制器代码易于修改，可最大限度地实现从修改控制器代码到再次仿真过程中的工作自动化；

　　（5）控制器代码能够按照统一模型接口进行封装，成为控制系统通用数学仿真平台中的控制器模型，以进行图形化闭环仿真程序建模。

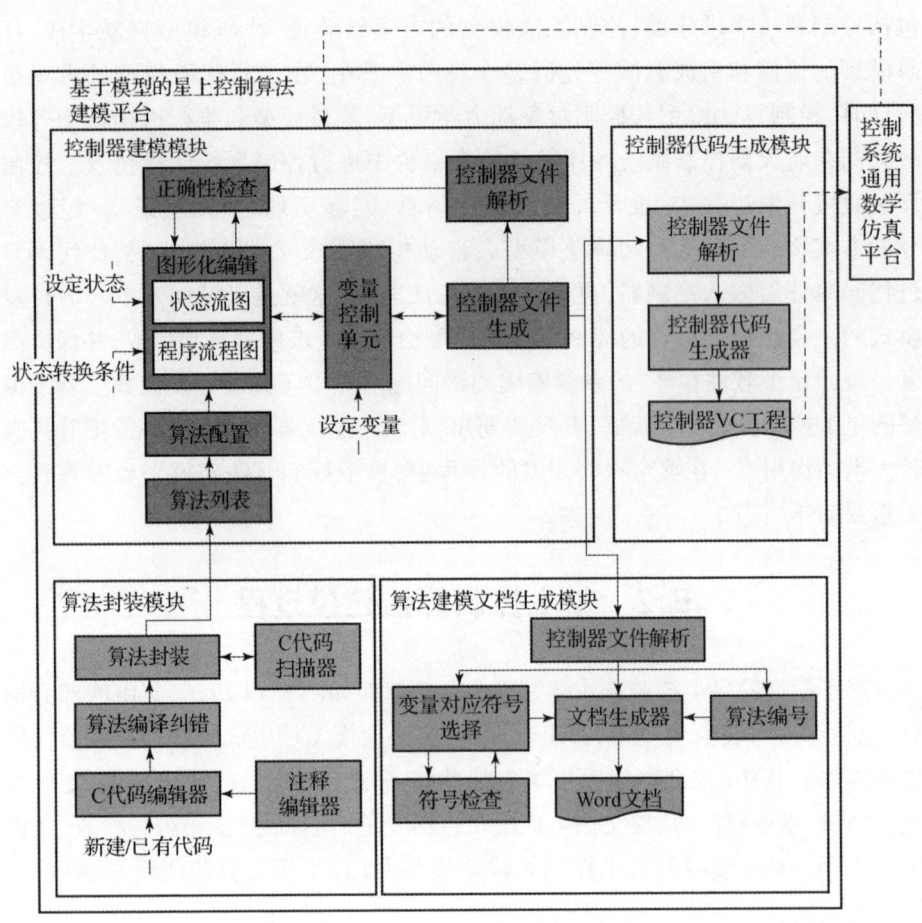

图 5-1 基于模型的星上控制算法建模平台的总体框架(彩图见书末)

5.3 算法封装模块

我国在几十年的航天器控制系统研制过程中,积累了大量经过在轨飞行验证的高可靠控制器算法。这些算法仿真验证充分,拥有较强的规范性和成熟度,C程序代码十分完善。为了实现平台化、通用化,需要将这些算法规范化,并进行图形化封装集成至算法建模平台。

算法封装模块的运行过程,如图 5-2 所示。

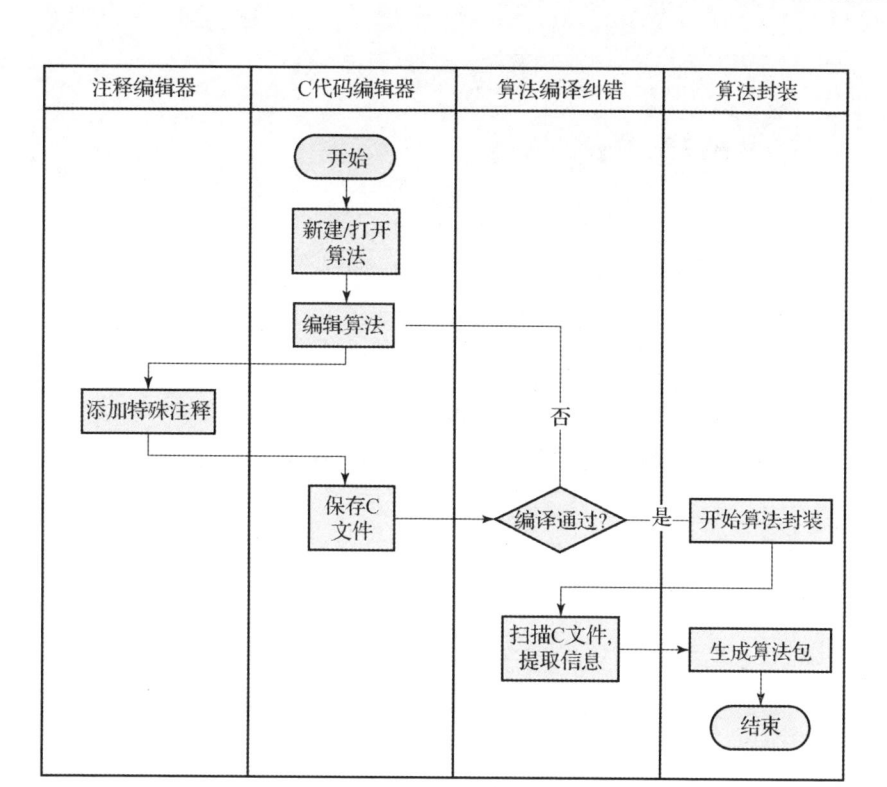

图 5-2 算法封装模块的运行过程

▶ 5.3.1 算法封装功能

算法封装的功能是对控制算法的相关文件进行标准化,生成封装后的算法包,里面包含算法的中性描述文件、图标文件、算法源文件等,为后端的控制器建模提供基础数据源,如图 5-3 所示。具体包括:对编译正确的 C 代码进行扫描,提取相关信息,包括全局变量信息、结构体类型信息和算法描述、形参、函数体等函数信息;生成算法的图标文件;生成算法的中性描述文件(xml 文件),包括算法的扫描信息、图标文件路径和 C 代码源文件路径等。

▶ 5.3.2 算法封装实现原理

算法封装的原理如图 5-4 所示,算法封装器主要包括 C 代码扫描器、XML 生成器和图标生成器。C 代码扫描器读取输入文件,提取信息;XML 生成器根据提取到的信息,生成算法的中性描述文件;图标生成器根据提取到的信息,生成该算法的图标,该图标将会作为算法列表的图标显示。

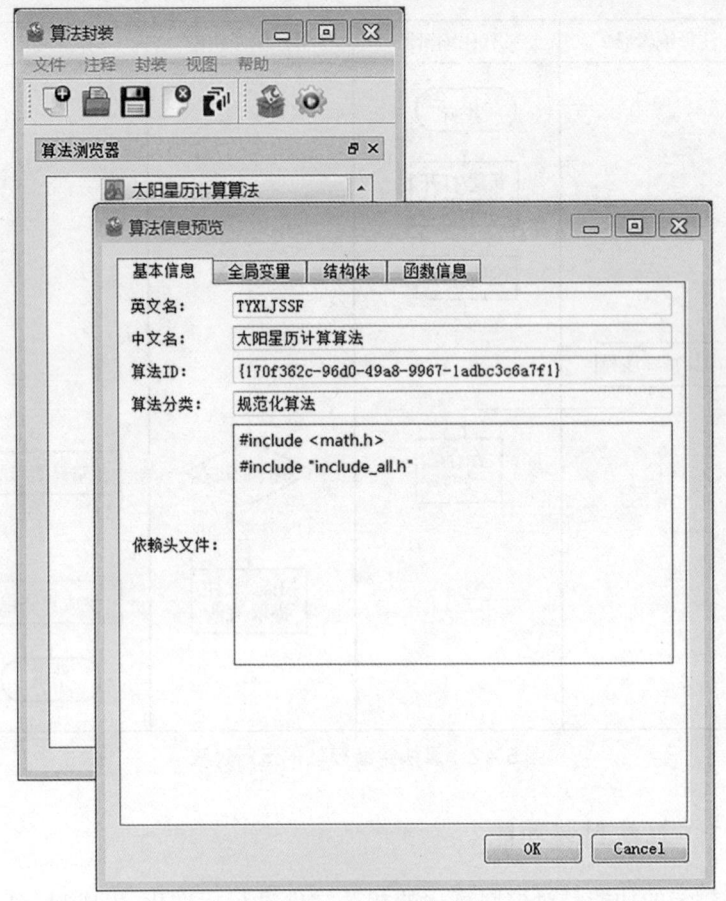

图 5-3 算法封装模块

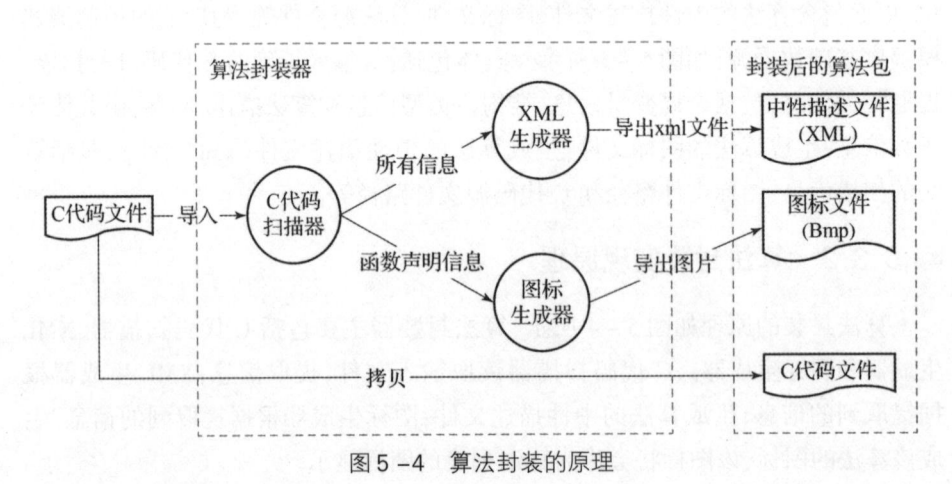

图 5-4 算法封装的原理

C代码扫描器的运行过程主要分为三步:第1步是扫描代码,对代码进行词法语法分析;第2步是注释扫描,对特定格式注释进行扫描;第3步是整合信息,利用行号信息,将代码扫描和注释扫描的信息进行绑定。其运行过程如图5-5所示。

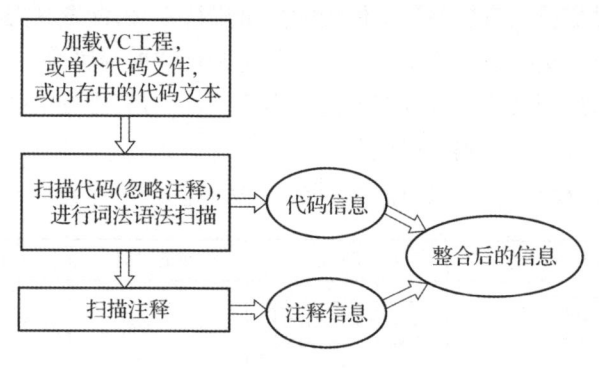

图5-5 C代码扫描器的运行过程

其中,扫描代码利用语法分析工具Antlr,对内存中的代码文本进行词法语法分析,生成抽象语法树(AST树),通过遍历抽象语法树来对代码文本进行解析,得到代码信息(主要是表达式的逻辑关系)。其运行过程如图5-6所示。

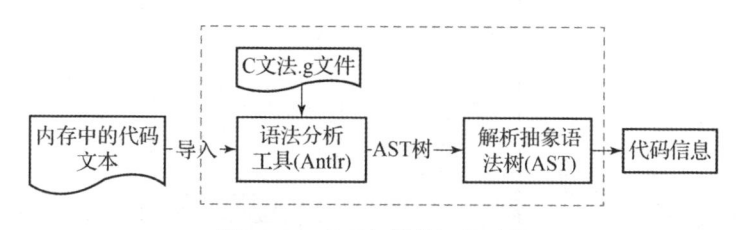

图5-6 代码扫描的运行过程

注释扫描利用第三方开源软件Doxygen,对特定格式注释进行扫描,得到扫描信息(类信息、文件信息、命名空间信息、变量信息、函数信息、继承关系、函数调用关系等)。

5.4 控制器建模模块

控制器建模包括状态流图搭建、算法配置、变量控制和代码检查四个阶段。首先,在算法建模平台中建立模式转换的状态流图,对于状态流图中每个模式,采用程序流程图来搭建其调用流程。

其次,算法建模平台从算法库中获取算法列表数据,并以列表方式显示。从算法列表中拖拽算法到上述程序流程图的算法配置界面,配置控制器使用的算法,并对其接口变量进行匹配。

再次,通过变量表对控制器中使用的变量进行定义,配置其类型、初值、符号等,同时可以设置包括遥测数据、注入数据、初始化数据等属性。

最后,状态流图及程序流程图建立完毕后,可以对其进行正确性检查。如果检查出错,可以自动定位到错误位置。

控制器建模模块的运行过程,如图 5-7 所示。

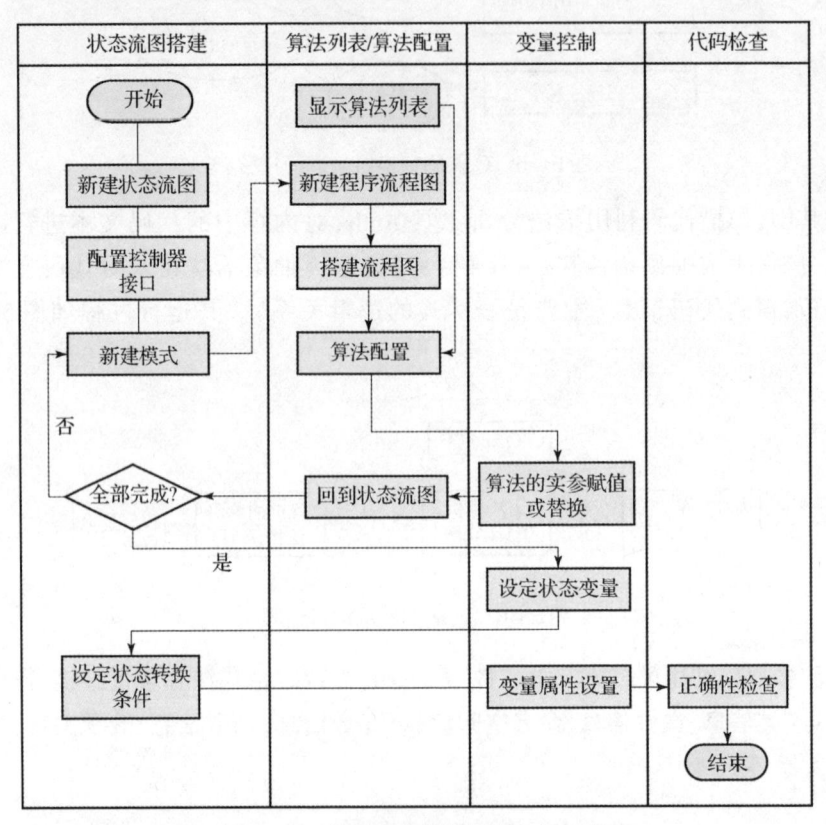

图 5-7 控制器建模模块的运行过程

5.4.1 状态流图

状态流图的主要功能特点包括:

(1) 在状态流图顶层可以配置控制器接口,将接口变量同步至变量控制的变量表中;

(2) 在状态流图中增加新状态变量,状态变量同步变量表,可以设置模式的状态值;

(3) 每一级状态流图都有一个状态变量;

(4) 状态变量不允许重名,一个级别只有一个状态变量,设置状态变量的名称时,若与其他状态变量重名,则提示建模人员修改;

(5) 可以在顶层的状态流图嵌入子状态流图;

(6) 子状态流图的状态可进入程序流图进行配置;

(7) 能够在状态流图上进行连线,如图 5-8 所示,双击线条能够添加状态转换条件,设置其内容和编号;

(8) 能够自动进行连线编号的检查,同一个状态输入条件号不重复,同一个状态的输出条件号不重复。

5.4.2 算法列表

算法列表的主要功能特点包括提供全局变量、公共函数、规范化算法、规范化模块等内容的文件夹管理和列表显示,如图 5-8 所示;对列表中的项目,支持单选、多选、连选、跳选等选择方式,右击支持下载功能,支持通过拖拽的方式将算法拖到左侧状态流图中进行建模。

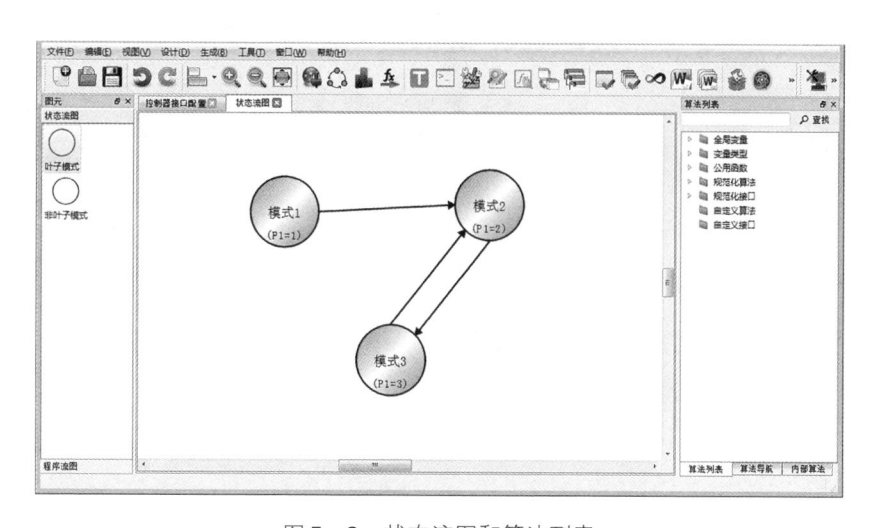

图 5-8 状态流图和算法列表

5.4.3 算法的配置和编号

本模块由算法配置和算法编号 2 个子模块组成。

1. 算法配置模块

算法配置模块的主要功能有：

(1) 支持从算法列表中以拖拽的方式进行算法配置，配置出本控制器使用的算法，包括自定义的内部算法和规范化算法，生成算法导航树；

(2) 支持单选、多选、连选、跳选等选择方式；

(3) 支持右击菜单"删除"选项中的算法模块；

(4) "信息"菜单可对配置算法的名称、编号、详细信息进行调整；

(5) "调整输入输出"菜单可对该算法的输入输出变量进行调整。

2. 算法编号模块

对算法进行编号的目的是生成算法建模文档章节号。其主要功能有：支持手动对算法进行编号，编号支持分级，以表格形式列出所有的算法模块，在算法模块后直接输入编号；支持对算法编号进行检查，对重复的编号进行报错处理，在算法配置界面中对重复编号的模块进行红色高亮显示，同时对不连续编号的模块进行黄色高亮显示；支持对编号后的算法进行自动排序，并调整界面显示顺序和算法配置树形结构中的显示顺序，如图 5-9 所示。

图 5-9 算法配置/编号

5.4.4 变量控制

变量控制单元操作界面如图 5-10 所示,主要功能包括:

(1)对配置的算法模块里的变量进行统计并以树形的形式显示,形成变量表,可以指定其中的变量作为最终控制器中使用的变量名;

(2)对状态变量设置取值,并对取值进行注释操作;

(3)通过 MathType 符号编辑工具将软件中的变量指定为替换的数学符号;

(4)对控制器中最终使用的变量进行添加、删除和属性设置的操作(遥测数据、注入数据、初始化数据);

(5)能够对本控制器配置算法的输入输出变量进行调整,指定输入输出变量使用变量表中某些变量,并进行检查,包括变量类型和数组的维数;

(6)根据变量名查找变量;

(7)设置数据字典对应的变量属性。

图 5-10 变量控制单元操作界面

5.4.5 代码检查

代码检查的对象为建模人员编写的代码。首先对控制器文件进行解析,进而检查是否有编译错误,是否符合代码书写规范。代码检查分为两种:一种是调用 Visual Studio(简称 VS)的编译检测;另一种是调用第三方代码检查工具,实现对算法建模平台中编写代码的检查,并进行图形化定位。

1. 控制器文件解析

基于 Doxygen 工具对控制器源码进行筛选和封装,实现对控制器工程的全盘代码扫描。扫描后提取到的信息分为三大部分,包括全局函数、结构体和类。

(1)全局函数部分:对应控制器工程的公用函数,包含函数声明和函数实现。

(2)结构体部分:对应控制器工程的变量表,包括结构体名和结构体的成员变量信息。其中,成员变量信息包括成员变量名称和注释(成员变量的赋值、成员变量的初始化属性和成员变量的遥测属性等)。

(3)类部分:对应控制器类,包括类名、类的注释、类的成员变量、类的成员函数等。其中,类的注释包括指令表信息,类的成员变量包括变量表中所有全局变量的变量名、注释、类型、数组大小等,类的成员函数包括条件函数、模式进入、模式控制、模式管理、模式退出、内部算法、规范化算法等函数的函数声明和函数实现。

2. VC 工程编译错误的图形化定位

通过 VS 编译检测报告、代码生成错误,将编译错误信息自动定位到对应图元,方便建模人员进行图形化建模的错误定位。

其中,检测结构体部分的错误,可对变量表进行图形化定位。如发现初值错误时,则定位到变量表的对应变量。

类的注释中指令表相关内容形式为 Set + 变量名,根据注入变量生成,一般不会产生错误。

检测类的成员变量部分的错误,可对变量表进行图形化定位,如发现变量定义错误,则定位到变量表的对应变量。

检测类的成员函数部分的错误,可对模式、条件函数表、内部算法进行图形化定位。如发现模式进入、模式控制、模式管理、模式退出函数中的代码编写错误,则定位到对应的模式图元;如发现条件函数中的代码编写错误,则定位到条件函数表中的对应条件;如发现内部算法的代码编写错误,则定位到对应的内部算法图元。

全局函数部分和成员函数部分中的规范化算法,是调用算法封装模块中预先封装好的算法,一般不会产生错误。

错误信息定位到图元的流程如图 5-11 所示。

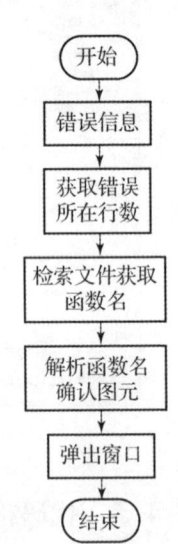

图 5-11 错误信息定位到图元的流程

3. 软件代码静态检查

VS 编译检测只能在控制器建模完成后进行,而不能在建模过程中提供很好的防错机制,容易为后续的调用埋下不安全因素。

软件代码静态检查功能支持在建模过程中及生成代码后进行代码的静态扫描工作,提高代码生成的安全性、准确性。该功能的总体运行过程如图 5-12 所示。

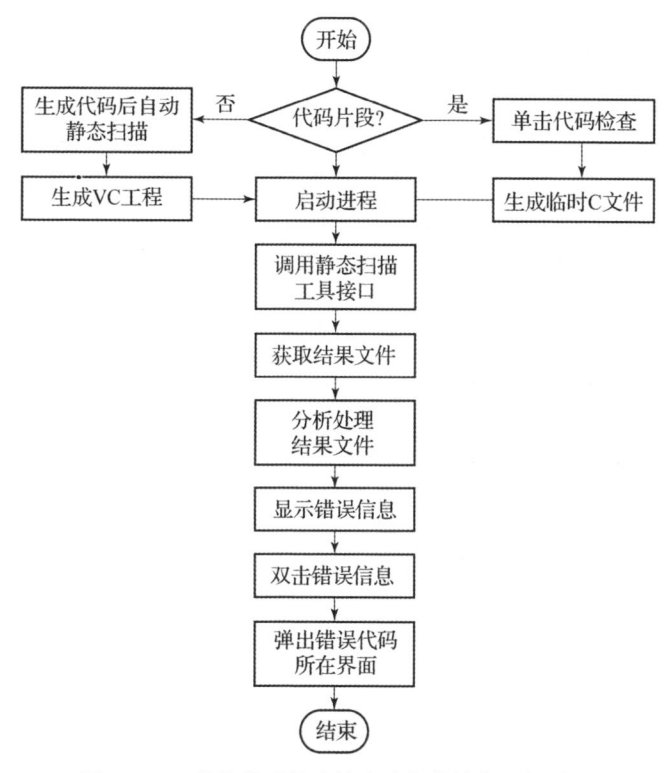

图 5-12 软件代码静态检查功能的总体运行过程

从图 5-12 中可以看到,该过程的主要功能是处理分析结果文件与双击错误信息进一步处理。其中,处理分析结果 JSON(Java Script Object Notation)文件算法如图 5-13 所示。

5.4.6 建模工程合并

当一个航天器控制系统较为庞大或复杂时,可能涉及多位建模人员共同进行算法建模。例如,一位建模人员负责变量表,另一位建模人员负责模式转换;或者多位建模人员负责不同的内部算法等。工程合并能够在建模到一定阶段后实现控制器工程合并,如图 5-14 所示,能够显著提升航天器控制系统多人协同算法建模的工作效率。

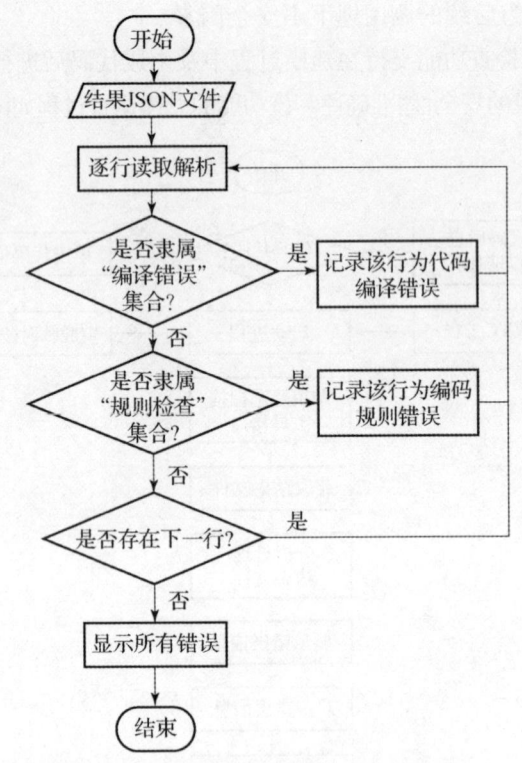

图 5-13 处理分析结果 JSON 文件算法

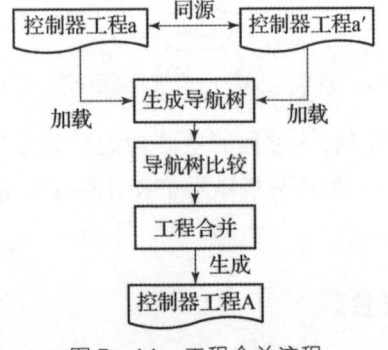

图 5-14 工程合并流程

首先,对两个建模人员协同设计的两份控制器工程进行加载,形成两个工程的导航树。

第 5 章　基于模型的星上控制算法建模

其次，比较识别两份工程导航树的变化，包括变量表、模式、条件函数表、内部算法、数据字典等。其中：

对变量表变化进行识别，如新增变量、删除变量、修改变量等，可实现变量表的合并。取两份导航树中变量表的交集，对于新增的变量，直接在变量表中添加；对于删除的变量，选取未删除前的变量添加到新的图形化设计工程中；对于同名内容不同的变量，由建模人员对选择合并的图形化设计工程使用哪一份变量。

对模式变化进行识别，如模式进入修改、模式退出修改、模式管理修改、模式调用流程修改(包括图形化界面中的变化)等，可实现状态流图的合并。取两份导航树中模式的交集，对于模式的增删，直接选取模式更全面的作为合并后的图形化设计工程；对于模式的修改部分，模式的修改包括模式进入、模式退出、模式管理、模式调用流程四部分。只要其中有一部分修改，则视为模式发生了修改，由建模人员选择合并后的模式。

对新增条件函数、删除条件函数、修改条件函数等条件函数表的变化情况进行自动识别，并可实现条件函数列表的合并。取两份导航树中条件函数表的交集，对于条件的增删，选取条件函数更全的一个条件函数表；对于条件的修改，由建模人员选择合并的图形化设计工程使用哪一份条件。

对内部算法变化进行识别，如内部算法参数编辑、内部算法函数体编辑、内部算法程序流图等，可实现内部算法的合并。取两份导航树中内部算法的交集，对于内部算法的增删情况，直接选取内部算法更全的一个图形化设计工程；对于内部算法的修改情况，由建模人员选择合并的图形化设计工程使用哪一份内部算法。

对数据字典变化进行识别，如新增数据字典、删除数据字典、修改数据字典等，可实现数据字典的合并。取两份导航树中数据字典的交集，对于新增或删除的数据字典，选取数据字典更全面的图形化设计工程；对于同名但管理的变量属性不一致的数据字典，由建模人员选择合并的图形化设计工程使用哪一份数据字典。

最后，将合并后的控制器工程保存，支持后续的打开、修改等操作。建模人员可以在合并后的工程上继续展开后续算法建模工作。

5.4.7　基于组件化的控制器图形化建模技术

算法建模平台需要搭建状态流图及程序流图。对于图形化建模涉及几个关键点：图元的操作行为、同一视图下图元的嵌套、分层视图的图元嵌套、图元信息正确性检查、同步生成算法导航树。

首先,对图元进行分类,定义每个图元的操作行为。其主要包括状态流图图元和程序流图图元,如图 5-15 所示。其中,状态流图图元分为以下图元。

(1) 可嵌套状态图元。同一视图下,其可嵌套其他的状态流图图元,称为非叶子模式。

(2) 不可嵌套状态图元。其为下级视图,可嵌套程序流图,称为叶子模式。

(3) 条件图元。其连接两个不可嵌套状态图元的有向线条。

程序流图图元主要分为以下图元。

(1) 开始/结束图元。程序的开始和结束。

(2) 内部算法图元。可编辑内部算法,下级视图可嵌套程序流图或直接编写代码。

(3) If、Switch、For、While、Break、Continue 图元。其对应 C/C++ 中 if、switch、for、while、break、continue 语句的图元。

(4) 局部变量图元。其为声明局部变量的图元。

(5) 代码图元。其为可直接编写代码的图元。

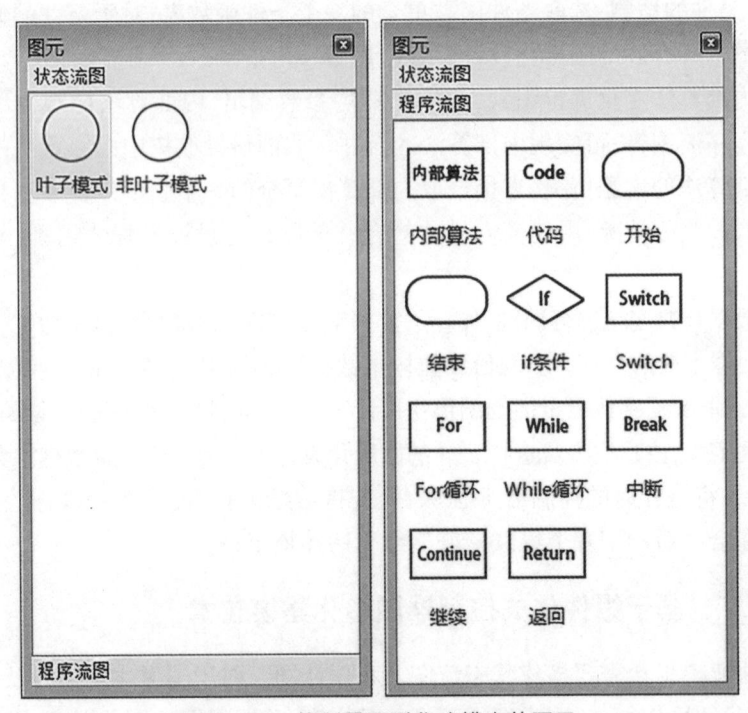

图 5-15 控制器图形化建模中的图元

第 5 章　基于模型的星上控制算法建模

其次,同一视图下的图元嵌套,采用"拖拽子图元、放入父图元"的策略实现。对于分层视图的图元嵌套,采用图元与视图关联的策略实现。

再次,图元信息的正确性检查,主要进行图元本身信息的检查,即检查自身信息是否正确,以及图元关联信息的检查,即检查自己的嵌套图元、被嵌套图元、连接线的信息是否正确。

最后,在建模过程中,通过收集建模人员的操作和图元信息,同步生成算法导航树,显示所有图元的层次信息,并能够通过算法导航树定位至图元。

5.5　算法建模文档生成模块

在算法建模平台控制器建模完成后,根据控制器的建模结果,可以自动生成算法建模文档。其中,状态流图生成为状态转换矩阵和条件列表;各模式中的进入、退出处理、模式调用流程、模式管理生成为对应模式的初始化、退出处理、调用流程和退出条件;各个算法根据编号生成到算法建模文档中的对应章节;公用函数定义生成到公用函数章节;将变量表生成数据字典,同时根据配置的符号在文档中转换为 MathType 数学符号。

通过算法建模文档生成模块,可以节省建模人员大量时间和精力,同时从技术上保证了算法建模文档和控制器代码的一致性。算法建模文档生成模块的运行过程,如图 5-16 所示。

5.5.1　变量对应符号选择

变量对应符号选择模块主要功能:为变量表中的部分变量建立到 TeX 符号映射关系的变量,并生成变量符号映射表,供生成算法建模文档时将控制器 C 代码算法中的某些变量名替换为 TeX 符号。

控制器在建模过程中,需要使用到很多的算法,这就会涉及很多的变量。导致生成的算法建模文档中出现很多 C 代码变量,不容易阅读。

在生成算法建模文档的时候,将 C 代码变量转换成易于阅读的 MathType 数学符号。

其中主要难点有:从 C 代码中扫描出 C 代码变量/变量 TeX 代码;将 MathType 编辑器集成到算法建模平台;以及将 TeX 代码转换为 MathType OLE 对象,写入算法建模文档。

图 5-17 为 C 代码变量到数学符号的符号替换流程。

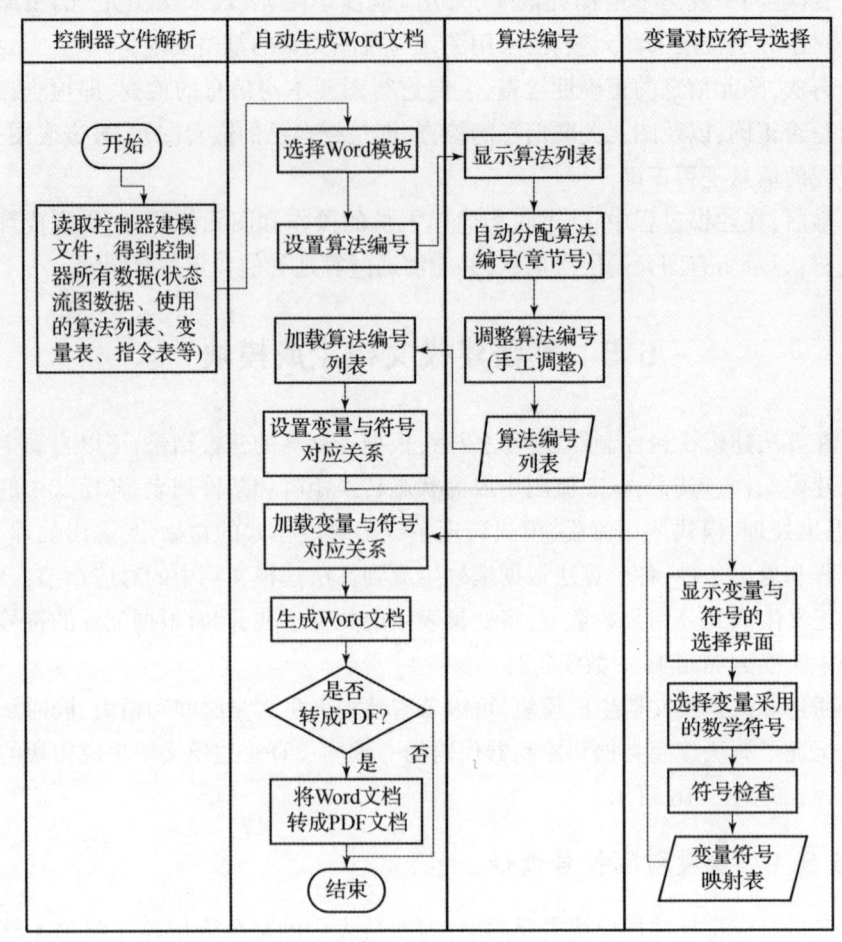

图 5-16 算法建模文档生成模块的运行过程

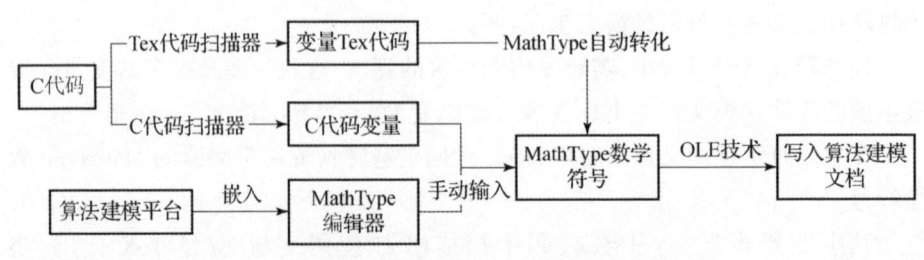

图 5-17 C 代码变量到数学符号的符号替换流程

将 C 代码变量转换为数学符号,需要 OLE、ActiveX 控件、TeX、MathType 几方面技术相结合。有以下两种转换路线:

(1)首先从 C 代码中扫描出 C 代码变量的 TeX 代码,然后利用 MathType 自动将 TeX 代码转换成 MathType 数学符号,并利用 OLE 技术生成数学符号 MathType OLE 对象,最后使用 Word 生成技术,将 OLE 对象生成到 Word 文档中。

(2)首先利用 ActiveX 控件技术,将 MathType 编辑器集成到算法建模平台的变量控制中,然后从 C 代码中扫描出 C 代码变量,建模人员根据 C 代码变量名,在 MathType 编辑器中输入数学符号,然后利用 OLE 技术生成数学符号 MathType OLE 对象,最后使用 Word 生成技术,将 OLE 对象生成到 Word 文档中。

5.5.2 符号检查

符号检查模块提供符号检查界面,主要用于检查变量对应的符号选择模块生成的变量符号映射表中是否存在重复对应关系、无效变量及无效 TeX 符号,若存在,则显示重复对应关系、无效变量、无效符号,并在界面上修改检查。

首先,进行一个判断操作,判断需要替换的内容是否为公式模板的符号替换,如果是则进入公式模板的符号替换,不是则进入变量的符号替换流程。

其次,对于公式模板的符号替换,对需要替换的公式进行遍历,找到需要替换的变量信息,如果替换的内容为数学符号和一些不需要替换的字符,则最终生成为数学公式的符号替换;如果替换的内容为文本输入替换和一些不需要替换的字符,则最终生成为普通文本输入的符号替换;如果全部不需要符号替换,则默认为文本输入替换。

再次,对于普通变量的符号替换,对变量去除标识符后进行匹配,如果在变量表中匹配到变量则进行替换。

最后,该模块支持数组分量、结构体成员变量等可能存在分变量或者顶层变量的符号替换。例如对于 a[0],首先会在变量表中寻找 a[0] 的全字匹配,匹配到则替换,没有则将变量 a[0] 分割成"a"和"[0]"两部分,然后对变量"a"继续进行变量匹配,匹配到则替换,没有则不替换,最终把"a"和"[0]"两部分再连接起来。

5.5.3 文档生成器

自动生成软件文档,需要两个方面的技术相结合:一是自动生成 Word 技术,二是根据控制器建模结果,结合 Word 生成技术,实现算法建模文档的自动生成。

1. 自动生成 Word 技术

首先,基于 Word 文档模板,可以实现如下功能:生成封面、生成目录、设置样式(标题)、插入文字、插入符号、插入数学公式(MathType 公式)、插入表格、插入图片、插入超链接等。

其次,在算法建模过程中实现自动生成 Word 的流程,如图 5－18 所示。

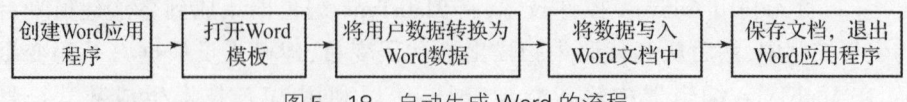

图 5－18　自动生成 Word 的流程

2. 算法建模文档的自动生成

首先,分析算法建模文档的结构,大致分为四类:封面、前言、引用和参考文件;飞行程序和工作模式、工作模式调用流程;算法公式、函数定义;数据字典。

其次,根据上述分析,结合 Word 生成技术,实现算法建模文档的自动生成,如图 5－19 所示。

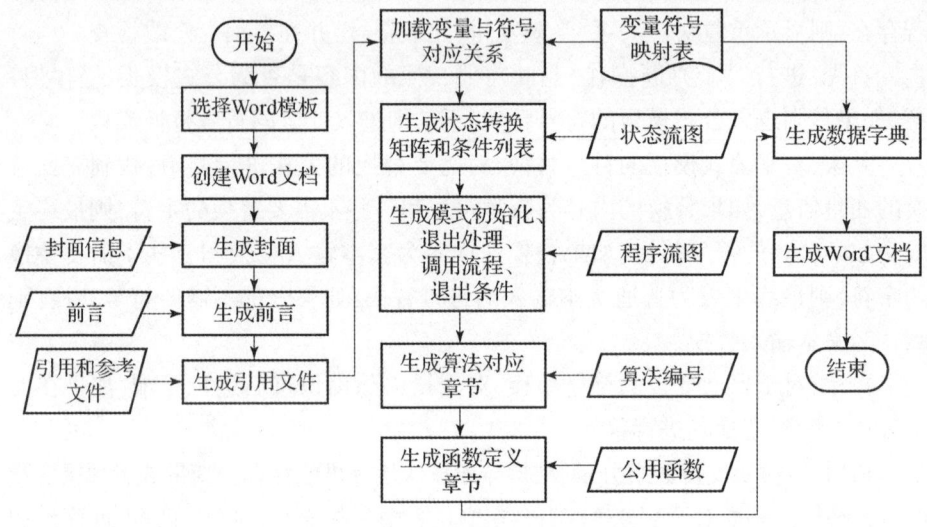

图 5－19　算法建模文档自动生成的流程

5.6　控制器代码生成模块

通过控制器代码生成,可以将控制器建模结果自动生成为控制器 VC 工程,包括.h、.cpp、.lib、.dll、VC 工程等文件。编译后通过的动态库可以被控制系统通用数学仿真平台识别为控制器模型,作为控制系统通用数学仿真平台的输入文件,进行可视化仿真建模配置。

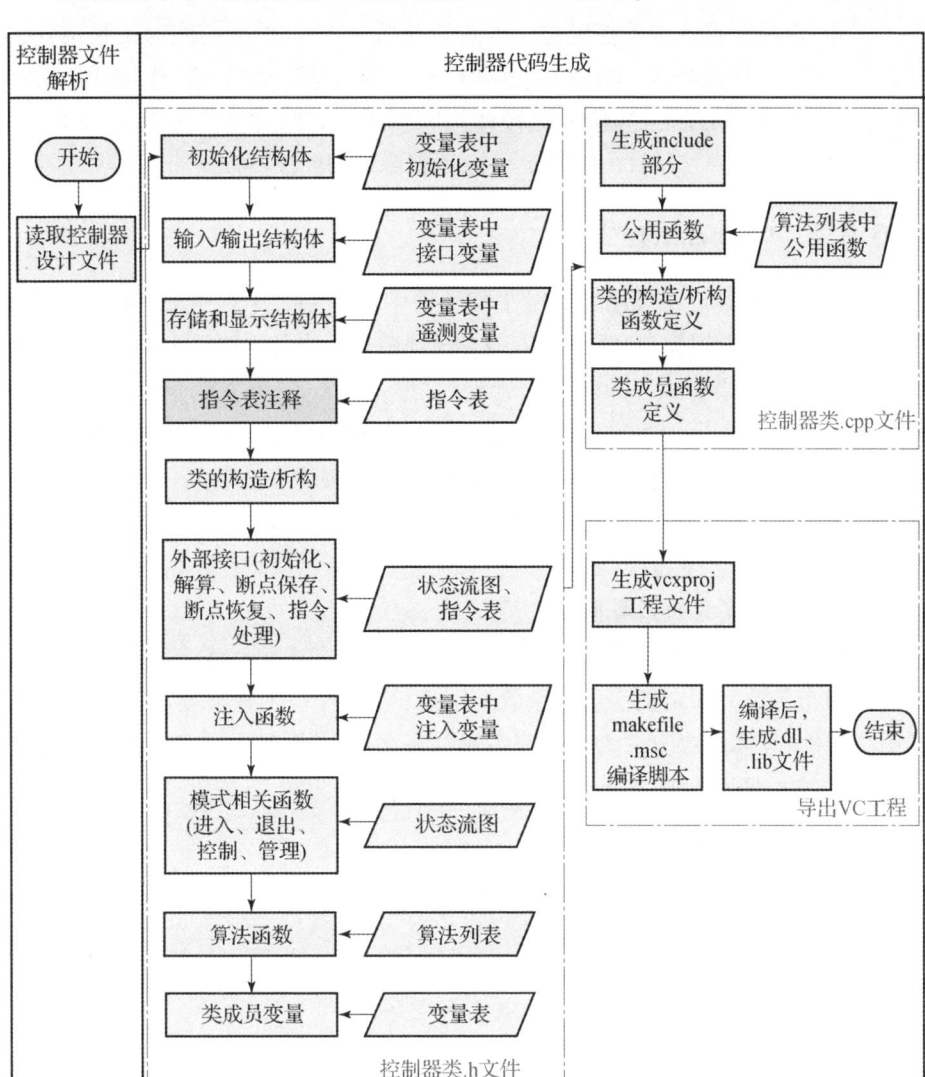

控制器代码生成模块的运行过程如图 5-20 所示。

图 5-20 控制器代码生成模块的运行过程

5.6.1 控制器代码生成器

控制器代码生成器,将控制器建模模块中的控制器文件生成为控制器 C++ 类;同时生成 VC 工程文件和 makefile.msc 编译脚本。

控制器代码生成,主要难点有:实现控制器建模数据到代码生成所需数据的正确传递,实现控制器 VC 工程的自动生成及编译。

首先,对控制器代码和控制器文件进行分析,建立起两者的映射关系;其次,结合 C++写文件流技术,实现控制器代码文件的自动生成;再次,生成项目文件(.pro 文件),基于 qmake 连编工具构建控制器 VC 工程;最后,基于 MSBuild 工具实现控制器 VC 工程的自动编译,生成控制器模型的动态库。

5.6.2 C 语言工程生成

纯 C 语言工程广泛应用于实际工作环境中,在 C++工程生成功能基础上,对代码生成的规则根据《C90》和《C++98》规范进行设计,使控制器代码生成模块具有生成纯 C 语言工程的能力。

实际涉及的变化具体包括:在 C 语言中实现部分 C++语法特性,如布尔类型;对 C 语言中难以实现的 C++语法进行处理,实现原有的功能;对建模人员输入的自定义代码进行扫描和模式化处理,使之符合 C 语言语法规范;改变工程文件的组织方式,使之支持.c 文件。

1. C 语言中实现布尔类型

在 C90 语法规范中,并未实现与 C++类似的布尔类型。考虑到控制器工程中会使用布尔类型来定义变量和函数返回值,生成的 C 工程需要支持布尔类型的语法特性,具体解决方法为在工程中添加头文件,并在其中定义相关宏和结构体实现布尔类型的功能,如下所示:

```
#pragma once
#ifndef _CONVERT_CPLUSPLUS2C_H_
#define _CONVERT_CPLUSPLUS2C_H_
#define BOOL int
#define TRUE 1
#define FALSE 0
typedef enum
{ true = 1,false = 0 } bool;
#endif
```

2. C 语言中实现类的相应功能

在 C 语言中,没有关键字"class",即类的语法特性没有实现,仅有较为基础的 struct 结构体来存储自定义数据类型。C 语言中类与结构体的区别如下:

(1)C 语言中的结构体能够封装数据类型,但不能含有函数,而类是面向对

象的,除了自身的属性以外还可以封装行为方法,即类中可以有成员函数,结构体中没有;

(2)C语言中定义结构体变量需要加"struct"关键字,类不需要;

(3)C语言中结构体默认成员变量是公共的,类默认成员变量是私有的;

(4)C语言中结构体是没有 this 指针的,类有;

(5)C语言中结构体是不可继承的,C++中类和结构体都可以继承。

在实际的代码生成过程中,影响较大的主要是以上的(1)(2)两点。针对区别(1),使用全局变量来代替类的成员变量,在头文件中使用 extern 前缀声明;使用全局函数来代替类的成员函数,同时对全局函数添加前缀来加以区分。针对区别(2),使用 typedef 使结构体支持类风格的变量声明。

3. 转换函数中的引用

C语法不支持引用,故将所涉及的引用形参转化为指针形参,并在函数体中对相应的调用点进行处理,如下所示:

	C++	C语言
函数声明	void Algorithm(double& a);	void class_CTRLER_Algorithm(double * a);
函数调用	Algorithm(m_a);	class_CTRLER_Algorithm((*m_a));

4. 处理自定义代码

在代码生产系统中,大量的自定义代码是由建模人员基于 C++编写的。这些基于 C++语法输入的代码无法通过适用于 C 工程的生成功能,故需要对自定义代码进行扫描,将其中的典型 C++语法转换为 C 语法,包括将局部变量的定义位置提前到作用域头部、对建模人员调用的函数添加前缀标识。

5. 优化计算

在函数体代码中,存在对数学(math)库函数进行多次重复调用的行为。这些调用的实参和返回结果都相同,重复调用降低了运行效率,故对这种情况进行代码自动优化。

进行优化计算的功能流程如图 5-21 所示。

如图 5-21 所示,对建模人员输入的代码块,先按行进行切片,然后统计每行对 math 库函数的调用次数。若大于 1 次,则需要进行优化处理。

在经过优化计算处理后,math 库函数的调用字段被局部变量替代,并增加额外的辅助局部变量来保证代码的语义正确,如图 5-22 所示。

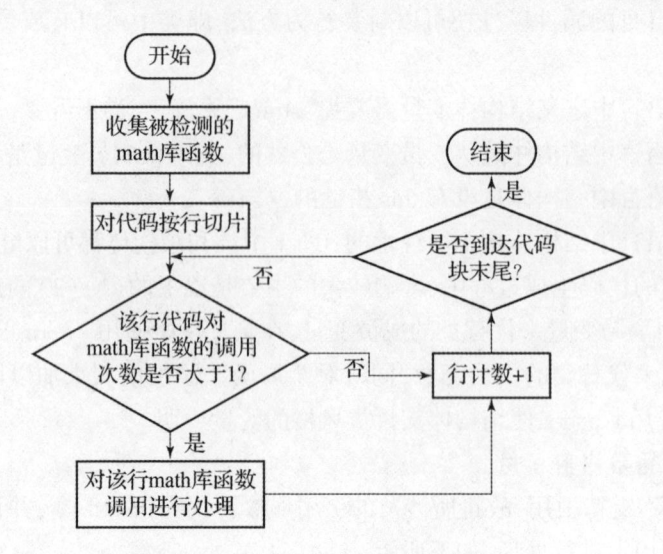

图 5–21　进行优化计算的功能流程

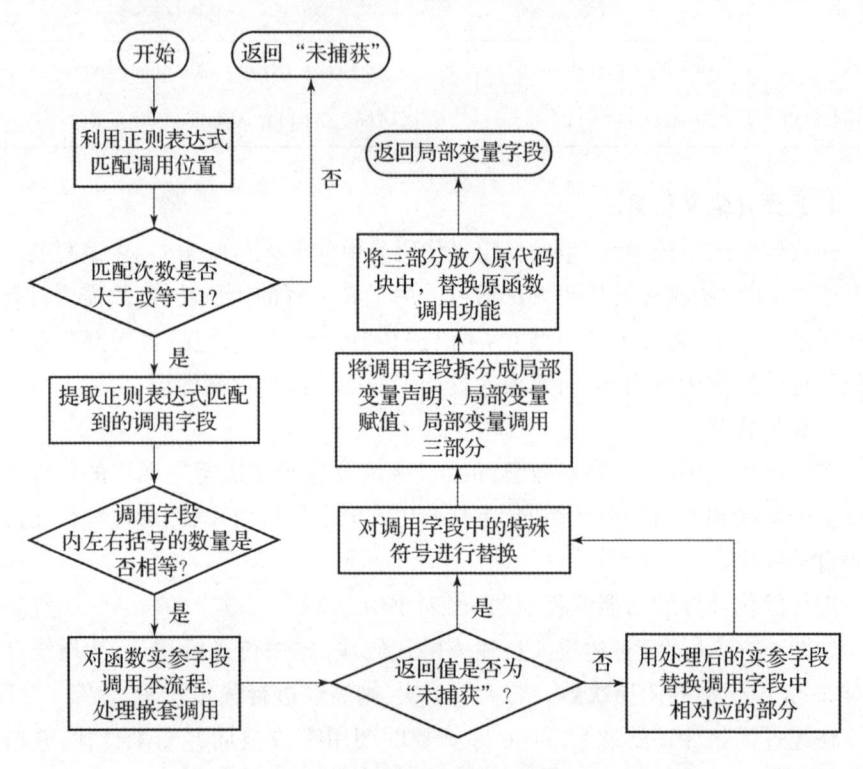

图 5–22　优化计算对单行代码的处理

5.6.3 控制器建模工程的同步更新

建模平台自动生成建模文档和控制器代码,控制器代码生成模型后需要在仿真平台上开展仿真验证,建模文档方便设计师和评审专家审阅。在验证过程中,如果发现问题,需要手工修改控制器代码。调试修改后的代码需要重新导入算法建模平台,并需要对控制器建模同步更新,从而保证算法建模文档和控制器代码的一致性。

控制器代码修改后再次导入算法建模平台,主要难点:识别建模人员对代码的所有修改点;根据修改点,最大限度实现控制器建模的自动更新;根据修改点,对于无法自动更新的部分,能够准确定位问题,给出提示,指导建模人员手动修改控制器建模。

代码导入流程如图 5-23 所示,主要分以下几个步骤:

(1)打开控制器工程,导入修改后的控制器代码(称为"新代码"),平台扫描新代码,并提取下列"代码片区"信息。

(2)将"新版代码片区"与"旧版代码片区"进行对比,针对存在差异的代码片区,用新的代码片区来同步更新旧的代码片区;最大限度地实现自动化,对于不能自动化部分,给出详细说明,指导建模人员手工完成修改。

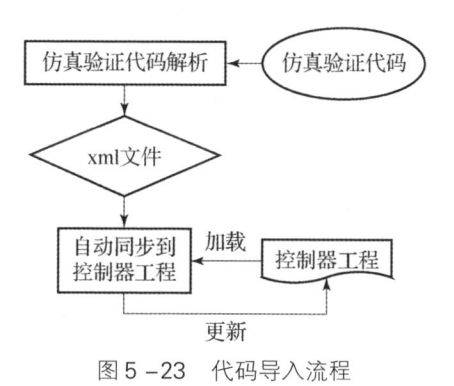

图 5-23 代码导入流程

自动化同步到控制器工程首先将解析好的 VC 工程与控制器中的图元关联起来,然后针对不同类型的代码修改进行不同的应用。具体代码修改类别如下:

变量表修改可能包括新增变量、删除变量、修改变量初值、更改初始化和遥测属性的更新。对于变量的新增和删除,需要对 VC 工程中控制器类的成员变量在控制器工程的变量表中进行匹配,如果变量表中不存在该变量,则需要新增该变量;如果是变量表中存在该变量而提取的成员变量信息中不存在该变量,则会将该变量删除。对于修改变量初值,需要对控制器类成员变量的注释中的赋值单独进行解析,得到相应的变量名和变量初值,并在变量表中进行赋值。如果在初始化结构体或者存储显示结构体中存在某些变量,则解析后在变量表中生成对应的初始化属性和遥测属性。

将控制器类的注释中的指令表信息,在图形化设计工程的指令表中进行匹配,如果不一致则将提取的指令表信息更新到图形化设计工程的指令表中。

模式修改可能包括对模式进行新增、删除、修改操作。其中模式的增删涉及模式进入、模式退出、模式控制、模式管理4个函数。如果检测到这4个函数的同时增加或者删除,则在控制器工程中进行对应模式的增删,包括相关的模式转换条件,否则仅对模式的相应部分进行修改。模式的修改包含了上述4个函数的修改,其中模式进入函数的修改会影响模式的状态变量取值、模式解算周期及模式的进入处理,模式退出函数对应模式的退出处理,模式控制函数对应模式的程序流图部分,模式管理函数对应模式的转换条件。

条件函数表修改可能包括模式转换条件函数的新增、删除、修改。对于修改的条件函数,在控制器工程的条件函数表中进行匹配,在条件函数表中找到对应的条件进行新增、删除、修改。

内部算法修改可能包括对内部算法函数代码的新增、删除、修改。对于修改的内部算法,在控制器工程的内部算法中进行匹配,在算法列表中找到对应的内部算法进行新增、删除、修改。

规范化算法和公用函数一般不会直接对其进行代码修改。在控制器工程的规范化算法和公用函数中进行匹配后,无论匹配与否,都不对规范化算法和公用函数进行更新。

5.7　本章小结

方案设计是航天器控制系统研制的源头环节。星上控制算法是方案设计的主要成果之一,用于描述航天器姿态轨道控制算法及各控制模式之间的切换。通过基于模型开发的理念,星上控制算法建模平台实现了星上控制算法建模和控制器代码自动生成,免去代码重复编写的工作,同时保证了算法模型到软件代码之间映射关系的一致性。算法建模平台支持跨工程数据共享、编译错误检查、图形化定位、调试信息自动反馈等,使不同建模人员分别开发的工程在平台中快速同步,并在建模过程中和建模完成后对编码的正确性进行充分检查,缩短了建模与仿真的迭代周期。

　　星上控制算法图形化建模及仿真代码自动生成可以减少设计人员和仿真人员编码的工作量,以及人为因素导致的错误,生成的控制器模型能够以直接向下游仿真平台的方式进行传递,显著提高了效率,为航天器控制系统设计仿真的数字化转型提供了可行的新思路和新方法。

第6章 数据评估系统与仿真模型修正

6.1 概 述

航天器控制系统数据主要包括数学仿真数据、系统测试数据、物理/半物理仿真试验数据及在轨遥控/遥测数据。航天器控制系统从论证、设计、研制、发射直到在轨长期运行各阶段形成的数据链条称为航天器的纵向数据,不同航天器之间相对应的数据称为横向数据。随着航天器从单颗研制向批量化生产的转变,数据呈现海量式增长趋势,与其他工业设备不同,航天器入轨后几乎无法实现检修、拆除或更换故障部件,只能通过对多源多类、横向纵向数据进行综合判读来定位故障。有效管理、利用和评估这些海量数据对于判断控制系统及其部件的工作状态和性能是极为重要的。

新型航天器应用需求对控制系统指标的严格要求决定了航天器控制系统仿真模型需要进一步的校核、验证与确认(VV&A)[20]。例如,根据我国以往航天器的指向精度和稳定度指标要求,控制系统的设计一般不需要考虑航天器的高频、微幅振动,热变形及高阶轨道摄动等影响,但对于未来高分辨率对地观测卫星,航天器结构耦合振动、热变形等是影响航天器姿态控制指向精度和载荷成像质量的重要因素,因此需要针对航天器的关键部件特别是可运动部件(如控制力矩陀螺、太阳帆板驱动机构等)的高低频抖动模型进行机理研究、精细建模和模型修正,也需要对结构耦合振动、热变形等干扰因素进行建模仿真。通过在轨飞行数据可以进一步修正控制对象、部件单机和外界环境的仿真模型,以提高系统仿真的置信度,从而降低航天器的潜在飞行风险。

本章介绍的数据评估系统,又称系统评估工具库,集成了数据管理、算法工具、

第6章　数据评估系统与仿真模型修正

置信度评估工具等,用来实现对航天器在轨性能、部件状态的评估,以及环境参数的辨识。通过对仿真数据、系统测试数据及在轨遥测数据进行分析和计算,该系统能够给出航天器主要系统指标、部件状态、环境参数的分析结果,指导地面仿真系统建模、性能分析和模型修正,满足航天器日常在轨维护、应急故障诊断和处置的需求。

数据评估系统主要功能如下:

(1)对各类数据进行存储、管理和调用,对数据进行可视化、综合化的处理分析。

(2)提供开放式的算法集成环境,支持系统评估流程的可视化组装和过程定义,使工具/算法能够有效积累、重用和统一管理调度。

(3)构建性能指标计算工具、仿真置信度评估工具、故障诊断与处理工具等,支撑控制系统评估分析。

数据评估系统由数据库管理和评估工具库两部分构成。数据库管理作为系统软件的服务器端,主要负责数据包、文件、评估算法的管理、存储与查询,人员权限管理,型号管理与健康监测,日志管理等;评估工具库作为系统软件的客户端,主要负责输入输出及计算工具调度,并支持用户设计、上传和下载计算工具等。图6-1给出了数据评估系统的主要功能及其与其他平台的数据接口及数据传递关系。

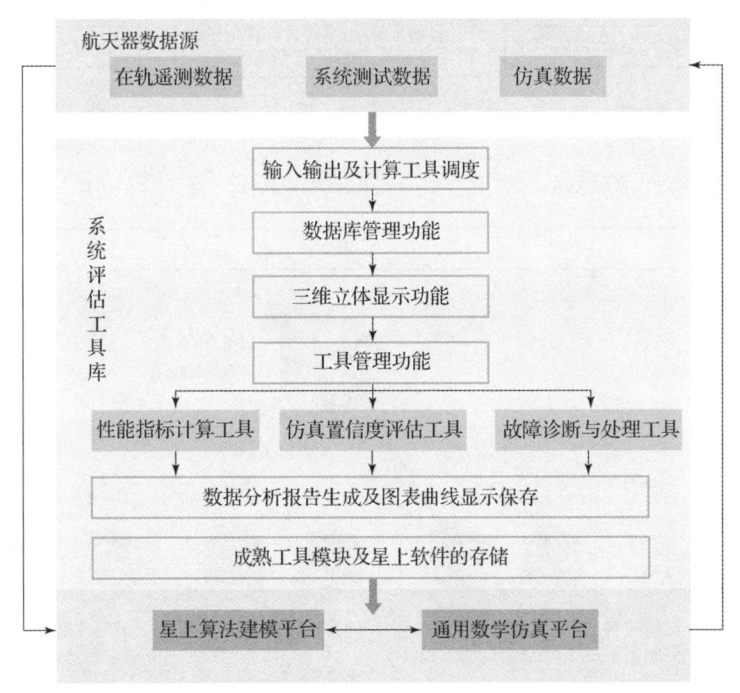

图6-1　数据评估系统的主要功能及其与其他平台的数据接口及数据传递关系

6.2 数据评估系统的整体方案

6.2.1 硬件部署框架

数据评估系统采用 B/S 和 C/S 的混合部署架构,将航天器仿真数据、在轨遥测数据、系统测试数据、各类算法(如性能指标算法、公共计算算法、置信评估算法、故障诊断与处理算法库等)分布式部署于服务集群。各集群服务器分为主服务器和从服务器,可根据数据访问性能要求,扩展对应的集群服务器,整体部署架构易扩展和维护。搭建数据评估系统环境所需的高性能服务器配置如图 6-2 所示,系统/模块/库管理人员通过浏览器进入数据评估系统进行管理与维护工作;算法/设计/运维人员基于数据计算评估流程设计软件定义计算流程,能够在线或离线进行航天器在轨性能、部件状态的评估和置信度评估、故障诊断与处理,基于浏览器软件对数据评估结果进行查询分析等;仿真人员可基于浏览器软件调用相应的评估工程或算法进行数据评估。

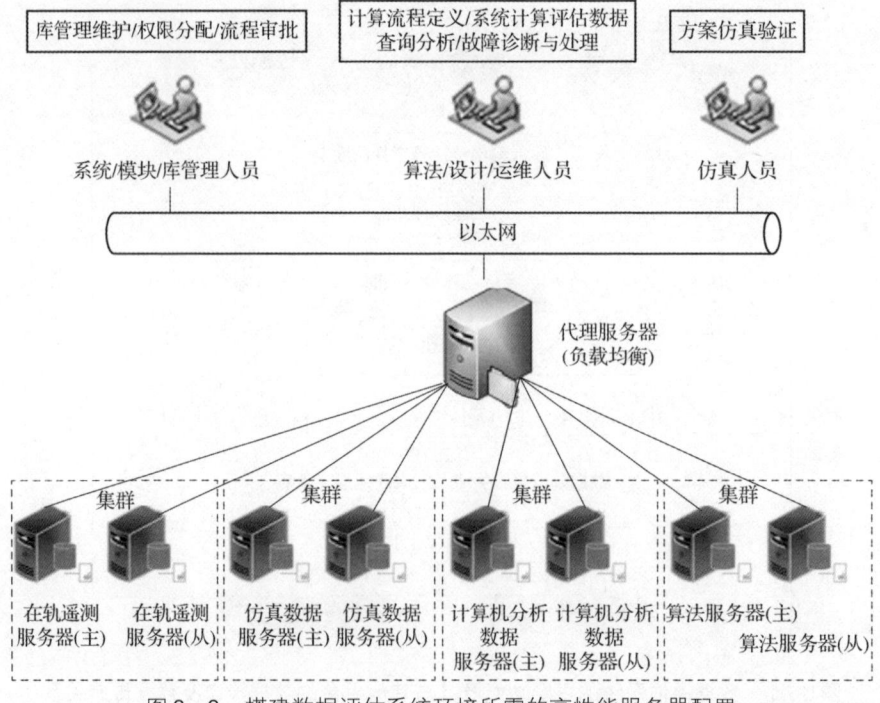

图 6-2 搭建数据评估系统环境所需的高性能服务器配置

根据数据访问性能要求,该系统能够进一步扩展各集群的从服务器;当局域网部分服务器出现问题时,仍能支持用户网内正常工作。各服务器需要部署数据评估系统的服务端软件,同时部署各计算工具调用的封装软件如 Matlab、Word、Excel 等,要求 COM 接口服务组件完备,利用 COM 服务支持并行计算等;该系统支持多于 100 个客户端同时进行数据访问和计算,客户端需要部署浏览器软件及流程设计软件。

6.2.2 软件运行架构

数据评估系统软件运行架构如图 6-3 所示。软件按照层次化、结构化、模块化的构建思路,遵循先进性、实用性、可靠性和可扩展性原则,实现功能逻辑与数据分离、用户交互与功能逻辑分离。其具体划分为四层。

1. 数据层

数据层是数据存储、获取和对接的来源,主要包括航天器数据库、公共计算算法库、置信评估算法库、故障诊断,以及处理算法库、脚本判读库、报表模板库等。

2. 驱动引擎层

驱动引擎层提供支撑系统运行的流程调度和驱动引擎(Process)、算法计算求解引擎(Solver)、图形可视化引擎(EChart)、三维可视化引擎(WebGL)、微服务框架(Spring Cloud)、对象关系映射框架(object-relational mapping,ORM)、网络存储(direct attached storage/network attached storage,DAS/NAS)、结构化数据存储(MongoDB)、非结构化数据存储(GridFS)、数据抽取转换和加载(extract, transform,load,ETL)、数据仓库(data warehouse,DW)和数据集市(data mart, DM)等,为系统有序计算运行和数据传递提供支撑。

3. 功能逻辑层

功能逻辑层为系统运行的核心功能提供支撑,主要包括航天器数据库管理系统、输入输出及计算工具调度模块和评估工具库三个模块。

航天器数据库管理系统主要包括数据存储、数据预处理、工程管理、数据查询与分析、数据库管理等功能。

输入输出及计算工具调度模块主要包括界面配置、输入输出处理、公共计算算法、算法封装流程设计、数据映射、流程计算调度等功能。

评估工具库主要包括性能指标计算工具、故障诊断及处理工具和仿真置信度工具,其中,性能指标计算工具主要包括数据监视、数据状态计算、数据判读及评估功能;故障诊断及处理工具主要包括故障模拟、故障诊断、故障预案与处理决策、故障评估等功能;仿真置信度工具主要包括参数辨识、置信度评估等功能。

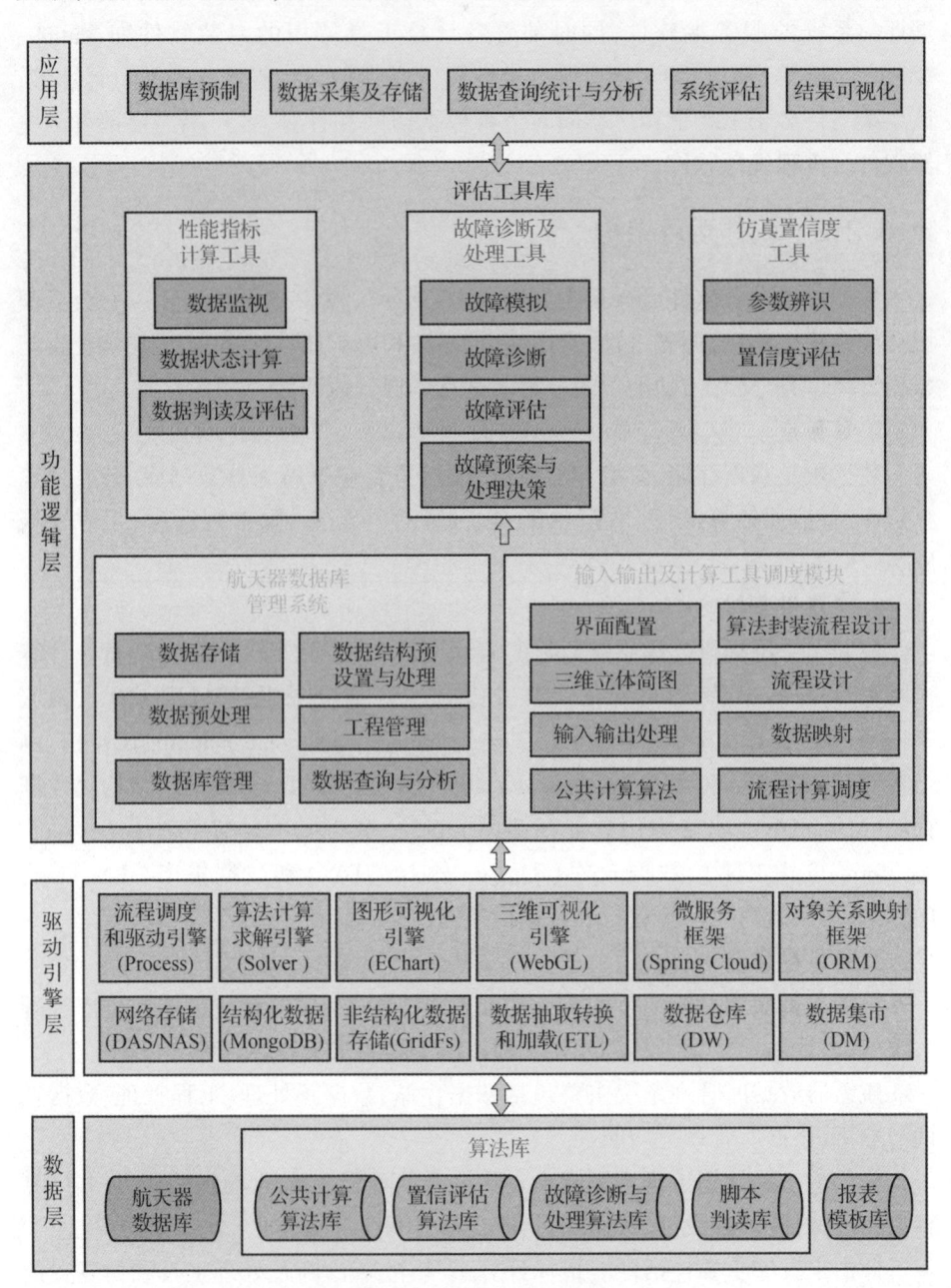

图 6-3 数据评估系统软件运行框架(彩图见书末)

4. 应用层

应用层是用户与界面的交互层,主要功能包括数据库预制、数据采集及存储、数据查询统计与分析、系统评估和结果可视化。

6.3 数据库管理系统

数据库管理的主要功能包括数据结构预设置与处理、数据存储、数据查询与分析、工程管理、数据库管理等。通过采用统一的数据库,存储仿真数据、试验数据、在轨遥测数据、分析计算结果等,为设计师提供多种数据查询分析方法。提供评估计算任务分布式调度执行环境,完成数据自动判读、系统自动评价、数据自动比对,同时具备数据查询、报表、绘图、生成文档等功能。

6.3.1 数据结构预设置与处理

数据结构预设置与处理支持用户将多种异构数据源进行结构预设置和处理,生成数据库可存入的对象并存储。

(1)数据结构预设置,主要包括:

①依据数据处理需求,支持设置型号的协议文件、业务流程、技术指标要求、部件标准健康说明等类型的数据结构,形成航天器在轨数据库模板;

②支持用户选择和调用数据库模板,自动生成指定结构的型号数据库;

③采用分布式架构设计处理数据,分布式架构包含多台数据处理服务器,每台数据处理服务器都能配置信息,接收指定的数据流,解析完成后按照指定的格式存入数据库中;

④根据数据存储功能,可接收、解析在轨遥测数据,存入数据库。

(2)数据处理,主要包括:

①支持采用 ETL 工具(如 kettle)对异构数据处理过程进行建模和脚本编写;

②支持运行 ETL 模型,并将运行结果存储至预制数据库结构中;

③提供对外的访问接口,可用于数据查询分析、算法及工具调用等。

(3)数据抽取,主要包括:

①将存储于文件服务器中的文件数据抽取至 ETL 的中间层,方便数据的进一步处理;

②数据的全量抽取:在集成端进行数据的初始化时,需要将数据源端的全部

数据装载进来；

③数据的增量抽取：全量抽取完成后，后续的抽取操作只需抽取自上次抽取以来表中新增或修改的数据，即进行增量抽取。

(4)数据去噪，主要包括：

①去除掉遥测数据中的无效数据，如根据参数配置的最大值、最小值进行过滤；

②支持扩展去噪处理脚本功能，可根据用户特定的数据去噪需求，扩展相应的数据处理规则。

6.3.2 数据存储

数据存储支持用户对结构化数据和非结构化数据进行存储。将在轨遥测数据、仿真数据、计算结果分析数据等采用非结构化存储方式存储到 GridFS 文件系统中，并提取其特征非结构化数据存储到数据库；将经过处理后的结构化数据、预制的用户、系统指标、标准健康状态、飞行事件等数据存储到 MongoDB（高可靠性、高性能、面向列、可伸缩的分布式存储数据库）数据库中。数据存储功能主要包括：

(1)在轨遥测数据的接收与存储。基于在轨遥测数据传输接口，系统可进行对接，实时接收在轨遥测数据。采用 UDP 或 UDP 组播协议传输在轨遥测数据，遥测数据以多个数据包形式进行传输，每个数据包内容包括数据分类、协议版本号、包名称、包原码、参数个数、参数解码值、参数原码值等。提供 Web 页面，支持在型号创建后，通过导入卫星遥测信息配置文件(.xml 格式)，系统可自动解析获取卫星的遥测数据包名称及包中含有的遥测参数(包括遥测代号、名称、数据类型等)。系统提供多线程数据接收服务，可同时接收多个航天器遥测数据。遥测数据则按照遥测数据包的类型分别存储到 MongoDB 数据库中，同时将接收遥测数据的服务器时间戳自动添加到数据库表中。

(2)离线遥测数据存储。支持离线导入遥测数据(特定.txt 格式)存储至 GridFS 分布式文件服务器中；支持在轨遥测数据经过预处理之后，转化的结构化数据，存储到 MongoDB 数据库中。

(3)仿真数据存储。支持将数学仿真输出的.csv 格式数据存储到 GridFS 分布式文件服务器中。

(4)计算分析数据存储。支持将系统评估分析结果数据打包压缩存储至 GridFS 分布式文件服务器中。

(5) 预制数据存储。支持数据库预制数据,包括系统指标、标准健康状态、飞行事件等异构数据源,利用 ETL 工具将其处理并存储至 MongoDB 数据库中。

(6) 布局信息存储。支持解析方案设计平台输出的布局安装信息 xml 文件,包括整星质量、转动惯量、安装信息、分系统和单机的指标/参数等;支持将布局信息存储至 MongoDB 数据库中。

6.3.3 数据查询与分析

数据查询与分析提供多层次的权限管理功能,以满足不同级别、不同种类设计人员的登录、查询操作。提供不同种类可选择的查询模式,如型号数据纵向查询、跨型号的横向数据查询等。数据展示模板可编辑,展示的形式支持数据报表、曲线图形等多种形式,如图 6-4 所示。

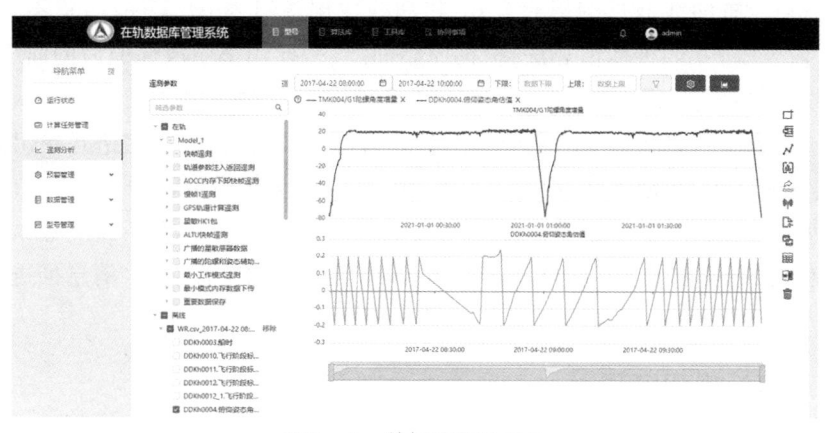

图 6-4　数据处理及显示

(1) 单表数据记录查询。包括避免重复数据查询、设置显示格式的数据查询、带关系运算和逻辑运算的数据查询、关键字查询、单字段、多字段数据排序查询、数量限制查询,例如分页,可使用页码及页数来指定查询的初始位置和终止位置、分组数据查询及自动报表等功能。

(2) 多表数据查询。本质是取单表查询结果的交集、并集、差集再根据条件筛选所需要对象,采用连接查询和子查询的方法,包括单表兼容、连接查询及自动生成报表等功能,其中,连接查询采用内连接、外连接和多种逻辑运算的表单拼接方式进行多个表单拼接。

(3) 数据报表分析。包括数据报表的实时曲线添加、曲线拼接、数学运算、统计、差值等函数操作分析,分析结果自动生成报告,支持多种格式的导入、导出和打印等功能。

(4)多源数据查询与分析。包括以下功能：

①可纵向和横向查询离线数据,并支持与已存在曲线的时标对齐,以及与自定义时间点对齐两种方式;可筛选指定时间段的数据,在曲线视图中展示多条遥测曲线,支持视图的拆分、合并。

②提供常用的视图放大与缩小、时间轴缩放、曲线游标、视图清空、数值精度设置等;支持两条曲线拼接生成新曲线;支持选择不同型号的遥测数据,进行任意多个遥测数据的横向对比。

③时间轴、筛选时间段支持绝对时间、相对时间模式,可设置基准时间。

④数据剔野,通过设置上、下限进行全局去噪,或通过矩形框选择进行局部去噪。

⑤可设置曲线数据的填充方式,将曲线数据输出为 txt 文件;内置零阶、一阶、二阶、三阶共四种插值算法,根据原始曲线、采样频率生成插值后的曲线;支持曲线的归一化处理,包括 0–1、–1–1 两种模式。

⑥根据指定时间范围的多个遥测参数,将遥测数据按照特定格式导出到本地;提取曲线图、数据表格、数值等内容,生成 Word 分析报告。

⑦支持设备参数的分类管理,能够配置异常参数的阈值,分析遥测数据中异常的参数,记录参数异常时间和异常值;具备异常参数查询、预警消息推送等提醒能力。

6.3.4 工程管理

工程管理模块对算法库、工具库进行管理,形成通用的评估计算支撑工具,同时对航天器型号、型号人员及评估任务进行管理,如图 6–5 所示。

1. 算法库管理

(1)支持建立层次结构目录,将算法组件按照用途进行归类管理;

(2)支持对算法组件的用途、作者、封装内容描述、变更信息等属性进行管理;

(3)可对算法组件进行上传、下载操作;

(4)能够对算法组件进行版本管理,查看历史版本信息,并支持任意版本的算法组件下载应用;

(5)支持按照算法组件名称、作者、封装内容描述、用途等信息进行综合查询,通过搜索功能,可以查出算法原理、使用说明及端口使用规则等。

图6-5 算法库

2. 工具库管理

(1)工具库包含系统性能指标评估模板、部件健康状态评估模板、系统参数辨识模板、置信度评估模板、故障诊断与处理模板等多种类型的工具模板；

(2)支持建立层次结构目录,将计算模板按照用途进行归类管理；

(3)能够对计算任务模板进行创建、修改、删除和查看,并可对计算模板进行上传、下载操作,支持对计算模板的用途、作者、描述、变更信息等属性进行管理；

(4)可展示模板属性,包括模板名称、所属分类、排序、模板描述、修改人/修改时间,同时提供更多信息链接,单击可进入任务模板查看页面；

(5)提供计算模板的变更管理功能,可对计算模板进行版本管理,查看历史版本信息,并支持任意版本的计算模板下载应用；

(6)支持按照计算模板名称、作者、用途等信息进行综合查询。

6.3.5 数据库管理

数据库管理包括权限管理、数据管理、资源管理、日志管理,数据库管理属于系统维护功能,提供可配置的多种数据库管理维护策略。

(1)权限管理,通过权限约束来规范用户数据库使用流程,主要包括：

①定义用户权限表,采用账户管理方式,不同用户可以在权限表中对应不同的权限范围；

②权限表中应包括用户名、权限名称、权限范围等；

③最高级别的权限可以创建、删除和修改用户权限表、用户账号、密码；

④用户注册后可以自行修改登录名和密码,具备密码找回验证功能；

⑤提供审批流程模板,支持对公共算法、评估计算模板、型号工程资源等上传过程进行管控。

(2)数据管理,主要包括:

①具备实时管理功能。数据库采用集群设计,主从数据库读写分离,主数据库负责写操作,从数据库负责读操作,降低数据库压力,提高读写效率,确保数据管理操作的实时性。

②支持数据库备份,可设定周期定时备份数据库数据,保证数据的安全性,根据需求选用全量备份或增量备份。

③支持数据库数据恢复,在服务器宕机或其他意外情况导致数据损坏或不完整时,可从数据库备份文件中快速恢复数据。

④数据记录管理操作,包括插入单条数据记录的部分字段、批量插入多条数据记录、通过工具插入数据记录、按条件更新或删除数据记录等。

(3)资源管理,主要包括:

①各种数据、程序、文档、视频、音频、网页等的归类存储、复制、粘贴、删除、更新等;

②允许用户通过可视化界面访问数据库中的各类资源;

③对数据库各项资源自动添加标签,用户可以对各类对象进行命名管理等;

④根据数据库各种资源和数据的特点,以列表、文字、曲线、报表形式进行可视化展示,并支持数据的导出、打印等功能。

(4)日志管理,主要包括:

①根据数据库的更改自动生成日志;

②系统支持用户使用过程的记录,以个人为单位记录,支持对使用的频次进行评估;

③日志可以被拥有权限的用户进行查询、分析、删除、分析、导入导出、打印等;

④提供软件使用意见的提出和反馈功能,支持用户将软件使用意见、问题及时上报,并提供常见问题解决措施的搜索管理功能。

6.4 评估工具设计环境

评估工具设计环境提供了友好可视化界面,如图6-6所示,用户可交互式进行算法和工具编辑、输入处理、输出处理、各类算法和工具封装、调用评估分析模板、评估计算和计算结果数据显示等。

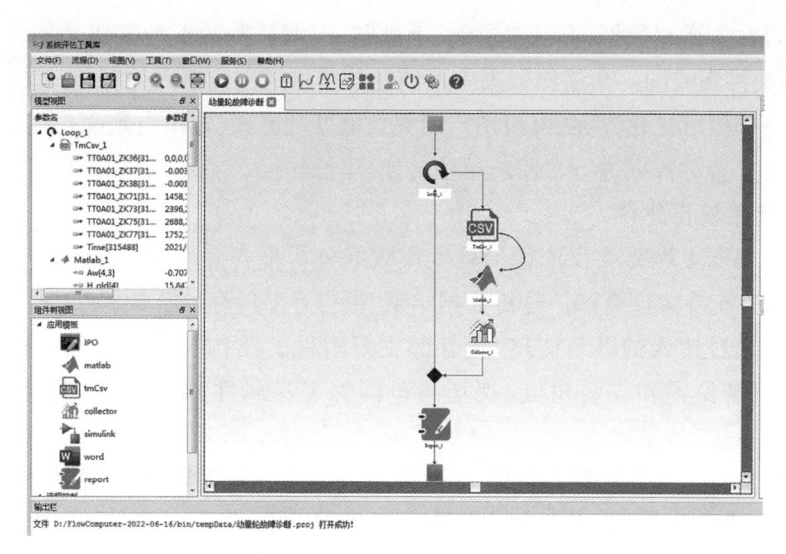

第6章 数据评估系统与仿真模型修正

图6-6 评估工具设计环境可视化界面(彩图见书末)

1. 数据源对接

(1)支持定义数据源接口组件,封装航天器在线数据库数据对接查询操作,通过组件计算查询输出,作为系统评估的数据源;

(2)支持导入特定模式的文档(如仿真结果数据文件、遥测数据文件等),作为系统评估的数据源;

(3)为系统各计算模块提供特定模式的数据文件、参数等进行封装对接,作为各种评估工具的输入;

(4)支持外部导入的特定格式的文档、图表和数据的存储和显示。

2. 数据预处理

(1)支持对查询与导入数据进行数据整理,包括剔除无效数据、非数值数据,遥测重复数据等;

(2)具备数据剔野功能,可以根据配置的上下限自动对数据进行剔野,也可通过视图右键选择局部区域或全部区域进行处理;

(3)支持提取不同曲线间的偏差数据,用户可在曲线视图中选择变量进行偏差数据比对、统计等,并可将处理结果以新的曲线展示、保存,支持设置曲线线型、线宽、颜色、小数点位数等;

(4)支持根据遥测时间或星时,将遥测数据时间、仿真数据时间、系统时间进行对齐,时间差可由用户选择、指定;

(5)对于遥测数据,支持二进制、十进制、十六进制数据的解码功能,可将多种遥测文件源或同一个遥测数据中不同的数据格式进行解码处理;

(6)提供可视化界面,可由用户配置数据处理方式,输出自定义数据格式;

(7)支持对数据进行常用的单位转换、坐标转换。

3. 结果输出处理

(1)根据工程要求及计算工具生成数据分析报告并保存,方便分析结果存储和复现,支持将计算评估分析数据结果、报告等上传存储至数据库中。

(2)通过读入的星结构尺寸、外部主要附件的结构尺寸和安装方位、控制部件的安装位置和安装角度、视场角范围等卫星属性,给出简化卫星的立体显示。

(3)支持定义数据报告组件,对数据报告生成过程进行封装,用户自定义数据报告的模板、格式等,报告输出内容可配置。

(4)支持根据工具模块不同,调用对应的界面模板,自动生成不同类型的报告及图表,报告和图表的模板分为两类,包括通用模板和专用模板。通用模板是不允许用户自行修改的,仅有权限的管理员可进行管理和修改;专用模板允许用户自定义,格式可配置,内容可配置。

6.4.1 算法封装处理及运行

1. 拖放式建模

支持对 IPO、Matlab、TmCsv、Collector 等组件进行封装,从组件区向流程视图区拖放,并按流程顺序调用相应的组件封装程序。组件既可以在本地直接进行封装,也可以从算法库下载复用,算法库以树结构形式展示组件;集成封装完成的算法组件,可提取组件中的输入、输出变量,并以一定的结构层次在模型树视图中显示;通过模型树视图,建立与视图中组件的双向关联机制。

2. 变量映射

组件之间需要传递的变量可通过拖拽的方式建立映射关系,流程中形成对应的变量映射示意线。在"变量映射"对话框中,所有的变量映射均以连线的方式显示出来,连线的左端是开始变量,右端是结束变量。当选中一个目标变量后,在映射关系等式中写出其源变量值,其中,同一个组件之间不能建立变量映射。二者有变量映射关系的组件,视图区以箭头的形式示意,如图 6-7 所示。

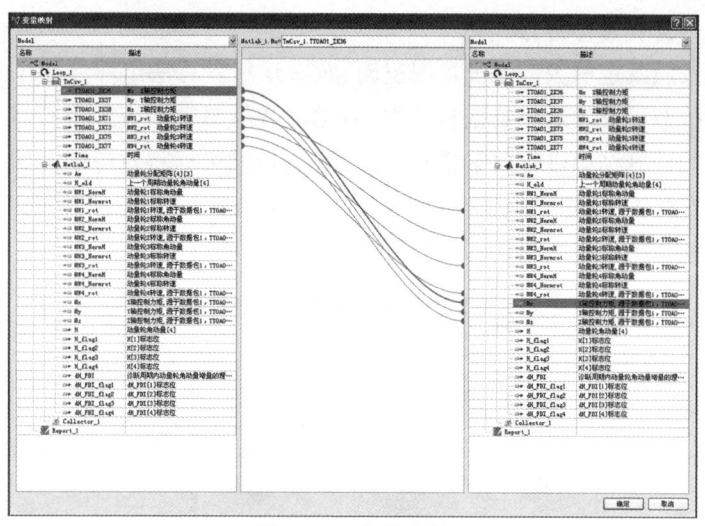

第6章 数据评估系统与仿真模型修正

图6-7 变量映射

3. 报告输出

从数据收集器中选取需要添加到报告中的变量,填写需要输出至报告中对应模块的内容,保存配置。输出报告配置页面,左侧为导航窗格,右侧为编辑框。单击对应的标题,分别在编辑框填写内容。其中,仿真系统数据评估记录表、型号在轨评估记录表需要进行填写及添加变量等,以型号在轨评估记录表为例,如图6-8所示。

图6-8 输出报告配置页面

4. 计算流程调度运行

系统按照既定的数据流及控制逻辑,顺次运行各算法组件。如 TmCsv 遥测组件自动按节拍分发遥测数据包数据,数据收集器自动对流程运行过程中每个节拍数据的计算结果进行收集整理,在流程运行结束后将对应的曲线数据输出至文件或直接查看;输出报告模块在流程运行结束后,自动整理、筛选过程数据,将最终处理结果输出至报告,如图 6-9 所示。

(a)

(b)

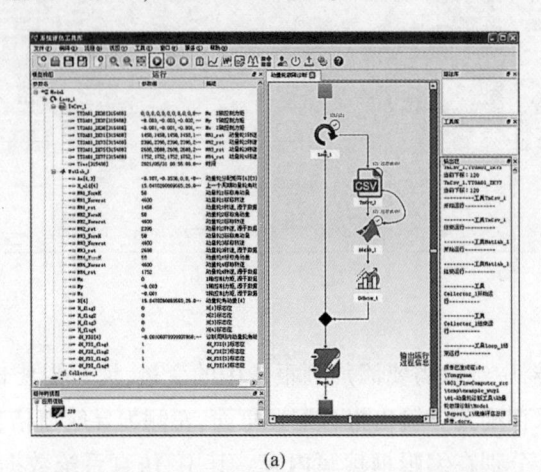

图 6-9　结果输出

(a)运行过程;(b)输出报告。

6.4.2　算法工具发布

上传到服务器端的经过验证的算法或工程,经过多级审批后将正式发布,提供给数据评估人员下载及调用,或在服务器端调用,实时进行遥测数据的预警监测。

1. 上传到服务器端的算法库

在客户端登录到服务端后,在客户端的"算法库"视图区会自动获取当前系统中已存在的目录和已上传的算法,如图 6-10 所示。

上传算法时,在界面中填写算法库的名称、提交日志和上传文件,此文件是封装好的算法文件夹,程序会自动打包成压缩包,可以选择填写的是算法库的原理和端口规则。信息填写完成后,需要单击"验证名称"按钮,查看算法库名称是否重复,完成填写后结果,如图 6-11 所示。

图 6-10 获取 Web 端算法目录

图 6-11 上传算法

2. 上传到服务器端的工具库

登录到服务端后,在客户端右侧的"工具库"视图区会自动加载当前 Web 端已存在的目录和已上传的工具文件,如图 6-12 所示。

图 6-12 获取 Web 端工具库目录

在创建工具库界面中,必须填写工具库的名称、提交日志和上传文件,程序会自动打包成压缩包,可以选择填写的是工具库的原理和端口规则。信息填写完成后,需要单击"验证名称"按钮,查看工具库名称是否重复,完成填写后上传结果。

6.5 评估工具

根据控制系统任务需求，评估工具分为以下几类：性能指标计算工具、故障诊断与处理工具、仿真置信度工具和通用计算工具。

性能指标计算工具主要是利用仿真数据、试验数据和/或在轨数据，分析航天器系统性能与部件状态，评估控制系统指标实现情况与系统健康状态。

故障诊断与处理工具主要是利用其他模块提供的输入参数，结合可诊断性与可重构性设计算法、在轨故障诊断与处理算法、在轨处置记录和评估等按照设置的流程（可定制、可修改）完成相关分析、计算，并将计算结果以文档、程序等形式存储到相关数据库中。

仿真置信度工具主要是利用在轨遥测参数，对航天器系统参数（包括环境扰动参数、星上部件特征参数和系统结构参数等）进行辨识，辨识后的参数可用来修正地面仿真模型的相关参数；通过置信度评估算法对仿真模型进行置信度评估。

通用计算工具主要是开发和研制用于支持性能指标计算工具、故障诊断与处理工具、仿真置信度工具及自定义工具的常用数学计算方法。

6.5.1 性能指标计算工具

1. 系统指标分析工具

利用系统指标分析工具包，可以给出系统性能的量化指标，包括姿态测量精度、姿态控制精度、姿态稳定度、姿态机动时间、帆板控制精度、天线指向精度、对日定向精度、导航精度、轨道控制精度、轨道控制干扰力矩评估和燃料消耗评估等。

2. 部件状态分析工具

利用部件状态分析工具包，可以给出部件状态的量化指标，包括喷气控制状况、动量轮控制状况、CMG 控制状况、磁力矩器控制状况、敏感器测量噪声、陀螺漂移估计、加速度计零偏估计、星敏感器相对基准标定等。

3. 系统指标与健康状态评估工具

根据系统指标与部件状态的分析结果，针对典型模式，通过数据库获取系统指标要求和/或部件标准健康情况表作为评估参考，对控制系统的技术指标及健康状态进行自动评估，特别是对完成各项任务的系统功能、部件状态进行自动评估，提高判读的全面性、快速性和准确性。

6.5.2 故障诊断与处理工具

故障诊断与处理工具是利用其他工具提供的输出结果作为其输入参数，同时利用自身包含的可诊断性与可重构性设计工具、在轨故障诊断与处理工具和在轨处置记录等按照设置的流程(可定制、可修改)完成相关分析、计算，并将计算结果以文档、程序等形式存储。

(1)结合成熟诊断算法,采用统一方法封装、形成故障诊断工具。在不同型号中进行复用,用于支撑故障模拟、可诊断性与可重构性设计、在轨故障诊断与处理,包括动量轮故障诊断、姿控系统喷气异常检测、基于姿态四元数差分角速度的陀螺故障诊断工具等。

(2)提供故障预案卡查询功能。读取大系统平台管理中的故障预案文件,按多属性进行灵活的查询,当系统出现故障时可快速判断故障可能的根源,该项功能既可在线搜索,也可独立于该系统进行离线搜索,便于外出执行任务时携带。

(3)在线预警功能。在轨遥测数据进行故障诊断时,根据相应的故障诊断工具,可实时监测系统健康状况,并对问题情况进行记录。在预警记录页面,用户可以查看已配置预警任务的监控预警信息记录,包括任务名、输入参数、关注参数动态显示、所属设备、开始时间、结束时间、结果等信息。其主要功能如下。

①规则配置:可视化管理遥测参数与所属设备的映射关系,配置遥测参数的上限、下限,形成预警监视任务;

②状态预警:实时监控在轨遥测数据,根据遥测阈值进行预警,直观展示设备运行状态;

③评估工具设定:用户选择与预警需求相应的评估工具,设定在轨遥测参数,形成灵活的预警评估规则,每隔一定时间调用评估工具进行计算,形成评估计算任务;

④计算结果提取:对于评估计算任务结果,提取警告、故障等信息,形成预警记录;

⑤系统整体监控:通过建立多个预警评估规则,监控系统整体运行状态,并支持预警记录搜索、标记已读、导出 Excel 文件。

6.5.3 仿真置信度工具

利用在轨遥测参数,对航天器系统参数(包括环境扰动参数、星上部件特征参数和系统结构参数等)进行辨识,辨识后的参数可用来修改地面仿真模型使用的相关参数,提高平行支持系统的仿真准确性;通过置信度评估算法对仿真模型进行置信度评估。

仿真置信度工具,主要包括以下几种。

(1)置信度评估工具:提供了常用的置信度评估算法,支持平均欧氏距离系数、相关系数、角余弦系数、TIC 不等式系数、基于时间序列的动态响应可信度距离验证、基于概率度量的 K 邻近置信度评估算法、基于最大差距的置信度评估算法等,如图 6-13 所示。置信度评判标准的设置,作为后续置信度评估前需要设置的评判标准。

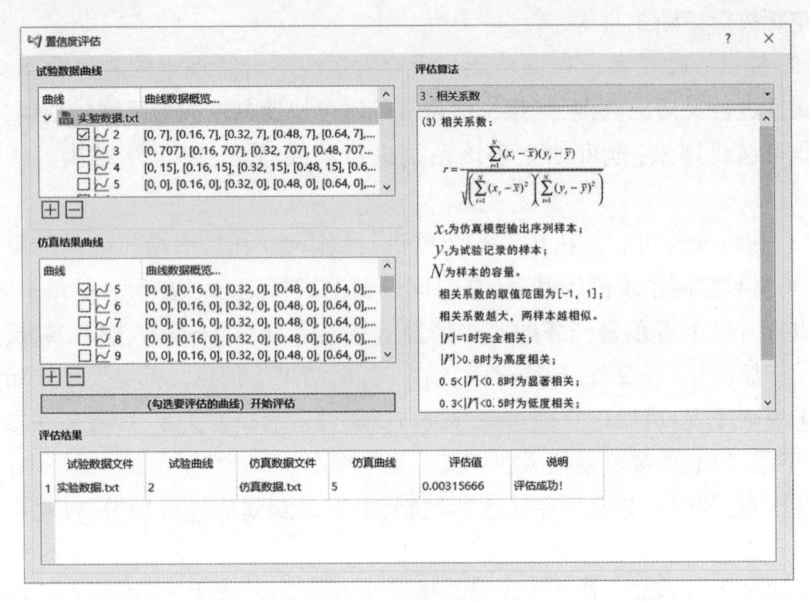

图 6-13 相关系数评估

(2)分布查询工具:提供标准正态分布、泊松分布、t 分布、卡方分布、F 分布查询。

(3)系统参数辨识工具:采用统一方法封装形成系统自定义参数辨识工具,如太阳光压系数辨识工具。

6.5.4 通用计算工具

通用计算工具主要包括常用的数理统计和数据分析计算方法,用于支持性能指标计算工具、故障诊断与处理工具、仿真置信度工具及自定义工具的开发研制。基本的工具如下：

（1）统计量分析，包括计算均值、方差、最大值、最小值、中位数、求和、变异系数、四分位数间距等基本数理统计和数据分析工具；

（2）数据的分布分析，如正态分布、均匀分布、幂率分布等概率模型的相关参数分析；

（3）数据间的对比分析，如绝对数比较、相对数比较等；

（4）进行傅里叶级数和二项式级数拟合，并输出拟合曲线、参数和拟合误差；

（5）进行傅里叶变换，开展频谱分析；

（6）贡献度分析，如基于帕累托法则分析不同因素的贡献度情况；

（7）相关性分析，如各类相关系数的计算；

（8）根据分析结果绘制直方图、饼形图、散点图、曲线图和相应表格等功能；

（9）基于概率度量的 K 邻近置信度评估方法、基于最大差距的置信度评估方法。

6.6 模型修正

航天技术发展至今，已经有多种模型修正方法成功应用于航天器的研制。在国外研制的航天器中，通过泰坦运载火箭发射到土星的航天器 Cassini，使用了模态试验和静态试验的结果进行有限元模型的修正，并使用基于灵敏度分析的模型修正方法，通过调整大量模型参数，增强分析模型与试验结果的一致性，进而完成模型修正[21]；在结合数学优化方法后，研究人员针对另一复杂航天器通过使用 Guyan 缩聚法将有限元模型的刚度及质量矩阵减少到和试验测量点匹配的自由度，进而提高模型的精度[22]。并采用交叉正交性作为修正后的相关性标准，以确保主要模态测试和分析结果具有良好的一致性。我国也同样完成了东-4 平台某卫星整星有限元模型验证，研究人员使用初始的有限元建模，并结合实际状态，得到试验分析模型，作为模态试验与模型修正的基础。在模态试验中，测量了卫星的主要模态参数，并使用 Guyan 缩聚法简化了有限元模型，确保模型与试验数据的相关性。随后，通过逆特征灵敏度方法对整星的模型进行参数修正，调整关键参数[23]。

在面对复杂的大型航天器时，由于复杂工程结构中不确定因素较多和不确定参数的变化范围较大等问题，使用基于分层思想的模型修正方法能够有效降低修正难度[24]。还可通过加入人工智能技术，进行基于智能算法的多状态修正。在文献[25]中，作者首先对无法完全反映实际动态特性的初始模型，进行分状态灵敏度分析，确定对动态响应影响最大的关键修正参数。然后，针对每个状态使用"小误差"修正理论进行逐状态修正。但由于在修正过程中可能会遇到不同状态对同一参数的要求出现冲突的情况，作者提出了单状态–多状态协同修正的方法。最后，基于多个状态的试验数据，通过遗传算法等智能优化方法进行多状态协同修正，找到了全局最优解。

上述这些文献给出的方法多是根据试验的结果进行动力学模型修正，对于航天器控制系统而言，在轨数据成为模型修正的主要数据源。地面模型仿真结果与在轨飞行数据比对，进行置信度分析和评估，即当地面模型仿真结果与在轨飞行数据变化趋势一致时，各时间点对应数据偏差离散度（如标准差）作为衡量地面模型仿真的置信度水平的依据。当地面模型仿真结果与在轨飞行数据偏差离散度符合要求时，可认为地面模型仿真结果可信；否则，需要根据在轨飞行数据对地面仿真模型进行修正。同样，当航天器出现故障后，进行故障复现，根据地面复现结果与在轨实测结果比对，对故障模型的置信度进行评估。当置信度评估结果达到要求后，则认可该故障模型。

基于在轨飞行数据，利用数据评估系统工具，能够更加便捷地完成对影响航天器控制性能的典型模型的评估及修正。这里以太阳光压模型修正和星敏感器安装误差模型修正为例，阐述如何运用数据评估系统算法完成数据评估及仿真模型修正。

6.6.1 太阳光压模型修正

某航天器在设计阶段，太阳光压仿真模型如下所示：

$$T_{ds} = a_0 + \sum_{k=1}^{4} (a_k \cos(k\theta) + b_k \cdot \sin(k\theta))$$

式中：θ 为太阳在 XZ 平面内的投影和 Z 轴的夹角，从正 Y 方向看，逆时针方向度量，θ 取值范围为 $0° \sim 360°$；a_i、b_j（$i=0,1,2,3,4;j=0,1,2,3,4$）为光压模型傅里叶函数系数，由该光压力矩模型计算得到的冬夏至期间干扰角动量日周期变化曲线见图 6–14 和图 6–15，太阳光压引起的角动量变化情况（理论设计值）见表 6–1。

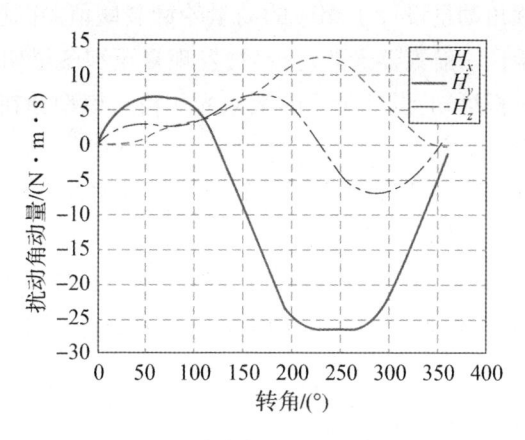

图 6-14　设计阶段夏至太阳光压引起的
角动量日周期变化曲线

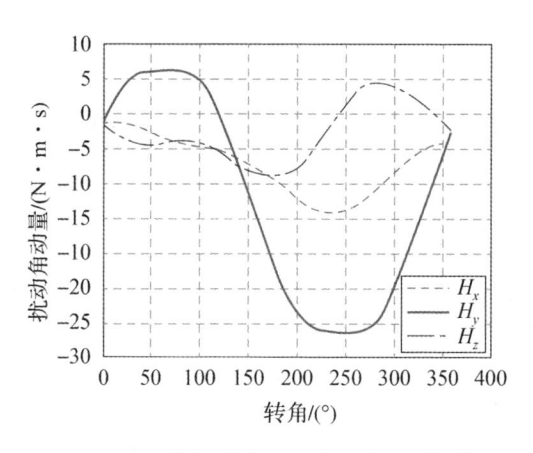

图 6-15　设计阶段冬至太阳光压引起的
角动量日周期变化曲线

表 6-1　太阳光压引起的角动量变化情况(理论设计值)

时节	一天的积累量/(N·m·s)			一天内的波动量/(N·m·s)		
	H_{dx}	H_{dy}	H_{dz}	H_{dx}	H_{dy}	H_{dz}
夏至	-0.469	-0.665	1.082	±6.565	±16.657	±7.146
冬至	-2.715	-0.688	-1.081	±5.748	±16.662	±5.990

航天器控制系统仿真

采用上述干扰角动量设计了相应的动量轮卸载阈值,并基于上述光压模型开展了数学仿真验证。航天器入轨运行后,发现夏至和冬至期间航天器 X 轴频繁喷气卸载。经分析可知,设计阶段的太阳光压仿真模型和在轨太阳光压实际特性存在一定区别。

通过调用系统评估工具库中的"太阳光压系数估计工具",如图 6-16 所示,计算得到新的光压系数。以此系数对太阳光压模型仿真模型进行了修正,并设计了新的角动量卸载包络线,如表 6-2 所列。通过遥控注入修改后的相应控制参数,动量轮卸载次数明显减少,说明太阳光压系数修正有效。

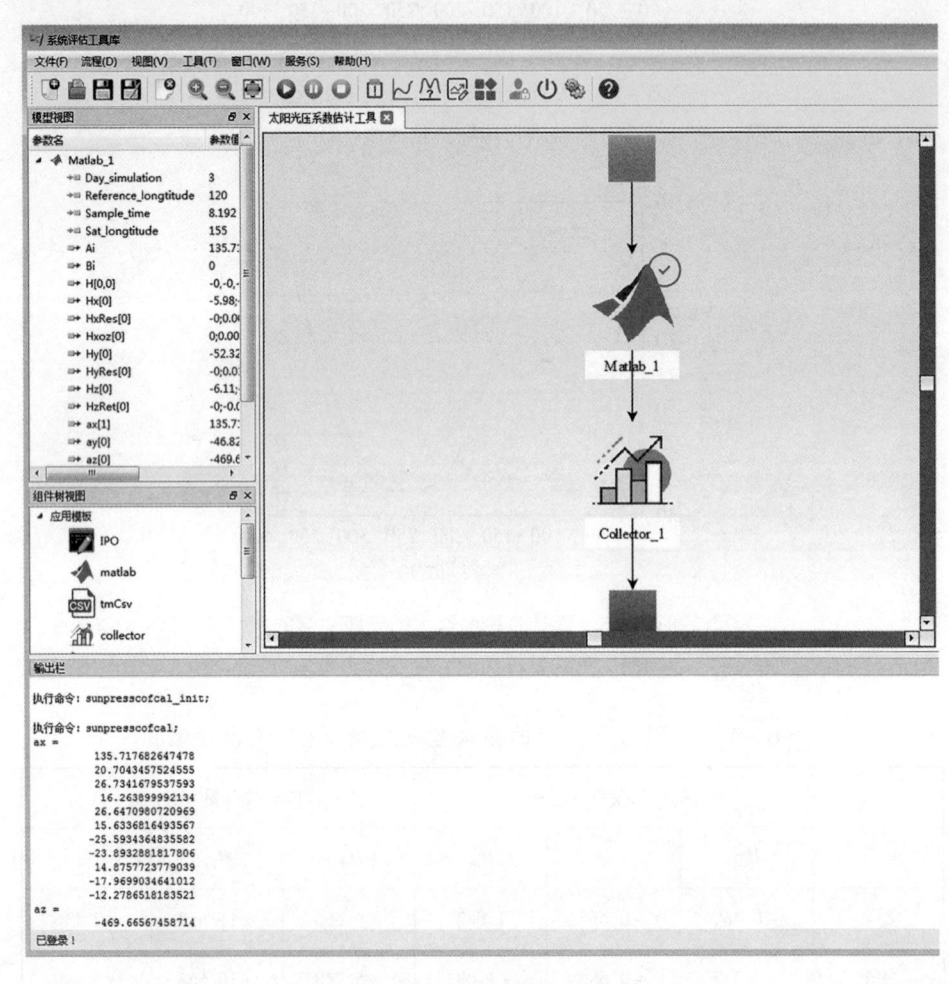

图 6-16　调用太阳光压系数估计工具

表 6-2　太阳光压引起的角动量变化情况(基于仿真模型修正后的理论设计值)

时节	一天的积累量/(N·m·s)			一天内的波动量/(N·m·s)		
	H_{dx}	H_{dy}	H_{dz}	H_{dx}	H_{dy}	H_{dz}
夏至	2	<4	2.8	±7	±25	±7
冬至	−2	−4	−2.8	±7	±28	±7

6.6.2　星敏感器系统误差模型修正

星敏感器是航天器姿态控制的核心测量部件。为提高控制系统可靠性,一般情况下,航天器安装 2~3 个星敏感器。航天器在轨运行时,由于太阳辐射、地球反照、地球红外辐射以及航天器内部热源等多种因素的影响,其外部环境温度会发生显著变化。星敏感器内部包含精密的光学元件和机械结构,这些部件对温度变化敏感,内部产生热应力引发热变形。除热变形外,星敏感器在轨变形还会受到机械振动、微重力环境等因素的影响。这些因素可能导致星敏感器的理论输出和实际输出有偏差。对于多星敏感器系统而言,在轨变形还会影响星敏感器之间的协同工作,进一步影响航天器姿态确定精度和载荷指向精度。

通常在进行设计和地面仿真验证的时候,会建立星敏感器安装误差和在轨结构热变形模型,并通过在轨数据对模型进行验证和修正。首先,根据载荷指向偏差校准星敏感器 A 的系统误差(包括安装误差、短周期误差、热变形等),使星敏感器 A 的基准与载荷指向一致;然后再以星敏感器 A 为基准,估算并修正其他星敏感器的系统误差,由此完成航天器上所有星敏感器的误差模型修正,最终可使单个星敏感器或多个星敏感器协同工作时的姿态确定精度均满足载荷指向高精度任务需求。

星敏感器精度分析及模型修正算法已作为成熟规范化算法封装成系统的评估工具,如图 6-17 所示。通过调用该工具,实现星敏感器的精度分析,并给出相应的模型修正参数及仿真结果,建立修正后的系统误差模型,并将相关参数注入航天器,实现在轨高精度姿态确定和载荷精准指向。

图 6-18 和图 6-19 的仿真结果表明,利用系统评估工具库内的星敏感器精度分析及模型修正算法,可以将基于不同星敏感器的姿态确定误差显著缩小。系统评估工具库内的算法都是经过多个在轨航天器验证过的成熟规范算法,不仅方便设计人员使用,而且便于知识管理,通过数字工具实现了设计经验的传承。

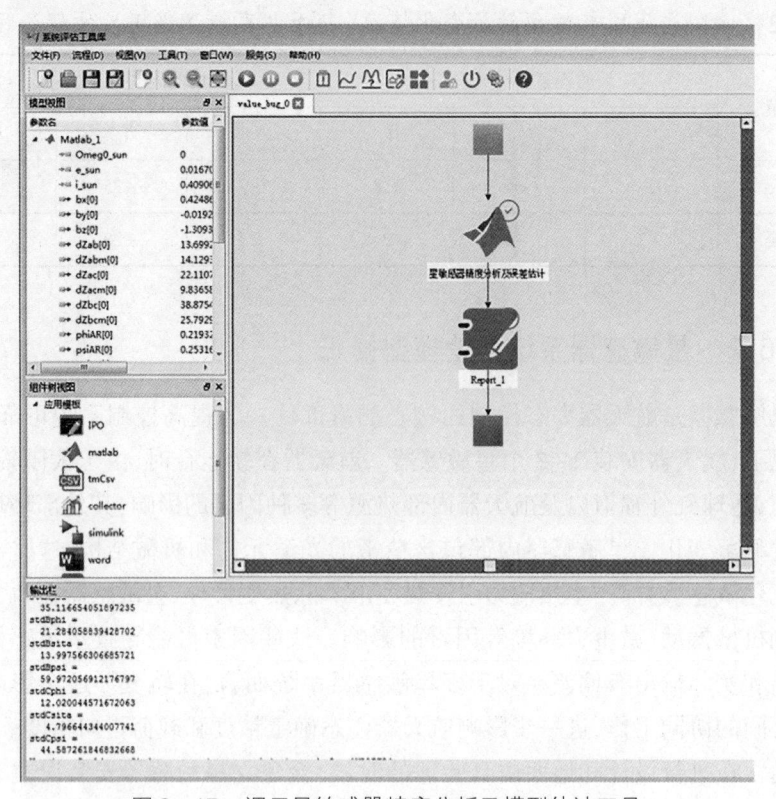

图 6-17 调用星敏感器精度分析及模型估计工具

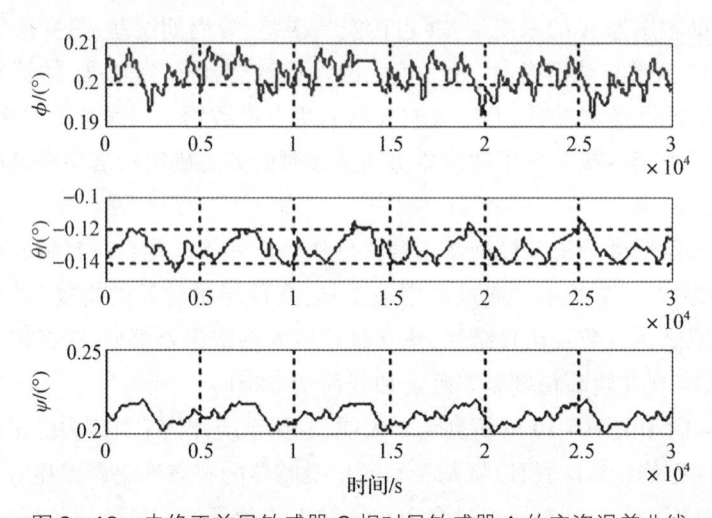

图 6-18 未修正前星敏感器 C 相对星敏感器 A 的定姿误差曲线

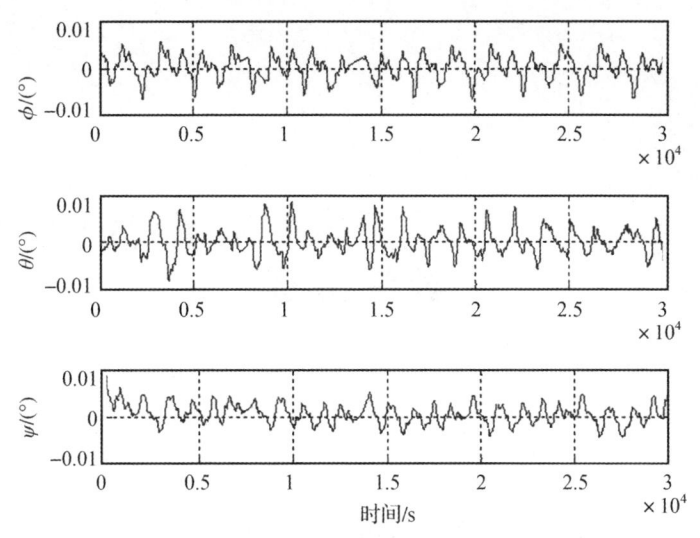

图 6-19　修正后星敏感器 C 相对星敏感器 A 的定姿误差曲线

6.7　本章小结

　　本章介绍了数据评估系统的典型功能,包括分析、评估、预警及诊断等方法,用于开展仿真数据、地面测试数据及在轨遥测数据的分析处理,评估控制系统及部件的性能,监视控制系统在轨关键部件的工作情况,同时评估设计仿真模型准确性并进行模型修正。数据评估与模型修正是航天器控制系统仿真的重要组成部分,良好的数据评估系统不仅能够提高多源数据和模型的利用率,而且能够通过模型修正,更加真实地刻画模拟控制系统的在轨表现,实现在轨航天器控制系统的地面数字孪生。

第7章 航天器控制系统液体晃动数学仿真

7.1 概 述

随着有效载荷的不断增加和运行寿命的日益提高,航天器往往会携带大量的液态燃烧剂和氧化剂,其质量占运载火箭总质量的90%以上,占传统高轨卫星总质量的50%左右。在航天器进行强机动任务时,大量液体的晃动会对航天器产生晃动作用力及力矩[26],一旦晃动作用的干扰超过了控制系统的调节范围,可能会造成控制系统的不稳定,甚至影响航天器任务成败。此外,液体晃动与航天器整体运动的耦合作用还会对航天器系统的振动特性产生显著影响,航天工程中有名的POGO现象是指由于火箭的纵向振动频率与推进反馈系统频率发生耦合而产生的纵向共振[27]。因此,准确预测液体晃动规律及其对航天器运动的影响对于航天器控制系统的设计具有重要意义。

就重力环境而言,充液航天器所处的重力环境大致可以分为常重和微重两种。充液航天器所处的常重环境一般包括航天器受到星体的重力作用或自身存在足够大推力的情况,如运载火箭的发射过程或传统高轨航天器的变轨过程,前者过载加速度可以达到$5\sim6g$,后者则大约为$0.01g$,其中g为地球表面的重力加速度。在这些情况下液体晃动分析可以忽略表面张力的作用,其分析方法比较成熟。微重环境则广泛存在于环绕地球或其他星体飞行的航天器中,航天器内部由于星体引力充当环绕星体的向心力,基本处于失重状态,仅存在微小的残余重力加速度,此时液体所受惯性力提供的回复力很小,航天器内的液体更容易发生运动且不容易达到稳定状态,液面翻卷、破碎以及液体飞溅等非线性现象也更容易发生[28]。同时,微重环境下表面张力会起主导作用,此时液体的静平衡液面不再水平,而是呈现"新月形"甚至箱体内表面全浸润的形态,其具体形态受液体属性、残余加速度、贮箱内表面属性及几何形状等多因素的影响,随机性很强,很难通过理论方法进行精确分析。

本章针对目前应用于航天器闭环控制仿真的主要液体晃动仿真验证手段,包括等效力学模型和数值仿真方法进行介绍。

7.2 液体晃动的等效力学模型

在航天器动力学分析和控制系统设计中,通常希望用简单高效的力学模型计算代替比较复杂费时的晃动流场计算。因此,工程上一般采用等效力学模型来模拟贮箱内的液体晃动,如单摆模型或弹簧 – 质量模型等,这样就将液体这一连续介质的无穷维运动用刚体的近线性运动来代替,从而可以比较容易地将液体晃动动力学方程整合到航天器耦合动力学方程中。

一般我们提到的液体晃动等效力学模型指的是常重环境下液体小幅晃动时导出的等效力学模型。由于常重环境下液体发生小幅横向晃动的时候,液体质心主要表现为在平衡位置附近的振动,单摆等效力学模型或弹簧 – 质量等效力学模型广泛应用在充液航天器的动力学研究当中。等效力学模型方法基于液体的势流理论,不仅要满足等效频率与原系统特征频率的对应关系,还要保证系统对航天器的作用力和力矩与原系统相等。贮箱在进行运动时,会带动壁面附近的液体一同运动,自由液面附近的液体则会产生小幅晃动[29]。因此,等效力学模型可以分为两部分:随贮箱一同运动,相对贮箱保持静止的液体可以用一个静止质量块代替;自由液面附近相对贮箱晃动的液体可以用单摆或以无质量弹簧与贮箱连接的晃动质量块代替,如图 7 – 1 所示。等效力学模型由于模型的动力

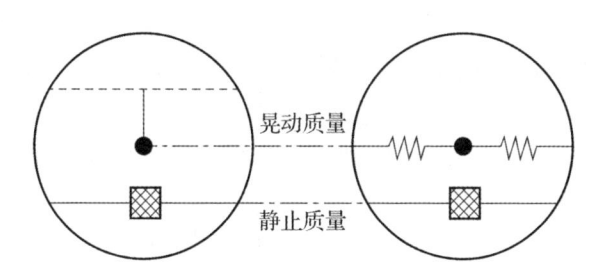

图 7 –1 常重环境液体晃动的等效力学模型

学分析简便,能够很容易地耦合到航天器系统动力学当中,便于充液航天器动力学的系统研究。本节主要就目前常规的液体晃动等效力学模型参数计算方法[30]进行介绍。

7.2.1 液体小幅自由晃动的理想数学建模

刚性容器中的液体在小幅自由晃动的情况下,液体的黏性仅对壁面附近的一薄层内的流动产生强烈的影响,我们称这一层为 Stokes 边界层。在边界层之外液体的流动可近似地看作无黏的理想流。因此我们可以分两部分来建模,一部分是内部的理想流模型,另一部分是固壁上的 Stokes 边界层模型。

1. 理想流模型

设容器中液体占据的区域为 V,固壁边界为 S_w,自由液面为 S_f,边界处的外法线方向为 n。由于一般情况下 Stokes 边界层的厚度很小,因此可近似地用固壁边界代替理想流模型的边界。设液体速度为 V,速度势为 Φ,则有

$$V = \nabla \Phi \tag{7-1}$$

在区域 V 内液体流动的控制方程是拉普拉斯方程:

$$\Delta \Phi = 0, \quad 在区域 V 内 \tag{7-2}$$

固壁处的边界条件为不可渗透边界条件:

$$\frac{\partial \Phi}{\partial n} = 0, \quad 在固壁边界 S_w 上 \tag{7-3}$$

式中:n 为边界处的外法线方向,自由液面处动力学边界条件为

$$\frac{\partial \Phi}{\partial t} = -gh, \quad 在自由液面 S_f 上 \tag{7-4}$$

其中,g 为等效重力加速度;h 为波高。在小幅晃动的情况下,自由液面处有近似的几何学关系:

$$\frac{\partial \Phi}{\partial n} = \frac{\partial h}{\partial t}, \quad 在自由液面 S_f 上 \tag{7-5}$$

对于自由晃动的情况,将速度势写成时空分离的形式:

$$\Phi = \phi e^{i\omega t} \tag{7-6}$$

式中:ϕ 为速度势幅值;ω 为角频率,则控制方程式(7-2)和边界条件式(7-3)~式(7-5)可写成

$$\Delta \phi = 0, \quad 在区域 V 内 \tag{7-7}$$

$$\frac{\partial \phi}{\partial n} = 0, \quad 在固壁边界 S_w 上 \tag{7-8}$$

$$\mathrm{Re}(\mathrm{i}\omega\phi\mathrm{e}^{\mathrm{i}\omega t}) = gh, \quad 在自由液面 S_\mathrm{f} 上 \qquad (7-9)$$

$$\mathrm{Re}\left(\mathrm{e}^{\mathrm{i}\omega t}\frac{\partial \phi}{\partial \boldsymbol{n}}\right) = \frac{\partial h}{\partial t}, \quad 在自由液面 S_\mathrm{f} 上 \qquad (7-10)$$

由式(7-9)、式(7-10)消去 h 得

$$\frac{\partial \phi}{\partial \boldsymbol{n}} = \frac{\omega^2}{g}\phi, \quad 在自由液面 S_\mathrm{f} 上 \qquad (7-11)$$

以上便是小幅自由晃动的理想流模型,通过它可以近似地求得晃动的频率和短时间内液体流动的情况,但它没有阻尼,不能表征振幅减小的现象。

2. Stokes 边界层模型

由于 Stokes 边界层在一般的情况下非常薄,因此考虑壁面某一点附近边界层内的流动时可将该点处的壁面看作无限大平板,在边界层内液体的速度可近似处理成与壁面平行,流动由下面的方程决定:

$$\frac{\partial \boldsymbol{V}}{\partial t} = v\frac{\partial^2 \boldsymbol{V}}{\partial z^2} \qquad (7-12)$$

式中:$\boldsymbol{V}$ 为液体速度;z 为壁面法向坐标;v 为液体的运动黏性系数。在固壁处的边界条件为无滑移边界条件:

$$\boldsymbol{V} = 0, \quad z = 0 \qquad (7-13)$$

在边界层外缘流体的速度可近似处理成等于理想流模型求得的壁面处的速度,即

$$\boldsymbol{V} = \boldsymbol{V}_0, \quad z \to \infty \qquad (7-14)$$

在自由晃动的情形下,$\boldsymbol{V}_0$ 可写成 $\boldsymbol{V}_0 = \boldsymbol{U}\mathrm{e}^{\mathrm{i}\omega t}$ 的时空分离的形式。下面来求解该边界值问题,设

$$\boldsymbol{V}' = \boldsymbol{V}_0 - \boldsymbol{V} \qquad (7-15)$$

则上面的方程和边界条件可写成

$$\frac{\partial \boldsymbol{V}'}{\partial t} = v\frac{\partial^2 \boldsymbol{V}'}{\partial z^2} \qquad (7-16)$$

$$\boldsymbol{V}' = \boldsymbol{V}_0 = \boldsymbol{U}\mathrm{e}^{\mathrm{i}\omega t}, \quad z = 0 \qquad (7-17)$$

$$\boldsymbol{V}' = 0, \quad z \to \infty \qquad (7-18)$$

将 $\boldsymbol{V}'$ 写成时空分离的形式:

$$\boldsymbol{V}' = \boldsymbol{V}_z \mathrm{e}^{\mathrm{i}\Omega t} \qquad (7-19)$$

代入式(7-16)中得

$$\mathrm{i}\Omega \boldsymbol{V}_z = v\frac{\mathrm{d}^2 \boldsymbol{V}_z}{\mathrm{d}z^2} \qquad (7-20)$$

它的通解为
$$V_z = C\exp[\,(i\Omega/v)^{1/2}z\,] \quad (7-21)$$
或
$$V_z = C\exp[\,-(i\Omega/v)^{1/2}z\,] \quad (7-22)$$
考虑到 $z\to\infty$ 时的边界条件，V_z 不应发散因此取后者。则 V' 的通解为
$$V' = C\exp[\,-(i\Omega/v)^{1/2}z\,]e^{i\Omega t} \quad (7-23)$$
由 $z=0$ 处的边界条件有 $C=U$ 和 $\Omega=\omega$，于是可以得到
$$V' = U\exp[\,-(i\omega/v)^{1/2}z\,]e^{i\omega t} \quad (7-24)$$
由此求得边界层内的液体流动速度为
$$V = Ue^{i\omega t}\{1-\exp[\,-(i\omega/v)^{1/2}z\,]\} \quad (7-25)$$

3. 液体晃动线性阻尼

在不考虑毛细滞后和液面污染的情况下，液体晃动的阻尼主要来自两部分，一部分是壁面 Stokes 边界层内的能量耗散带来的阻尼，另一部分是理想流区域对应的那部分流动带来的黏性耗散阻尼。而对于液面受到严重污染的情况，一般采用的处理方法是将液面看作覆盖了一层不可伸展的膜，因此同样用 Stokes 边界层理论来计算液面污染带来的阻尼。

1) Stokes 边界层能量耗散

对于液面没有受到污染的情况仅在壁面上有 Stokes 边界层，在一个晃动周期内的平均能量耗散率为

$$D_1 = \frac{1}{2}\rho\left(\frac{1}{2}\nu\omega\right)^{1/2}\iint_{S_w}|U|^2\mathrm{d}S \quad (7-26)$$

对于液面受到严重污染的情况，若将液面看作覆盖了一层不可伸展的膜，则其 Stokes 边界层能量耗散为

$$D_2 = \frac{1}{2}\rho\left(\frac{1}{2}\nu\omega\right)^{1/2}\iint_{S_f}|U|^2\mathrm{d}S \quad (7-27)$$

对于液面不同污染程度的情况，可以使 D_2 乘以一个度量污染程度的系数 α 作为液面处的能量耗散率，α 需要通过实验来确定，一般取 $0\leqslant\alpha\leqslant 1$。

2) 内部流体能量耗散

对于流体的黏性耗散有如下耗散函数：

$$F = \frac{\mu}{2}\int_V \aleph(V)\mathrm{d}V \quad (7-28)$$

式中：μ 为动力黏性系数；V 为流体速度，$V=[\,V_x \quad V_y \quad V_z\,]^\mathrm{T}$，以及耗散函数：

$$\aleph(V) = 2\left(\frac{\partial V_x}{\partial x}\right)^2 + 2\left(\frac{\partial V_y}{\partial y}\right)^2 + 2\left(\frac{\partial V_z}{\partial z}\right)^2 + \left(\frac{\partial V_z}{\partial y} - \frac{\partial V_y}{\partial z}\right)^2 + \left(\frac{\partial V_x}{\partial z} - \frac{\partial V_z}{\partial x}\right)^2 + \left(\frac{\partial V_y}{\partial x} - \frac{\partial V_x}{\partial y}\right)^2$$

对于理想流有 $V = \nabla \Phi$，因此式(7-28)可写成：

$$F = \frac{\mu}{2} \int_V \Re(\Phi) \mathrm{d}V \qquad (7-29)$$

其中

$$\Re(\Phi) = 2\left(\frac{\partial^2 \Phi}{\partial x^2}\right)^2 + 2\left(\frac{\partial^2 \Phi}{\partial y^2}\right)^2 + 2\left(\frac{\partial^2 \Phi}{\partial z^2}\right)^2 + 4\left(\frac{\partial^2 \Phi}{\partial x \partial y}\right)^2 + 4\left(\frac{\partial^2 \Phi}{\partial y \partial z}\right)^2 + 4\left(\frac{\partial^2 \Phi}{\partial z \partial x}\right)^2$$

进而可得到一个周期内液体内部的平均能量耗散率为

$$D_3 = \frac{\omega}{2\pi} \int_0^{\frac{2\pi}{\omega}} 2F \mathrm{d}t = \frac{\omega}{2\pi} \int_0^{\frac{2\pi}{\omega}} \mu \int_V \Re(\phi) \mathrm{d}V \cos^2 \omega t \mathrm{d}t = \frac{1}{2} \mu \int_V \Re(\phi) \mathrm{d}V \qquad (7-30)$$

3）阻尼比

在一个周期内晃动的平均总机械能为

$$E = \frac{\rho}{2} \int_V |\nabla \phi|^2 \mathrm{d}V \qquad (7-31)$$

于是得到阻尼比为

$$\gamma = \frac{D_1 + \alpha D_2 + D_3}{2\omega E} \qquad (7-32)$$

7.2.2 液体晃动参数计算方法

在 2.3.5 节航天器充液姿态动力学建模方法简单给出了液体晃动动力学建模基本假设及简化方法，粗略给出了质量－弹簧系统或重力场中单摆两种等效力学模型。本节基于 7.2.1 节理想流模型的推导，结合有限元分析方法给出液体晃动等效模型参数的计算方法。

1. 变分原理

式(7-2)和边界条件式(7-3)~式(7-11)等效的 Galerkin 提法可表示如下：

$$\int_V \Delta \phi \delta \phi \mathrm{d}V - \int_{S_w} \frac{\partial \phi}{\partial \boldsymbol{n}} \delta \phi \mathrm{d}S - \int_{S_f} \left(\frac{\partial \phi}{\partial \boldsymbol{n}} - \frac{\omega^2}{g} \phi\right) \delta \phi \mathrm{d}S = 0 \qquad (7-33)$$

由于

$$\int_V \Delta \phi \delta \phi \mathrm{d}V = \int_V \left(\frac{1}{2} \Delta \phi \delta \phi + \frac{1}{2} \Delta \phi \delta \phi\right) \mathrm{d}V$$

$$= \int_V \left(\frac{1}{2} \Delta \phi \delta \phi + \frac{1}{2} \phi \Delta(\delta \phi)\right) \mathrm{d}V - \frac{1}{2} \int_{S_w + S_f} \phi \frac{\partial(\delta \phi)}{\partial \boldsymbol{n}} \mathrm{d}S + \frac{1}{2} \int_{S_w + S_f} \delta \phi \frac{\partial \phi}{\partial \boldsymbol{n}} \mathrm{d}S$$

$$= \delta\left(\int_V \frac{1}{2}\phi\Delta\phi dV\right) - \frac{1}{2}\int_{S_w+S_f}\phi\frac{\partial(\delta\phi)}{\partial \boldsymbol{n}}dS + \frac{1}{2}\int_{S_w+S_f}\delta\phi\frac{\partial\phi}{\partial \boldsymbol{n}}dS \quad (7-34)$$

将式(7-34)代入式(7-33)可得

$$\delta\left(\int_V \frac{1}{2}\phi\Delta\phi dV\right) - \frac{1}{2}\int_{S_w+S_f}\phi\frac{\partial(\delta\phi)}{\partial \boldsymbol{n}}dS - \frac{1}{2}\int_{S_w+S_f}\delta\phi\frac{\partial\phi}{\partial \boldsymbol{n}}dS + \int_{S_f}\frac{\omega^2}{g}\phi\delta\phi dS = 0$$

$$\Rightarrow \delta\left(\int_V \frac{1}{2}\phi\Delta\phi dV\right) - \frac{1}{2}\int_{S_w+S_f}\left[\phi\delta\left(\frac{\partial\phi}{\partial \boldsymbol{n}}\right) + \delta\phi\frac{\partial\phi}{\partial \boldsymbol{n}}\right]dS + \int_{S_f}\frac{\omega^2}{g}\delta\left(\frac{1}{2}\phi^2\right)dS = 0$$

$$\Rightarrow \delta\left(\int_V \frac{1}{2}\phi\Delta\phi dV\right) - \frac{1}{2}\int_{S_w+S_f}\delta\left(\phi\frac{\partial\phi}{\partial \boldsymbol{n}}\right)dS + \int_{S_f}\frac{\omega^2}{g}\delta\left(\frac{1}{2}\phi^2\right)dS = 0$$

$$\Rightarrow \frac{1}{2}\delta\left(\int_V \phi\Delta\phi dV - \int_{S_w+S_f}\phi\frac{\partial\phi}{\partial \boldsymbol{n}}dS + \int_{S_f}\frac{\omega^2}{g}\phi^2 dS = 0\right) = 0$$

$$\Rightarrow \delta\left(-\int_V \nabla\phi\nabla\phi dV + \int_{S_f}\frac{\omega^2}{g}\phi^2 dS\right) = 0 \quad (7-35)$$

可得原边值问题的变分形式提法:

$$\delta\Pi = 0 \quad (7-36)$$

其中

$$\int_V \nabla\phi\nabla\phi dV - \int_{S_f}\frac{\omega^2}{g}\phi^2 dS = 0 \quad (7-37)$$

2. 有限元离散

设单元的节点数为 m,在第 i 个单元内, ϕ 有如下形式:

$$\phi_i = \sum_{j=1}^m \phi_{ij}N_j \quad (7-38)$$

式中: ϕ_{ij} 为第 i 个单元的第 j 个节点处的 ϕ 值; N_j 为第 j 个节点的插值形函数。 Π 写成有限元离散的形式如下:

$$\Pi = \sum_i \int_{V_i} \nabla\phi_i \cdot \nabla\phi_i dV_i - \sum_i \int_{S_f^i}\frac{\omega^2}{g}\phi_i^2 dS_i$$

$$= \sum_i \int_{V_i}\left(\sum_{j=1}^m \phi_{ij}\nabla N_j\right)\cdot\left(\sum_{j=1}^m \phi_{ij}\nabla N_j\right)dV_i - \sum_i \int_{S_f^i}\frac{\omega^2}{g}\left(\sum_{j=1}^m \phi_{ij}N_j\right)^2 dS_i$$

$$= \sum_i \sum_{j=1}^m \sum_{k=1}^m \phi_{ij}\left(\int_{V_i}\nabla N_j\cdot\nabla N_k dV_i\right)\phi_{ik} - \frac{\omega^2}{g}\sum_i \sum_{j=1}^m \sum_{k=1}^m \phi_{ij}\left(\int_{S_f^i}N_j N_k dS_i\right)\phi_{ik}$$

$$(7-39)$$

式中: V_i 为第 i 个单元所占据的区域; S_f^i 为第 i 个单元处于自由液面上的面,如果该单元没有位于自由液面上的面,则 S_f^i 为空集。令

$$\begin{cases} \boldsymbol{\phi}^i = [\phi_{i1}, \phi_{i2}, \cdots, \phi_{im}]^T \\ K^i = \{K^i_{jk}\}, K^i_{jk} = \int_{V_i} \nabla N_j \cdot \nabla N_k \mathrm{d}V_i \\ B^i = \{B^i_{jk}\}, B^i_{jk} = \int_{S^i_f} N_j N_k \mathrm{d}S_i \end{cases} \quad (7-40)$$

则 Π 可写成

$$\Pi = \sum_i \boldsymbol{\phi}^{iT} K^i \boldsymbol{\phi}^i - \frac{\omega^2}{g} \sum_i \boldsymbol{\phi}^{iT} B^i \boldsymbol{\phi}^i \quad (7-41)$$

若将所有节点处的 ϕ 值排列成列阵 $\boldsymbol{\phi}^o$，则式(7-41)还可以写成

$$\Pi = \boldsymbol{\phi}^{oT} K \boldsymbol{\phi}^o - \frac{\omega^2}{g} \boldsymbol{\phi}^{oT} B \boldsymbol{\phi}^o \quad (7-42)$$

其中，矩阵 K 和 B 分别由 K^i 和 B^i 集成得到。由原边值问题的变分形式 $\delta \Pi = 0$，有

$$\left(K - \frac{\omega^2}{g} B\right) \boldsymbol{\phi}^o \delta \boldsymbol{\phi}^o = 0$$

$$\Rightarrow \left(K - \frac{\omega^2}{g} B\right) \boldsymbol{\phi}^o = 0 \quad (7-43)$$

采用子空间迭代算法计算上述特征值问题，将有限元计算的频率和模态结果代入 7.2.1 节阻尼比计算公式中便可得到模态阻尼比。

3. 等效力学模型参数确定

下面对如何从前面计算得到的频率、模态、阻尼比得出等效力学模型参数进行分析。设自由晃动的各阶特征角频率、模态和阻尼比分别为 ω_i、ϕ_i、γ_i。以单方向晃动下的单摆模型为例简要介绍等效参数的获取方法：若对贮箱施加侧向的外激励，使箱体沿侧向做简谐的平移运动。建立如下坐标系，坐标原点位于液体质量中心，z 轴垂直自由液面指向上，x 轴与侧向晃动方向平行（正方向任取），设贮箱整体运动的方程为

$$X = X_0 \mathrm{e}^{\mathrm{i}\Omega t} \quad (7-44)$$

设晃动达到稳态以后的速度势为

$$\Phi = \left[A_0 x + \sum_i A_i \phi_i(x,y,z)\right] \mathrm{e}^{\mathrm{i}\Omega t} \quad (7-45)$$

由固壁处不可穿透边界条件有

$$\frac{\partial \Phi}{\partial n} = \frac{\partial X}{\partial t} \cos\theta_x, \quad \text{在固壁边界 } S_w \text{ 上} \quad (7-46)$$

其中 θ_x 为壁面法向与 x 轴正方向的夹角，将式(7-45)代入式(7-46)得

$$\left[A_o \frac{\partial x}{\partial n} + \sum_i A_i \frac{\partial \phi_i(x,y,z)}{\partial n} \right] e^{i\Omega t} = X\Omega\cos\theta_x, \quad \text{在固壁边界 } S_w \text{ 上} \qquad (7-47)$$

由于

$$\frac{\partial \phi_i(x,y,z)}{\partial n} = 0, \quad \text{在固壁边界 } S_w \text{ 上} \qquad (7-48)$$

可得

$$A_o \frac{\partial x}{\partial n} = X_0 \Omega \cos\theta_x, \quad \text{在固壁边界 } S_w \text{ 上} \qquad (7-49)$$

又因为

$$\frac{\partial x}{\partial n} = \cos\theta_x, \quad \text{在固壁边界 } S_w \text{ 上} \qquad (7-50)$$

可得

$$A_o = \Omega X_0 \qquad (7-51)$$

由自由液面处边界条件

$$\frac{\partial^2 \Phi}{\partial t^2} + g \frac{\partial \Phi}{\partial z} = 0, \quad \text{在自由液面 } S_f \text{ 上} \qquad (7-52)$$

有

$$-\Omega^2 \left\{ \Omega X_o x + \sum_i A_i \phi_i \right\} + g \left\{ \sum_i A_i \frac{\partial \phi_i}{\partial z} \right\} = 0, \quad \text{在自由液面 } S_f \text{ 上} \qquad (7-53)$$

由于 $\phi_i e^{i\omega_i t}$ 是满足自由液面处的边界条件的,故

$$\frac{\partial \phi_i}{\partial z} = \frac{\omega_i^2}{g} \phi_i, \quad \text{在自由液面 } S_f \text{ 上} \qquad (7-54)$$

代入式(7-53)可得

$$-\Omega^2 \left\{ \Omega X_o x + \sum_i A_i \phi_i \right\} + g \left\{ \sum_i \frac{\omega_i^2}{g} A_i \phi_i \right\} = 0, \quad \text{在自由液面 } S_f \text{ 上}$$

$$\Rightarrow \Omega X_o x = \sum_i \left(\frac{\omega_i^2 - \Omega^2}{\Omega^2} \right) A_i \phi_i, \quad \text{在自由液面 } S_f \text{ 上} \qquad (7-55)$$

由于 ϕ_i 是正交完备的,上面的等式两边同乘以 ϕ_i,并在 S_f 上积分得

$$X_o \int_{S_f} x \phi_i \, dS = \left(\frac{\omega_i^2 - \Omega^2}{\Omega^2} \right) A_i \int_{S_f} \phi_i^2 \, dS \qquad (7-56)$$

故有

$$A_i = \frac{\Omega^3 X_o \int_{S_f} x \phi_i \, dS}{(\omega_i^2 - \Omega^2) \int_{S_f} \phi_i^2 \, dS} \qquad (7-57)$$

液体施加在贮箱上的晃动力可表示为

$$F_x = -\rho \int_{S_w} \frac{\partial \Phi}{\partial t} \cos\theta_x \mathrm{d}S$$

$$= -\mathrm{i}\Omega\rho\mathrm{e}^{\mathrm{i}\Omega t} \int_{S_w} \left[A_o x + \sum_i A_i \phi_i \right] \cos\theta \mathrm{d}S$$

$$= -\mathrm{i}\Omega\rho\mathrm{e}^{\mathrm{i}\Omega t} \left[\int_{S_w} A_o x \cos\theta_x \mathrm{d}s + \sum_i \int_{S_w} A_i \phi_i \cos\theta_x \mathrm{d}S \right]$$

$$= -\mathrm{i}\Omega^2 \mathrm{e}^{\mathrm{i}\Omega t} X_0 m_{\mathrm{liq}} - \mathrm{i}\Omega\rho\mathrm{e}^{\mathrm{i}\Omega t} \sum_i \int_{S_w} A_i \phi_i \cos\theta_x \mathrm{d}S \quad (7-58)$$

式中：m_{liq}为液体的总质量，由于F_x随时间做简谐运动，设它的幅值为F_{xo}，则有

$$F_{xo} = -\mathrm{i}\Omega^2 X_0 m_{\mathrm{liq}} - \mathrm{i}\Omega\rho \sum_i \int_{S_w} A_i \phi_i \cos\theta_x \mathrm{d}S$$

$$\Rightarrow \frac{F_{xo}}{-\mathrm{i}\Omega^2 X_o m_{\mathrm{liq}}} = 1 + \frac{\rho}{X_o \Omega m_{\mathrm{liq}}} \sum_i \int_{S_w} A_i \phi_i \cos\theta_x \mathrm{d}S \quad (7-59)$$

而对于等效力学模型对应的有

$$\frac{F_{x0}}{-\mathrm{i}\Omega^2 m_{\mathrm{liq}} X_0} = 1 + \sum_i \frac{m_i}{m_{\mathrm{liq}}} \left(\frac{\Omega^2}{\omega_i^2 - \Omega^2} \right) \quad (7-60)$$

式中：m_i为第i阶等效单摆的晃动质量，对比两式可得

$$m_i = \frac{A_i \rho}{\Omega X_o} \left(\frac{\omega_1^2 - \Omega^2}{\Omega^2} \right) \int_{S_w} \phi_i \cos\theta_x \mathrm{d}S = \rho \frac{\int_{S_w} \phi_i \cos\theta_x \mathrm{d}S \int_{S_f} x\phi_i \mathrm{d}S}{\int_{S_f} \phi_i^2 \mathrm{d}S} \quad (7-61)$$

第i阶的等效摆长为

$$l_i = \frac{g}{\omega_i^2} \quad (7-62)$$

液体施加在壁面上的晃动力对原点取矩为

$$M = -\rho \int_{S_w} \frac{\partial \Phi}{\partial t} \begin{pmatrix} (y\cos\theta_z - z\cos\theta_y)\boldsymbol{i} \\ + (z\cos\theta_x - x\cos\theta_z)\boldsymbol{j} \\ + (x\cos\theta_y - y\cos\theta_x)\boldsymbol{k} \end{pmatrix} \mathrm{d}S$$

$$= -\mathrm{i}\Omega\rho\mathrm{e}^{\mathrm{i}\Omega t} \int_{S_w} \left(A_0 x + \sum_i A_i \phi_i \right) \begin{pmatrix} (y\cos\theta_z - z\cos\theta_y)\boldsymbol{i} \\ + (z\cos\theta_x - x\cos\theta_z)\boldsymbol{j} \\ + (x\cos\theta_y - y\cos\theta_x)\boldsymbol{k} \end{pmatrix} \mathrm{d}S \quad (7-63)$$

式中:θ_y、θ_z分别为固壁法向与y轴和z轴的夹角,再令

$$n_1 = (y\cos\theta_z - z\cos\theta_y)\boldsymbol{i} + (z\cos\theta_x - x\cos\theta_z)\boldsymbol{j} + (x\cos\theta_y - y\cos\theta_x)\boldsymbol{k}$$

则

$$M = -i\Omega\rho e^{i\Omega t}\left[\int_{S_w} A_o x\boldsymbol{n}_1 \mathrm{d}S + \sum_i \int_{S_w} A_i \phi_i \boldsymbol{n}_1 \mathrm{d}S\right] \quad (7-64)$$

由于坐标原点设置在了液体质心,则$-i\Omega\rho e^{i\Omega t}\int_{S_w} A_o x\boldsymbol{n}_1 \mathrm{d}S$代表由刚体位移惯性力引起的对质心的力矩,显然它为0,故

$$M = -i\Omega\rho e^{i\Omega t}\sum_i \int_{S_w} A_i \phi_i \boldsymbol{n}_1 \mathrm{d}S$$

$$\Rightarrow \frac{M}{-i\Omega^2 X_o m_{\text{liq}}} = \frac{\rho}{X_o \Omega m_{\text{liq}}} \sum_i \int_{S_w} A_i \phi_i \boldsymbol{n}_1 \mathrm{d}S \quad (7-65)$$

等效力学模型对应地有

$$\frac{M}{-i\Omega^2 m_{\text{liq}} X_0} = \frac{m_1}{m_{\text{liq}}}\left(\frac{H_n \Omega^2}{\omega_n^2 - \Omega^2}\right) \quad (7-66)$$

式中:H_i为第i阶单摆悬挂点z方向坐标。对比可得

$$H_i = \frac{\rho(\omega_n^2 - \Omega^2)}{X_o \Omega^3 m_i}\int_{S_w} A_i \phi_i \boldsymbol{n}_1 \mathrm{d}S = \frac{\rho \int_{S_f} x\phi_i \mathrm{d}S \int_{S_w} \phi_i \boldsymbol{n}_1 \mathrm{d}S}{m_i \int_{S_f} \phi_i^2 \mathrm{d}S} = \frac{\int_{S_w} \phi_i \boldsymbol{n}_1 \mathrm{d}S}{\int_{S_w} \phi_i \cos\theta_x \mathrm{d}S}$$

$$(7-67)$$

静止质量的大小和悬挂点可以通过总质量守恒和质心不变来确定,其大小为

$$m_0 = m_{\text{liq}} - \sum m_i \quad (7-68)$$

其悬挂点高度H_0为

$$H_0 = -\sum m_i (H_i - l_i)/m_0 \quad (7-69)$$

至此,可以得到单摆等效力学模型的相应参数,将其作为运动体中的一个摆动部件进行动力学计算即可得到相应晃动响应,具体耦合到系统动力学的方法在2.3.5节有所论述,此处不再展开介绍。

▶ 7.2.3 基于等效力学模型的液体晃动仿真算例

1. 变质量等效力学模型算法测试

对于4个球形贮箱,半径为0.547m,充液比从约97%逐渐减小到约7%(两

第7章 航天器控制系统液体晃动数学仿真

个氧化剂 MON 箱,两个燃烧剂 MMH 箱中的液体按体积比 1∶1 进行消耗),安装位置见表7-1(相对于干星质心坐标系)。

表7-1 贮箱安装位置

贮箱	Z轴坐标/mm	X轴坐标/mm	Y轴坐标/mm
氧化剂 MON 箱 1	-681	-875	0
氧化剂 MON 箱 2	-681	875	0
燃烧剂 MMH 箱 1	-681	0	-875
燃烧剂 MMH 箱 2	-681	0	875

液体的物性参数如表7-2所列。

表7-2 液体的物性参数

液体	密度/(kg/m^3)	运动黏性系数/(m^2/s)
氧化剂 MON	874.4	9.721×10^{-7}
燃烧剂 MMH	1446	2.897×10^{-7}

在共836s的轨道机动过程中,液体充液比的变化曲线如图7-2所示。航天器机动加速度和角加速度变化曲线如图7-3和图7-4所示。

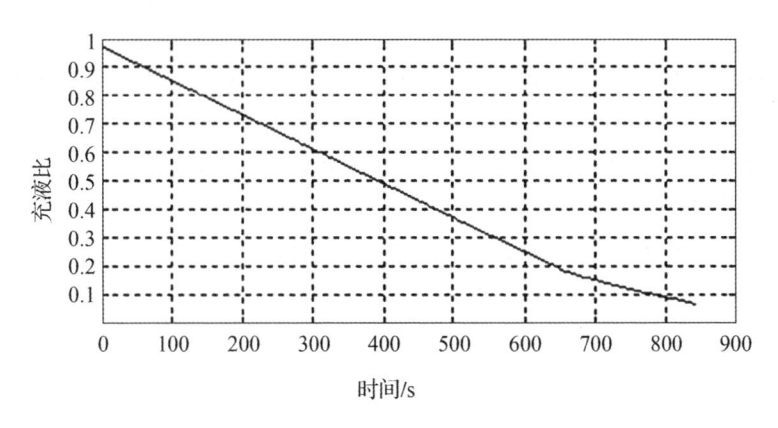

图7-2 液体充液比的变化曲线

225

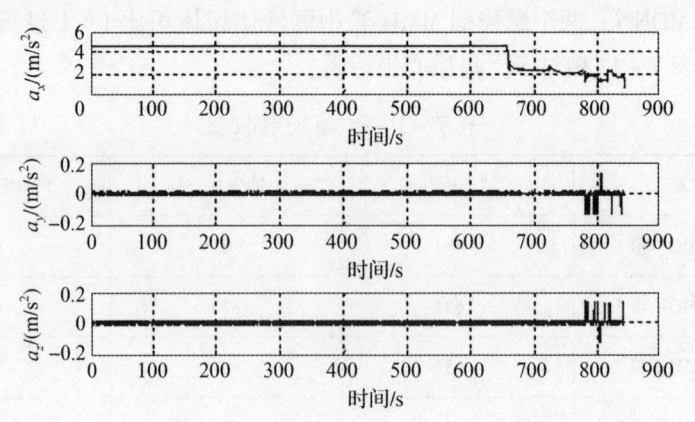

图 7-3 航天器机动加速度变化曲线

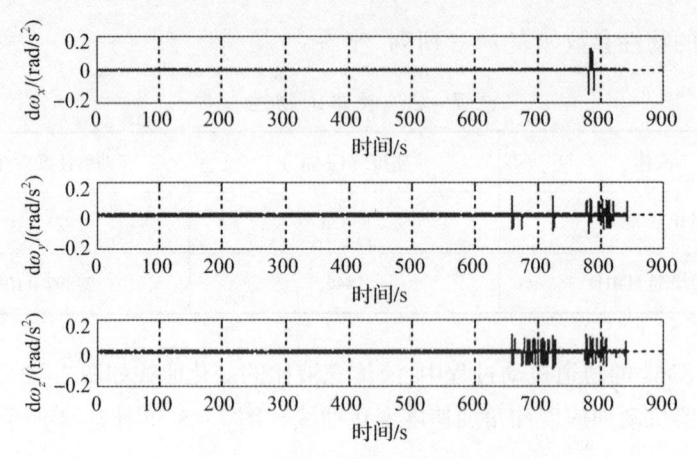

图 7-4 航天器机动角加速度变化曲线

充液比从 3% 到 96%，每隔 3% 对液体进行建模求解等效力学模型参数，共 32 组，通过线性插值实时变化等效力学模型参数，计算得到的晃动作用力与作用力矩和商业软件 Flow-3d 计算结果比对如图 7-5 所示(除推力方向，均节选激励较大的部分时间)。

结果吻合很好，由此可见该变质量液体晃动的等效力学模型算法可行性很好。从激励与响应的关系上看，推力方向(x 方向)的作用力基本与液体质量与推力加速度的乘积相吻合，刚体性质比较明显。横向激励均是脉冲的形式，反映在液体作用力上，除激励突变的时候会有与当前质量相关的力和力矩的变化外，液体晃动作用力和力矩始终保持一个接近简谐的周期振动状态，频率与液体的一阶等效频率一致。等效模型的计算结果衰减速度略大于 Flow-3d 的计算结

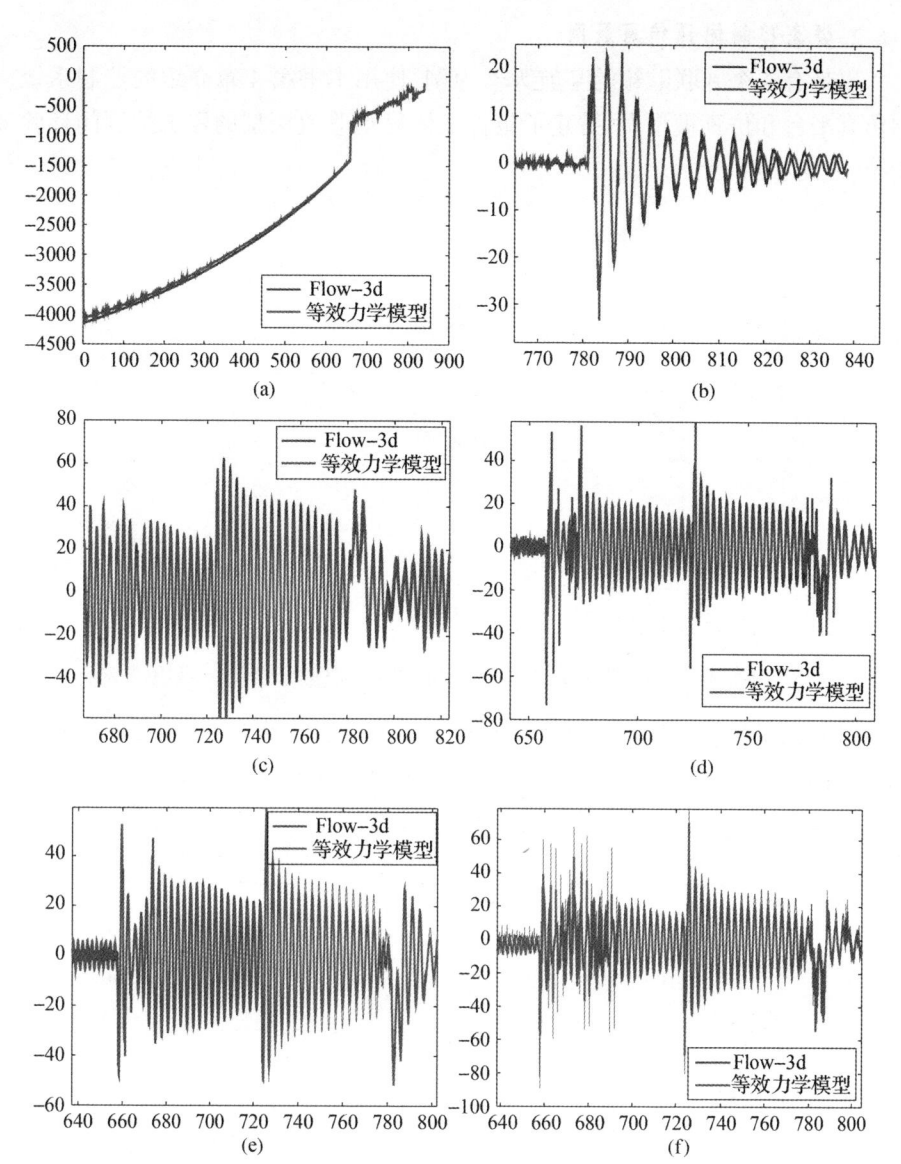

图 7-5 变质量液体晃动等效力学模型作用力及力矩与 Flow-3d 对比曲线(彩图见书末)

(a)x 方向作用力;(b)x 方向作用力矩;(c)y 方向作用力;
(d)y 方向作用力矩;(e)z 方向作用力;(f)z 方向作用力矩。

果,表示等效阻尼比带来的耗散略大于 Flow-3d 计算中的黏性阻尼耗散。振动幅值则与液体质量和相应方向加速度的乘积处于同一量级,反映了液体的一阶晃动特性。

2. 姿态控制闭环仿真算例

以带有 4 个并联贮箱的某航天器为例,使用本书第 4 章介绍的控制系统通用仿真平台和仿真模型库,搭建了包含液体晃动等效模型的姿态控制闭环验证系统,如图 7-6 所示。

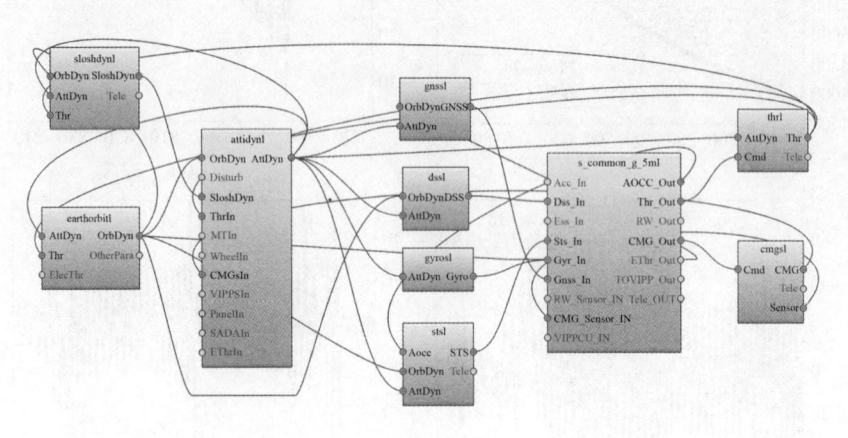

图 7-6 基于液体等效模型的姿态控制闭环仿真验证系统(彩图见书末)

针对某卫星转移轨道段仿真中的远地点发动机点火过程,验证液体晃动影响。如图 7-7~图 7-10 所示,可以看出,卫星 Z 轴出现明显的晃动影响,相应结果与在轨现象进行比对,振动频率吻合度很高。

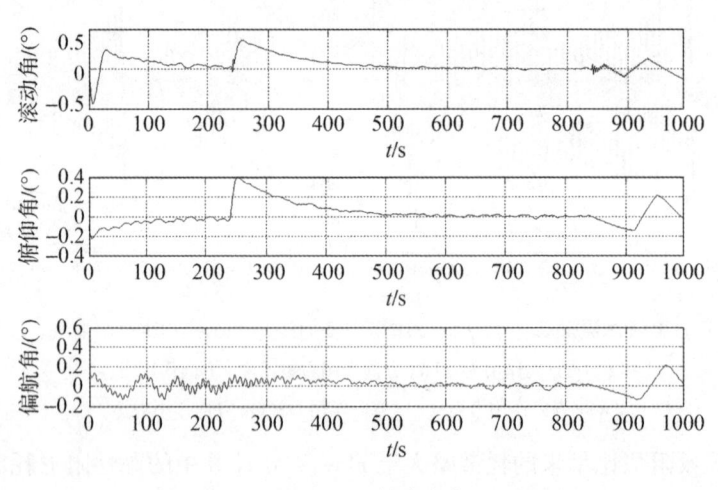

图 7-7 三轴姿态角

第 7 章　航天器控制系统液体晃动数学仿真

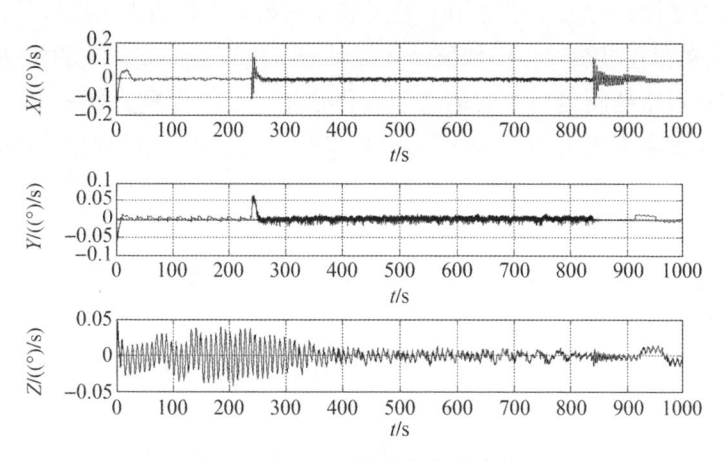

图 7-8　三轴姿态角速度

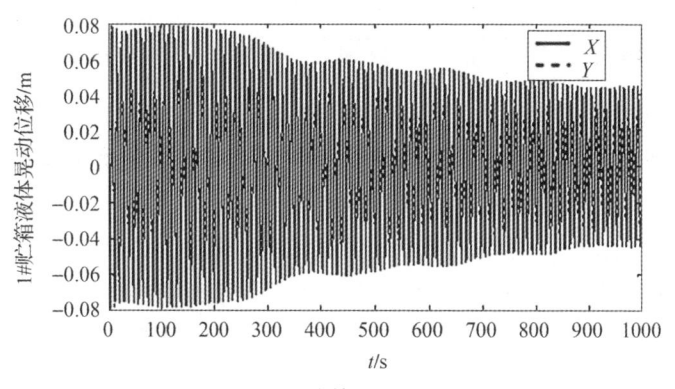

图 7-9　贮箱 1 晃动位移

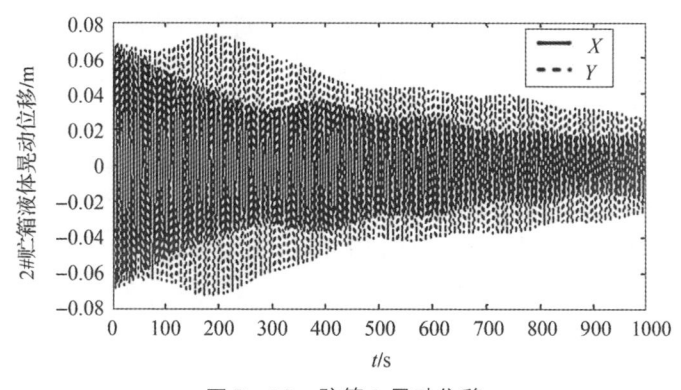

图 7-10　贮箱 2 晃动位移

等效力学模型方法是最适用于航天器控制系统闭环仿真的液体晃动分析手段,尤其是在存在过载时可以保留液体晃动对于航天器控制影响的扰动特征,为航天器控制策略的制定和参数的选取提供依据。而在微重力环境下,由于液体存在强非线性和不确定性,且表面张力表现形式与贮箱形状和内部结构强相关,暂时没有能够广泛用于任何情况的微重力液体晃动等效模型,目前研究并具有一定应用前景的等效模型有三轴弹簧 – 质量模型[31]、质心面模型、运动脉动球模型等。但随着航天器任务复杂度的提升,经常会出现等效力学模型无法合理描述的液体晃动状态,因此可嵌入航天器控制仿真闭环的计算流体动力学(CFD)数值仿真方法是充液航天器动力学仿真的重要研究方向。

7.3 液体晃动的闭环计算流体力学数值仿真方法

7.3.1 液体晃动问题的计算流体力学技术发展情况

随着计算机计算能力的发展,CFD 方法自 20 世纪 70 年代以来越来越多地应用于液体晃动的仿真当中。用数值仿真方法研究液体晃动问题其实就是根据一定规则通过空间离散化和时间积分求解用于描述非定常不可压缩黏性流体自由表面流动的偏微分方程组。文献[29]的第 10 章以及文献[32]完整系统地介绍了用于液体晃动研究的 CFD 研究方法,本节仅进行简要介绍。

传统基于网格的 CFD 方法主要包括有限差分法(finite difference method,FDM)和有限体积法(finite volume method,FVM),而为了更好地模拟自由表面流动,标记子与单元(marker and cell,MAC)法与流体体积(volume of fluid,VOF)法在有限差分和有限体积方法的基础上被提出以对自由液面进行界面捕捉,并取得了较好的自由表面流动仿真效果。除 MAC 法及 VOF 法,水平集方法(level set method)也是一种常用的界面捕捉方法;该方法用一个光滑水平集函数的零水平集表示界面,可以应用在非结构网格的自由液面处理中,具有广泛的使用价值。除 FDM 和 FVM 外,最早应用于固体力学计算的有限元方法(finite element method,FEM)在流体力学中也有所应用,由有限元法衍生的任意拉格朗日 – 欧拉(arbitrary Lagrangian – Eulerian,ALE)法,成功解决了带有强冲击的自由表面流问题[33]。

基于网格的 CFD 方法经过几十年的发展在很多方面已经相当成熟。目前已经有许多成熟的商业软件或开源代码可用来实现各种情况下的流体动力学分析,如 Flow - 3d[34]、CFX 和 Fluent 等商业软件及 OpenFoam[35]开源流体仿真代码。其中,Flow - 3d 作为一款高效的 CFD 商业软件,具有完善的三维流场建模仿真分析功能,常作为充液航天器在复杂工况下的液体晃动动力学分析工具。

虽然基于网格的数值仿真方法在很多问题中取得了很好的计算效果,但网格类方法在处理液面变形极大的情况,如液面产生破碎或翻转时,需要非常细致的网格划分才能较好地刻画液面,甚至可能涉及网格的重构,这样会大大降低计算效率,在实际应用时存在局限性。为了克服这些问题,一系列无网格方法便有了用武之地。文献[36]中的第一章系统介绍了不同无网格方法的特点。无网格方法基本上有三种类型:基于强形式的无网格方法、基于弱形式的无网格方法及无网格粒子法。其中,基于强形式的无网格方法,如配点法,由于在建立系统离散化方程时不需要积分,实现简单且效率很高,但在数值稳定性方面往往不足,精度很差。相比较而言,基于弱形式的无网格方法,如无单元 Garlerkin 法(EFG)、局部 Petrov - Garlerkin 无网格法(MLPG),具有较好的数值稳定性和计算精度,但由于弱形式方程需要在背景网格上进行积分,该类方法对网格还存在依赖性。至于无网格粒子法,包括微观层面的分子动力学(molecular dynamics,MD)方法、介观层面的格子 Bolzmann 方法(LBG)等,以及宏观层面的光滑粒子流体动力学(SPH)方法、移动粒子半隐式方法(moving particle semi - implicit,MPS)等,问题域被离散成一系列基于拉格朗日描述的点,非常适用于包括强变形自由液面在内的大变形问题。

其中,SPH 方法在模拟复杂液体流动,如充液航天器内的液体晃动问题时,具有很好的表现,是目前研究比较深入的一种数值仿真方法。

7.3.2 基于光滑粒子流体动力学方法的闭环仿真

1. SPH 方法基本理论

流体动力学问题反映在数学上主要是基于密度、速度等变量场的偏微分方程组问题。利用 SPH 方法进行求解时,核心思想便是将问题域离散成一系列任意分布的相互之间没有连接的粒子,通过核近似和粒子近似方法得到问题域任意一点上变量函数及其导数的近似值,进而将原本的偏微分方程组转化为一系列离散化的、只与时间相关的常微分方程,再通过某种积分方法进行求解。

1)核近似与粒子近似

在 SPH 方法中,函数 $f(\boldsymbol{x})$ 的积分表示式是由式(7 - 98)定义的,即

$$f(\boldsymbol{x}) = \int_\Omega f(\boldsymbol{x}')\delta(\boldsymbol{x}-\boldsymbol{x}')\,\mathrm{d}\boldsymbol{x}' \qquad (7-70)$$

式中:f 为积分域 Ω 中坐标向量 $\boldsymbol{x}$ 的充分光滑的函数;δ 为狄拉克函数,有如下性质:

$$\int_\Omega \delta(\boldsymbol{x}-\boldsymbol{x}')\,\mathrm{d}\boldsymbol{x}' = 1,\ \delta(\boldsymbol{x}-\boldsymbol{x}') = \begin{cases} 0 & (\boldsymbol{x}\neq\boldsymbol{x}') \\ 1 & (\boldsymbol{x}=\boldsymbol{x}') \end{cases} \qquad (7-71)$$

在实际应用时,理想的狄拉克函数并不存在,函数积分表示式的一种近似式可以通过用合适的光滑核函数 W 替代狄拉克函数得到,即核近似式:

$$\{f(\boldsymbol{x})\} = \int_\Omega f(\boldsymbol{x}')W(\boldsymbol{x}-\boldsymbol{x}',h)\,\mathrm{d}\boldsymbol{x}' \qquad (7-72)$$

式中:$\{f(\boldsymbol{x})\}$ 为 $f(\boldsymbol{x})$ 的核近似式;h 为光滑长度,当 h 趋于 0 时,核函数 W 趋于狄拉克函数。一个合适的核函数会让 SPH 方法具有较好的效率、精度和稳定性,一般来说,为了使核近似式(7-72)具备一阶收敛性质,核函数需要具备如下条件:

$$\lim_{h\to 0} W(\boldsymbol{x}-\boldsymbol{x}',h) = \delta(\boldsymbol{x}-\boldsymbol{x}') \qquad (7-73)$$

$$\int_\Omega W(\boldsymbol{x}-\boldsymbol{x}',h)\,\mathrm{d}\boldsymbol{x}' = 1 \qquad (7-74)$$

$$\int_\Omega (\boldsymbol{x}-\boldsymbol{x}')W(\boldsymbol{x}-\boldsymbol{x}',h)\,\mathrm{d}\boldsymbol{x}' = 0 \qquad (7-75)$$

此外,核函数还需要具备紧支性:

$$W(\boldsymbol{x}-\boldsymbol{x}',h) = 0\,(\|\boldsymbol{x}-\boldsymbol{x}'\|>\kappa h) \qquad (7-76)$$

其中,κh 表示核函数的有效范围半径,这个区域即以 $\boldsymbol{x}$ 处为中心的核函数支持域;紧支性条件把核函数的积分范围缩小到了支持域中,式(7-74)和式(7-75)中的积分域 Ω 可以认为是支持域。通常核函数是偶函数,在支持域内值为正,随 $\|\boldsymbol{x}-\boldsymbol{x}'\|$ 增加单调递减,并且足够光滑。

核函数的形式有很多种,如高斯函数、高次样条函数、Wendland 函数等。本节采用其中应用最广泛的由 Monaghan 和 Lattanzio 提出的 B -样条函数,其具体形式如下:

$$W(R,h) = \alpha_d \times \begin{cases} \dfrac{2}{3} - R^2 + \dfrac{1}{2}R^3 & (0\leqslant R<1) \\ \dfrac{1}{6}(2-R)^3 & (1\leqslant R<2) \\ 0 & (R\geqslant 2) \end{cases} \qquad (7-77)$$

其中，$R=r/h=\|\boldsymbol{x}-\boldsymbol{x}'\|/h$；此外，对一维、二维以及三维问题分别有 $\alpha_d=1/h$，$15/(7\pi h^2)$，$3/(2\pi h^3)$。

在支持域范围内，B-样条函数的形式与高斯型函数接近，虽然其二阶导数是分段线性不光滑的，但它的一阶导数是光滑连续的，满足所有光滑核函数的条件，在大多数情况下能够适用。

光滑长度 h 通常为粒子间距 r 的一个倍数，写作：

$$h = w_h r \tag{7-78}$$

其中，w_h 为系数，通常取值区间为[1,2]。对于本章所使用 B-样条函数，w_h 取值为1.3，在此条件下，三维情况支持域内的邻近粒子数量大约为74个。

式(7-72)给出了空间中任意变量函数的核近似式，其空间导数(包括标量函数的梯度和矢量函数的散度)的核近似式可以通过高斯定理进行推导得到：

$$\begin{aligned}
\{\nabla f(\boldsymbol{x})\} &= \int_\Omega [\nabla_{\boldsymbol{x}'} f(\boldsymbol{x}')] W(\boldsymbol{x}-\boldsymbol{x}',h)\mathrm{d}\boldsymbol{x}' \\
&= \int_\Omega \nabla_{\boldsymbol{x}'}[f(\boldsymbol{x}')W(\boldsymbol{x}-\boldsymbol{x}',h)]\mathrm{d}\boldsymbol{x}' - \int_\Omega f(\boldsymbol{x}')\nabla_{\boldsymbol{x}'}W(\boldsymbol{x}-\boldsymbol{x}',h)\mathrm{d}\boldsymbol{x}' \\
&= \int_S f(\boldsymbol{x}')W(\boldsymbol{x}-\boldsymbol{x}',h)\boldsymbol{n}\mathrm{d}S - \int_\Omega f(\boldsymbol{x}')\nabla_{\boldsymbol{x}'}W(\boldsymbol{x}-\boldsymbol{x}',h)\mathrm{d}\boldsymbol{x}' \\
&= -\int_\Omega f(\boldsymbol{x}')\nabla_{\boldsymbol{x}'}W(\boldsymbol{x}-\boldsymbol{x}',h)\mathrm{d}\boldsymbol{x}'
\end{aligned} \tag{7-79}$$

$$\begin{aligned}
\{\nabla \cdot \boldsymbol{f}(\boldsymbol{x})\} &= \int_\Omega [\nabla_{\boldsymbol{x}'} \cdot \boldsymbol{f}(\boldsymbol{x}')] W(\boldsymbol{x}-\boldsymbol{x}',h)\mathrm{d}\boldsymbol{x}' \\
&= \int_\Omega \nabla_{\boldsymbol{x}'} \cdot [\boldsymbol{f}(\boldsymbol{x}')W(\boldsymbol{x}-\boldsymbol{x}',h)]\mathrm{d}\boldsymbol{x}' - \int_\Omega \boldsymbol{f}(\boldsymbol{x}') \cdot \nabla_{\boldsymbol{x}'}W(\boldsymbol{x}-\boldsymbol{x}',h)\mathrm{d}\boldsymbol{x}' \\
&= \int_S \boldsymbol{f}(\boldsymbol{x}')W(\boldsymbol{x}-\boldsymbol{x}',h) \cdot \boldsymbol{n}\mathrm{d}S - \int_\Omega \boldsymbol{f}(\boldsymbol{x}') \cdot \nabla_{\boldsymbol{x}'}W(\boldsymbol{x}-\boldsymbol{x}',h)\mathrm{d}\boldsymbol{x}' \\
&= -\int_\Omega \boldsymbol{f}(\boldsymbol{x}') \cdot \nabla_{\boldsymbol{x}'}W(\boldsymbol{x}-\boldsymbol{x}',h)\mathrm{d}\boldsymbol{x}'
\end{aligned} \tag{7-80}$$

由于光滑核函数的紧支性条件，在支持域边界处的值为0，但当粒子的支持域与问题域边界相交时，需要进行特殊处理，即需要进行SPH边界条件的处理。

在核近似式(7-72)、式(7-79)及式(7-80)的基础上，粒子 i 处的函数及其导数值可以离散成由支持域内粒子相应函数值加权求和的近似形式，即粒子近似法：

$$\langle f(\boldsymbol{x}_i) \rangle = \sum_{j=1}^{N} \frac{m_j}{\rho_j} f(\boldsymbol{x}_j) W(\boldsymbol{x}_i - \boldsymbol{x}_j, h) \tag{7-81}$$

$$\langle \nabla f(\boldsymbol{x}_i) \rangle = -\sum_{j=1}^{N} \frac{m_j}{\rho_j} f(\boldsymbol{x}_j) \nabla_{\boldsymbol{x}_j} W(\boldsymbol{x}_i - \boldsymbol{x}_j, h) \qquad (7-82)$$

$$\langle \nabla \cdot \boldsymbol{f}(\boldsymbol{x}_i) \rangle = -\sum_{j=1}^{N} \frac{m_j}{\rho_j} \boldsymbol{f}(\boldsymbol{x}_j) \cdot \nabla_{\boldsymbol{x}_j} W(\boldsymbol{x}_i - \boldsymbol{x}_j, h) \qquad (7-83)$$

式(7-81)~式(7-83)中:⟨ · ⟩为相应函数的 SPH 离散近似形式;N 为粒子 i 的支持域内的粒子数量;m_j、ρ_j 分别为粒子 j 的质量及密度。

由于核函数 W 是偶函数,有 $\nabla_{\boldsymbol{x}_j} W(\boldsymbol{x}_i - \boldsymbol{x}_j, h) = -\nabla_{\boldsymbol{x}_i} W(\boldsymbol{x}_i - \boldsymbol{x}_j, h)$,令

$$W_{ij} = W(\boldsymbol{x}_i - \boldsymbol{x}_j, h), \ \nabla_i W_{ij} = \nabla_{\boldsymbol{x}_i} W(\boldsymbol{x}_i - \boldsymbol{x}_j, h) = \frac{\boldsymbol{x}_{ij}}{|\boldsymbol{x}_i - \boldsymbol{x}_j|} \frac{\partial W}{\partial |\boldsymbol{x}_i - \boldsymbol{x}_j|} = \frac{\boldsymbol{x}_{ij}}{r_{ij}} \frac{\partial W}{\partial r_{ij}}$$
$$(7-84)$$

可以得到 SPH 的最终离散近似式:

$$\langle f(\boldsymbol{x}_i) \rangle = \sum_{j=1}^{N} \frac{m_j}{\rho_j} f(\boldsymbol{x}_j) W_{ij} \qquad (7-85)$$

$$\langle \nabla f(\boldsymbol{x}_i) \rangle = \sum_{j=1}^{N} \frac{m_j}{\rho_j} f(\boldsymbol{x}_j) \nabla_i W_{ij} \qquad (7-86)$$

$$\langle \nabla \cdot \boldsymbol{f}(\boldsymbol{x}_i) \rangle = \sum_{j=1}^{N} \frac{m_j}{\rho_j} \boldsymbol{f}(\boldsymbol{x}_j) \cdot \nabla_i W_{ij} \qquad (7-87)$$

图 7-11 展示了 SPH 空间离散近似粒子。

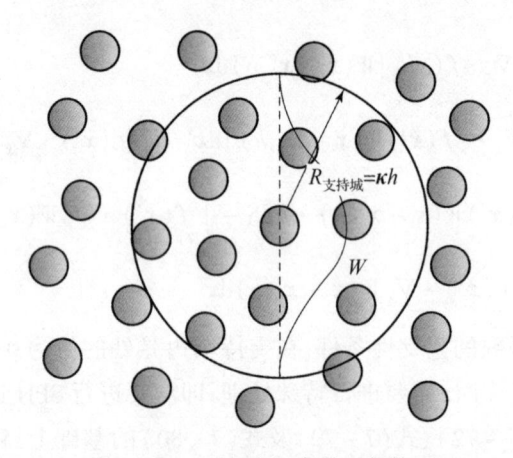

图 7-11 SPH 空间离散近似粒子

2) SPH 控制方程

SPH 控制方程包括连续性方程和动量方程,等熵(不考虑能量方程)流体 N-S 方程的拉格朗日形式为

第7章 航天器控制系统液体晃动数学仿真

$$\begin{cases} \dfrac{d\rho}{dt} = -\rho \nabla \cdot \boldsymbol{v} \\ \dfrac{d\boldsymbol{v}}{dt} = \dfrac{1}{\rho} \nabla \cdot \boldsymbol{\sigma} + \boldsymbol{f}_{\text{out}} \end{cases} \quad (7-88)$$

式中:d/dt 为随体导数;ρ 为密度,$\boldsymbol{v}$ 为速度矢量;$\boldsymbol{f}_{\text{out}}$ 为单位质量所受到的体力(惯性系中多为重力),即体力加速度;$\boldsymbol{\sigma}$ 为总应力张量采用牛顿流体的表示形式,即

$$\begin{aligned}\boldsymbol{\sigma} &= -p\boldsymbol{I} + \mu\boldsymbol{\varepsilon} \\ &= -p\boldsymbol{I} + \mu\left[-\dfrac{2}{3}(\nabla \cdot \boldsymbol{v})\boldsymbol{I} + (\nabla\boldsymbol{v} + \nabla\boldsymbol{v}^{\mathrm{T}})\right]\end{aligned} \quad (7-89)$$

其中,$\boldsymbol{I}$ 为单位张量;μ 为流体的动力黏性系数;$\boldsymbol{\varepsilon}$ 为切应变率;p 为压力。

考虑粒子之间作用的对称性,式(7-88)的 SPH 离散形式,即 SPH 基本控制方程为

$$\begin{cases} \dfrac{d\rho_i}{dt} = \sum_{j=1}^{N} m_j \boldsymbol{v}_{ij} \cdot \nabla_i W_{ij} \\ \dfrac{d\boldsymbol{v}_i}{dt} = -\sum_{j=1}^{N} m_j \left(\dfrac{p_i}{\rho_i^2} + \dfrac{p_j}{\rho_j^2}\right) \nabla_i W_{ij} + \sum_{j=1}^{N} m_j \left(\dfrac{\mu_i \boldsymbol{\varepsilon}_i}{\rho_i^2} + \dfrac{\mu_j \boldsymbol{\varepsilon}_j}{\rho_j^2}\right) \cdot \nabla_i W_{ij} + \boldsymbol{f}_{\text{out},i} \\ \text{或} \dfrac{d\boldsymbol{v}_i}{dt} = -\sum_{j=1}^{N} m_j \dfrac{p_i + p_j}{\rho_i \rho_j} \nabla_i W_{ij} + \sum_{j=1}^{N} m_j \dfrac{\mu_i \boldsymbol{\varepsilon}_i + \mu_j \boldsymbol{\varepsilon}_j}{\rho_i \rho_j} \cdot \nabla_i W_{ij} + \boldsymbol{f}_{\text{out},i} \end{cases} \quad (7-90)$$

其中,$\boldsymbol{v}_{ij} = \boldsymbol{v}_i - \boldsymbol{v}_j$。考虑采用希腊字母上标 α 和 β 表示坐标方向,则可用爱因斯坦求和约定来表示方程的叠加,式(7-90)可以写作:

$$\begin{cases} \dfrac{d\rho_i}{dt} = \sum_{j=1}^{N} m_j \boldsymbol{v}_{ij}^{\beta} \dfrac{\partial W_{ij}}{\partial \boldsymbol{x}_i^{\beta}} \\ \dfrac{d\boldsymbol{v}_i^{\alpha}}{dt} = -\sum_{j=1}^{N} m_j \left(\dfrac{p_i}{\rho_i^2} + \dfrac{p_j}{\rho_j^2}\right) \dfrac{\partial W_{ij}}{\partial \boldsymbol{x}_i^{\alpha}} + \sum_{j=1}^{N} m_j \left(\dfrac{\mu_i \boldsymbol{\varepsilon}_i^{\alpha\beta}}{\rho_i^2} + \dfrac{\mu_j \boldsymbol{\varepsilon}_j^{\alpha\beta}}{\rho_j^2}\right) \dfrac{\partial W_{ij}}{\partial \boldsymbol{x}_i^{\beta}} + \boldsymbol{f}_{\text{out},i}^{\alpha} \\ \text{或} \dfrac{d\boldsymbol{v}_i^{\alpha}}{dt} = -\sum_{j=1}^{N} m_j \dfrac{p_i + p_j}{\rho_i \rho_j} \dfrac{\partial W_{ij}}{\partial \boldsymbol{x}_i^{\alpha}} + \sum_{j=1}^{N} m_j \dfrac{\mu_i \boldsymbol{\varepsilon}_i^{\alpha\beta} + \mu_j \boldsymbol{\varepsilon}_j^{\alpha\beta}}{\rho_i \rho_j} \dfrac{\partial W_{ij}}{\partial \boldsymbol{x}_i^{\beta}} + \boldsymbol{f}_{\text{out},i}^{\alpha} \end{cases} \quad (7-91)$$

动量方程的两种离散形式是等价的,相应的切应变率 $\varepsilon_i^{\alpha\beta}$ 的 SPH 表达式则根据式(7-90)的离散得到:

$$\boldsymbol{\varepsilon}_i^{\alpha\beta} = \sum_{j=1}^{N} \dfrac{m_j}{\rho_j} \boldsymbol{v}_{ji}^{\beta} \dfrac{\partial W_{ij}}{\partial \boldsymbol{x}_i^{\alpha}} + \sum_{j=1}^{N} \dfrac{m_j}{\rho_j} \boldsymbol{v}_{ji}^{\alpha} \dfrac{\partial W_{ij}}{\partial \boldsymbol{x}_i^{\beta}} - \left(\dfrac{2}{3} \sum_{j=1}^{N} \dfrac{m_j}{\rho_j} \boldsymbol{v}_{ji} \cdot \nabla_i W_{ij}\right) \boldsymbol{\delta}^{\alpha\beta} \quad (7-92)$$

式中:$\boldsymbol{\delta}^{\alpha\beta}$ 为 Kronecker 符号,也是单位张量的指标表示形式。值得注意的是,黏

性项在流体流动中起能量耗散作用,若将式(7-92)代入式(7-91)进行求解可以相对准确地描述牛顿流体的黏性作用,但在实际操作中,SPH 控制方程中的物理黏性项往往会进行简化求解。

3) 弱可压流体状态方程

在 SPH 方法中,不可压缩流体压力的求解一直都是研究者关注的重点。不可压缩流体实际上都是可压缩的,本节使用的弱可压流体 SPH 方法便引入了人工压缩率的概念,对于水密度和黏性接近的流体通常可以使用下面的状态方程由密度的变化显式求解相对压力:

$$p = \frac{c_s^2 \rho_0}{\gamma} \left[\left(\frac{\rho}{\rho_0} \right)^\gamma - 1 \right] \quad (7-93)$$

式中:ρ_0 为参考密度,通常取流体的实际密度;c_s 为人工声速,虽然 c_s 越大,流体会越趋近不可压缩,但由于 c_s 会限制 SPH 计算稳定的时间步长,其值不宜取得过大。该方程形式由热力学原理推导得到,对于水及密度、黏度与水相近的其他液体而言,一般取 $\gamma=7$。

γ 和 c_s 控制了流体的刚性,在很大程度上影响了压力场的分布,其参数选择的人工不确定性难以保证局部压力场的计算精度。定性上观察式(7-93)并结合 SPH 控制方程,可以看出密度的微小变化会产生很大的压力,该压力场可以通过动量方程改变速度场,进而通过连续性方程阻止流体密度发生变化,这也间接满足了流体的弱可压性质。

定量上看,在人工压缩率理论中,式(7-93)中的人工声速是一个非常重要的概念,Monaghan 给出了相对密度差的表达形式[37]:

$$\delta = \frac{\Delta \rho}{\rho_0} = \frac{|\rho - \rho_0|}{\rho_0} = \frac{V_b^2}{c_s^2} = Ma^2 \quad (7-94)$$

式中:V_b 为流体宏观速度;Ma 为马赫数。当 c_s 代入真实声速(在标准大气压和温度下,水中的声速为 1480m/s)时,相对密度差几乎可以忽略,该流体也可以看作理想不可压缩流体,但是这会导致显式时间积分的步长过小,仿真很难进行,所以实际计算时需要使用比实际声速小得多的人工声速。一般 c_s 可以取值为流体最大速度的 10 倍,相应的相对密度差 $\delta \leq 0.01$,即理论上利用弱可压流体状态方程求解得到的压力场能够让粒子密度相对变化量不超过 1%,流体是满足弱可压性质的。

2. 非惯性系下 SPH 控制方程及晃动作用求解方法

本部分在 SPH 方法基础上,建立了非惯性系下 SPH 方法的控制方程,可以

第 7 章 航天器控制系统液体晃动数学仿真

为 SPH 粒子系施加任意形式的激励,避免了复杂激励下烦琐的动边界处理问题,给出了利用质点系动量及动量矩定理求解晃动作用力及力矩的方法。

由于 SPH 粒子是基于拉格朗日描述的,在航天器的质心本体坐标系中,SPH 粒子系的运动可以看作在一个非惯性坐标系中的运动。每个 SPH 粒子都可以看作一个质点,而根据航天器姿态信息以及粒子在非惯性系(航天器质心本体坐标系)中的相对位置,相应的惯性加速度可以添加到该 SPH 粒子的动量方程中,从而避免动边界的设置,方便地为粒子系施加由航天器任意机动形式带来的激励。

如图 7-12 所示,设 O_0 为惯性空间中固定点,O 为航天器质心,$Oxyz$ 是航天器质心本体坐标系,一般情况下可以看作一个非惯性坐标系,粒子 i 是 SPH 粒子系中的任意一个流体实粒子,则粒子 i 相对于 O_0 的矢径(矢量式,与坐标系无关)是

$$\boldsymbol{R}_i = \boldsymbol{R}_0 + \boldsymbol{r}_i \tag{7-95}$$

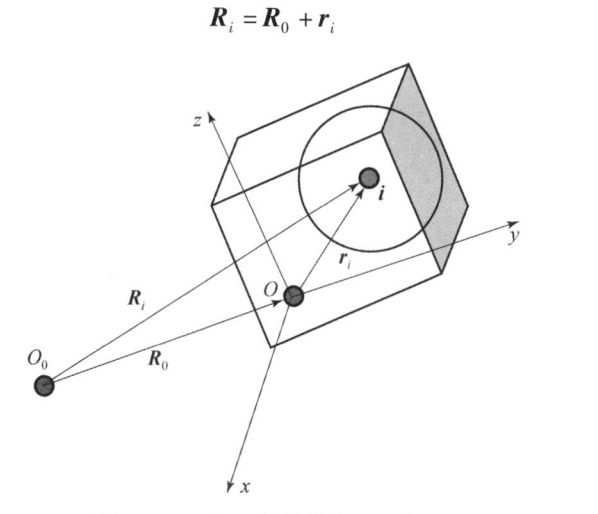

图 7-12 SPH 粒子的位置示意图

考虑到理论力学中变矢量的绝对导数与相对导数的关系式,对式(7-95)取绝对导数可得如下矢量式:

$$\frac{\mathrm{D}\boldsymbol{R}_i}{\mathrm{D}t} = \frac{\mathrm{D}\boldsymbol{R}_0}{\mathrm{D}t} + \frac{\mathrm{D}\boldsymbol{r}_i}{\mathrm{D}t} = \frac{\mathrm{D}\boldsymbol{R}_0}{\mathrm{D}t} + \left(\frac{\mathrm{d}\boldsymbol{r}_i}{\mathrm{d}t} + \boldsymbol{\omega} \times \boldsymbol{r}_i\right)$$

$$\Rightarrow \boldsymbol{V}_i = \boldsymbol{V}_0 + \boldsymbol{v}_i + \boldsymbol{\omega} \times \boldsymbol{r}_i \tag{7-96}$$

式中:$\mathrm{D}(\cdot)/\mathrm{D}t$ 为惯性空间中变量对时间求绝对导数;$\mathrm{d}(\cdot)/\mathrm{d}t$ 为在本体系 $Oxyz$ 中变量对时间求相对导数;$\boldsymbol{V}_i = \mathrm{D}\boldsymbol{R}_i/\mathrm{D}t$ 为粒子 i 的绝对速度矢量;$\boldsymbol{V}_0 =$

$\mathrm{D}\boldsymbol{R}_0/\mathrm{D}t$ 为航天器质心 O 的绝对速度矢量;$\boldsymbol{v}_i = \mathrm{d}\boldsymbol{r}_i/\mathrm{d}t$ 为粒子 i 相对于航天器质心本体坐标系的相对速度矢量;$\boldsymbol{\omega}$ 为航天器相对于惯性空间的角速度的矢量形式。

对式(7-96)求绝对导数可得

$$\begin{aligned}\frac{\mathrm{D}\boldsymbol{V}_i}{\mathrm{D}t} &= \frac{\mathrm{D}\boldsymbol{V}_0}{\mathrm{D}t} + \left(\frac{\mathrm{d}\boldsymbol{v}_i}{\mathrm{d}t} + \boldsymbol{\omega}\times\boldsymbol{v}_i\right) + \frac{\mathrm{D}\boldsymbol{\omega}}{\mathrm{D}t}\times\boldsymbol{r}_i + \boldsymbol{\omega}\times\left(\frac{\mathrm{d}\boldsymbol{r}_i}{\mathrm{d}t} + \boldsymbol{\omega}\times\boldsymbol{r}_i\right) \\ &= \frac{\mathrm{D}\boldsymbol{V}_0}{\mathrm{D}t} + \frac{\mathrm{d}\boldsymbol{v}_i}{\mathrm{d}t} + \boldsymbol{\gamma}\times\boldsymbol{r}_i + \boldsymbol{\omega}\times(\boldsymbol{\omega}\times\boldsymbol{r}_i) + 2\boldsymbol{\omega}\times\boldsymbol{v}_i \\ &= \frac{\mathrm{d}\boldsymbol{v}_i}{\mathrm{d}t} - \boldsymbol{f}_{\mathrm{inertial},i}\end{aligned} \quad (7-97)$$

式中:$\mathrm{D}\boldsymbol{V}_0/\mathrm{D}t$ 为航天器质心的绝对加速度;$\mathrm{D}\boldsymbol{V}_i/\mathrm{D}t$ 为粒子 i 的绝对加速度;$\mathrm{d}\boldsymbol{v}_i/\mathrm{d}t$ 为粒子 i 相对于本体系的相对加速度;$\boldsymbol{\gamma} = \mathrm{D}\boldsymbol{\omega}/\mathrm{D}t$ 为航天器相对于惯性空间的角加速度的矢量形式;$\boldsymbol{f}_{\mathrm{inertial},i}$ 为粒子 i 的惯性加速度矢量。

向 SPH 控制方程式(7-90)的动量方程中引入惯性加速度矢量 $\boldsymbol{f}_{\mathrm{inertial},i}$,再向坐标系 $Oxyz$ 投影,我们可以得到非惯性系下 SPH 动量方程的离散形式如下:

$$\frac{\mathrm{d}\boldsymbol{v}_i^\alpha}{\mathrm{d}t} - \boldsymbol{f}_{\mathrm{inertial},i}^\alpha = \boldsymbol{f}_{\mathrm{in},i}^\alpha + \boldsymbol{f}_{\mathrm{out},i}^\alpha$$

$$\begin{aligned}\Rightarrow \frac{\mathrm{d}\boldsymbol{v}_i^\alpha}{\mathrm{d}t} &= \boldsymbol{f}_{\mathrm{in},i}^\alpha + \boldsymbol{f}_{\mathrm{out},i}^\alpha + \boldsymbol{f}_{\mathrm{inertial},i}^\alpha \\ &= -\sum_{j=1}^N m_j\left(\frac{p_i}{\rho_i^2} + \frac{p_j}{\rho_j^2}\right)\frac{\partial W_{ij}}{\partial x_i^\alpha} + \sum_{j=1}^N m_j\left(\frac{\mu_i \boldsymbol{\varepsilon}_i^{\alpha\beta}}{\rho_i^2} + \frac{\mu_j \boldsymbol{\varepsilon}_j^{\alpha\beta}}{\rho_j^2}\right)\frac{\partial W_{ij}}{\partial x_i^\beta} + \boldsymbol{f}_{\mathrm{out},i}^\alpha \\ &\quad - \left(\frac{\mathrm{D}\boldsymbol{V}_0}{\mathrm{D}t} + \boldsymbol{\gamma}\times\boldsymbol{r}_i + \boldsymbol{\omega}\times(\boldsymbol{\omega}\times\boldsymbol{r}_i) + 2\boldsymbol{\omega}\times\boldsymbol{v}_i\right)^\alpha\end{aligned} \quad (7-98)$$

通过非惯性系下 SPH 控制方程,根据每个动力学时间步的航天器姿态信息,包括其质心加速度、角速度及角加速度,我们可以向 SPH 粒子系施加任意形式的激励,避免了动边界的设置。

由于 SPH 粒子系是基于拉格朗日描述的,且 SPH 动量方程控制的粒子系运动是符合质点系动力学规律的,可以采用质点系动量定理及动量矩定理来求解液体,即 SPH 粒子系对航天器产生的晃动作用力及力矩。

对于一个处在非惯性系下的含有 N 个粒子的 SPH 粒子系,设携带固定质量 m(对于液体晃动问题,不妨假设每个粒子的质量相等)的粒子 i 相对于本体系的位置矢量和速度矢量分别为 $\boldsymbol{r}_i$ 和 $\boldsymbol{v}_i$,则粒子系相对于本体系的总动量 $\boldsymbol{P}$ 和总动量矩 $\boldsymbol{L}$ 为

$$P = \sum_{i=1}^{N} m v_i, \quad L = \sum_{i=1}^{N} (r_i \times m v_i) \tag{7-99}$$

在本体系下，粒子系受到的力分为三类，包括体力(含重力)F_{out}、惯性力$F_{inertial}$及贮箱对粒子系的接触作用力$F_{contact}$，其中$F_{contact}$的反作用力F_{slosh}便是我们需要求解的液体对于航天器的晃动作用力。相似地，在本体系中，粒子系受到的力矩也可以分为三类。非惯性系下 SPH 粒子系的动量定理及动量矩定理可以写作：

$$\begin{cases} \dfrac{dP}{dt} = F_{contact} + F_{inertial} + F_{out} \\ \dfrac{dL}{dt} = M_{contact} + M_{inertial} + M_{out} \end{cases} \tag{7-100}$$

结合式(7-99)和式(7-100)，我们便可以得到晃动作用力及力矩：

$$\begin{cases} F_{slosh} = -F_{contact} = m\left[\sum_{i=1}^{N}(f_{inertial,i} + f_{out,i}) - \dfrac{\Delta(\sum_{i=1}^{N} v_i)}{\Delta t_d}\right] \\ M_{slosh} = -M_{contact} = m\left[\sum_{i=1}^{N}(r_i \times f_{inertial,i} + r_i \times f_{out,i}) - \dfrac{\Delta \sum_{i=1}^{N}(r_i \times v_i)}{\Delta t_d}\right] \end{cases}$$

$$\tag{7-101}$$

值得注意的是，式(7-101)中的时间间隔Δt_d并不是 SPH 的仿真时间步长，而是航天器整体动力学的仿真时间步长。实际计算时，SPH 的仿真时间步长往往远小于航天器的动力学时间步长。如果每个 SPH 仿真时间步都计算式(7-101)，既增加了计算量，也会让结果的数值振荡更加剧烈。所以式(7-101)分析的是单个航天器动力学时间步长中 SPH 粒子系运动状态的变化程度，这在一定程度上能够平滑计算结果。

式(7-98)、式(7-101)构成了 SPH 方法施加激励和求解晃动作用力及力矩的算法，同时也让基于 SPH 方法的液体晃动程序形成了输入和输出接口，即航天器的动力学姿态信息和液体晃动对航天器产生的作用力及力矩，进而可以作为一个反馈模块嵌入航天器系统动力学仿真的程序当中，形成闭环仿真。

3. SPH 并行程序设计

尽管 SPH 方法在模拟自由表面流动时具有天然的优势，但和所有 CFD 方法一样，SPH 方法存在着计算效率方面的制约，对于大规模长时间的仿真需求力不从心。针对充液航天器贮箱内的液体晃动问题,空间上贮箱的尺寸基本范围是确定的,一般不会有量级上的差别,所需的粒子数量可以控制在一定范围内,但在时间上具有实际意义的计算往往需要仿真几百秒乃至上千秒,而且要针对不同工况进行多组仿真,计算时间若比物理时间长得过多,会使计算代价不可承受。为了尽量加快 SPH 程序的运行效率,并行化操作必不可少。

程序并行化的重要步骤就是分解串行程序。在 SPH 方法中,分解的方法主要有三种:基于粒子的分解、基于定义域的分解及基于操作运算的分解。

基于粒子的分解是在模拟时给一群粒子或每个粒子分配一个特定处理器,与粒子的位置无关。但由于 SPH 算法主要是基于粒子之间的相互作用,该分解方法需要大量的连接来处理处理器之间粒子的相互作用,这显然限制了计算效率,该分解方法不适用。

基于定义域的分解是在模拟的问题域基础上进行分解,给每个处理器分配一个特定的子域,某时刻滞留在某一个子域的粒子都在该子域对应的处理器上完成相关计算,当粒子在子域间运动时,粒子的所有相关变量都由一个处理器转移到另一个处理器中。这种分解方法广泛应用在分子动力学的模拟中,这是因为分子动力学的问题域都是一些晶格,子域之间的运动粒子数量非常小。然而,在用于液体晃动计算的 SPH 方法中,粒子的运动范围比较大,跨子域运动的粒子数量很大,且子域边缘的粒子会与其他子域中的粒子存在相互作用,这种基于定义域的分解方法同样不适用。

基于操作运算的分解是通过分解 SPH 能够并行计算的循环来实现的。作为一种求解偏微分方程的数值算法,SPH 程序在逻辑上是存在天然的串行结构的,如时间积分过程。但在每一步计算中,SPH 的各个子程序都存在着大量可以并行的循环运算。事实上,SPH 程序最显著的特点便是存在大量相邻粒子对的相互作用,如搜索最近相邻粒子、计算内力和密度增量等,这也是程序中最耗时的部分。若将每个循环(包括粒子对的循环和粒子的循环)计算量均匀地分配到若干个处理器上,循环计算部分可以得到近似线性的加速,SPH 程序的并行化也得以实现。循环中每对粒子对或每个粒子的运算都是独立的,这种并行技术在具有弱形式连接性质的集群运算中十分有效。至此,并行化的 SPH 程序的主要计算步骤如下:

(1)串行前处理:粒子初始化,存储分配。

(2)SPH 并行计算模块:

①链表搜索法搜索最近相邻粒子,可按照背景网格单元分解,使每个处理器存储数目相近的邻近粒子对信息,包括光滑核函数及其空间导数;

②通过并行的粒子对循环计算密度增量;

③通过并行的粒子对循环计算粒子间内力、XSPH 修正项及人工黏性;

④通过并行的粒子循环计算粒子所受到的外力;

⑤通过并行的粒子循环更新每个粒子的密度、速度、位置信息。

(3)串行后处理:输出所需粒子信息。

基于该流程研制开发了 Slosh3DSPH 求解程序,采用 OpenMP 实现了 SPH 程序的 CPU 并行化。OpenMP 作为目前被广泛应用的并行算法框架,是由 OpenMP Architecture Review Board 牵头提出,用于共享内存系统并行程序设计的一套编译处理方案(compiler directive)。它提供了共享内存的 CPU 并行算法的高层抽象框架,主要包括基于循环的并行设置方案,程序员可以通过加入专用的 #pragma 指令来说明自己的目的,在必要的地方加速同步互斥或者通信,编译器便可以自动将程序并行化。OpenMP 极大降低了 CPU 并行编程的难度和复杂度,程序员可以将精力更多地放在并行算法本身,而不是具体的细节实现。

但是,OpenMP 并不适合需要复杂的线程间同步和互斥的情况,在 SPH 程序中,最近相邻粒子搜索如果直接采用 OpenMP 并行,便会出现严重的互斥情况,比如多个线程同时搜索到邻近粒子对要加入粒子对编号数组中,这样计算得到的粒子对搜索结果可能会有很多的粒子对遗漏。所以,在 Slosh3DSPH 程序中,根据计算机的线程数、粒子对编号以及相应核函数及其导数的存储也要随之分成几组,在进行链表搜索法搜索邻近粒子对的过程中,通过控制每个线程循环的网格单元范围,可以让每个线程搜索到的邻近粒子对数量相近。在后续的计算邻近粒子对相互作用的循环中,每个线程计算当前时间步搜索到的粒子对相互作用即可。至于基于粒子循环的计算,不需要做特殊处理,可以直接利用 OpenMP 完成并行计算。针对某一特定工况,其加速效果如表 7-3 所列。

表 7-3 10s 仿真用时对比

程序框架	粒子间距/m	液体粒子数量	单时间步计算用时/s	总时间步数	总计算用时/s
串行	0.02	10673	0.029	36683	1044
并行	0.02	10673	0.012	36683	431

此外,考虑到 MATLAB 在数据处理、算法分析以及作图等方面的强大功能,以及工程项目中要将液体晃动模块嵌入 Simulink 控制程序的实际需求,开发了 Slosh3DSPH_m 程序,将 SPH 算法中除最近相邻粒子搜索之外的单步所有循环

计算全部转化成了矩阵或数组的向量计算，极大地提高了计算效率。

粒子本身物理量的计算可直接采用向量化形式，而粒子对相互作用量的计算，可以认为粒子对的第一个粒子编号代表矩阵行数，第二个粒子编号代表矩阵列数，粒子间的相互作用量为元素值，两个编号数组和一个作用量数组能够通过 sparse 函数生成一个稀疏矩阵，这三个数组便是该稀疏矩阵的三元组表示形式。由于链表搜索法搜索的粒子对没有考虑粒子的先后顺序，此时得到的稀疏矩阵并不具有特殊性质。实际计算时，考虑到粒子对之间相互作用量的方向性，应根据相互作用量是否为矢量，选择将相应稀疏矩阵与其对称阵相加或相减，再将处理后的稀疏矩阵的所有列相加得到的列矢量，便是每个粒子受到其所有邻近粒子的总作用量。以粒子密度增量的计算为例，MATLAB 的计算流程及部分关键代码如下所示：

(1) 通过链表搜索法得到粒子对编号数组 pairi(niac)、pairj(niac) 及所有粒子对的核函数空间导数矩阵 dw(niac,dim)。其中 niac 是粒子对数，dim 是问题维数。

(2) 计算每个粒子对相互作用产生的密度增量 drho_par(niac)：

```
drho_par = mass * dot((v(pairi,:) - v(pairj,:)),wdw,2);
```

(3) 生成密度增量的稀疏矩阵 drho_S，其中 maxn 是粒子总数。

```
drho_S = sparse(pairi,pairj,drho_par,maxn,maxn);
```

(4) 计算每个粒子的密度增量 drho(maxn)：

```
drho = sum(drho_S + drho_S',2);
```

值得一提的是，sparse 函数及对稀疏矩阵的元素求和函数 sum 都是 MATLAB 的内置函数(built-in function)，经过了 Math Works 公司各种优化和容错处理，具有很高的计算效率。通过稀疏矩阵的灵活使用，SPH 方法可以在保证一定计算效率的前提下用 MATLAB 语言加以实现。

在向量化串行 MATLAB 程序 Slosh3DSPH_m 的基础上，利用 MATLAB 的并行计算工具包(parallel computing toolbox)，可以使用 CPU 或 GPU 进行并行计算。由于程序中已基本不存在 for 循环，并行计算是基于矩阵的分解来进行的，这同样是一种基于操作运算的分解方法，将粒子信息及粒子对相互作用量信息均转化到并行处理器完成计算。通过实际测试，采用 CPU 对 Slosh3DSPH_m 程序的加速效果不佳，分配数据占用了大量时间，而采用 GPU 加速时，通过

gpuArray 函数可以将 SPH 中的数据分配到图形处理器(GPU)中,有着一定的加速效果。MATLAB 的 GPU 加速模块不需要进行 CUDA 编程,很多算法可以在 NVIDIA GPU 上自动运行,包括元素级运算、多种线性代数运算、稀疏矩阵运算等。事实上,MATLAB 在处理分布在 GPU 上的矩阵时还有很多限制,如难以处理对矩阵元素的循环计算,但得益于原 MATLAB 程序的高度向量化,SPH 算法可以比较容易地在 GPU 上实现并行化。

为了考查 MATLAB 中 GPU 并行计算的效果,在一台装有 8 核 16 线程的 Intel i9 处理器、16GB 内存以及 NVIDIA RTX2080Ti 11GB 显存独立显卡的个人计算机上对 SPH 的 MATLAB 程序进行了简单测试,设置不同数量的粒子计算 10s,其计算时间对比如表 7-4 所列。

表 7-4 基于 MATLAB 的 SPH 程序计算时间对比

实粒子数目	串行计算时间/s	GPU 并行计算时间/s
1268	179.7	177.3
9141	2373	1049

可见,基于 MATLAB 的 GPU 并行计算在粒子数量较少时因为分配空间的计算代价导致加速效果很不明显,但在粒子数较多的情况下出现了明显的加速效果。事实上,采用 GPU 并行的 SPH 算法,其计算时间随粒子数目提升的增加速度要远小于串行向量化 SPH 算法,能够在大规模计算中有所应用。此外,相比 C/C++、Fortran 等语言,基于 MATLAB 的 Slosh3DSPH_m 程序可以更清晰便捷地对 SPH 的不同算法进行测试分析,其代码易于理解,调试也非常便捷,可以考虑作为初学者学习 SPH 方法的入门工具。

4. SPH 数值仿真算例

本部分以 Flow-3d 商业软件作为参照,以 Cassini 贮箱内液体晃动问题为例对 SPH 方法在长时间真实复杂激励下的计算效果进行验证。

Cassini 贮箱的中间段为圆柱,两端为半球,广泛应用于航天工程中。在本节算例中,Cassini 贮箱的圆柱段高为 0.2m,半球的半径为 0.5m,几何中心在航天器坐标系的位置是 (0.3,0.4,0.5)m。贮箱内液体为甲基肼(密度为 874.4kg/m^3,运动动力黏性系数为 8.5×10^{-4}Pa·s),充液比为 50%,即初始水平液高为 0.6m。粒子初始间距设为 0.05m,共离散成 2007 个液体实粒子和 1187 个边界虚粒子,其分布如图 7-13 所示。

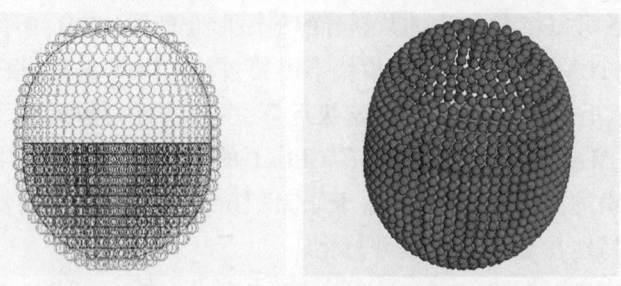

图 7 – 13 Cassini 贮箱粒子初始分布图(间距 0.05m)(彩图见书末)

一般来说,充液航天器进行变轨或软着陆时,其运动主要受推进器和动量轮的控制,前者提供平动激励或大幅姿态调整的推力,后者则提供调姿的力偶矩。

下面举例以软着陆阶段航天器的实际运动形式为液体施加激励:主推进器提供了可以忽略表面张力的重力环境,航天器质心在其本体系方向(垂直于初始水平液面)的绝对加速度,即等效重力加速度在 $1\sim 2\text{m/s}^2$ 变化,其横向加速度及角速度变化可以使贮箱内液体产生大幅晃动。共仿真 300s,航天器质心的绝对加速度及相对惯性空间的角速度在航天器本体系下的投影变化规律如图 7 – 14 和图 7 – 15 所示。

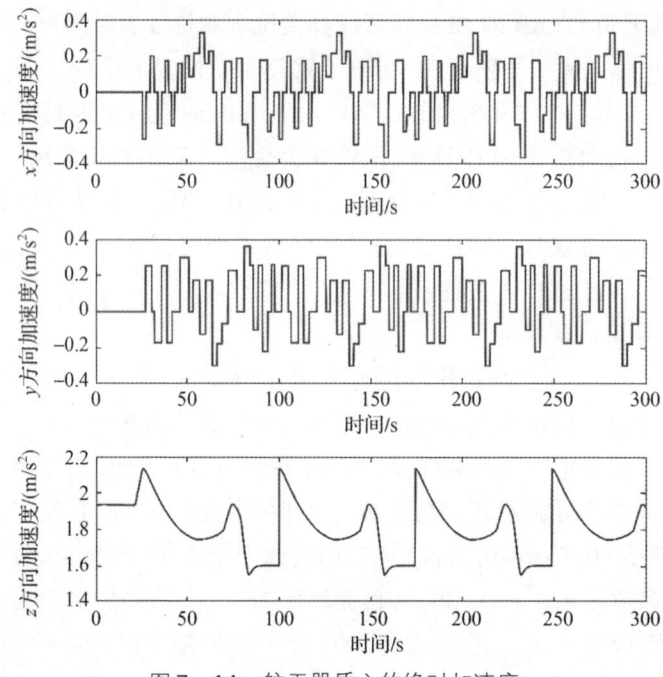

图 7 – 14 航天器质心的绝对加速度

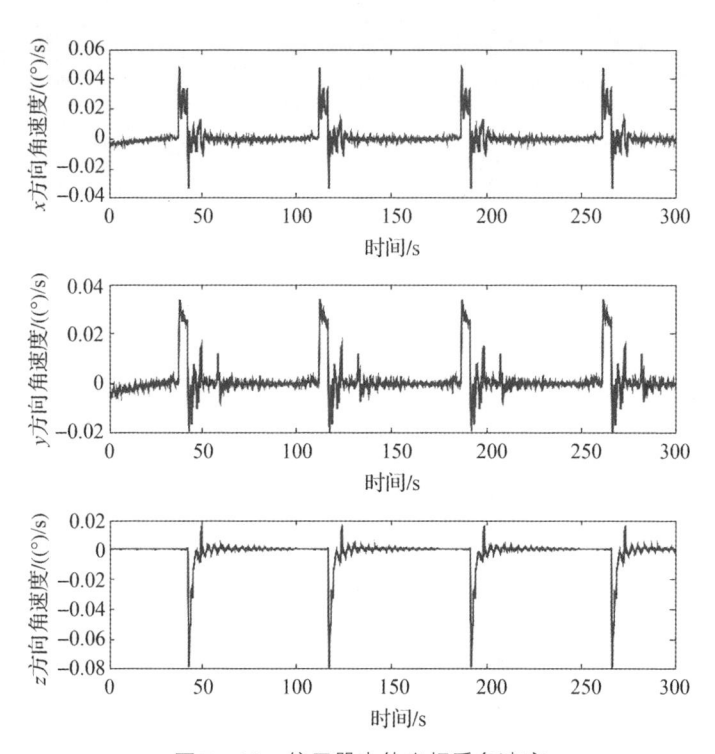

图 7-15 航天器本体坐标系角速度

以 Flow-3d 的计算结果作为参考，SPH 前 100s 仿真的液面形状如表 7-5 所列。两者的结果吻合得很好：前 25s，极小的激励让液体几乎保持静止；25~100s，液体进行了不规则的晃动。

表 7-5 真实复杂激励下 Cassini 贮箱液体晃动：前 100s 内不同时刻下
SPH 方法与 Flow-3d 软件的液面形状对比

时间/s	SPH	Flow-3d
15.0		
34.0		

245

续表

时间/s	SPH	Flow-3d
50.0		
65.0		
79.0		
94.0		

晃动作用力及力矩在300s仿真时间内的变化曲线对比图如图7-16和图7-17所示,SPH方法与Flow-3d计算结果的变化规律吻合良好:x、y以及z方向上晃动作用力最大峰值的相对偏差分别为20.2%、14.5%和10.3%;x、y及z方向上晃动作用力矩最大峰值的相对偏差分别为2.5%、3.3%和14.0%。对照结果证明了SPH方法在表面张力作用可忽略的真实复杂激励下长时间仿真的准确性和稳定性。

SPH方法由于其拉格朗日性质,可较方便地嵌入航天器动力学仿真中,并对大幅晃动的非线性液体晃动状态有较好的响应。然而对于微重力状态,SPH方法由于粒子法的数值振荡特性,虽然有部分模拟表面张力的方法(CSF方法或IIF方法),但很难较好地描述表面张力对液体运动状态的影响。针对微重力环境下的液体晃动状态,可采用非惯性系下开源OpenFOAM框架的直接调用或通过UDP网络接口调度FLUENT模拟的方式实现CFD数值模拟与航天器动力学的闭环仿真,其具体实现策略主要体现在数据接口与时序上的统一,在此不再一一阐述。

第 7 章　航天器控制系统液体晃动数学仿真

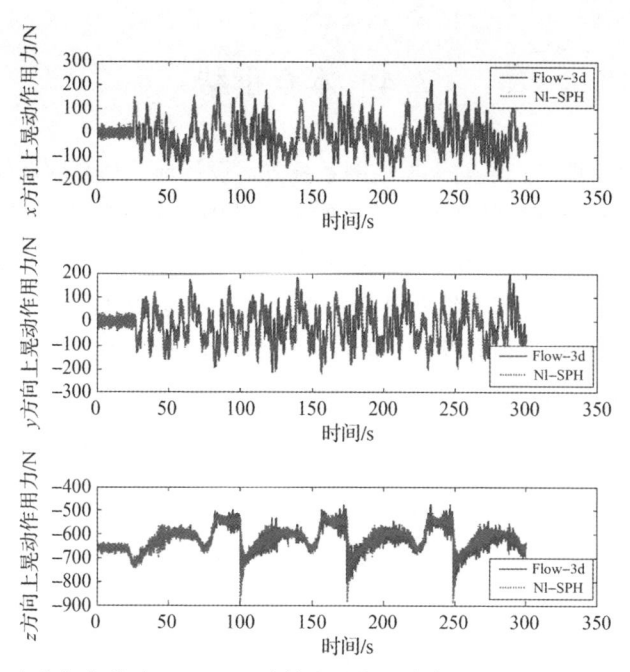

图 7-16　真实复杂激励下 Cassini 贮箱内液体晃动作用力变化曲线(彩图见书末)

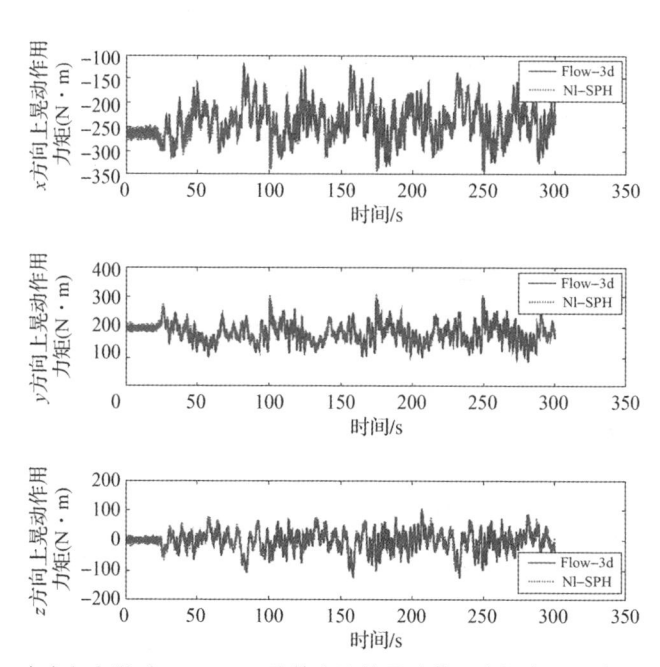

图 7-17　真实复杂激励下 Cassini 贮箱内液体晃动作用力矩变化曲线(彩图见书末)

7.4　本章小结

液体晃动模拟是充液航天器控制系统方案设计地面仿真验证的重要组成部分。本章针对航天器控制系统中充液航天器动力学的建模方法进行了介绍,包括液体晃动动力学理论建模、等效力学模型建模等。同时阐述了液体晃动闭环 CFD 数值仿真方法,尤其是针对基于 SPH 方法的闭环仿真方法的基本理论、晃动作用求解方法、并行程序设计等进行了详细介绍,通过数学仿真算例验证了方法的有效性。

第8章 控制系统物理仿真与评估

8.1 概 述

物理仿真与数学仿真是航天器控制系统的两大重要仿真验证手段。如果说数学仿真是从整体和"面"上对航天器飞行全过程的制导导航与控制(GNC)算法进行仿真验证,那么物理仿真主要从局部和"点"上对航天器关键飞行阶段的制导导航与控制算法进行试验验证。

航天器控制系统物理仿真包括半物理仿真和全物理仿真两部分。

航天器控制系统半物理仿真是航天器控制系统研制中的一个重要环节。当系统研制出来以后,人们最关心的问题是它的功能和性能是否与设计要求相一致,这只有通过对实际系统进行试验才能确定。具体的试验形式规模又可以根据需要来确定,以计算机仿真(数学仿真)系统为基础,将仿真程序内星上部件的数学模型用真实部件代替,可以尽可能多地应用真实部件,也可以只应用一个关键星上真实部件(如星载控制器),这样的仿真系统有实物(硬件)接入回路,称为半物理仿真。

全物理仿真不是在计算机仿真系统基础上发展起来的对实际航天器控制系统进行仿真试验的技术,它和半物理仿真的区别是应用的航天器动力学模型不同。半物理仿真中应用数学模型,全物理仿真中应用物理模型(也称物理效应模型)。由于动力学数学模型必须由仿真计算机来解算,因此可以用有无仿真计算机来区别,有仿真计算机的是半物理仿真,没有仿真计算机的是全物理仿真。

▶ 8.1.1 半物理仿真

航天器控制系统半物理仿真是指航天器动力学采用数学模型,而控制系统部件(敏感器、执行机构或控制计算机)采用物理实物或模拟器的物理仿真。

航天器控制系统半物理仿真的目的包括控制系统GNC方案的系统级闭环仿真验证、控制系统性能鉴定、航天器在轨控制性能演示验证以及控制系统故障仿真等。其中,控制系统GNC方案的系统级闭环仿真验证是半物理仿真的主要目的。

控制系统GNC方案的系统级闭环仿真验证发生在控制系统关键技术攻关论证和设计阶段,主要针对的是难以用数学模型精确刻画的敏感器测量特性,以及新研发的制导、导航与控制方案和算法。系统级仿真验证的一般方法是将难以用数学模型刻画的敏感器部件实物引入回路,并结合运动模拟器和动力学数学模型构成闭环半物理仿真系统,对关键飞行阶段或关键控制模式下GNC方案算法的正确性和有效性进行半物理试验验证。而在初样设计阶段,采用控制性能闭环桌面联试(以下简称桌面联试)的方式对控制系统时序、接口等技术设计性能进行闭环测试验证,一般方法是将控制计算机、部分或全部敏感器和执行机构部件用实物或模拟器的方式引入回路,结合动力学数学模型构成闭环半物理仿真系统。

8.1.2 全物理仿真

以气浮台为核心设备的航天器控制系统全物理仿真系统实现起来有很大难度,是一项复杂的系统工程。作为运动模拟器的气浮台,设计上要根据特定航天器姿态控制系统的要求来确定。但实际上又要求运动模拟器是多用途的,并希望可用于各类控制系统和不同质量或转动惯量的航天器。航天器有小有大,其转动惯量相差很大,给模拟航天器动力学的气浮台设计带来很大困难。特别是大型三轴气浮台,由于台体结构变形、不对称气体推进剂消耗等因素,受地球重力的影响,台体的不平衡力矩难以调整到小于10^{-4}N·m的仿真要求。而中、高轨道航天器所受到的干扰力矩就是这个数量级,这就使气浮台仿真对于这类航天器一般只进行控制系统的功能性验证。

类比航天器控制系统半物理仿真的定义,航天器控制系统全物理仿真是指除控制系统部件外,航天器动力学也采用实际物理设备进行等效模拟的物理仿真。

航天器控制系统全物理仿真的目的包括控制系统GNC方案验证、复杂动力学的系统级闭环验证、航天器在轨控制性能演示验证以及控制系统性能鉴定等。其中,控制系统GNC方案和复杂动力学的系统级闭环验证是全物理仿真的主要目的。

控制系统的 GNC 方案和复杂动力学模型的系统级全物理闭环验证发生在控制系统关键技术攻关论证和设计阶段,主要针对的是难以用数学模型精确刻画的航天器复杂动力学变化特性如接触碰撞,或者新型敏感器和执行机构部件如光纤惯性测量单元(IMU)或控制力矩陀螺等的测量或执行性能,抑或二者结合之后对控制方案算法产生的影响。GNC 方案和复杂动力学的系统级闭环验证的一般方法是通过地面设备模拟航天器在轨微重动力学特性,并将难以用数学模型刻画的敏感器或执行机构部件实物引入回路构成闭环全物理仿真系统,对关键飞行阶段或关键控制模式下 GNC 方案算法的正确性和有效性进行全物理试验验证。

8.1.3 微重力地面模拟方法

全物理仿真技术的基础和关键是如何在地面模拟航天器在太空中的微重动力学特性。从模拟微重力环境的角度分析研究,可以有多种方法。可以制造一个真实的微重力环境,或制造一个物理效应等同微重力的环境。具体方法有落塔法、抛物飞行法、悬吊法、水浮法和气悬浮法。本节对目前常用的几种微重力地面模拟方法进行简单叙述[38]。其中,落塔法和抛物飞行法得到真实的微重力环境,而悬吊法、水浮法和气悬浮法等是建造一个和微重力环境有同等物理效应(在地面实现无摩擦力)的环境。

1. 落塔法

1)原理

如果一个物体只受到万有引力作用,则物体所处的环境将是一个微重力环境,俗称失重环境,这是地面创造真实微重力环境的主要方法。落塔法是通过在微重力塔中执行自由落体运动来产生微重力环境。

2)特点

(1)能得到一个真实的微重力环境,可进行三维空间的微重力试验;

(2)精度高,可产生 $10^{-5} \sim 10^{-4}$ 量级的微重力环境(影响精度的主要因素是空气阻力);

(3)试验时间很短(几秒),试验空间小;

(4)难以增加试验时间,设备昂贵。

3)适用范围

由于试验时间太短,落塔法一般用于模型研究和验证,而不用于航天器控制系统全物理仿真试验。

在航天器推进剂储箱研制中,基于液体表面张力的板式流体管理装置是目前较为先进的空间流体管理装置。研究中需要对微重力条件下储箱内流体行为的数学模型进行验证,该需求可通过落塔法[39]来实现。微重力落塔法试验系统示意图如图8-1所示。

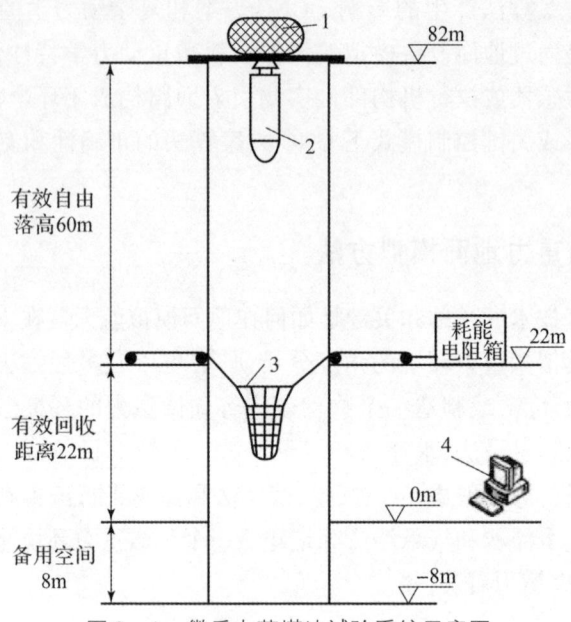

图8-1 微重力落塔法试验系统示意图

1—释放系统;2—试验舱组件;3—减速回收系统;4—控制系统。

试验系统的核心是试验舱组件,为提高试验精度,应用了双层套舱的方式,内外舱间抽真空,这样使内舱可以得到$10^{-5}g$的量级甚至更优的微重力水平。并在试验中应用储箱的缩比模型,这样既缩小了试验装置,满足落塔试验空间的需求,同时又满足了液体微重力条件下重定位时间要求。落舱从83m释放平台自由下落,可获得3.6s的微重力时间。试验中利用高分辨率相机对液体的重定位过程进行摄像,试验结果和数学仿真的结果非常吻合,验证了数学模型的正确性。

世界上第一个具备10s微重力环境试验时间的落塔是日本的JAMIC微重力塔,建在一个高710m的竖井中,自由落体高度达490m,其余220m用于缓冲刹车设备。

2. 抛物飞行法

1)原理

抛物飞行法和落塔法的原理一样,即通过使物体在运动过程中尽量只受万有引力来获得微重力环境。但二者实现途径不一样,抛物飞行法通过飞机向上产生的抛物线机动飞行来实现:飞机水平加速飞行、跃升拉起,再关闭发动机使飞机处于自由抛物线飞行状态。抛物飞行法示意图如图8-2所示。相比落塔法,抛物飞行法可以获得较长的试验时间。

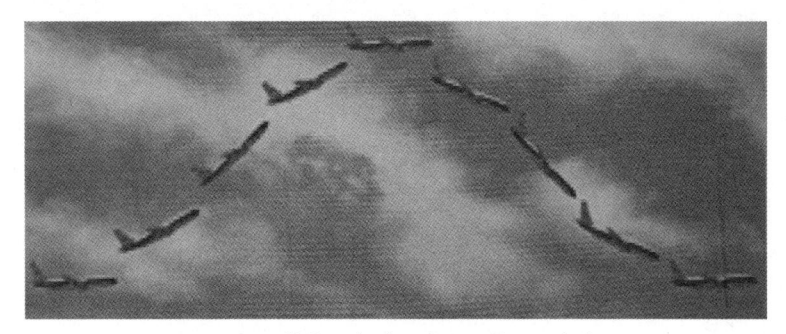

图8-2 抛物飞行法示意图(彩图见书末)

2)特点

(1)能得到一个真实的微重力环境,可进行三维空间的微重力试验;

(2)精度中等,为$10^{-3} \sim 10^{-2}$量级微重力环境;

(3)试验时间短(20~30s);

(4)价格昂贵,高风险,在机动开始段和结束段有重力过载($2g \sim 2.5g$)。

3)适用范围

由于试验时间短,此方法也不适用于航天器全物理仿真,可用于航天员失重环境下活动培训,如穿脱航天服、设备维护时的身体精准协调、舱外活动如工艺技术作业等。

3. 悬吊法

1)原理

悬吊法主要是通过吊丝或气球的垂直拉力来平衡物体自身重力。若只有一维运动,则其结构相对简单,且易于实现。若在吊丝、滑轮、导轨、桁架的基础上再采用随动恒张力控制使吊丝拉力始终等于物体的重力,则可以进行三维空间试验。

2)吊丝悬吊法特点

(1)不是真实的微重力环境;

(2)可以进行三维空间试验;

(3)难以提高精度,尤其要进行二维或三维空间的试验;

(4)可以适应较快运动目标;

(5)对环境要求不苛刻。

3)气球悬吊法特点

(1)不是真实的微重力环境；

(2)可以进行三维空间试验；

(3)难以提高精度,尤其要进行二维或三维空间的试验；

(4)适用于慢速运动目标；

(5)对环境要求较高,需要场地大、温湿度稳定且无明显空气流动；

(6)价格相对便宜。

4)适用范围

悬吊法可应用于航天器机械系统仿真试验,如太阳电池帆板展开测试、天线展开测试、对接机构测试、空间机械臂展开测试等试验。

4. 水浮法

1)原理

如图8-3所示,水浮法是通过水的浮力来抵消物体重力的影响。这种方法较易实现,但水对运动物体的阻力在一定程度上也影响试验性能。

图8-3 俄罗斯航天员在水槽内进行太空行走训练

2)特点

(1)不是真实的微重力环境；

(2)运动阻力大,能实现三自由度平动和三自由度转动。

3)适用范围

水浮法广泛应用于航天员在微重状态下的运动操作培训,一般不应用于航天器全物理仿真。

5. 气悬浮法

1）原理

气悬浮法是利用压缩空气使物体浮起,通过压缩空气的托举力与物体重力抵消来实现微重力模拟的一种方法。气悬浮法主要有两种实现方式:气浮台和气浮平台。气浮台方式通过采用气浮轴承转台来实现微重力模拟,包括单轴气浮转台和三轴气浮转台。气浮平台方式是通过在高精度水平支撑平面上用气垫浮起气浮平台来实现航天器的轨道动力学和姿态动力学的微重力运动模拟,通常包括三自由度气浮平台、五自由度气浮平台和六自由度气浮平台。由于气浮薄膜的摩擦力很小,因此气悬浮法精度相比悬吊法精度有很大提高。

2）特点

(1) 不是真实的微重力环境;

(2) 气浮平台的平动可根据需要实现两(水平二维)自由度和三(水平二维+竖向)自由度;

(3) 等效模拟精度较高。

3）适用范围

气悬浮法是航天器控制系统全物理仿真常用的模拟方法。其中,气浮台主要应用于航天器姿态控制仿真,气浮平台主要应用于航天器复杂动力学相对运动仿真,如对接机构接触碰撞验证等,也可用于空间站多舱段角动量管理、太阳翼展开测试等。

尽管气悬浮法是工程上最常用的微重力模拟方法,但其仍存在一定局限性,如无法在地面上模拟重力梯度稳定卫星的动力学特性。此外,在高精度水平支撑平面上模拟轨道运动,和在轨交会最后平移靠拢段接近过程的真实相对运动动力学特性仍存在差异,一般将此差异视为外界扰动。

8.2 物理仿真基本原理

8.2.1 半物理仿真基本原理

1. 半物理仿真系统组成

航天器控制系统半物理仿真大致可分为控制方案系统级闭环半物理仿真(以下简称系统级仿真)和桌面联试两大类。按照控制系统部件在回路中的不同状态,系统级仿真的敏感器通常为实物,桌面联试的控制计算机通常为实物。

航天器控制系统半物理仿真的一般组成和原理如图8-4所示。

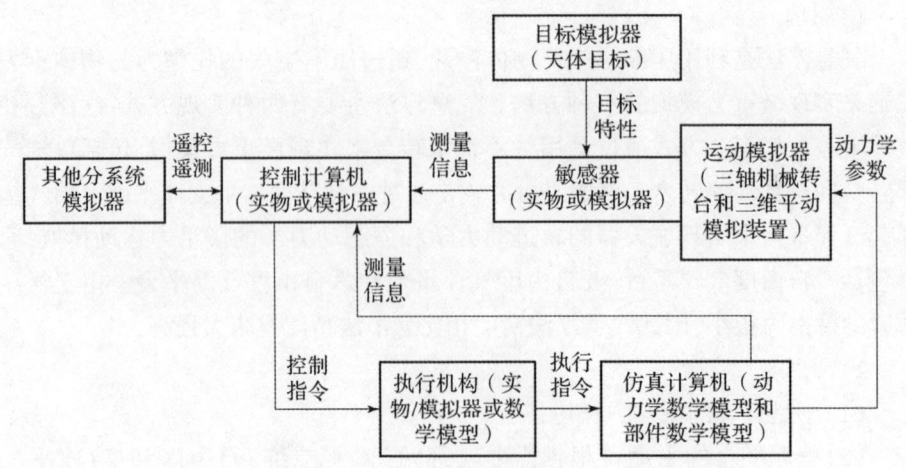

图8-4 航天器控制系统半物理仿真的一般组成和原理

如图8-4所示,航天器控制系统半物理仿真的一般组成包括运动模拟器、目标模拟器、仿真计算机系统、控制系统部件(或模拟器)以及其他分系统模拟器等。下面对各组成设备功能进行简单说明。

1)运动模拟器

运动模拟器是系统级半物理仿真的核心设备,主要用于模拟航天器的轨道和姿态运动,包括三维平动和三轴转动。运动模拟器通常包括三维平动模拟装置、三轴机械转台以及二者合一的六自由度运动模拟装置几种形式。

运动模拟器主要用于系统级半物理仿真。

2)目标模拟器

目标模拟器主要模拟与敏感器部件测量相关的目标,如地球、恒星等天体目标、火星、小行星等局部表面地形目标,以及太阳光等环境目标。

目标模拟器主要用于系统级半物理仿真。

3)仿真计算机系统

仿真计算机系统主要负责试验系统的闭环实时仿真控制和试验总控管理。其具体包括:航天器动力学数学模型计算更新、部分常规敏感器(如IMU、太阳敏感器等)和执行机构(如喷气推力器、动量轮等)数学模型解算、运动模拟器的实时驱动控制以及半物理仿真系统的试验总控管理等。

仿真计算机系统同时用于系统级仿真和桌面联试中。若控制计算机在系统级仿真中采用模拟器形式,则仿真计算机系统可同时兼控制计算机功能。

4) 控制系统部件

控制系统部件包括敏感器、执行机构和控制计算机,主要实现敏感器测量、执行机构执行和 GNC 算法解算。

对于系统级仿真,敏感器部件通常采用实物,而控制计算机可采用实物(执行机构为模拟器),也可采用模拟器(执行机构为数学模型)形式,此时控制计算机模拟器可由仿真计算机直接模拟。

对于桌面联试,控制计算机部件通常为实物,而敏感器和执行机构可部分或全部采用模拟器形式。

5) 其他分系统模拟器

其他分系统模拟器通常模拟数管计算机,主要模拟其与控制计算机之间的遥控遥测。

对于系统级仿真,在控制计算机为模拟器的情况下,该设备可简化为遥控遥测控制指令,在仿真计算机中执行。

2. 半物理仿真工作原理

如图 8-4 所示,航天器控制系统半物理仿真的一般工作原理可描述为:

将真实的敏感器部件安装固定在运动模拟器上,同运动模拟器一起模拟航天器的轨道姿态六自由度运动。在一个控制周期内,首先由真实敏感器对目标模拟器进行动态测量,实时获得位置姿态等测量信息;与此同时,仿真计算机也进行部分敏感器数学模型的实时计算,获得位姿信息;接着,由控制计算机分别对真实敏感器和敏感器数学模型获取的测量信息进行实时数据采集,进而运行导航与制导控制算法,实时解算出控制指令;然后,由推进系统等执行机构模拟器或数学模型解算出实际加载到动力学模型上的执行指令,并实时传输给仿真计算机;最后,仿真计算机根据执行机构的执行指令,对航天器动力学数学模型进行计算更新,获得新的航天器轨道姿态六自由度动力学参数,并以此作为驱动指令,驱动运动模拟器实现航天器的六自由度运动模拟。由此,构成了一个闭环半物理仿真系统,不断重复上述敏感器测量、控制和执行指令解算、动力学更新和运动模拟步骤,实现航天器控制系统的闭环半物理仿真验证。

8.2.2 全物理仿真基本原理

1. 全物理仿真系统组成

航天器控制系统全物理仿真一般采用气悬浮法,基于气悬浮法的全物理仿真广泛应用于航天器分布式姿态控制仿真、自动对接仿真、编队飞行仿真、空间操控仿真等。本章主要针对气悬浮法全物理仿真技术进行叙述。

航天器控制系统全物理仿真的一般组成和原理框图如图8-5所示。

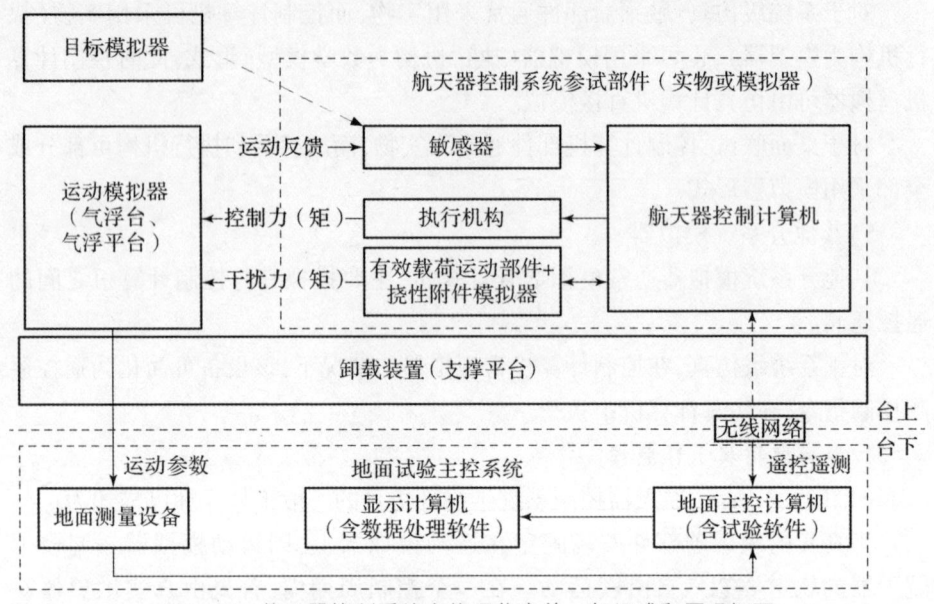

图8-5 航天器控制系统全物理仿真的一般组成和原理框图

如图8-5所示,航天器控制系统全物理仿真系统主要分为台上(支撑平台上)和台下(支撑平台下)两部分,前者包括运动模拟器、卸载装置(支撑平台)和航天器控制系统参试部件,后者包括目标模拟器和地面试验主控系统。

1) 运动模拟器

运动模拟器是控制系统全物理仿真的核心设备,其与支撑平台配合,主要用于模拟航天器的在轨轨道和姿态微重动力学特性。

运动模拟器主要包括气浮台和气浮平台两大类,如8.1.3节所述。前者包括单轴气浮台和三轴气浮台,用于模拟微重姿态动力学;后者包括三自由度气浮平台、五自由度气浮平台和六自由度气浮平台,用于模拟微重轨道和姿态动力学。

2) 卸载装置

卸载装置(支撑平台)是控制系统全物理仿真的另一大核心设备,主要功能是为运动模拟器提供超平气浮支撑条件,并与后者配合实现航天器在地面上的平面二维轨道微重动力学特性模拟。

除支撑平台外,针对有效载荷运动部件或挠性附件模拟器需要卸载的情况,还包括吊丝或气球卸载装置等。

3)航天器控制系统参试部件

航天器控制系统参试部件包括敏感器、执行机构和航天器控制计算机,主要实现敏感器测量、执行机构执行和GNC算法解算。航天器控制系统参试部件通常采用实物或模拟器。

此外,航天器控制系统参试部件还包括航天器有效载荷运动部件等,这些部件对控制系统性能产生一定影响。

4)目标模拟器

与半物理仿真类似,全物理仿真的目标模拟器主要模拟敏感器部件的测量目标,如小行星等局部表面地形目标、太阳光等环境目标等。

5)地面试验主控系统

地面试验主控系统主要负责全物理仿真试验系统的试验总控管理,如试验初始化、试验流程控制、遥控遥测、试验数据管理和试验监控等。

2. 全物理仿真工作原理

如图8-5所示,航天器控制系统全物理仿真的一般工作原理可描述为:

将真实的敏感器、执行机构、航天器控制计算机以及有效载荷运动部件或挠性附件模拟器等航天器控制系统参试部件安装固定在运动模拟器上,并通过配置和调平衡,使得运动模拟器质量和各轴惯量与航天器在轨尽量保持一致。

在一个控制周期内,首先由真实敏感器对目标模拟器进行动态测量,实时获得运动模拟器自身的位置姿态等测量信息,同时由IMU实时测量运动模拟器自身的位置姿态变化;接着,由航天器控制计算机对敏感器测量信息进行实时数据采集和导航与制导控制算法实时解算,并将获得的控制指令实时发送给执行机构;最后,喷气推力器、动量轮等执行机构根据控制指令进行喷气或角动量控制,实现运动模拟器位置姿态的状态实时更新。在此过程中,有效载荷运动部件或挠性附件模拟器产生的振动影响将直接作用在运动模拟器上,共同模拟航天器在轨动力学特性。由此便构成了一个闭环全物理仿真试验系统。不断重复上述敏感器测量、控制指令解算、执行机构控制和运动模拟器状态更新等步骤,即可实现航天器控制系统的闭环全物理仿真试验验证。

8.3 半物理仿真主要设备

8.3.1 运动模拟器

运动模拟器是半物理仿真最重要的地面设备,主要用于模拟航天器的姿态运动和轨道运动,为安装在其上的敏感器部件的真实测量提供较为真实的在轨动态环境。根据试验需求的不同,运动模拟器可分为机械转台和六自由度运动模拟装置两大类。前者用于姿态运动模拟,后者用于轨道和姿态六自由度运动模拟。

运动模拟器在仿真计算机动力学参数的实时驱动下模拟航天器轨道姿态运动。半物理仿真对运动模拟器的一般要求如下:

(1)具有足够的静态精度、良好的动态响应和低速性能;

(2)设备轴系精度,包括各转动轴的相交度、垂直度,与平动轴的平行度或垂直度等满足要求;

(3)具有满足试验要求的负载能力,包括负载质量、负载容量、负载视场等;

(4)具有与仿真计算机的实时通信能力。

1. 三轴机械转台[2]

机械转台最常见的是三轴机械转台,简称三轴转台,是半物理仿真用途最广的运动模拟器。三轴转台具有三个独立运动的框架,分别代表航天器在空间做姿态运动的三自由度(滚动、俯仰、偏航)。

按照转台台体的结构形式,三轴转台可分为立式和卧式两种基本形式,如图 8-6 所示。

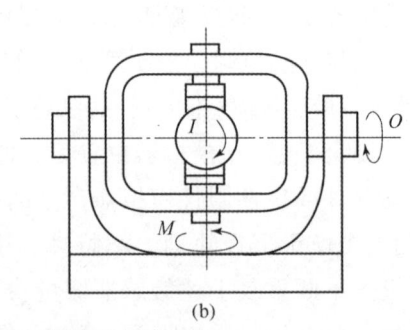

图 8-6 三轴转台两种形式示意图
(a)立式三轴转台;(b)卧式三轴转台。

如图8-6所示,立式和卧式两种转台的特点是:立式三轴转台外框架轴(以下简称外轴)垂直向上,所以一般模拟航天器的偏航角运动;卧式三轴转台的外轴是水平方向,一般模拟航天器的非偏航角(如俯仰角)运动。实际上,关于三轴转台的哪个轴应模拟航天器哪个姿态角运动并没有硬性规定,要以实际情况来定,但需注意以下两点:

(1)转台外轴、中轴、内轴的顺序就是欧拉角的转序。例如,外轴模拟俯仰角,中轴模拟偏航角,内轴模拟滚动角,则欧拉角转序为2-3-1。

(2)转台中轴不能模拟大角度运动。由于中轴为90°时三轴转台变为两轴转台,在数学模型上这是一个奇点,实际工作时中轴的转动范围一般控制在±60°以内。在对地定向三轴稳定航天器的控制系统半物理仿真中,三轴转台一般用于模拟以地心惯性坐标系为参考系的姿态运动,由于俯仰角在地心惯性系下随时间增大而增大,因此转台中轴不能用于模拟航天器俯仰轴。

立式三轴转台实物图如图8-7所示。

图8-7 立式三轴转台实物图

2. 六自由度运动模拟装置

随着交会对接、地外天体表面软着陆等新的半物理仿真验证需求的提出,运动模拟器除需要模拟航天器姿态运动外,还需要模拟轨道运动,即航天器质心的平移运动模拟。因此,涵盖轨道和姿态运动模拟的六自由度运动模拟装置应运而生。

六自由度运动模拟装置主要用于实时模拟航天器自身的轨道和姿态六自由度运动状态,一般包括三维平动和三轴转动两部分。如在地外天体软着陆悬停避障半物理试验中,采用六自由度运动模拟装置模拟着陆器相对于天体表面地形的六自由度运动。

航天器控制系统仿真

六自由度运动模拟装置一般包括串联和并联两种形式。串联形式为三维平动和三轴转动融合的形式,每个轴的平移和转动运动都是串联的、解耦的。其中,三维平动模拟通过横梁和立柱上的导轨齿轮齿条或滚珠丝杠驱动实现;三轴转动模拟则通过安装在立柱上的三轴转台来实现。并联形式如Stewart六连杆并联机构、多绳索并联机器人[40]等,其三维平动和三轴转动运动皆通过连杆或绳索的共同作用来实现。串联形式的优点是运动范围大、控制简单;并联形式的优点是结构小巧,成本低。

在地外天体软着陆等需要进行大范围平动运动模拟的半物理试验中,通常采用三维导轨和三轴转台融合的串联形式。串联形式的六自由度运动模拟装置实物图如图8-8所示。

图8-8 串联形式的六自由度运动模拟装置实物图(彩图见书末)

并联形式的六自由度运动模拟装置示意图如图8-9所示。

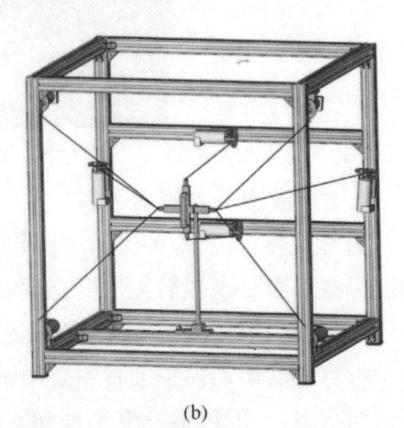

图8-9 并联形式的六自由度运动模拟装置示意图
(a)Stewart六连杆并联机构;(b)绳索并联机器人。

8.3.2 目标模拟器

除了惯性敏感器(惯性测量单元),其他敏感器都是方向敏感器,在仿真试验时需要一个参考目标配合进行测量。在仿真系统中,用于模拟参考目标的设备称为目标模拟器,它配合相应的敏感器一起参与仿真试验。常用的目标模拟器包括三大类:

一是目标环境模拟器,主要为空间测量提供环境条件,如太阳模拟器;

二是目标天体模拟器,主要为敏感器姿态和轨道测量提供天体目标,如地球模拟器、恒星模拟器、地外天体模拟器等;

三是目标特征模拟器,主要为敏感器成像和相对测量提供局部特征目标,如卫星结构模拟器、火星地形模拟器等。

对目标模拟器的基本要求如下:

(1)空间环境中目标源的主要物理特性模拟满足试验要求;

(2)边缘的不规则性、辐射强度在空间和时间的变化等产生的误差能满足试验要求;

(3)敏感器与目标源的相对运动满足试验要求;

(4)目标结构特征、反射特性等物理属性满足试验要求。

1. 目标环境模拟器

目标环境模拟器主要用于模拟太空环境,为地面物理仿真试验提供较为真实的敏感器测量条件。目标环境模拟器中,最为常见的是太阳模拟器,主要用来模拟太阳光照条件,如交会对接时太阳光对光学敏感器定位定姿产生的干扰影响,月球软着陆时太阳光对光学敏感器成像和障碍识别产生的影响等。

太阳模拟器最重要的两个指标,一是光线的准直度,二是辐照强度。

从地球表面看,太阳是一个发光的圆盘,其视张角为 $32' \pm 0.5'$,即太阳光准直度约为 $32'$。太阳辐照强度用太阳常数 E 表示,一个太阳常数 E_{s0} 定义为大气质量为零时平均日-地距离上单位面积获取的太阳光辐射功率,有 E_{s0} = 1353W/m² (误差为 ±1.5%)。

太阳模拟器要同时达到这两个指标是极其困难的,光学系统的准直光阑严重限制了聚光系统光源的利用率。一般在实际使用中,太阳模拟器的光线准直度应满足要求,而光辐照强度可以根据试验需求适当降低,如取 $0.1E_{s0}$。设备研制过程中,如指标为 0.1 个太阳常数,则需要对太阳敏感器光学探头输出的光-电信号放大 10 倍再送到信息处理电路,实践证明这是一种行之有效的方法。

太阳模拟器组成与结构图如图 8-10 所示。

图 8-10 太阳模拟器组成与结构框图

2. 目标天体模拟器

1) 地球模拟器

地球模拟器主要用于配合地球敏感器测量出航天器当地垂线（星下点与航天器的连线）的方位,即俯仰姿态和滚动姿态信息。

地球模拟器大体可以分为两类:

第一类主要适用于高轨道。由于地球视张角比较小,地球模拟器充分体现其圆盘形特征,即直接设计成圆盘。地球弦宽直接通过扫描地球圆盘来实现。

第二类主要适用于中、低轨道。此时由于地球视张角较大,若直接模拟出地平圈的圆盘特征,则模拟器尺寸过大,难以实现。一般是根据地球敏感器工作原理的要求,通过数学模型计算生成地球弦宽,从而建立起与姿态的关系。

图 8-11 给出了平板平行移动式地球模拟器示意图。地球模拟器可用金属冷板模拟深空背景,用金属热板模拟地球辐射区。敏感器光轴扫描金属热板部分所占的角度为地球弦宽,冷板的移动改变了弦宽大小,可以实现弦宽从 0° 到 360°的变化。

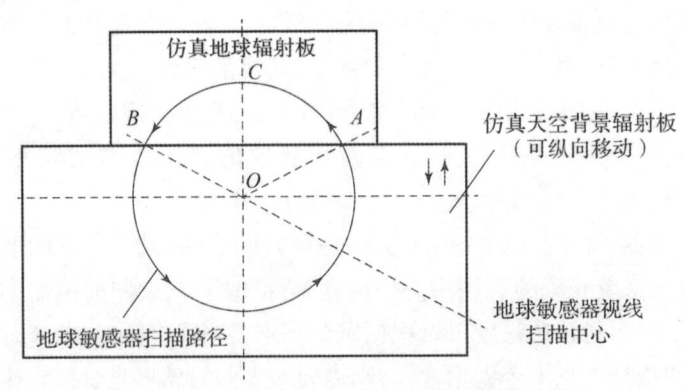

图 8-11 平板平行移动式地球模拟器示意图

2) 恒星模拟器[41]

恒星模拟器主要用于模拟随轨道位置和姿态变化的实时星图,并以平行光形式输出给星敏感器等恒星敏感器,配合恒星敏感器进行姿态测量。

图 8-12 给出了一个全天球实时恒星模拟器的组成与结构框图。

全天球实时恒星模拟器的工作过程为:星图控制计算机根据航天器的轨道、姿态和星敏感器的安装方位,实时计算出当前应显示的星图,并将星图信息通过接口电路发送给液晶显示板驱动电路,将星图呈现在液晶显示板上。由于液晶显示板放置在光学系统焦平面上,因此光学系统输出为各模拟星点产生的平行光,从而实现了恒星模拟器对星点在无穷远处物理现象的真实模拟。

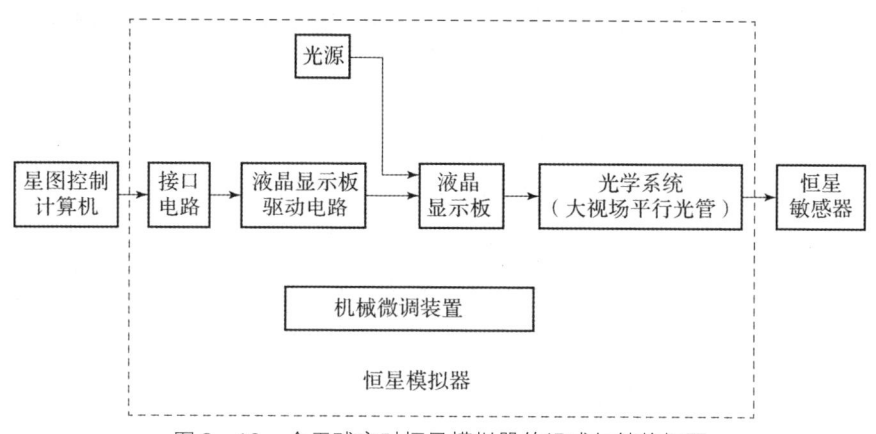

图 8-12 全天球实时恒星模拟器的组成与结构框图

3) 地外天体模拟器

地外天体模拟器的主要功能是模拟除地球、太阳外的其他地外天体的整体外形,用于深空探测远程自主交会接近过程,配合光学相机等相对导航敏感器实现对目标的测量和成像,从而获得相对于天体目标的视线方向。

地外天体模拟器的典型代表是小行星模拟器。小行星模拟器可以通过构建模拟沙盘进行物理模拟,也可以采用数字场景模拟方式。第 11 章深空探测航天器控制系统仿真中对关于地外天体目标模拟部分,即物理和数字两种模拟方式都进行了叙述。

针对如小行星模拟器等地外天体模拟器的基本模拟要求如下:

(1)准确模拟地外天体的外形尺寸,满足试验要求;

(2)能模拟太阳光照条件下的光学反射特性(如远距离的星等要求),满足试验要求;

(3)能模拟目标源随敏感器的位置姿态运动而呈现的变化,如大小、明暗等,满足试验要求。

3. 目标特征模拟器

由于航天领域对深空探测和空间操作需求的日益增加,要求航天器进一步实现针对探测目标局部特征的精细测量和识别,因此,在地面物理仿真试验中,需要构建起这类目标的特征模拟器,如卫星结构模拟器、地外天体表面局部地形模拟器等。

目标特征模拟器可以通过构建模拟沙盘进行物理模拟,也可以采用数字场景模拟方式。如第10章空间交会与操控器控制系统仿真中,针对目标航天器的端面尤其是交会对接测量靶标进行了精细模拟;第11章深空探测航天器控制系统仿真中,针对月球和小天体表面局部地形特征进行了精细模拟。

针对目标特征模拟器的基本模拟要求如下:

(1)可精确模拟探测目标的结构特征,满足试验要求;

(2)可精确模拟太阳光照条件下目标特征的阴影特性,满足试验要求;

(3)可精确模拟目标特征的光学反射和微波散射特性,满足试验要求;

(4)对于目标特征的数字模拟,可实现目标特征随敏感器位置姿态运动的动态加载,满足试验要求。

8.3.3 仿真计算机系统

仿真计算机系统是半物理仿真的重要组成部分,是半物理仿真中其他地面设备和星上产品构成闭环试验系统的必不可少的重要环节。仿真计算机系统的主要功能集中体现在"四者"。

(1)试验"发起者":闭环半物理试验的初始化由仿真计算机系统完成。

(2)试验"组织者":负责闭环试验的流程控制。

(3)试验"执行者":闭环试验过程的动力学和常规部件模型实时计算、运动模拟器实时驱动控制,甚至敏感器数据采集和控制算法解算都由仿真计算机系统来完成。

(4)试验"终结者":正常试验过程结束后,运动模拟器的减速程序由仿真计算机系统运行并最终实现运动模拟器制动;闭环试验数据最终由仿真计算机系统进行接收、存储和分析评估。

仿真计算机系统主要包括仿真控制计算机、实时操作系统和仿真控制软件三部分。

1. 仿真控制计算机

仿真控制计算机是仿真计算机系统的主要硬件部分,包括计算机本身以及用于数据采集和指令通信的各类板卡。

与一般个人计算机(PC)不同,仿真控制计算机需采用实时操作系统,以保证地面物理仿真试验的实时性。在仿真控制计算机和实时操作系统之上还要运行仿真控制软件,二者结合确保在规定时间内(如一个控制周期)完成数据采集、控制算法解算、动力学更新以及运动模拟器驱动等过程,使地面试验系统按控制时序循环执行下去,从而实现控制系统的闭环半物理试验。

2. 实时操作系统

由于航天器控制系统在轨运行对时序要求很高,因此,其地面物理仿真要求具有强实时性,包括敏感器数据采集、GNC 算法指令解算、动力学计算更新和运动模拟器驱动控制等过程,需要在一个控制周期内严格按照时序完成,以保证控制逻辑执行的正确性和一致性,避免因时序错乱或执行不完而导致逻辑错误,使试验无法进行。目前,仿真计算机一般采用 Windows + RTX 实时操作系统[42]。

实时操作系统的典型特点包括:

1) 可预知性

一般通用的计算机操作系统是不可预测的,即具有不确定性,同一个任务执行时间是不确定的。而实时操作系统本身具有可预测性,这就对开发可预测的实时应用提供了有力支持。

2) 中断响应迅速

实时操作系统对外部中断能迅速响应。如在试验过程中快速响应遥控上传的指令数据包,保证在控制系统地面试验中可实现各种故障模式的模拟验证。

3) 时钟精度高

实时操作系统具备性能良好的高精度实时时钟,在此基础上,仿真试验系统的应用程序可以进行更精确的时间控制,从而满足系统要求。Windows + RTX 实时操作系统时钟分辨率可达 100ns[43]。

4) 任务调度灵活

实时操作系统通过适当的调度算法,对强实时任务进行资源预分配和预调度,同时提高任务运行的优先级;对弱实时任务,则可采用非实时调度方法。其在正常情况下,尽可能满足所有任务的时限;在峰值负载下,确保强实时任务的时限。

5) 并行任务同步

实时操作系统可满足并发执行的任务能够彼此通信和同步,以避免在使用资源时发生冲突。

3. 仿真控制软件

仿真控制软件作为半物理仿真的应用软件,运行在仿真控制计算机中。仿真控制软件包括地面试验总控和仿真控制两部分,前者主要负责半物理仿真试验的闭环控制和管理,后者主要负责半物理仿真试验的具体操作执行。仿真控制软件的具体功能包括:

(1)地面试验总控部分功能包括闭环试验初始化、试验流程控制、试验工况管理、试验通信与数据传输、试验数据管理以及试验过程监控等;

(2)仿真控制部分功能包括敏感器数据采集、GNC 算法实时解算、动力学仿真计算与实时更新、运动模拟器实时驱动指令生成等。

8.4 半物理仿真主要形式

对于不同应用需求,半物理仿真可以采用不同的试验模式和表现形式,基本上可分为系统级闭环半物理仿真、控制计算机闭环半物理仿真和电性能闭环半物理综合测试三种[44]。在没有特殊说明时,传统意义上的半物理仿真指的是以敏感器和/或控制计算机在回路仿真为主要框架的仿真试验,即系统级闭环半物理仿真。

8.4.1 系统级闭环半物理仿真

系统级闭环半物理仿真是目前航天器控制系统半物理仿真最常用、最重要的试验模式。该模式主要面向新型敏感器部件和新研 GNC 算法的地面验证需求,采用运动模拟器进行航天器轨道姿态运动和真实敏感器动态测量环境模拟,进而实现 GNC 闭环仿真验证。

1. 基本组成和原理

系统级闭环半物理仿真系统作为较为典型的航天器控制系统半物理仿真,其基本组成和原理为 8.2.1 节给出的半物理仿真基本原理,如图 8-4 所示。

系统级闭环半物理仿真系统主要包括运动模拟器、目标模拟器、仿真计算机系统、控制系统部件(或模拟器)等。其中,控制系统部件中的真实敏感器部件安装在运动模拟器上,对目标模拟器进行真实测量和成像,其他组成部分则主要放置在地面上。真实敏感器与地面上的仿真计算机系统通过光纤网络进行实时数据传输和指令通信。

2. 应用场合

系统级闭环半物理仿真的主要应用场合包括如下三方面：

(1) 新研 GNC 方案和算法闭环性能验证，如交会对接、地外天体软着陆等；

(2) 新型敏感器测量与导航性能测试验证，如光学和激光体制成像敏感器等；

(3) 新环境下敏感器测量与导航性能测试验证，如大动态 IMU 等。

3. 典型特点

系统级闭环半物理仿真的典型特点包括：

(1) 利用三轴机械转台或六自由度运动模拟装置等运动模拟器进行轨道姿态运动模拟；

(2) 新型敏感器如光学和激光成像敏感器安装在运动模拟器上；

(3) 配置太阳模拟器、天体模拟器等目标模拟器设备，为敏感器测量提供物理目标。

8.4.2 控制计算机闭环半物理仿真

控制计算机闭环半物理仿真即控制计算机在回路的仿真，是指仅有控制计算机作为实物接入闭环回路，而控制系统的其他部件和动力学皆采用数学模型的半物理仿真形式。

1. 基本组成和原理

控制计算机闭环半物理仿真系统基本组成和原理如图 8-13 所示。

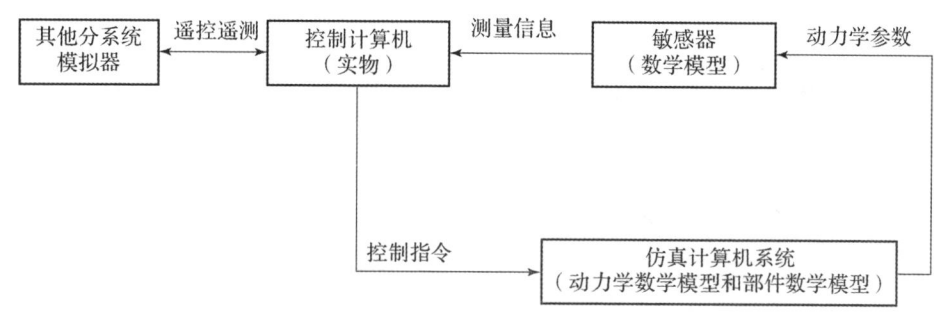

图 8-13 控制计算机闭环半物理仿真系统组成和原理

控制计算机闭环半物理仿真系统主要由仿真计算机系统和控制计算机（实物）两大部分组成。仿真计算机系统运行动力学、敏感器和执行机构等的数学模型，将计算得到的敏感器测量信息发送给控制计算机，由控制计算机运行

GNC算法解算出控制指令后再发送给仿真计算机系统,重新进行动力学计算更新,从而构成控制计算机部件在回路的闭环半物理仿真试验系统。

2. 应用场合

控制计算机闭环半物理仿真的主要应用场合包括如下几个方面。

1) 控制计算机应用软件测试

航天器GNC应用软件对实时性要求高,和控制计算机硬件结构联系紧密,其软件的研制测试离不开控制计算机部件在回路的半物理仿真。随着技术进步和需求增加,GNC应用软件的规模越来越大,功能越来越强,许多设计思想和核心技术反映在该软件中。因此,GNC应用软件在控制系统中的测试愈显重要。于是仿真界提出了对于嵌入式系统的"软件在回路仿真"这一术语。对于航天器控制系统仿真来说,"计算机在回路仿真"即"软件在回路仿真"。软件在回路仿真可采用多种方法,如可采用数学仿真方法,即利用专用软件对被测软件进行仿真测试。此类数学仿真方法快速灵活,但在最终总体性检验时还需采用计算机在回路仿真的方法。

2) 控制系统故障诊断和对策研究

故障仿真是航天器控制系统仿真的一个重要内容。一个良好的航天器控制系统故障仿真系统应能方便地实现或复现研究人员提出的各种故障模式,以及验证研究人员提出的各种故障对策,这对模型提出了很高的要求。由于控制计算机结构复杂,运行的是实时控制程序并具有多种中断能力,很难用精确的数学模型进行刻画。当其他部件通过技术的提高和经验的积累得到成熟准确的数学模型后,计算机在回路的仿真系统既能满足逼真度要求,又具备数学模型的高灵活度特点。当在轨运行的航天器控制系统出现故障时,计算机在回路仿真以突出的优点,成为故障诊断和对策研究验证的重要手段。

3) 控制系统方案和技术设计演示验证

虚拟技术(虚拟样机、虚拟制造、虚拟维修等)已成为当前的一个研究热点。虚拟技术本质上属于仿真技术,是数学仿真技术的延伸。对于汽车等制造业,可在计算机上建立样机模型并对模型进行试验,研究并预测产品的功能、可制造性、可维修性等问题。

对于航天器控制系统情况要简单一些,控制系统的数学模型就是控制系统虚拟样机的基础。考虑到控制计算机难以有精确刻画的数学模型,以计算机在回路仿真系统为基础,配以计算机实时图形和虚拟现实(VR)技术,得到控制系统的准虚拟样机,可以作为方案和技术设计的演示验证手段。如俄罗斯能源联合体的交会试验室,主要应用计算机在回路仿真方法验证交会 GNC 系统的技术设计。

4) 航天器在轨过程中的地面伴随飞行仿真

以深空探测领域为代表的航天器,其飞行距离长、环境未知性强、飞行过程复杂,需要有飞控支持系统以保障飞行任务顺利进行[45]。计算机在回路仿真系统简单实用、逼真度高、模型灵活,以此为基础,在航天器在轨飞行过程中进行地面伴随仿真,已成为飞控支持系统的重要组成部分。

3. 典型特点

控制计算机闭环半物理仿真的典型特点包括:

(1) 控制计算机部件(含 GNC 应用软件)在回路的闭环半物理仿真;

(2) 动力学、敏感器和执行机构皆采用数学模型;

(3) 通常不需要运动模拟器和目标模拟器构建六自由度运动模拟和动态测量环境。

8.4.3 电性能闭环半物理综合测试

航天器控制系统电性能闭环半物理综合测试是控制系统集成调试的主要内容和系统验收前的主要测试项目,也是控制系统研制过程的重要阶段。综合测试主要指对航天器控制系统运行的功能和性能进行的综合测试,控制系统的计算机、敏感器和执行机构等部件可以为实物或模拟器。

1. 基本组成和原理

电性能闭环半物理综合测试系统基本组成和原理如图 8-14 所示。

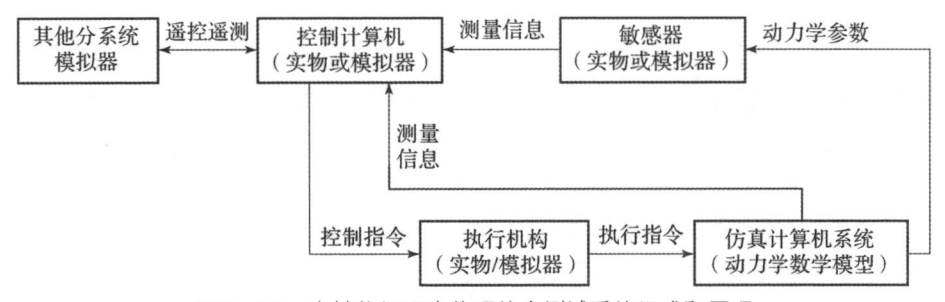

图 8-14 电性能闭环半物理综合测试系统组成和原理

电性能闭环半物理综合测试系统主要由仿真计算机系统和控制系统部件(实物或模拟器)两大部分组成。仿真计算机系统运行动力学数学模型,控制系统各部件如控制计算机(含 GNC 应用软件)、敏感器和执行机构则以实物或模拟器方式接入回路,构成电性能闭环半物理综合测试系统,按照飞行程序对控制系统的时序、接口等功能和运行性能进行闭环测试验证。

2. 应用场合

电性能闭环半物理综合测试的主要应用场合包括如下几个方面：

(1)航天器控制系统功能和性能动态测试,是对控制系统运行性能指标和对系统能否完成其担当的任务能力的测试,通常所说的控制系统桌面联试属于此类测试。

(2)航天器系统电性能动态验收测试。在整个航天器系统验收测试中,同样要进行航天器系统电性能综合测试[46],这时控制系统作为航天器的一个重要分系统参与其中。航天器系统电性能综合测试内容中的动态测试也是半物理仿真,当然此时的规模要大得多。

3. 典型特点

电性能闭环半物理综合测试的典型特点包括：

(1)控制系统各部件均采用实物或模拟器；

(2)通常不需要运动模拟器和目标模拟器构建六自由度运动模拟和动态测量环境。

8.5 全物理仿真主要设备

8.5.1 运动模拟器

全物理仿真运动模拟器能够模拟航天器的在轨动力学特性,通常包括气浮台(如单轴气浮台、三轴气浮台)和气浮平台(三自由度气浮平台、五自由度气浮平台和六自由度气浮平台)两大类。全物理仿真运动模拟器一般要求如下：

(1)轴承或气垫干扰力(矩)足够小且稳定,能较真实地模拟空间微重动力学环境；

(2)质量特性与被模拟的航天器尽量一致,或满足一定的缩比要求；

(3)结构牢固、稳定,温度等变化引起的形变小；

(4)具备自身运动(如姿态角、姿态角速度、位置等)测量能力；

(5)与地面主控系统有无线通信能力,并具有一定的实时性；

(6)应有充足的能源供给,一般采用电池组和DC/DC(直流-直流)变换器。

1. 气浮台

气浮台分为单轴气浮台和三轴气浮台。单轴气浮台采用柱面单向止推轴承,仅有一个铅垂转动自由度,具有干扰力矩小、转角测量精度高的特点,主要用于高精度的单轴姿态控制试验和运动部件模型验证。三轴气浮台采用球轴承,具有完整的三轴转动自由度,主要用于难以解耦的姿态控制系统方案仿真试验及多轴运动部件模型验证。

1) 单轴气浮台

单轴气浮台结构如图8-15所示,主要由气浮轴承转子、气浮轴承定子、轴承支撑座、仪表平台及测角光栅等构成。

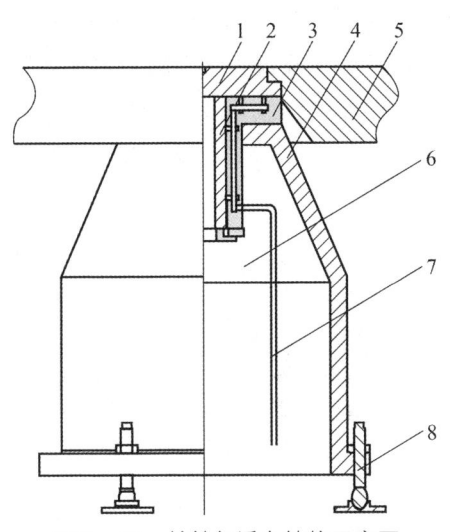

图8-15 单轴气浮台结构示意图

1—轴承转子止推板;2—轴承转子径向轴;3—轴承定子;4—轴承支撑座;
5—仪表平台;6—测角光栅;7—进气管;8—水平调整机构。

单轴气浮轴承由平面止推气体静压轴承和圆柱气体静压轴承组成,两者相互垂直,具有同一旋转中心,转动部分紧固连接。轴承座被安装在轴承支撑座上,台体安装在平面止推轴承的上止推板上。上止推板上表面为转台的精台面,它与上止推板的下表面具有良好的平面度要求。一般只要调整精台面的水平,单轴气浮台的转动自由度就是当地铅垂轴方向。精台面的水平由支撑座上的水平调整机构来实现。单轴气浮台的台体必须结构稳定,台体上具有便于安装单机部件的螺孔。台体精台面为安装基准平面,并且具有旋转中心基准。另外,台体必须具备转动惯量调整机构。北京控制工程研究所研制的大型单轴气浮台具有大直径的惯量环,采用在环内增减砝码的办法实现转动惯量调整。台体角位移测量装置的感应同步器转子安装在与圆柱轴承同心的延长轴上,定子安装在轴承支撑座上。感应同步器转子和定子同心,两者的间隙在0.2~0.4mm。

单轴气浮台的主要技术指标包括:

(1) 干扰力矩:<0.001N·m(承载小于1t)或<0.002N·m(承载大于1t);

(2) 测角精度:误差小于1″;

(3) 台体转动惯量:一般大型单轴气浮台台体的转动惯量为1000~2000kg·m^2,中小型单轴气浮台台体的转动惯量为10~200kg·m^2。

2) 三轴气浮台

以某小型三轴气浮台为例,其结构如图8-16所示,主要由轴承、轴承支撑座、仪表平台、仪表平台托举系统及仪表平台转动定位装置等组成。

三轴气浮台由于选用球面气浮轴承支撑模拟台体,不但能够模拟近似无摩擦的悬浮状态,还可以在一定范围内模拟三轴方向的角运动,因而是较理想的动力学模拟器。

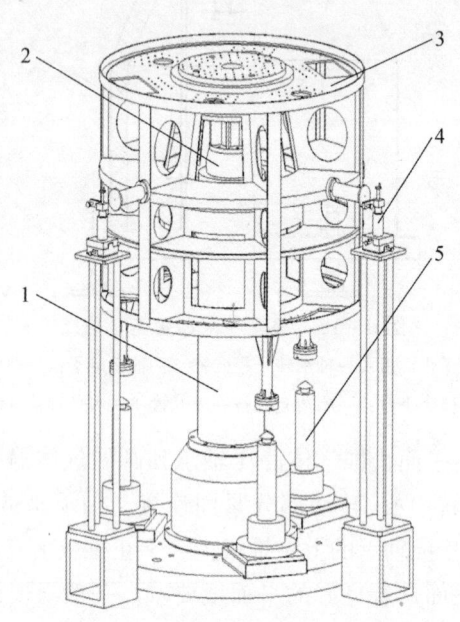

图8-16 小型三轴气浮台结构示意图
1—轴承支撑座;2—球面气浮轴承;3—仪表平台;4—仪表平台托举系统;
5—仪表平台转动定位装置。

三轴气浮台的主要技术指标包括:

(1) 干扰力矩:<0.002N·m(承载小于1t)或<0.005N·m(承载大于1t);

(2) 三轴转角范围:根据台体结构的不同,可实现一个轴360°两个轴受限角

度运动或两个轴360°一个轴受限角度运动;

(3)测角精度:误差小于1″。

2. 气浮平台

气浮平台在水平度极高的支撑平台上工作,采用气垫、气浮球轴承和垂直轴的组合可实现三种形式的气浮平台:由气垫(组)支撑实现2平动+1转动自由度的三自由度气浮平台、由气垫(组)和球轴承支撑实现2平动+3转动自由度的五自由度气浮平台、在五自由度的基础上增加垂直轴实现3平动+3转动自由度的六自由度气浮平台。

气浮平台一般运行在支撑平台上,在全物理仿真中有几个关键点需要注意:

(1)其运动主要依靠冷气推力器,因此冷气推力器的安装精度对运动模拟和控制系统有着重要影响;

(2)冷气推力器的能源携带量决定了一次试验的运行时长,因此上下平台的耗气量要提前估算;

(3)要针对其在支撑平台上的最大运行速度进行防倾覆分析设计,避免发生倾覆危险。

1)三自由度气浮平台

三自由度气浮平台主要由气垫、台体、气路系统、台上控制系统、冷气推力器组等部分组成,三自由度气浮平台结构示意图如图8-17所示。

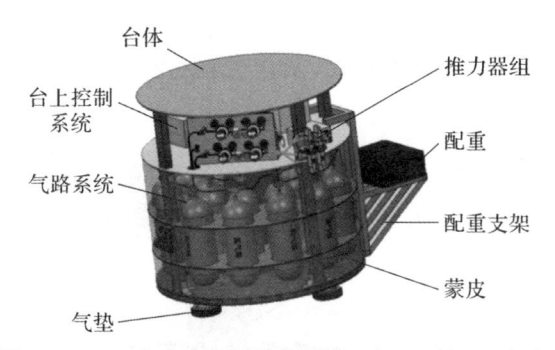

图8-17 三自由度气浮平台结构示意图(彩图见书末)

气路系统的主要作用是储存高压氮气,经两路减压后分别提供给推力器组和气垫;其中推力器组布置于台体外侧立柱上,根据试验需求确定推力方向,为系统提供力矩输出。平台气垫则对称安装在台体底面,压力气体通过气垫下表面的小孔或微孔喷出,并在气垫和平台间形成气膜,实现气体润滑。

台上控制系统主要用于实现气浮平台控制、数据接收、电源供电等功能。其主要设备包括电源、控制计算机、无线通信装置、冷气推力器驱动器、电缆等。

2）五/六自由度气浮平台

五自由度气浮平台是三轴气浮台和三自由度气浮平台组合形成的一类全物理仿真运动模拟器。五自由度气浮平台分为上平台和下平台两个部分。其中，上平台采用三轴气浮台结构，下平台采用三自由度气浮平台结构。五自由度气浮平台结构示意图如图8-18所示。

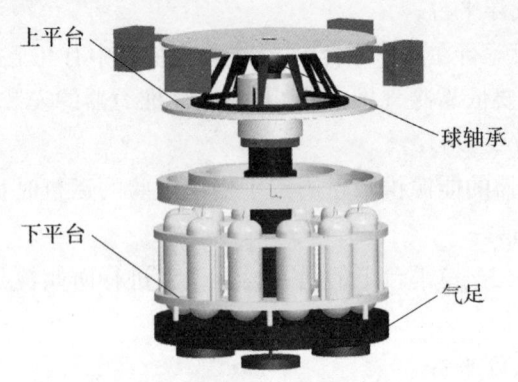

图8-18 五自由度气浮平台结构示意图

六自由度气浮平台相较于五自由度气浮平台，在竖直项上增加了运动模拟功能，即上平台可以在竖直方向上做上下运动，但是受条件限制，上下运动的距离是有限的。六自由度气浮平台结构示意图如图8-19所示。

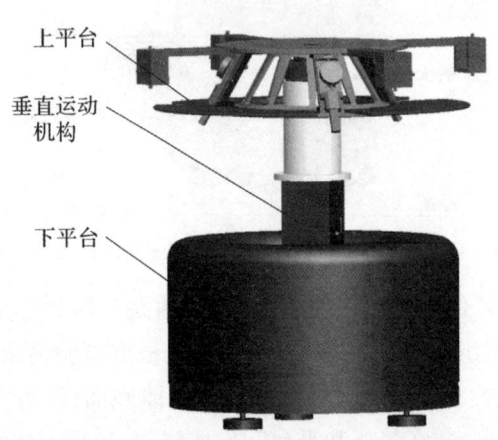

图8-19 六自由度气浮平台结构示意图

8.5.2 卸载装置

1. 悬吊卸载装置

参试的有效载荷运动部件或挠性附件所受重力可能会影响仿真系统的动力学特性,当这部分影响不能通过运动模拟器消除时,还应使用地面卸载装置。地面卸载装置通常采用支撑、悬吊等方式,安装在参试的有效载荷运动部件或挠性附件上,卸载参试的有效载荷运动部件或挠性附件的重力,其中悬吊方式又常采用吊丝悬吊和气球悬吊两种实现方式。

对地面卸载装置的要求如下:

(1)由地面卸载装置引入的干扰力(矩)足够小,且稳定;

(2)地面卸载装置应不影响参试的有效载荷运动部件或挠性附件的动力学特性;

(3)当地面卸载装置的质量较大时,应将其计入参试的有效载荷运动部件或挠性附件的质量,设计参试的有效载荷运动部件或挠性附件。

2. 支撑平台卸载装置

采用支撑方式的地面卸载装置包括两部分,作为支撑基准的支撑平台和安装在运动模拟器上的支撑装置。支撑平台不随运动模拟器运动,而支撑装置随运动模拟器一起运动。支撑平台和支撑装置配合工作。在航天器控制系统全物理仿真中,为模拟航天器在轨的微重力和低阻尼环境,支撑装置通常采用气垫,而支撑平台采用具有高水平度、高平面度、高硬度的平板。

1)气垫技术指标

(1)干扰力: <0.1N;

(2)干扰力矩: <0.01N·m。

2)支撑平台技术指标

(1)水平度: <2″;

(2)高度差: <10μm;

(3)负载运动时高度差变化: <5μm。

8.5.3 仿真控制平台

1. 全物理仿真控制软件

航天器控制系统全物理仿真控制软件一般包括航天器控制系统飞行控制软件、部件仿真模型软件和试验总控管理软件。

1)航天器控制系统飞行控制软件

航天器控制系统飞行控制软件俗称航天器控制软件或应用软件,在全物理仿真中可采用真实控制计算机作为航天器控制系统飞行控制软件的运行载体,也可采用工控机模拟器来作为其载体,二者的区别在于前者为经过适应性改造的真实控制软件,后者为模拟控制软件。

2)部件仿真模型软件

部件仿真模型软件中的部件一般为难以在物理仿真中用实物或模拟器模拟,或不需要实物参与且其对控制方案验证有重要作用的部件。如在三轴气浮台全物理仿真中,大型挠性附件若采用实物模拟,其受重力影响产生的干扰将使三轴气浮台本身难以平衡,但是其挠性对控制的影响又必须仿真验证,可以通过部件仿真模型软件来模拟实现。

3)试验总控管理软件

试验总控管理软件俗称地面控制软件,其功能包括对整个全物理仿真系统的软硬件管理、控制系统遥控遥测、星上控制参数修改、系统运行流程管理、数据显示监控及数据处理等。

2. 全物理仿真控制通用平台

1)功能与组成

全物理仿真控制通用平台是全物理仿真控制的平台化软件系统,将全物理仿真常用硬件设备接口和仿真软件规范化平台化,构建起航天器控制系统全物理仿真的通用化仿真控制软平台架构。

全物理仿真控制通用平台组成与原理如图 8-20 所示。

全物理仿真控制通用平台主要包括主框架单元、系统组件单元库、项目工程单元库、数据观测单元、数据三维显示单元、环境模拟单元、数据库单元、报表单元等。其中,系统组件单元库可以直接通过全物理仿真数据采集系统对试验系统中的硬件设备,如动量轮、陀螺、喷气、调平衡、自准直仪等,进行部件级单独调试。项目工程单元库最终生成试验系统的航天器控制软件,通过无线通信上传至航天器控制计算机。

2)基本原理

全物理仿真控制通用平台的基本工作原理描述为:

首先,打通物理仿真试验常用设备(气浮台、喷气系统、调平衡机构、测角装置、自准直仪等)和星上产品(陀螺、动量轮、CMG、帆板驱动机构(SADA)等)的软硬件通信接口,建立规范的系统组件单元库和环境模拟单元(星敏模拟单元、

第8章 控制系统物理仿真与评估

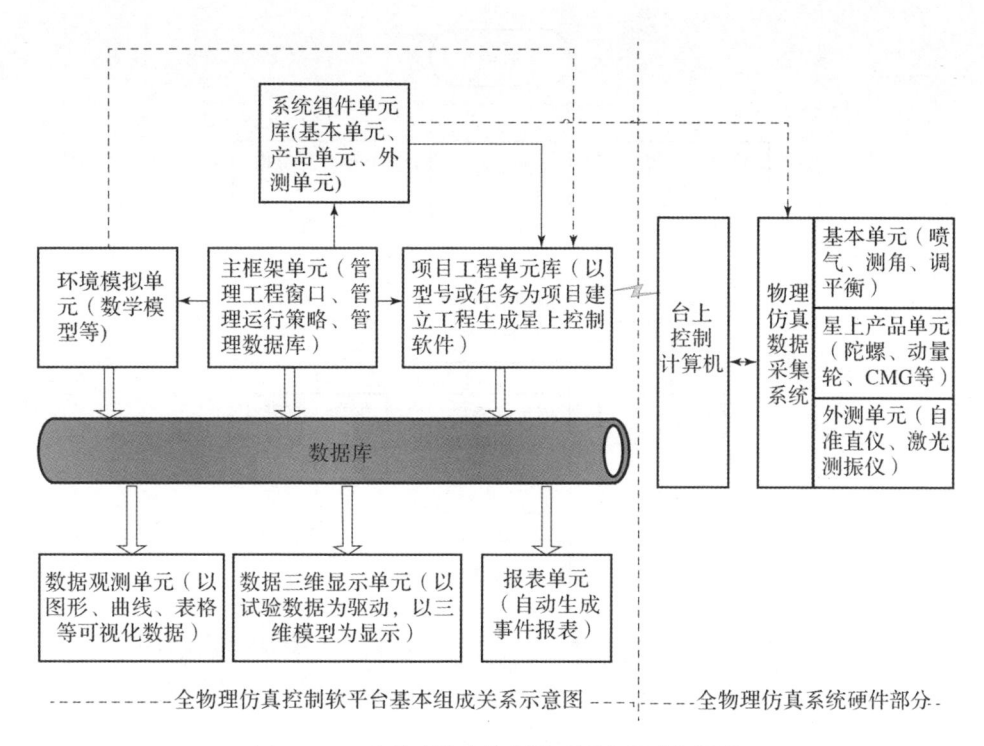

图8-20 全物理仿真控制通用平台组成与原理

太阳帆板振动模拟单元、天线振动模拟单元、运动载荷模拟单元等),并生成各单元独立操控控件,便于单机调试。

其次,采用工程管理模式,创建物理仿真试验项目工程单元库,制定与控制算法之间的规范接口函数,包括输入输出参数结构、初始化函数、控制律计算函数、遥测函数、遥控及注入函数、辅助函数等。根据物理仿真试验任务硬件条件,通过调用系统组件单元库和环境模拟单元库组件,嵌入标准接口函数的控制算法,快速生成星上控制程序和地面主控程序。

最后,创建分布式运行辅助单元,包括数据观测单元、数据三维显示单元和报表单元,通过网络获取实时试验数据,进行显示、监控并生成报告输出。

3) 一般工作流程

全物理仿真控制通用平台一般工作流程如图8-21所示。

4) 主框架单元

(1)主框架单元是软平台系统的基本操作单元,具备对其他组成单元的操作管理的功能。

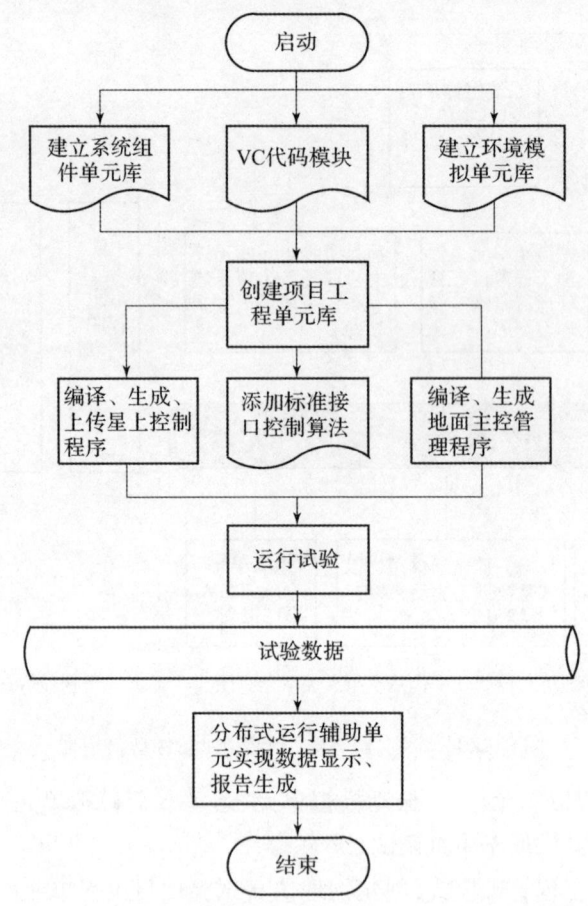

图 8-21 全物理仿真控制通用平台一般工作流程图

(2) 主框架单元为基础库,主要实现系统中基础的框架组件,如网络通信、用户管理、文件传输、定时器、串口访问等。其组成如图 8-22 所示。

图 8-22 主框架单元组成

5) 系统组件单元库

系统组件单元库是物理仿真控制管理系统的基本组成单元,由基本组件、外测设备、星上产品等各类组件组成,如图 8-23 所示。

系统组件单元库具备各类组件的建立和编辑功能,并能生成单元组件独立的操作控件,便于试验准备过程中的单机调试。

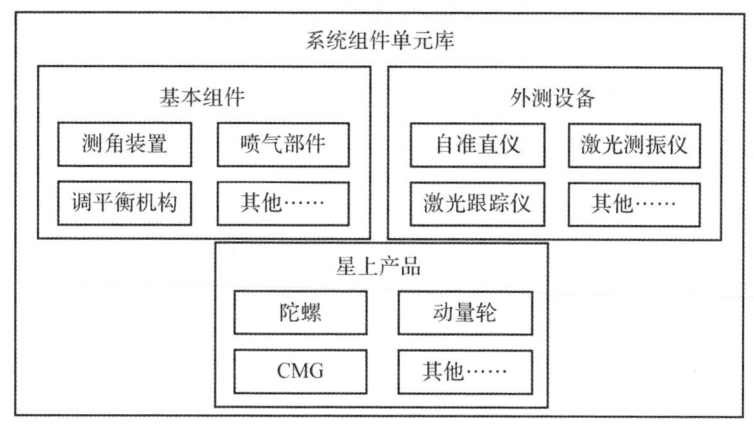

图 8-23 系统组件单元库组成

6) 项目工程单元库

项目工程单元库是主控单元,管理以试验任务为单位建立的工程库,每项工程对应一套完整的全物理仿真试验。项目工程单元库管理界面如图 8-24 所示。

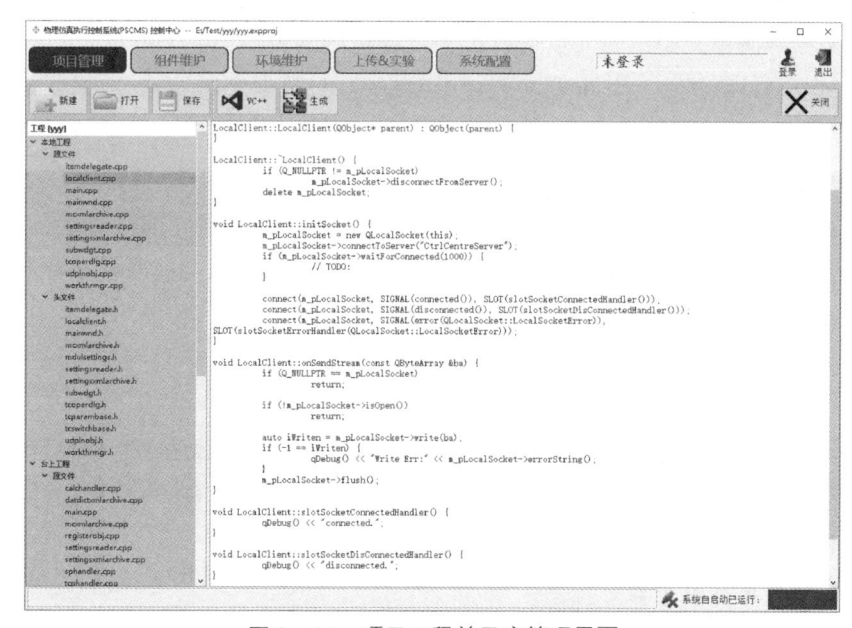

图 8-24 项目工程单元库管理界面

航天器控制系统仿真

项目工程单元库主要负责仿真工程管理以及遥控指令、参数注入和关键数据监控控件的生成。可以通过新建或者重新打开工程文件,对项目进行管理,使用鼠标右键等对文件进行增加、删除等操作。打开工程后,本地工程和台上工程加载源文件和组件配置文件,代码编辑区可以进行编辑。

7）环境模拟单元

环境模拟单元是解决全物理仿真中不便用实物模拟,或不需要实物而只需通过数学模型来实现其功能的模拟单元。其组成如图 8-25 所示。

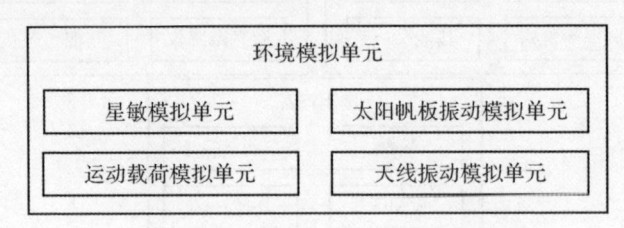

图 8-25　环境模拟单元组成示意图

对于系统中已有的环境模拟单元算法,需要封装为库,打包到台上工程中,与系统组件单元库类似,同样以插件为实现方式。将现有算法作为函数实现,或者封装为实现类的一个对象,来封装环境模拟单元,供主线程进行调用。

8）数据观测单元

数据观测单元是试验人员进行试验过程观测的窗口,作为独立部分可运行在任意一台计算机中。其主要功能包括数据调用、数据实时显示、数据回放、数据初步分析等。

9）数据三维显示单元

数据三维显示单元是试验过程的三维立体显示,作为独立部分可运行在任意一台计算机中。其主要功能包括三维模型库建立、三维数据实时显示和回放、离线数据驱动三维显示等。

▶ 8.5.4　其他支持设备

航天器控制系统全物理仿真系统除用来模拟航天器本体的动力学特性的运动模拟器以外,还包括其他组件用来一起构成全物理仿真系统,有挠性附件模拟器、目标模拟器、控制系统参试部件实物或部件模拟器等。

1. 挠性附件模拟器

当全物理仿真系统需模拟航天器的挠性运动动力学时,由于地面仿真受重力影响,一般只模拟航天器在单一平面内的运动(平动和转动)规律,即以全物理仿真系统在水平面内的运动模拟航天器在轨某一平面内的运动。

挠性附件模拟器应重点模拟航天器的以下动力学参数:

(1)基频。挠性附件模拟器在水平面内的基频应与航天器实际挠性附件在被模拟的运动平面内的基频一致。

(2)挠性耦合系数。包括相对挠性附件安装点的耦合系数和相对航天器质心的挠性耦合系数。挠性附件模拟器在水平面内的挠性耦合系数应与航天器实际挠性附件在被模拟的运动平面内的挠性耦合系数一致。

(3)转动惯量。包括相对挠性附件安装点的转动惯量和相对航天器质心的转动惯量。挠性附件模拟器在水平面内的转动惯量应与航天器实际挠性附件在被模拟的运动平面内的转动惯量一致。

(4)刚度。挠性附件模拟器在铅垂平面内应有足够刚度,铅垂方向的基频至少比水平面内基频大一个数量级。

2. 目标模拟器

全物理仿真中的目标模拟器与半物理仿真类似,主要包括天体目标、环境目标和局部特征目标的模拟。具体可参见8.3.2节半物理仿真中的目标模拟器。对目标模拟器的基本要求如下:

(1)空间环境中目标源的主要物理特性模拟准确,满足试验要求;

(2)边缘的不规则性、辐射强度在空间和时间的变化等产生的误差能满足试验要求;

(3)敏感器与目标源的相对运动满足试验要求;

(4)目标结构特征、反射特性等物理属性满足试验要求。

3. 控制系统参试部件实物或部件模拟器

控制系统参试部件一般包括航天器控制计算机、敏感器(如陀螺、加速度计和全球定位系统等)、执行机构(如喷气推力器、动量轮/反作用轮、控制力矩陀螺、帆板驱动机构和磁力矩器等)、有效载荷运动部件(如相机摆镜驱动机构、天线驱动机构和天线伸展臂等)、挠性附件(如天线、太阳翼等)。

控制系统参试部件实物的主要技术状态应与正式产品一致,满足试验规定的性能指标。使用部件模拟器时,其在仿真系统中的功能和性能应与参试部件实物一致,或按照运动模拟器要求缩比。

8.6 全物理仿真主要形式

对于不同应用需求,全物理仿真可以采用不同的试验模式和表现形式,大致包括姿态控制全物理仿真和相对运动 GNC 全物理仿真两大类。

8.6.1 姿态控制全物理仿真

姿态控制全物理仿真主要面向航天器姿态控制方案和算法的全物理试验验证需求,采用单轴气浮台或三轴气浮台进行航天器姿态动力学物理模拟。

1. 基本组成和原理

姿态控制全物理仿真系统组成和原理如图 8-26 所示。

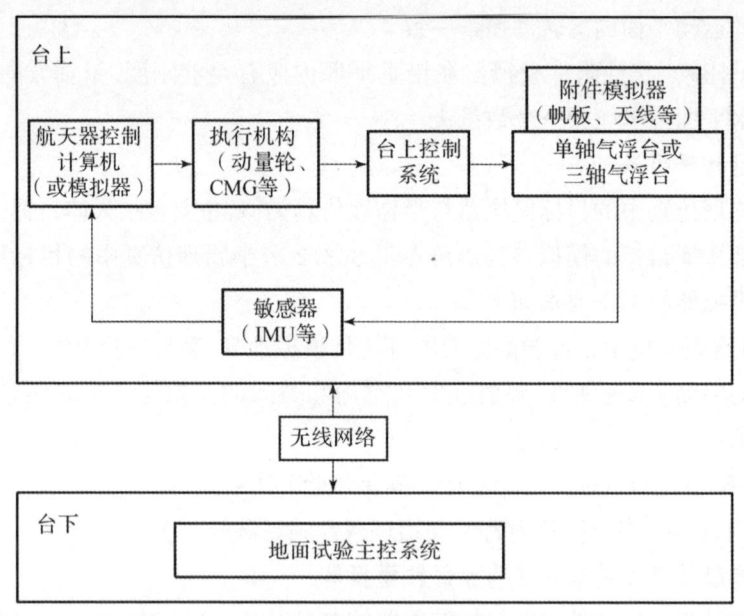

图 8-26 姿态控制全物理仿真系统组成和原理

姿态控制全物理仿真系统基本组成包括气浮台上(以下简称台上)和气浮台下(以下简称台下)两部分:台上部分包括敏感器、执行机构和航天器控制计算机等真实部件或模拟器,以及帆板天线等附件模拟器,上述设备都放置在单轴或三轴气浮台体上。除此之外,台上部分还包括气浮台本身(含台上控制系统)。台下部分主要是地面试验主控系统,用于整个试验系统的遥控遥测和试验监控。台上和台下通过无线网络通信。

2. 应用场合

姿态控制全物理仿真的主要应用场合包括以下三方面：

(1) 复杂航天器动力学模型研究与验证，如大型帆板或天线的挠性和振动等；

(2) 新型部件性能测试，如新研制的动量轮、控制力矩陀螺等；

(3) 姿态控制方案算法闭环验证，主要是指基于复杂航天器动力学或新型部件的姿态控制算法的有效性闭环仿真验证。

3. 典型特点

姿态控制全物理仿真的典型特点包括：

(1) 利用单轴气浮台或三轴气浮台进行姿态动力学模拟；

(2) 新研姿态控制部件如动量轮、控制力矩陀螺等，以及惯性测量单元安装在气浮台上；

(3) 气浮台上配置惯量模拟器或载荷结构机构模拟器。

8.6.2 相对运动 GNC 全物理仿真

相对运动 GNC 全物理仿真主要面向航天器接触碰撞等复杂动力学和交会接近相对运动 GNC 全物理试验验证需求，采用气浮平台和支撑平台相结合的方式进行航天器轨道和姿态动力学物理模拟。

1. 基本组成和原理

相对运动 GNC 全物理仿真系统组成和原理如图 8-27 所示。

相对运动 GNC 全物理仿真系统基本组成包括气浮平台上(以下简称台上)、气浮平台下(以下简称台下)和支撑平台三部分：台上部分包括敏感器、执行机构和航天器控制计算机等真实部件或模拟器，以及对接/操控/抓捕/着陆机构等附件模拟器，上述设备都放置在气浮平台台体上。除此之外，台上部分还包括气浮平台本身(含台上控制系统)。台下部分包括地面试验主控系统和目标模拟器，前者用于整个试验系统的遥控遥测和试验监控，后者为敏感器部件的相对测量提供目标特性和光照等外部环境。支撑平台为气浮平台提供微重力环境下的相对轨道运动条件。台上和台下通过无线网络通信。

2. 应用场合

(1) 相对运动复杂动力学模型研究与验证，如两航天器对接、操控、天体表面接触碰撞等；

(2) 新型相对测量敏感器性能测试，如新研制的光学成像类敏感器等；

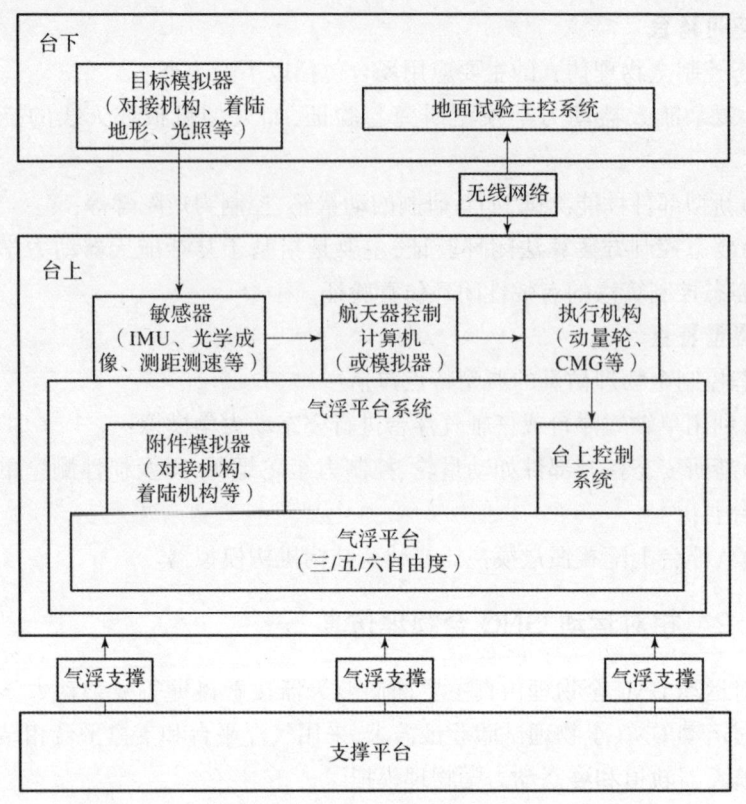

图 8-27 相对运动 GNC 全物理仿真系统组成和原理

(3)相对运动 GNC 控制方案算法闭环验证,主要指基于相对运动复杂动力学和新型敏感器的交会对接、操控抓捕、着陆等 GNC 算法的有效性闭环仿真验证,如嫦娥五号交会对接和样品转移、小天体接近附着等。

3. 典型特点

相对运动 GNC 全物理仿真的典型特点包括:
(1)采取气浮平台和支撑平台相结合的方式模拟相对运动动力学特性;
(2)气浮平台相对于目标(航天器、天体表面等)存在相对平移运动;
(3)气浮平台上配置相对位置测量和导航敏感器。

8.7 物理仿真试验等效性评估

等效性评估是航天器控制系统物理仿真的重要环节,直接关系物理仿真试验是否能够达到试验目的。因此,针对某个物理仿真试验需求,在试验系统构建和实施前方案设计阶段,需要开展物理仿真等效性的详细评估分析,确认地面物理模拟可达状态以及与在轨的差别,如六自由度轨迹跟踪模拟、航天器微重动力学特性模拟、测量目标特性模拟等,从而有针对性地提出解决措施和对策,如提升模拟精度、修正控制参数、控制方案加严考核甚至修正验证目的(定量验证改为定性验证)等。

8.7.1 半物理仿真试验等效性评估

航天器控制系统半物理仿真主要集中在相对运动控制的地面仿真验证,其等效性评估主要关注运动模拟器的六自由度运动模拟(包括三维平动和三维转动)和目标模拟器的等效模拟两个方面。

1. 六自由度运动模拟等效性评估

运动模拟器主要用途是为敏感器提供与在轨一致的动态测量环境,进而较为真实地考查敏感器的动态测量性能。六自由度运动模拟的等效性主要从以下几个方面进行评估分析。

1) 动态能力模拟等效性

动态能力模拟等效性即三维平动和三轴转动的动态能力是否与在轨保持一致,主要体现在三维平动和三轴转动的速度与加速度指标是否可实现。对于三轴机械转台和三维平动模拟装置来说,只要选择功率足够大的驱动电机,通常较容易实现航天器的六自由度动态能力模拟。

2) 运动范围模拟等效性

运动范围模拟等效性即三维平动和三轴转动运动模拟的空间范围是否与在轨保持一致。对于地面物理试验,通常情况下三轴姿态转动范围比较容易满足要求,而三维平动范围由于受实验室建筑条件约束,难以完全与在轨保持一致。比如,地外天体软着陆试验的着陆高度模拟,在轨是在高度100m左右进行悬停避障,而在地面上要构建100m的运动空间是代价很大且工程难以实现的。因此,需要评估运动范围减小后对GNC技术验证带来的影响。若运动范围的减小只导致初始条件发生改变,而并未从本质上影响GNC方案的闭环验证,则可认为仍是等效的。

三维平动运动范围减小后,通常采用的另一种做法是缩比试验的方式。对于缩比试验,需要充分评估缩比后对试验验证产生的影响,包括对目标模拟精度、敏感器测量性能以及运动模拟性能等产生的影响。

3) 跟踪精度等效性

跟踪精度等效性即三维平动和三轴转动的轨迹跟踪结果是否与在轨保持一

致,主要体现在三维平动和三轴转动的位置姿态实时跟踪误差是否满足要求。六自由度运动模拟的跟踪精度是GNC系统级闭环半物理仿真的核心指标,该指标实现与否直接影响敏感器动态测量性能和GNC方案的物理试验验证效果。通常情况下,运动模拟器三维平动和三轴转动的轨迹跟踪误差应小于敏感器测量误差的1/2以上。

2. 目标模拟器的等效性评估

目标模拟器的主要用途是为敏感器的实时测量提供模拟目标和环境。目标模拟的等效性主要从以下几个方面进行评估分析。

1) 目标特性模拟等效性

目标特性模拟等效性即目标的物理特性,如目标外观、地形地貌、反射特性等是否与在轨保持一致。只要按照技术要求研制目标模拟器,该指标就不难实现。

2) 光照环境模拟等效性

光照环境模拟等效性即敏感器测量时的目标光照特性是否与在轨保持一致,主要体现在太阳模拟器的模拟性能是否与在轨等效。太阳模拟器的主要模拟参数包括光谱、辐照度、准直度、覆盖范围等。通常情况下,光照模拟性能和覆盖范围是一对矛盾的统一体,因此,在试验需求更关注光照覆盖范围时,可适当降低光照模拟的性能要求,并对敏感器成像等测量的光照需求和等效性进行评估。

3) 深空背景模拟等效性

深空背景模拟等效性即敏感器测量时的周围环境是否与在轨保持一致。对于空间航天器,通常情况下除光照外,只有深空的暗黑背景。对于光学成像类敏感器在回路的地面试验,需要在实验室内创造深空背景条件,以保证目标特征识别的准确性。

8.7.2 全物理仿真试验等效性评估

航天器控制系统全物理仿真的等效性评估主要关注动力学模拟、控制能力模拟和环境模拟三个方面。

1. 动力学模拟等效性评估

1) 姿态动力学模拟等效性

姿态动力学模拟等效性即姿态动力学模拟是否与在轨保持一致。该部分通常由单轴气浮台或三轴气浮台来实现,因此其等效性主要体现在气浮轴承的摩擦等干扰力矩是否满足姿态控制验证要求。

2) 相对运动轨道动力学模拟等效性

相对运动轨道动力学模拟等效性即两个航天器相对运动的轨道动力学模拟是否与在轨保持一致。该部分通常由气浮平台和支撑平台联合实现,因此其等效性主要体现在气浮平台与支撑平台的摩擦干扰力是否满足控制验证要求。这里存在两种情况:一是摩擦干扰力远小于气浮平台的喷气控制能力,则在全物理闭环试验过程中,可将其直接视为干扰源而对控制算法进行加严考核;二是摩擦干扰力大于气浮平台的喷气控制能力的情况,此时难以实现相对运动轨道动力学模拟。

此外,采用气浮平台和支撑平台相结合的在轨相对运动动力学模拟手段,不能模拟航天器自身的轨道角速度对相对运动产生的影响[47](可参见相对运动 C-W 方程)。但由于航天器轨道角速度通常很小,与之有关项与施加的主动控制力相比为小量,因此在地面试验中,通常将轨道角速度相关项作为外界干扰。

3) 质量特性模拟等效性

质量特性模拟等效性即航天器的质量和惯量模拟是否与在轨保持一致。对于气浮台,其轴承以上的惯量为航天器模拟惯量;对于气浮平台,其惯量模拟与气浮台相同,而质量模拟是气垫以上的整个气浮平台质量。由于气浮台或气浮平台的布局限制,无论是惯量特性还是质量特性都会与在轨有所差别,有时还会相差较多。对于后者,为保证姿态控制或相对运动控制算法地面验证的等效性,在全物理试验时将适当调整控制参数,使得三轴姿态控制带宽或者轨道控制加速度与在轨情况保持一致。

2. 控制能力模拟等效性评估

控制能力模拟等效性评估即轨道和姿态控制能力是否与在轨保持一致。通常情况下,气浮台或气浮平台的轨道姿态运动控制通过喷气推力器来实现。受气浮台或气浮平台的布局限制,推力器布局难以与航天器在轨情况完全一致,需要根据实际情况进行等效,如惯量模拟结合后的姿态控制角加速度能力等效、与质量模拟结合后的轨道控制加速度能力等效、控制能力加严考核等。

3. 环境模拟等效性评估

环境模拟等效性评估即敏感器测量的目标环境、光照环境以及深空背景环境等是否与在轨保持一致。该部分与半物理仿真等效性评估类似,可参考 8.7.1 节,这里不再赘述。

8.8　本章小结

航天器控制系统物理仿真是一项高成本、高复杂集成度且实施难度较高的系统工程,一般应用于有重要新研部件产品和新型制导导航与控制方案的控制系统地面验证需求中。本章所述为航天器控制系统物理仿真的基本内容,除此之外还涉及如航天器其他分系统模拟、物理仿真安全保障、外部评测技术等。且由于不同航天器对象的特殊性,物理仿真实现的复杂度和难易程度也存在很大差别。随着人类科技的不断进步,后续会出现更多更高精的工程技术应用于航天器控制系统物理仿真中。

第9章 近地航天器控制系统仿真

9.1 概述

近地航天器是指轨道在地球表面附近的卫星或航天器(以下称为卫星)。中低轨道近地卫星常用于对地观测、测地遥感、空间科学试验、新技术试验、空间站等,高轨道近地卫星常用于通信、导航、广播、气象观测等。

近地卫星行业正处于快速发展的阶段,技术升级、应用领域拓展、市场与商业模式创新及挑战与机遇并存是其主要发展趋势。作为近地卫星关键分系统之一,控制系统负责卫星的姿态和轨道控制,由敏感器、执行机构和控制器三部分组成,硬件系统复杂、软件庞大且逻辑分支多。控制系统必须经过充分验证,卫星才能发射上天飞行。近地卫星控制系统仿真验证贯穿卫星整个研制过程,对于卫星控制方案设计、系统集成测试、指标性能评估和在轨飞行支持等具有重要意义。

本章重点阐述近地卫星控制仿真需求,介绍基于通用数学仿真平台的近地卫星GNC数学仿真、基于单轴气浮台的超大惯量航天器姿态控制全物理仿真系统和三轴气浮台的航天器姿态控制全物理仿真系统,并给出了典型应用情况。

9.2 近地卫星控制仿真需求

1. 数学仿真需求

随着航天任务越来越多,数学仿真已经成为航天器研制过程中必不可少的验证手段,可以帮助设计师进行设计和分析,并通过大量的极限工况测试及复杂环境模拟来验证卫星的方案设计是否可靠。通过数学仿真,可以验证方案的可行性,尽可能早地暴露设计问题,还能对是否实现总体要求、满足约束条件等进行评估。

目前近地卫星控制分系统的数学仿真验证主要有如下需求:

1)标准化、通用化的仿真需求

为提高近地卫星控制系统的仿真效率和仿真质量,需要建立标准化的动力学和部件模型,规范化的制导、导航和控制等星上算法,标准化的数据存储、数据画图、指令上注等,并在此基础上建立平台化、通用化的闭环数字仿真验证能力。

设计师仅需要配置部件单机个数、安装和测量指标、控制器参数等即可轻松得到通用算法部分的闭环仿真验证代码,设计师的主要精力用于解决非通用算法部分的设计和验证问题。

2)大规模测试工况管理的仿真需求

为了满足测试覆盖性要求,需要对卫星各种工作模式、目标姿态、控制算法、极限工况等设计测试用例进行测试。一个型号的研制周期内还需要对同一个仿真工况进行多轮迭代,因此数学仿真的测试工况管理必不可少,能够实现工况新建、复制、删除、运行等管理功能。

3)方案验证仿真报告自动生成和测试工况的自动传递需求

大量的方案设计测试工况完成仿真后,能够自动将各个工况的仿真条件、指令注入、仿真结果的数据和曲线生成方案设计数学仿真验证报告,并将测试工况通过标准的 xml 形式传递给星上软件编写部门的测试人员,保证测试工况的自动传递和上下游环节测试的一致性、充分性。

4)星群/星座多星协同的复杂空间任务仿真需求

星群/星座的仿真需求日益增多,为了验证多星协同控制方案的可行性与最优性,有必要构建完整的多星协同仿真验证条件,模拟星间信息交互和控制任务的完成。

2. 物理仿真需求

随着航天技术的不断发展,越来越多的功能性能更加强大的航天器进入了应用阶段。航天器从单一星体发展到星本体+超大型天线、相机或多星体组合的复杂对象,尺寸、惯量越来越大,而且增加了动载荷配置。此外,针对复杂航天器的机动性能,尤其是控制稳定度要求也越来越高,需达0.0001°/s或以上。为此,新的执行机构部件和新的姿态控制方案也随之提出。可以说,带有超大天线附件和动载荷的复杂航天器姿态控制技术已成为当前近地卫星领域研究的重点,为了确保控制系统能够实现指标要求,除了数学仿真外,仍需要通过开展地面物理仿真试验对近地复杂航天器控制系统的功能性能进行充分验证。

9.3 基于通用数学仿真平台的近地卫星GNC数学仿真

9.3.1 近地卫星快速仿真系统

如本书第4章所述,航天器控制系统通用数学仿真平台AOCS由图形化建模工具、可视化运行工具、工况管理工具、单机打靶工具、集群打靶工具等组成,具备图形化的动力学模型、部件模型和控制算法封装、仿真工况的配置和管理、仿真报告自动生成等功能。近年来,该平台广泛应用于近地卫星控制系统数学仿真。

根据近地卫星控制系统的特点,基于通用数学仿真平台AOCS,构建了近地卫星通用快速仿真系统,组成如图9-1所示。

如图9-1所示,近地卫星快速仿真系统主要以通用数学仿真平台AOCS为基础构建,封装近地卫星的通用动力学模型、部件模型、GNC算法等,形成控制系统仿真模型,同时对近地卫星的仿真工况进行配置与管理。其中,动力学模型包括轨道姿态动力学模型、帆板柔性动力学模型、液体晃动动力学模型等;部件模型包括位姿测量敏感器模型(如IMU、星敏感器、太阳敏感器、GNSS等单机)、执行机构模型(如推力器、动量轮、单框架控制力矩陀螺等)和驱动机构模型(帆板驱动机构、天线驱动机构)。GNC算法包括姿态确定与控制算法、轨道确定与计算算法和故障诊断算法等。此外,近地卫星快速仿真系统在整个闭环仿真中还负责仿真的功能层配置、仿真流程管理和控制,如仿真初始化、仿真任务和工况管理等。

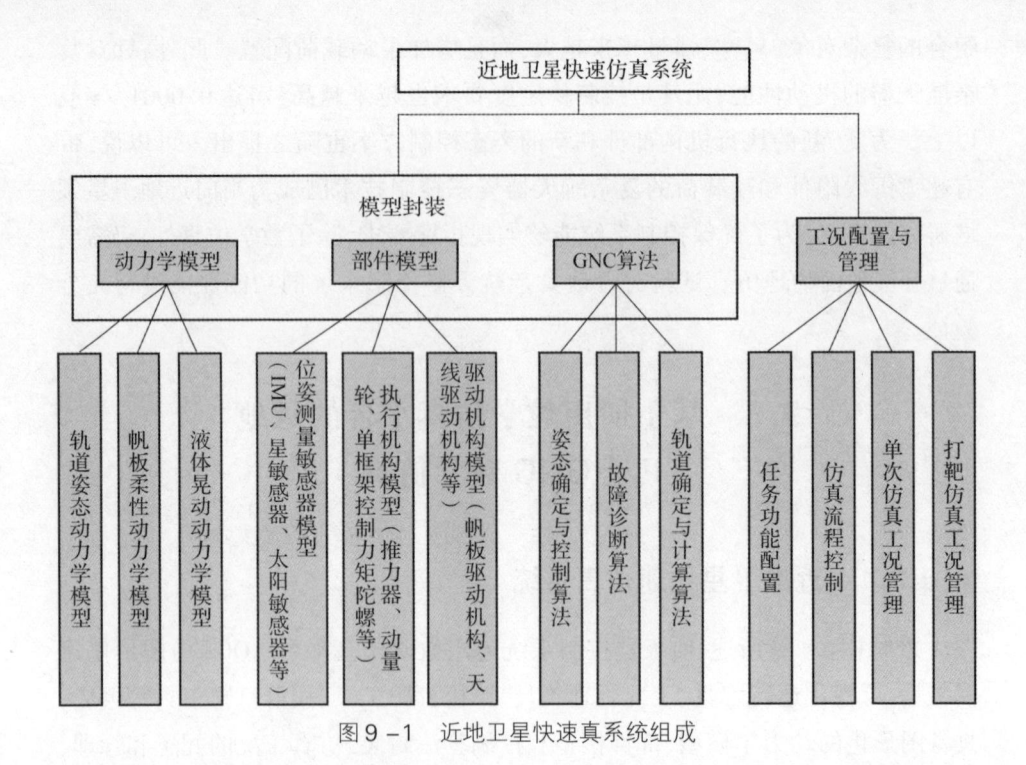

```
                          近地卫星快速仿真系统
                                  │
        ┌─────────────────┬───────┴───────┬──────────────────┐
        │         模型封装                │                  │
        │  ┌──────────┬──────────┬──────┐ │        工况配置与
        │  │动力学模型 │部件模型  │GNC算法│ │          管理
        │  └──────────┴──────────┴──────┘ │
┌───┬───┬───┐ ┌────┬────┬────┬────┐ ┌────┬────┬────┐ ┌────┬────┬────┬────┐
│轨 │帆 │液 │ │位  │执  │线  │驱  │ │姿  │故  │轨  │ │任  │仿  │单  │打  │
│道 │板 │体 │ │姿  │行  │驱  │动  │ │态  │障  │道  │ │务  │真  │次  │靶  │
│姿 │柔 │晃 │ │测  │机  │动  │机  │ │确  │诊  │确  │ │功  │流  │仿  │仿  │
│态 │性 │动 │ │量  │构  │机  │构  │ │定  │断  │定  │ │能  │程  │真  │真  │
│动 │动 │动 │ │敏  │模  │构  │模  │ │与  │算  │与  │ │配  │控  │工  │工  │
│力 │力 │力 │ │感  │型  │模  │型  │ │控  │法  │计  │ │置  │制  │况  │况  │
│学 │学 │学 │ │器  │(推 │型  │(帆 │ │制  │    │算  │ │    │    │管  │管  │
│模 │模 │模 │ │模  │力  │(帆 │板  │ │算  │    │法  │ │    │    │理  │理  │
│型 │型 │型 │ │型  │器、│板  │驱  │ │法  │    │    │ │    │    │    │    │
│   │   │   │ │(IMU│单  │驱  │动  │ │    │    │    │ │    │    │    │    │
│   │   │   │ │、星│框  │动  │机  │ │    │    │    │ │    │    │    │    │
│   │   │   │ │敏感│架  │机  │构、│ │    │    │    │ │    │    │    │    │
│   │   │   │ │器、│控  │构  │天  │ │    │    │    │ │    │    │    │    │
│   │   │   │ │太阳│制  │等) │    │ │    │    │    │ │    │    │    │    │
│   │   │   │ │敏感│力  │    │    │ │    │    │    │ │    │    │    │    │
│   │   │   │ │器等│矩  │    │    │ │    │    │    │ │    │    │    │    │
│   │   │   │ │)   │陀  │    │    │ │    │    │    │ │    │    │    │    │
│   │   │   │ │    │螺、│    │    │ │    │    │    │ │    │    │    │    │
│   │   │   │ │    │动  │    │    │ │    │    │    │ │    │    │    │    │
│   │   │   │ │    │量) │    │    │ │    │    │    │ │    │    │    │    │
└───┴───┴───┘ └────┴────┴────┴────┘ └────┴────┴────┘ └────┴────┴────┴────┘
```

图9-1 近地卫星快速真系统组成

9.3.2 典型单星数学仿真应用

下面以某近地卫星为例,基于近地卫星快速仿真系统进行数学仿真验证。

该卫星运行在500km轨道高度的太阳同步轨道,其降交点地方时为10:30a.m.。卫星配置了2个数字太阳敏感器、3个高精度星敏感器、6个光纤陀螺、6个5N·m·s的单框架控制力矩陀螺(CMG)、3个50A·m^{2}的磁力矩器、12个1N的推力器和1个5N的推力器。卫星配置固定翼帆板,主要的工作模式为阴影区内对地定向运行和阳照区对日巡航,载荷成像时转入成像目标姿态。

1. 控制算法模型的图形化建模

按照本书第5章基于模型的星上控制算法建模方法,将星上控制算法进行图形化建模,自动生成控制器星上代码,形成输入变量、输出变量和配置参数明确的控制器仿真模型,在近地卫星快速仿真平台上与其他仿真模型共同形成完整的仿真程序。

卫星的工作模式主要有速率阻尼模式、对日巡航模式、全姿态捕获模式、对地运行模式、姿态机动模式、轨道控制模式等。首先,进行近地卫星工作模式的

第 9 章　近地航天器控制系统仿真

可视化搭建，明确各模式之间的相互转换关系和条件，设置模式流程，如图 9-2 所示。

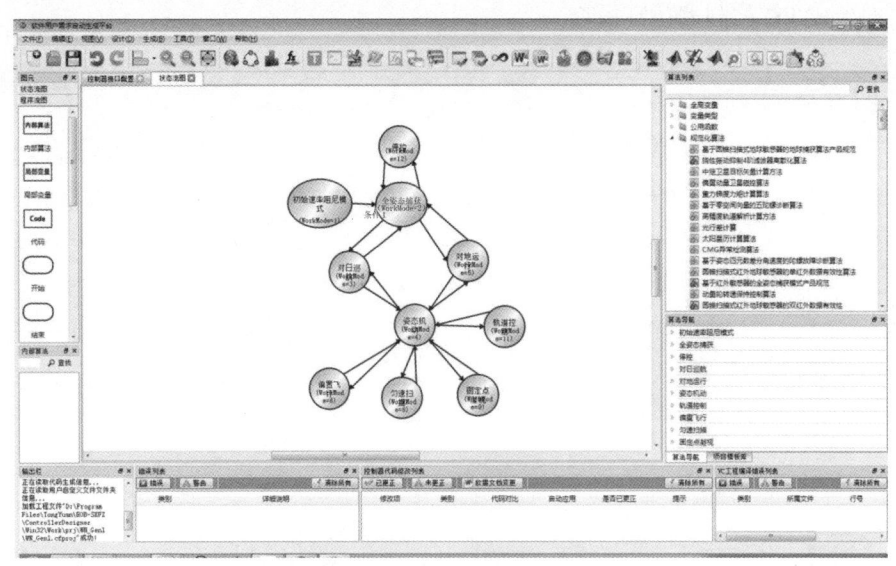

图 9-2　近地卫星工作模式可视化建模

其次，进行各工作模式算法流图的建模。尽量选用建模平台中已有的规范化算法软件构件，其他环节可以自行编写代码，如图 9-3 所示。

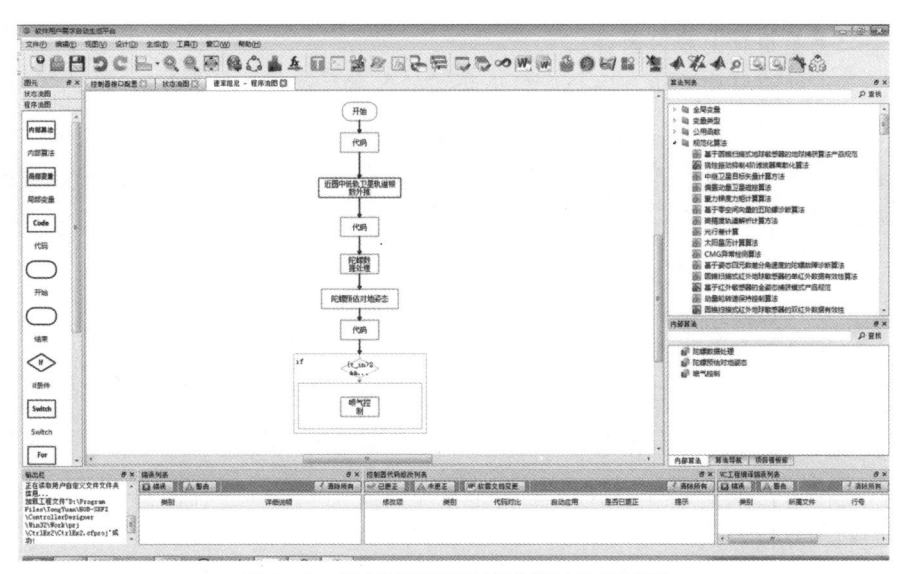

图 9-3　卫星速率阻尼模式算法流图建模

295

最后,进行控制器代码上行注入和下行遥测的变量配置。如图9-4所示,控制器配置参数可以直接导入.xml或者.Json格式标准文件实现配置,完成后自动生成VC控制器仿真模型。

图9-4 上行注入和下行遥测配置

2. 卫星仿真工程的配置

在近地卫星快速仿真平台上封装所需的各种仿真模型(动力学、敏感器、执行机构、控制器等)后,通过拖拽的方式即可建立卫星的仿真工程,并将星上控制器模型和所需要的推力器、CMG、星敏感器、陀螺等部件模型拖曳出来。将各模型的输入和输出进行连接,形成完整的闭环仿真程序。

基于近地卫星快速仿真系统的单星仿真工程如图9-5所示。

搭建完仿真工程后,接下来需要对仿真工程进行配置。

1) 配置卫星仿真工程的模型参数

例如,对CMG模型进行初始化配置,配置CMG的安装矩阵、初始框架角、初始高速转子转速、高速转子标称转速、低速框架角速度最大限幅等参数。图9-6为CMG模型的配置示例。

2) 配置各模型的解算周期和输出显示模块

图9-7给出了仿真模型解算周期的配置示例。

第 9 章　近地航天器控制系统仿真

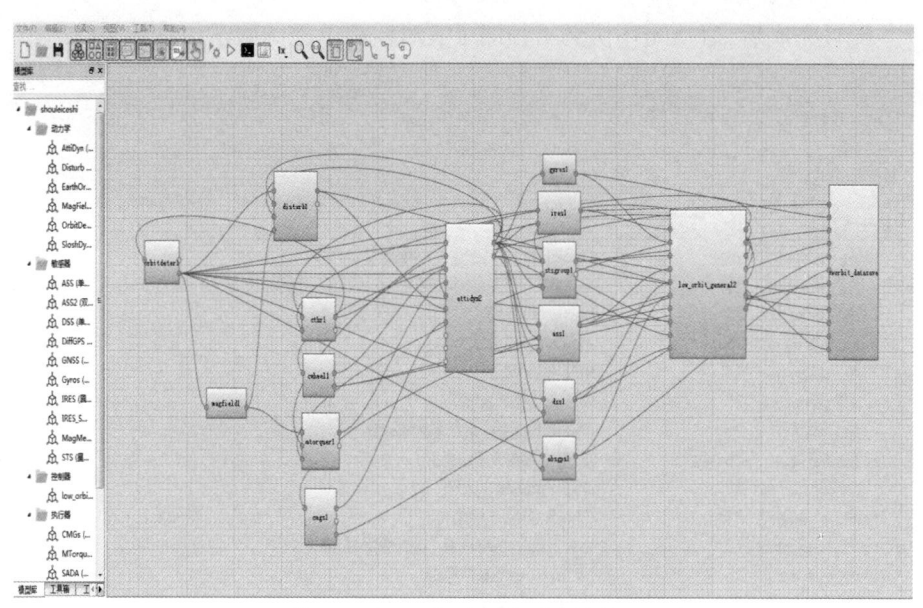

图 9-5　基于近地卫星快速仿真系统的单星仿真工程

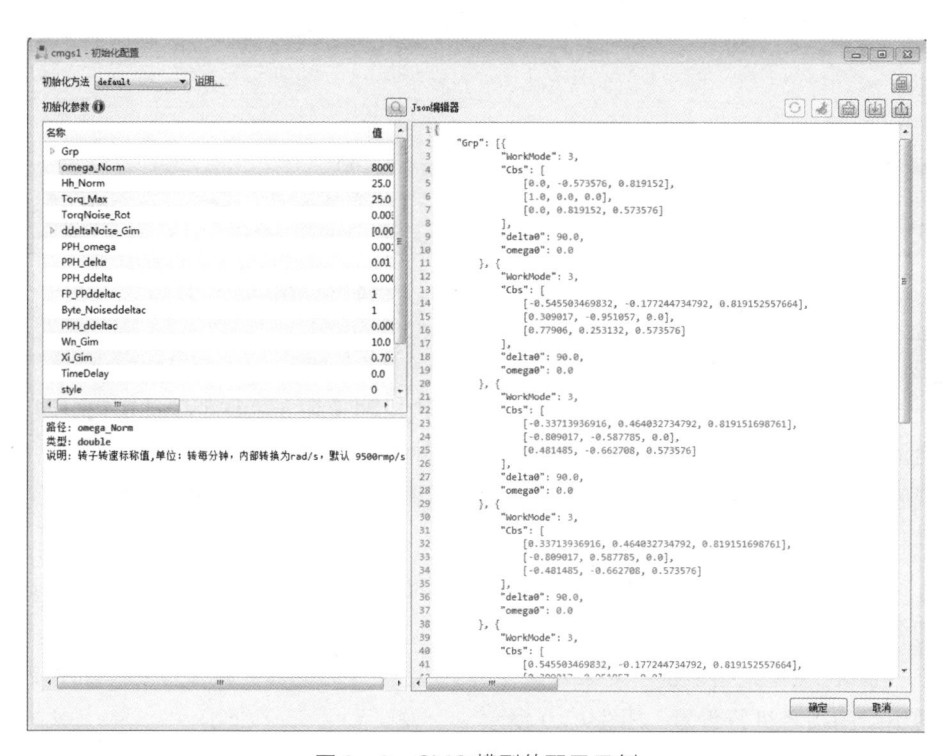

图 9-6　CMG 模型的配置示例

配置完成后，启动闭环仿真工程即可实时监视单星的数学仿真结果。

实例名称	步长(毫秒)	类型
orbitd...	25	OrbitDeter (19根数外推轨道动力学)
magfie...	25	MagField (空间环境磁场)
disturb1	25	Disturb (环境扰动力/力矩模型)
attidyn2	25	AttiDyn (姿态动力学)
stsgro...	25	STS (星敏模型)
gyros1	25	Gyros (陀螺组模型)
ass1	25	ASS (单轴模拟太阳敏感器组)
ires1	25	IRES (圆锥扫描红外)
dss1	25	DSS (单轴数字太敏)
absgps1	25	GNSS (GNSS模型)
low_or...	125	low_orbit_general (低轨通用需求)
mtorq...	25	MTorquer (磁力矩器)
cwheel1	25	Wheel (动量轮组)
cthr1	25	Thr (推力器V1_0)
cmgs1	25	CMGs (控制力矩陀螺)
loworb...	125	loworbit_DataSave (陀螺数据存储)

仿真结束时间 30000 秒(0 表示永不结束)

图 9-7 仿真模型解算周期的配置示例

3. 仿真工况设置

航天器控制系统数学仿真需要考虑入轨段速率阻尼、正常对日定向、CMG启动、匀地速成像、轨道控制、故障测试等多种工况，采用通用数学仿真平台的工况管理工具可实现多个数学仿真工况的配置和管理。下面对仿真工况设置流程进行简单阐述。

首先，打开近地卫星的数学仿真工程。在打开的工程中，新建子工况，并进行各个工况仿真条件的配置，如图 9-8 所示。

其次，在模型指令框中对各个动力学模型的初始化参数以及动力学和控制器模型的指令进行设置，如图 9-9 所示。

第 9 章　近地航天器控制系统仿真

图 9-8　仿真工况的建立

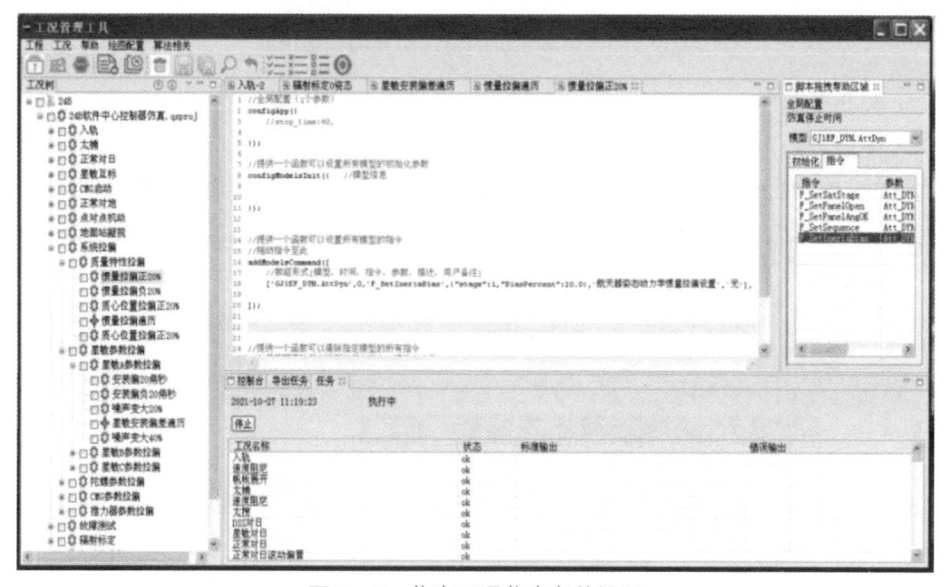

图 9-9　仿真工况仿真条件设置

最后，进行仿真工况的绘图配置和批量仿真，如图 9-10 所示。在绘图配置界面上新增工作模式、惯性角速度、姿态控制量、角速度控制量等绘图需求，再针对工作模式配置其绘图曲线的横轴和纵轴数据变量，包括线性、曲线颜色等基本画图格式。在绘图方案中，设置绘图组，以便不同的仿真工况选择不同的绘图组。在完成绘图配置后，勾选需要执行的仿真工况，并进行批量数学仿真，每个工况的仿真结果数据都将自动保存到工程目录下。

图 9-10　仿真工况的绘图配置和批量仿真

4. 仿真结果

完成近地卫星各种工况的绘图配置和批量仿真后，可以直接导出数学仿真报告，如图 9-11 所示。仿真报告中包含每个工况的初始化条件、指令和仿真曲线。

图 9-11　仿真报告的导出

第 9 章　近地航天器控制系统仿真

下面给出单个卫星匀地速跟踪模式下的姿态控制数学仿真结果,如图 9-12 和图 9-13 所示。其中,卫星从 9050s 开始跟踪第一个匀地速目标,到 9100s 结束;结束时刻注入第二个跟踪任务,从 9300s 开始跟踪第二个匀地速目标,到 9350s 跟踪结束;之后返回正常模式。

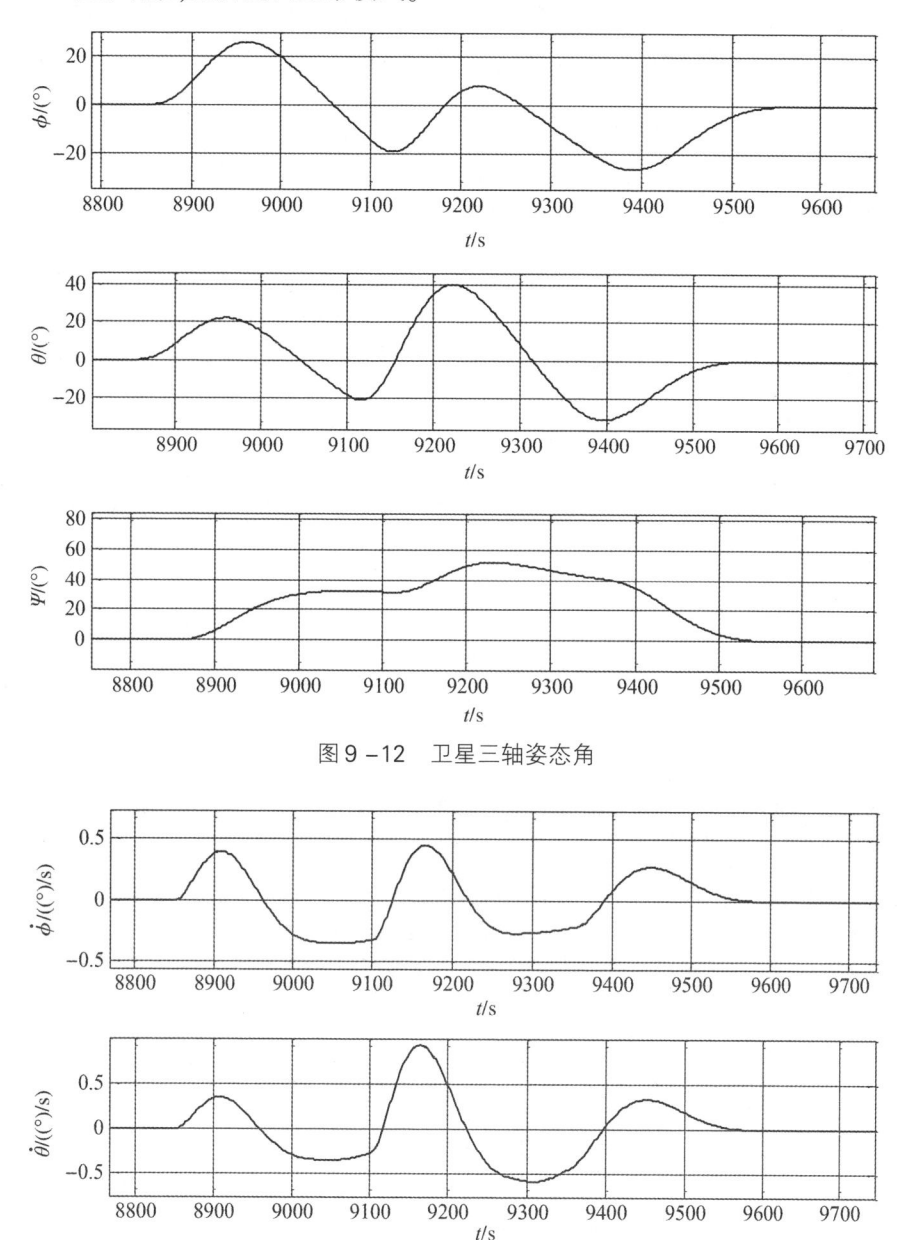

图 9-12　卫星三轴姿态角

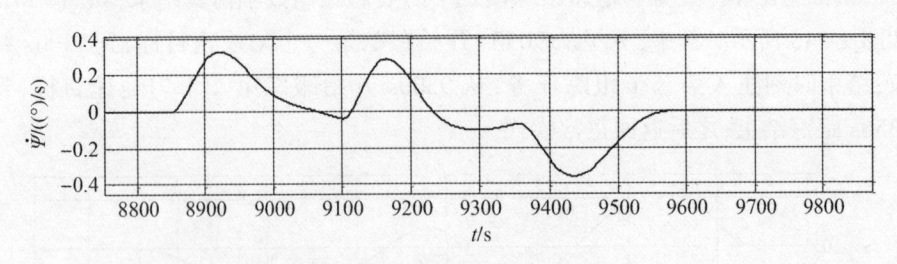

图 9-13 卫星三轴姿态角速度

9.3.3 典型星群数学仿真应用

星群协同需要模拟星间信息交互过程,对星间交互过程存在的时延、链路故障、数据交互错误、丢包等问题进行数字模拟和仿真验证。由于星群数目较多,为降低星群仿真的复杂程度,仿真中所有卫星均部署统一、通用的星上控制软件。具体做法是首先利用 9.3.2 节给出的控制器封装方法完成单个星上控制器封装,然后在通用数学仿真平台上直接加载星群所需数目的卫星动力学模型。图 9-14 展示了具有近地卫星快速仿真系统的星群仿真场景。

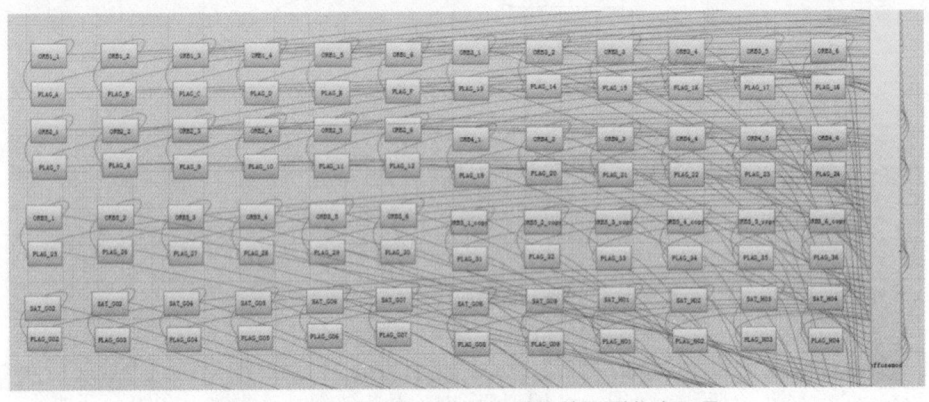

图 9-14 近地卫星快速仿真系统的星群仿真场景

9.4 基于单轴气浮台的超大惯量航天器姿态控制全物理仿真系统

针对超大惯量航天器,姿态控制全物理仿真系统一般采用单轴气浮台 + 连接器+三自由度气浮平台的方式来实现在轨微重动力学模拟。试验原理在第8章已经介绍,这里不再赘述。本节重点针对超大惯量姿态控制全物理仿真系统的方案和核心组成进行叙述,同时给出干扰力矩和模拟转动惯量的估计方法。

9.4.1 系统方案

1. 系统组成与原理

基于单轴气浮台的超大惯量航天器姿态控制全物理仿真系统整体惯量模拟目标要达到 $10^6 \mathrm{kg} \cdot \mathrm{m}^2$,该总体方案示意图如图9-15所示。该系统包括单轴气浮台、连接器、三自由度气浮平台、气垫、支撑平台等全物理地面模拟设备以及控制系统参试部件等。

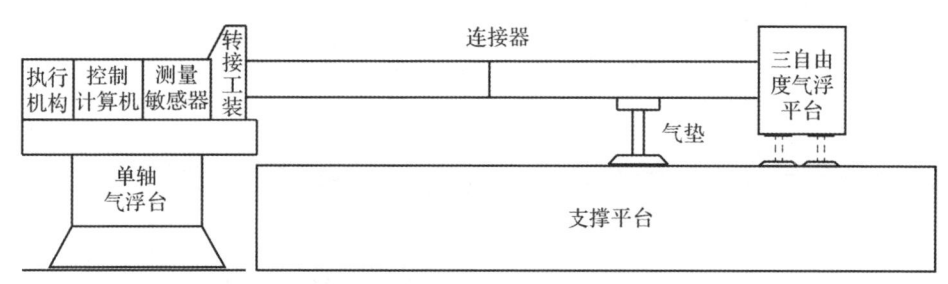

图9-15 基于单轴气浮台的超大惯量航天器姿态控制全物理仿真系统示意图

其中,单轴气浮台控制系统组成如图9-16所示,采用4台控制力矩陀螺(CMG)作为姿态控制系统的执行机构,采用高精度陀螺和气浮台测角装置作为姿态测量系统,电池组+电源分配箱为台上控制系统部件设备提供电源,台上的航天器控制计算机可以通过无线通信模块远程遥控各设备上电、断电、发送遥控参数、接收遥测数据等。

本节重点对大型单轴气浮台、连接器和三自由度气浮平台进行简单介绍。

2. 大型单轴气浮台

大型单轴气浮台主要由气浮轴承、轴承基座、主台面、冷气系统、测角装置、台上控制系统、扩展台面、安装基台等部分组成,总体结构如图9-17所示。气浮轴承在气浮台中心,其顶部的精台面是整个气浮台的水平基准,对于安装和测试精度要求高的负载,如陀螺等一般安装在此精台面上。

大型单轴气浮台主要技术指标要求如下。

航天器控制系统仿真

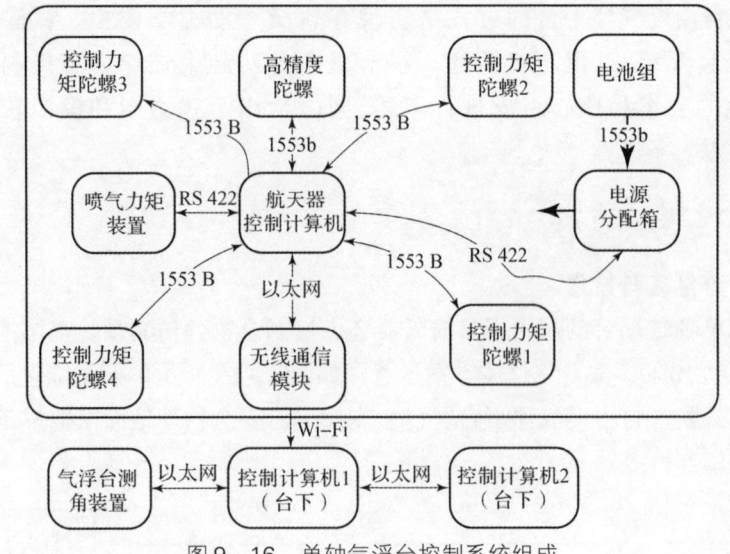

图 9-16 单轴气浮台控制系统组成

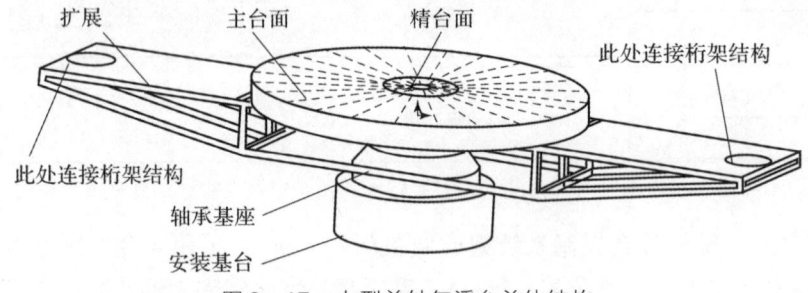

图 9-17 大型单轴气浮台总体结构

(1) 承载能力:气浮台承载能力 2800kg。

(2) 干扰力矩:轴承干扰力矩≤0.001N·m;外加总负载 2800kg、偏载 100kg 情况下,干扰力矩≤0.002N·m。

(3) 测角指标:测角精度 2″;测角范围 0~360°,可连续回转。

(4) 喷气控制:配置冷气推力器 2 组,每组推力 10N,两组的推力方向共线且相反。

3. 连接器

连接器主要用来连接单轴气浮台和三自由度气浮平台,共同构建大惯量转动系统,并使三自由度气浮平台可以绕单轴气浮台旋转。为了保证在质量约束条件下具备一定刚度,连接器一般采用桁架结构。桁架结构由桁架框架、斜梁组件、连接座及紧固件组成,桁架结构连接器三维构型如图 9-18 所示。

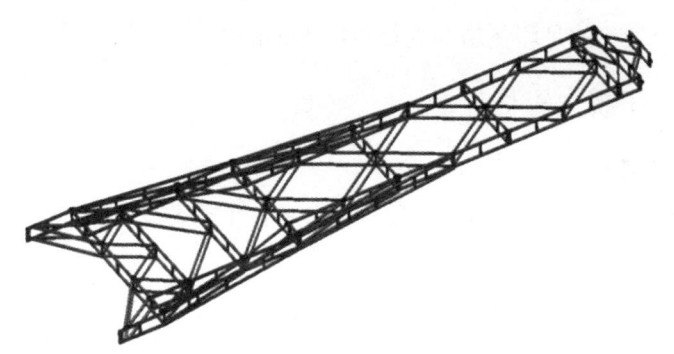

图 9-18 桁架结构连接器三维构型

连接器主要技术指标要求如下：

(1) 桁架结构总质量≤500kg；

(2) 桁架结构采用模块化设计,可以根据需要缩短桁架总长度,减小系统转动惯量；

(3) 桁架结构整体长度有 0~1.5m 的调整范围,总长 20.85m；

(4) 桁架结构有一定刚度,保证整个试验系统的共振频率≥2Hz,同时还要保证桁架最大挠度≤200mm；

(5) 三自由度气浮平台中心轴与大型单轴气浮台中心轴的距离约为 20m,以实现大惯量的模拟。

4. 三自由度气浮平台

三自由度气浮平台用于配合大型单轴气浮台,共同实现转动惯量为 $10^6 kg \cdot m^2$ 量级的航天器单轴姿态动力学系统模拟。两台三自由度气浮平台(每台最大质量为1000kg)通过桁架结构连接器与单轴气浮台连接成一体,绕单轴气浮台轴心转动。

三自由度气浮平台主要由台体结构、气路系统、台上控制系统三个主体部分组成,总体结构示意图参见 8.5 节全物理仿真主要设备。

三自由度气浮平台主要技术指标要求如下：

(1) 三个气垫总承重 1000kg 的情况下,气膜厚度≥16μm；

(2) 每个气垫的最大用气压力≤1.0MPa；

(3) 每个气垫下表面平面度优于 0.002,粗糙度优于 0.2；

(4) 每个气垫上要有安装接口用于固定安装千分表测气膜厚度——气浮平台一端与桁架结构连接,因而会受到 150~250kg 的偏载,需要通过在配重结构中安装一定质量的重块抵消偏载,如果气浮平台气浮时三个气垫气膜厚度相同,则说明抵消了偏载；

(5) 三个气垫的足印包络圆直径≤1300mm。

9.4.2 干扰力矩估计

1. 估计原理

在地面全物理仿真试验中,由于气浮台存在干扰力矩,需要对气浮台干扰力矩的大小进行估计。

干扰力矩估计的原理即角动量定理,简述如下。

在惯性系中,根据角动量定理,有

$$\dot{H} = d \tag{9-1}$$

式中:H 为系统的总角动量,由星体和角动量交换装置两部分的角动量组成;d 为系统受到的外部干扰力矩。对于本试验的单轴气浮台全物理仿真而言,d 为转台受到的外部干扰力矩,即为要估计的物理量。H 表达式如下:

$$H = J\omega + h_{1,4} + h_{2,3} \tag{9-2}$$

式中:J 为全物理仿真系统的转动惯量;ω 为转台的角速度;$h_{1,4}$ 为第一组 CMG 沿转台转轴方向的合成角动量;$h_{2,3}$ 为第二组 CMG 沿转台转轴方向的合成角动量。

干扰力矩估计的思路是利用 PID 控制律将姿态角稳定下来,然后利用式(9-1)和式(9-2)估计干扰力矩的大小。

2. 估计结果

直接给出本试验系统的单轴气浮台系统总角动量测试结果,如图 9-19 所示。通过线性拟合,可知气浮台干扰力矩的估计大小约为 5.1445N·m。

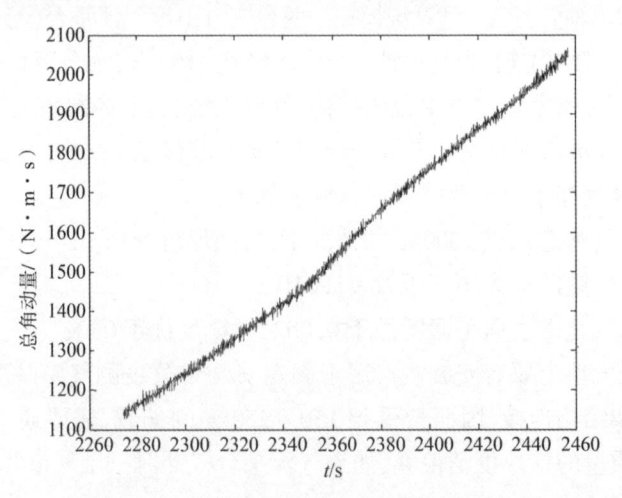

图 9-19 单轴气浮台系统总角动量测试结果

通过干扰力矩估计测试可以看出,气浮台干扰力矩不超过 5.5N·m。

9.4.3 转动惯量估计

1. 估计原理

根据角动量原理,有

$$J\dot{\omega} = \tau + d \tag{9-3}$$

式中:J 为全物理仿真系统(包括气浮台组合系统及冻结的 CMG)的转动惯量;ω 为转台的角速度;τ 为控制力矩,由第一组 CMG 生成;d 为气浮台受到的外部干扰力矩。

只要已知控制力矩 τ 和干扰力矩 d,即可利用式(9-3)估算出整个系统的转动惯量 J。

考虑到该全物理仿真系统的外干扰力矩由 9.4.2 节估算为 5N·m 左右,因此,可对系统施加 200N·m 或者 250N·m 的控制力矩进行转动惯量测试,误差可控制在 3% 以内。

2. 估计结果

1)施加控制力矩 200N·m

在该工况下,单轴姿态角和单轴姿态角速度变化曲线分别如图 9-20 和图 9-21 所示。

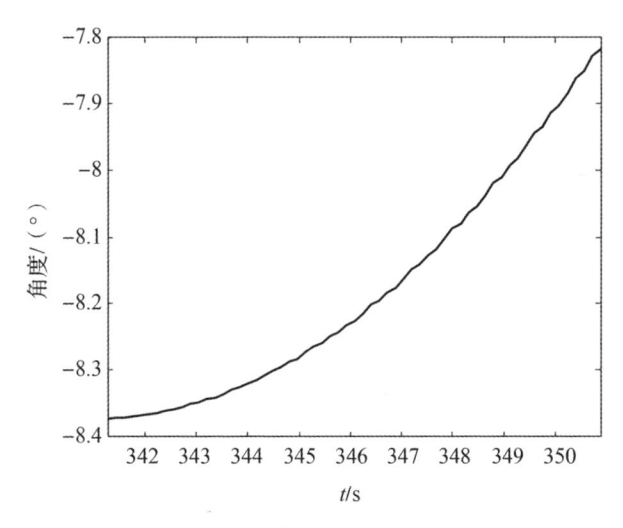

图 9-20　控制力矩 200N·m 工况下单轴姿态角

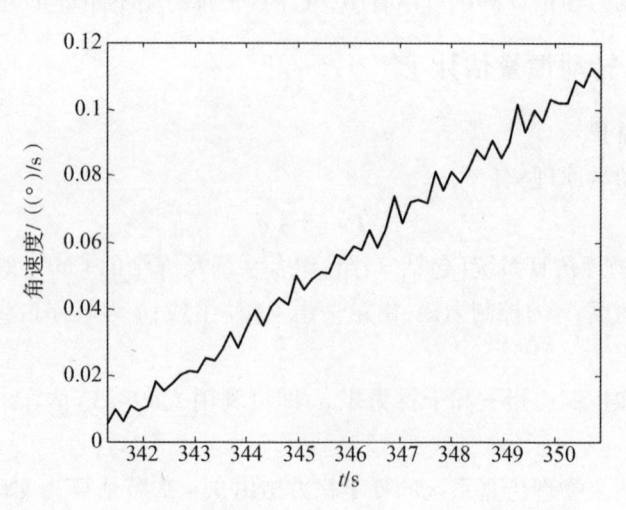

图9-21 控制力矩200N·m工况下单轴姿态角速度

计算可得,此时的惯量估计值为 $1.0186\times10^6\mathrm{kg\cdot m^2}$。

2)施加控制力矩250N·m

在该工况下,单轴姿态角和单轴姿态角速度变化曲线分别如图9-22和图9-23所示。

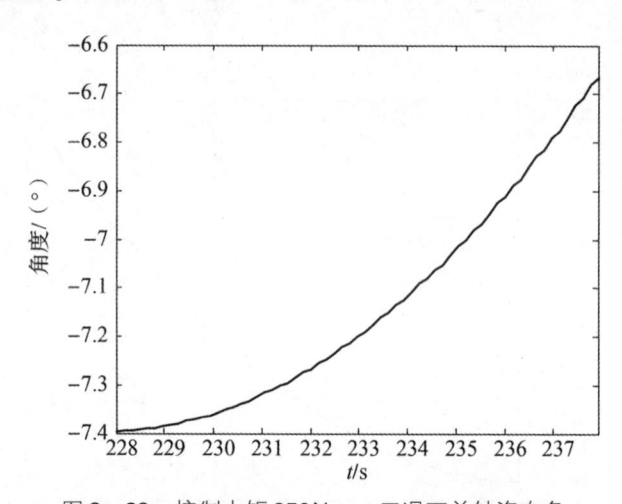

图9-22 控制力矩250N·m工况下单轴姿态角

计算可得,此时的惯量估计值为 $1.0357\times10^6\mathrm{kg\cdot m^2}$。

由两种工况对转动惯量的估计结果可知,全物理仿真系统模拟的转动惯量约为 $1\times10^6\mathrm{kg\cdot m^2}$,满足试验要求。

第 9 章　近地航天器控制系统仿真

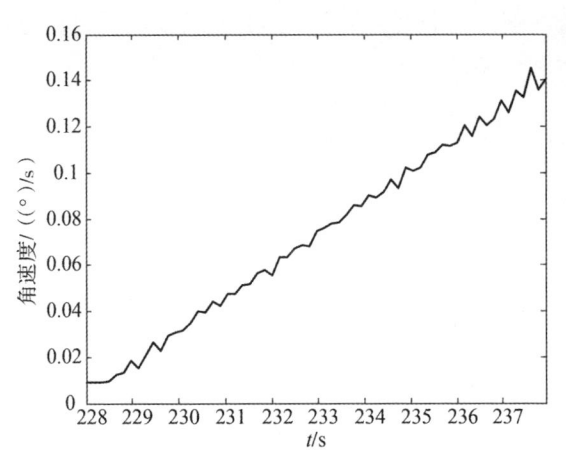

图 9-23　控制力矩 250N·m 工况下单轴姿态角速度

9.4.4　推广应用

本章提出的基于单轴气浮台的超大惯量姿态控制全物理仿真系统,可实现多种大惯量复杂航天器对象的单轴姿态控制全物理仿真试验验证,其本质是单轴气浮台+连接器+三自由度气浮平台融合体在支撑平台上的在轨单轴姿态动力学模拟,而本章叙述的单轴气浮台+桁架结构连接器+2 个三自由度气浮台的超大惯量姿态控制全物理仿真只是其中的一种应用。调整系统中的连接器和三自由度气浮平台形式,即可以实现多种大惯量航天器在某一轴的姿态控制全物理仿真。如连接器调整为机械臂,可实现空间机械臂在水平方向的操作展示仿真;三自由度气浮平台调整为某运动载荷,可实现航天器沿某一轴机动时运动载荷同时动作的全物理仿真。总之,通过连接器和三自由度气浮平台的不同组合,该全物理仿真系统可实现多种对象的单轴姿态控制全物理仿真,而干扰力矩和转动惯量估计是试验方案的关键,将直接影响最终仿真试验结果的准确性。

9.5　基于三轴气浮台的航天器姿态控制全物理仿真系统

基于三轴气浮台的姿态控制全物理仿真系统是面向近地卫星领域的另一大类物理仿真系统,主要针对动载荷等复杂航天器对象,解决的是新研部件在回路的三轴姿态控制方案有效性和性能可实现性验证问题。

本节以动载荷航天器姿态控制为例,给出三轴气浮台姿态控制全物理仿真系统的系统方案和试验结果。

9.5.1 系统组成与工作原理

1. 系统组成

如图9-24所示,三轴气浮台动载荷姿态控制全物理仿真试验系统由大型三轴气浮台、台上控制仿真系统和地面控制台三部分组成。

三轴气浮台仪表平台顶面设有4个基准面,按90°间隔均布在顶面上。帆板驱动机构(SADA)有效载荷固定在三轴气浮台仪表平台的右侧基准面上,并按照控制程序指令运动,动量轮组安装在左侧基准面上,上惯量结构安装在仪表平台中心位置,与下惯量机构共同完成星体惯量的匹配模拟。有效载荷安装在前后两个基准面上,动量轮线路、帆板驱动机构线路、无线通信装置等安装在顶面基准面之间,控制计算机、电池组、电源分配箱、三浮陀螺组件及线路盒安装在仪表平台的中间层隔断。

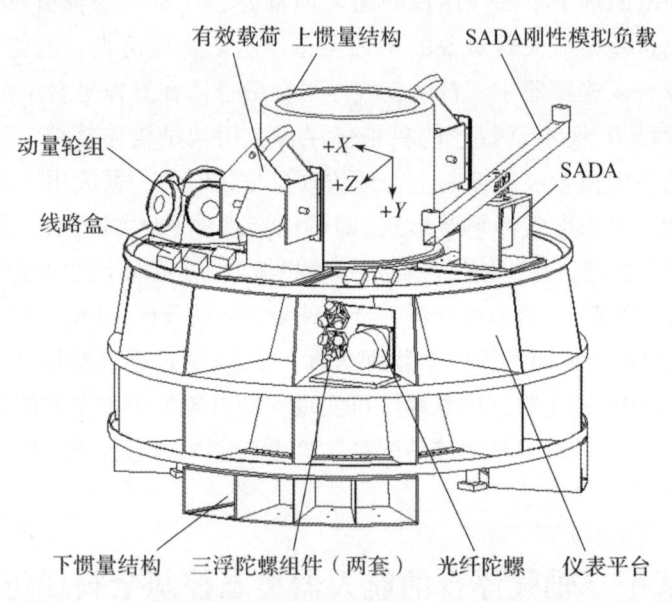

图9-24 三轴气浮台动载荷姿态控制全物理仿真试验系统组成

2. 工作原理

三轴气浮台动载荷姿态控制全物理仿真试验系统的基本工作原理可描述为:在正式试验前,首先对三轴气浮台进行初始姿态确定:①锁定三轴气浮台,使气浮台相对于地面保持静止状态;②根据指北基准与台体的相对方位对地球自转角速度进行补偿;③对陀螺输出的常值漂移进行滤波估计,待陀螺常值漂移估计收敛到定值并间隔一段时间后,停止常漂修正。

试验开始后,首先,利用陀螺输出的角速度信息,扣除常漂和地球自转影响后,通过积分确定气浮台三轴姿态,并将姿态信息发送给台上控制计算机;其次,台上控制计算机实时运行星上姿态确定和姿态控制算法,解算得到执行机构控制指令;最后,由动量轮按照控制指令输出角动量,完成对气浮台的三轴姿态控制。在此过程中,SADA机构按照要求进行运动,用于模拟动载荷对姿态控制的影响。地面主控计算机可根据试验要求向台上控制计算机发送各种遥控机动指令,进行相应的姿态稳定和姿态机动控制。

9.5.2 大型三轴气浮台

大型三轴气浮台主要模拟航天器在轨三轴姿态动力学特性,并为台上试验设备提供安装平台,其主要技术指标如表9-1所列。

表9-1 大型三轴气浮台主要技术指标

序号	参数名称	技术指标
1	气浮轴承的承载能力	58840N
2	仪表平台直径	3300mm
3	干扰力矩 (1)垂直轴 (2)水平两轴	0.0025N·m 0.01N·m
4	转动惯量 (1)相对于垂直轴 (2)相对于水平两轴	4000~6000kg·m^2 3000~5000kg·m^2

9.5.3 台上控制仿真系统

台上控制仿真系统由三轴气浮台台上工艺系统和星上产品组成,如图9-25所示。

三轴气浮台台上工艺系统主要包括控制计算机、无线通信装置、冷气推力器组、调平衡机构、光纤陀螺、电池组和电源分配箱等。在无星上产品参试的情况下,该三轴气浮台通过自带的光纤陀螺测量姿态,通过冷气推力器执行控制力矩输出,也能实现闭环姿态控制功能。在配置了星上产品后,共同构成台上控制仿真系统。工艺系统配置的光纤陀螺可以作为星上产品陀螺的校验,在试验中直接参与控制系统的验证工作。

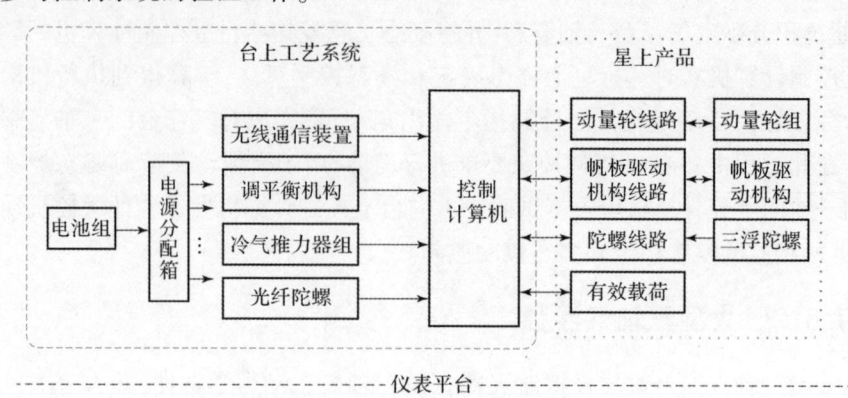

图9-25 台上控制仿真系统配置

9.5.4 地面控制台

地面控制台主要用于全物理仿真系统的遥控遥测和数据存储与监控,其组成如图9-26所示,包括地面主控计算机、数据显示存储计算机和两台高精度光电自准直仪。

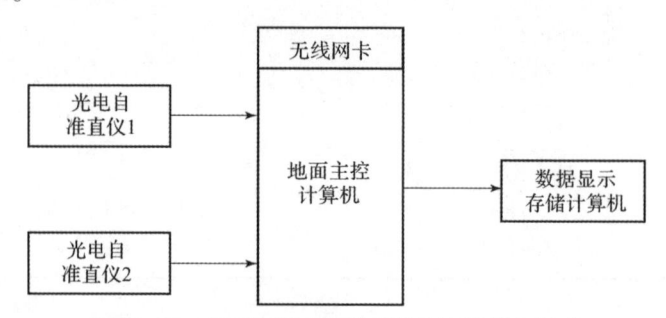

图9-26 三轴气浮台试验系统地面控制台组成

图9-27给出了光电自准直仪测量三轴气浮台姿态示意图。

在三轴气浮台仪表平台上沿台体转轴固定对称安装两块立方基准镜,立方基准镜两个基准面的法线方向分别与气浮台 Z 轴和 X 轴平行。光电自准直仪1可测得气浮台绕 Y 轴和 X 轴的姿态角,光电自准直仪2可测得气浮台绕 Z 轴和 X 轴的姿态角。

三台星敏感器的输出采用自准直仪实际测量、噪声及低频误差的数学模型进行模拟。

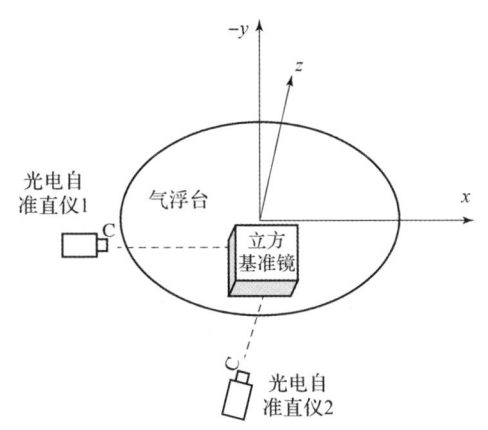

图 9-27 光电自准直仪测量三轴气浮台姿态示意图

9.5.5 试验内容及结果分析

1. 试验准备

1) 转动惯量估计

转动惯量是卫星姿态动力学的一个重要参数。在全物理仿真中,需要通过合理的配重,使整个气浮台体的转动惯量尽量接近在轨状态。

参考 9.4.3 节,利用角动量定理来测定台体的转动惯量。取多次测量后的平均值,得到的三轴转动惯量如下:

$$I_x = 5100.5 \text{kg} \cdot \text{m}^2, \quad I_y = 5839.8 \text{kg} \cdot \text{m}^2, \quad I_z = 5164.6 \text{kg} \cdot \text{m}^2$$

2) 气浮台调平衡

三轴气浮台是本试验的关键设备,一方面模拟卫星的三轴姿态动力学特性,另一方面承载各试验部件及供电等设备。为了准确模拟卫星在失重条件下的动力学特性,减小重力干扰力矩,需要在每次试验前对气浮台进行精确的调平衡。

调平衡按两个步骤进行:①手工粗调;②利用自动调平衡机构进行微调。

测试数据表明,经过调平衡后,气浮台的三轴干扰力矩约为 0.01N·m 的常值干扰力矩。

3) 冷气推进单元力矩标定

利用三轴气浮台的 6 组共 12 个标称输出力矩为 10N·m 冷气推力器来模

拟星上喷气推力器力矩大小。在实际试验时,修改航天器控制计算机上运行的星上程序,发送喷气控制信号,按一定比例延长喷气时间,使得冷气喷气单元产生的角动量与期望角动量一致。

2. 姿态确定试验

台体固定姿态确定试验结果正常是保证顺利开展三轴姿态控制闭环试验的先决条件。将三轴气浮台固定,姿态控制算法不起作用,以独立考查星上姿态确定算法及代码实现的正确性。采用气浮台台上工艺系统自带的光纤陀螺及地面定姿处理程序获得三轴姿态称为地面确定的三轴姿态;采用星上陀螺产品及台上控制仿真系统的定姿算法获得三轴姿态称为星上确定的三轴姿态。

无论是地面确定的三轴姿态还是星上确定的三轴姿态,角速度测量均采用真实陀螺,角度测量均采用星敏感器模拟,即光电自准直仪+数值噪声(参照星敏感器的指标值进行设定)。

在试验中,气浮台固定,不气浮,相当于真实姿态角恒定不变。由于光电自准直仪测量的是台体(星体)相对于目标坐标系(轨道坐标系)的姿态,而星敏感器测量的是星体相对于惯性坐标系的姿态,在试验中利用轨道坐标变换将光电自准直仪测量的姿态角转换为相对惯性系的姿态角。

从图 9-28～图 9-30 中可以看出,地面与星上确定的三轴姿态误差优于 $2''(\sigma)$,说明台上控制的陀螺+星敏感器组合定姿算法及其实现正确无误,可以进一步开展控制闭环试验。

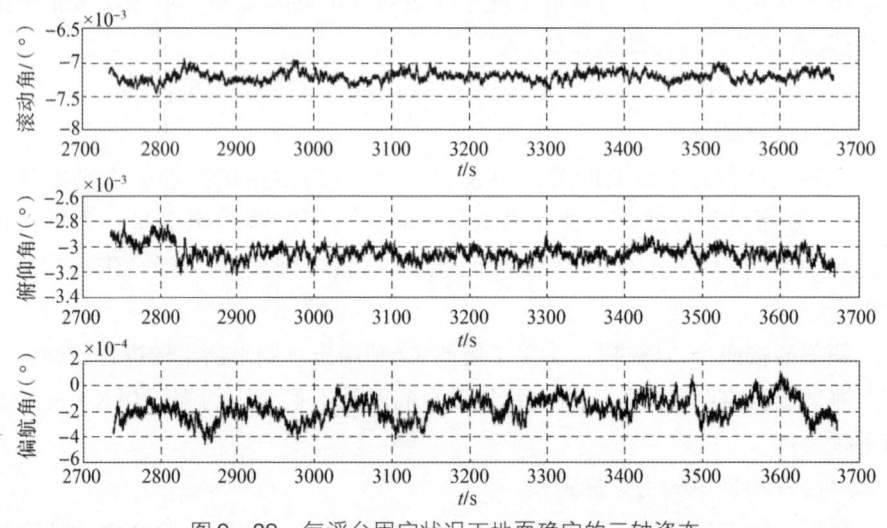

图 9-28　气浮台固定状况下地面确定的三轴姿态

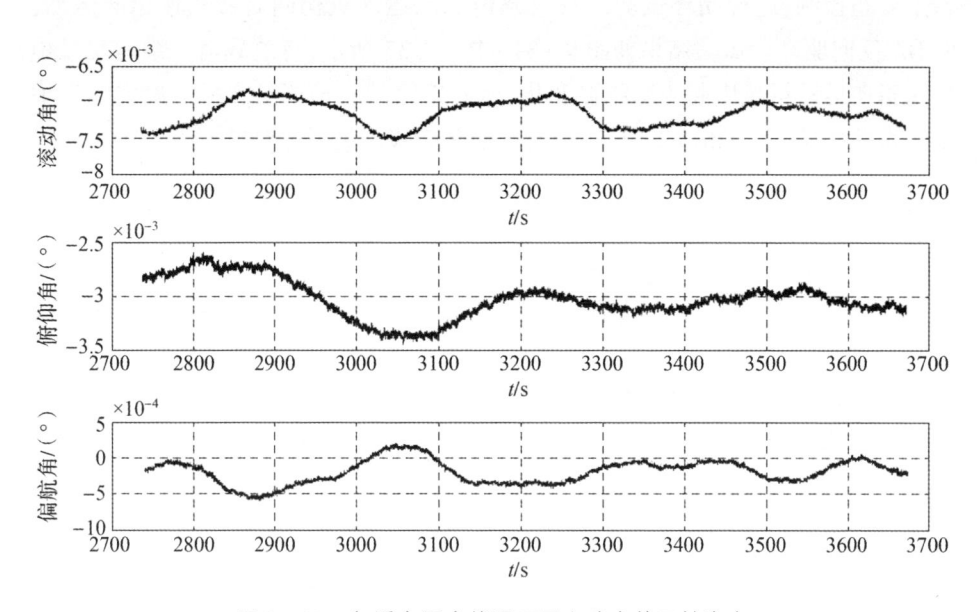

图9-29 气浮台固定状况下星上确定的三轴姿态

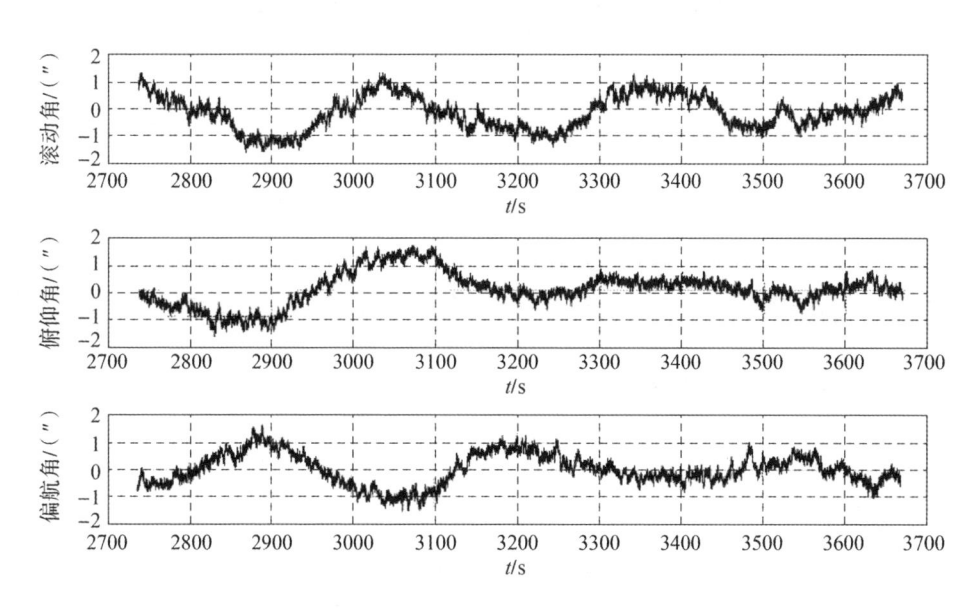

图9-30 气浮台固定状况下地面与星上确定的三轴姿态误差

3. 高精度姿态控制闭环试验

台体固定姿态确定试验正常结束后,可以进一步取消气浮台固定设置,引入台上姿态控制,进行闭环试验。有效载荷二维运动机构同时做快速指向运动,SADA 反向驱动。试验结果如图 9-31~图 9-33 所示,有效载荷二维运动机构快速指向运动虽然引起姿态明显变化,地面确定的三轴姿态和星上确定的三轴姿态误差保持在 $3''(3\sigma)$ 以内,三轴姿态控制能够满足指标要求。

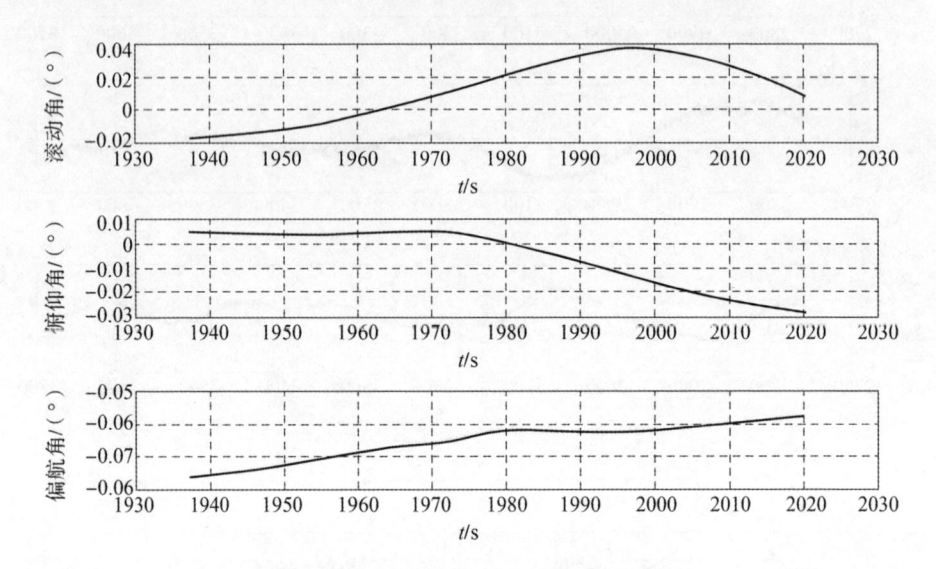

图 9-31 闭环试验下地面确定的三轴姿态

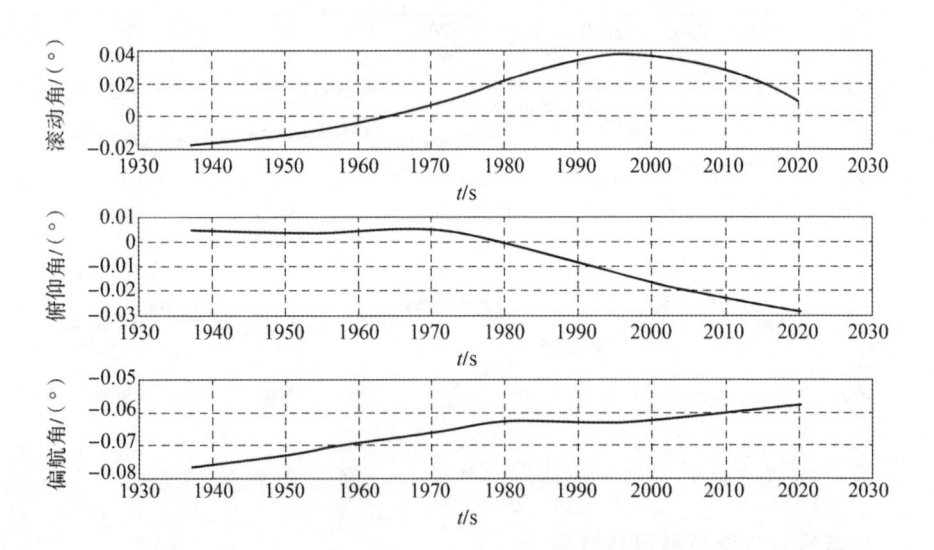

图 9-32 闭环试验下星上确定的三轴姿态

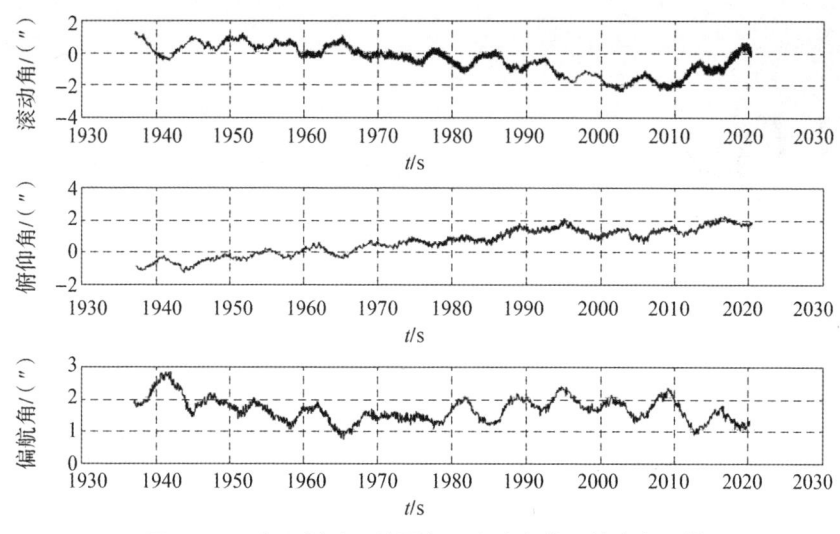

图9-33　闭环试验下地面与星上确定的三轴姿态误差

9.5.6　推广应用

本章提出的三轴气浮台姿态控制全物理仿真系统，可实现多种复杂航天器对象的三轴姿态控制全物理仿真试验验证，其本质是三轴气浮台在轨全姿态动力学模拟，而本章叙述的三轴气浮台动载荷姿态控制全物理仿真只是其中的一种应用。该全物理仿真系统可推而广之，需要说明：基于三轴气浮台的全物理仿真虽然是动力学模拟，但地面试验系统的三轴转动惯量很难和天上飞行的卫星的惯量完全一样，地面试验模拟的目标更多的是实现三轴控制能力和实际卫星基本一致，即等比模拟。即使是等比模拟，大气环境干扰对于超高精度航天器控制精度也有影响，试验等效性评估需具体情况具体分析。

9.6　本章小结

针对近地卫星控制系统仿真验证的需求，本章分别从数学仿真和物理仿真两方面进行了介绍。数学仿真方面，基于控制系统通用数学仿真平台分别给出了单星和星群的典型型号应用实例。物理仿真方面，针对挠性结构、多体卫星、超大惯量、运动机构等近地卫星验证需求给出了两类典型的姿态控制全物理仿真系统，具有较强的针对性和工程实用价值。

第10章 空间交会与操控航天器控制系统仿真

10.1 概　　述

空间交会与操控领域主要研究空间环境中两个或多个航天器间的相对运动控制问题。按照研究的目标特性,目标航天器分为合作目标和非合作目标两种,前者一般为交会对接问题,后者一般为操控问题。空间交会对接(rendezvous and docking,RVD)技术是当今世界航天领域中一项十分复杂、难度较大的技术,也是载人航天的一项关键技术。空间操控技术则主要指对卫星进行在轨维修、升级或增强其功能的技术。空间实验室的在轨装配、空间援救、故障卫星的在轨维修、空间碎片的处理等都需要具备空间交会对接及操控的能力[48]。

所谓空间交会是指两个或两个以上的航天器在空间轨道上按预定的位置和时间相会,空间对接是指两个航天器在空间轨道上相会后在机械结构上连成一个整体[49]。参与交会对接的两个航天器,通常情况下,一个为被动航天器,称为目标航天器;另一个为主动航天器,称为追踪航天器。追踪航天器要执行一系列的轨道机动,飞向目标航天器,并在预定位置和时间与目标航天器对接。空间操作技术是空间交会对接技术的扩展和延伸,区别主要体现在近距离阶段追踪航天器(也称为服务航天器)使用机械臂等终端机构对目标航天器进行一系列操作,可以用于航天器在轨装配、回收、补给、维修及空间救援。在深空探测任务中,特别是需要采样返回地球的深空探测活动中,空间交会对接通常是其中一个重要环节,可以实现航天器的重新组装,完成采样物品从一个探测器到另一个探测器的转移。

交会对接技术的发展源于重大工程的迫切需求,为了实施阿波罗(Apollo)登月计划,美国从1965年3月至1966年11月共进行了10次载人飞行,并专门发射了"双子星座"号飞船以突破交会对接技术。1966年3月16日,美国"双子星"8号飞船和"阿金纳"对接舱体实现了首次航天员手控操作的交会对接,阿波罗计划使得交会对接在工程上得到了发展完善。1967年10月,苏联的"宇宙"186号和"宇宙"188号进行了世界上第一次无人航天器的自动交会对接。1975年7月15日"阿波罗"飞船和"联盟"19号飞船利用交会对接技术实现了美国和苏联间的太空握手,在世界航天史上留下了精彩的一笔。目前,俄罗斯已具备自主交会对接的能力,并多次成功进行航天器在轨对接,其他各航天大国也都积极着力发展自动交会对接技术,如美国的自动交会技术验证试验(demonstration of autonomous rendezvous technology,DART)、轨道快车(orbital express)卫星、试验卫星系统(experimental satellite system,XSS),日本的工程试验卫星ETS-Ⅶ(engineering test satellite Ⅶ,ETS-Ⅶ),欧洲航天局的自动转移航天器(automated transfer vehicle,ATV)等都对自主交会对接进行了飞行试验验证。值得一提的是,自20世纪60年代以来世界各国所进行的空间交会对接活动,除阿波罗登月工程完成了月球轨道交会对接外,绝大多数是在近地轨道附近完成的。

我国载人航天领域率先进行了交会对接技术的相关研究和应用,自2011年神舟八号在轨首次交会对接成功以来,共进行30余次载人或无人交会对接任务,我国交会对接技术得到了快速发展,自主性、快速性和智能化水平得到进一步提升。与此同时,相对运动控制技术的普遍应用使空间操控与在轨服务领域也得到了较快发展。

本章以空间交会与操控领域航天器的典型飞行过程为背景,提出空间交会与操控领域控制仿真需求,介绍基于通用数学仿真平台的空间交会与操控制导导航与控制(GNC)数学仿真,给出了典型应用情况。同时,对九自由度交会对接半物理仿真系统和基于气浮平台的超近相对运动控制全物理仿真系统进行了详细叙述。

10.2 空间交会与操控领域控制仿真需求

10.2.1 两个航天器交会飞行过程

根据空间交会的目的和用途,可以把交会飞行任务和飞行轨道大致划分为三种情况:在地球近地轨道进行交会、在地球同步轨道进行交会、在其他天体轨道进行交会[48]。

根据任务特征的不同,可把交会任务分为释放和捕获、空间启动交会、地面启动交会、多次交会等多种情况,目前进行最多的交会是地面启动交会[50]。所谓地面启动交会是指当启动交会任务时,目标航天器已经运行在空间轨道上,追踪航天器从星体表面发射,并使追踪航天器入轨轨道与目标航天器轨道共面。俄罗斯"联盟"/"进步"号飞船交会对接、美国的"双子星座"号交会对接、"阿波罗"号登月飞船交会对接,以及美国航天飞机的大部分交会对接操作均属此类[51]。交会任务的飞行过程根据轨道设计、地面测控站配置和航天器上测量设备的不同分成不同的阶段,各个阶段的作用距离也有所区别。典型的由地面启动交会对接任务的飞行过程一般划分为地面导引、近距离导引、平移靠拢和对接四个阶段,如图10-1所示。我国载人航天二期工程的目标之一为突破交会对接技术,为载人航天三期空间站建设奠定技术基础。2011年,中国首个目标航天器天宫一号成功发射。它先后完成与神舟八号、神舟九号、神舟十号3艘飞船在两年里的6次交会对接飞行任务,标志着中国突破和掌握了自动控制和手动控制交会对接技术。

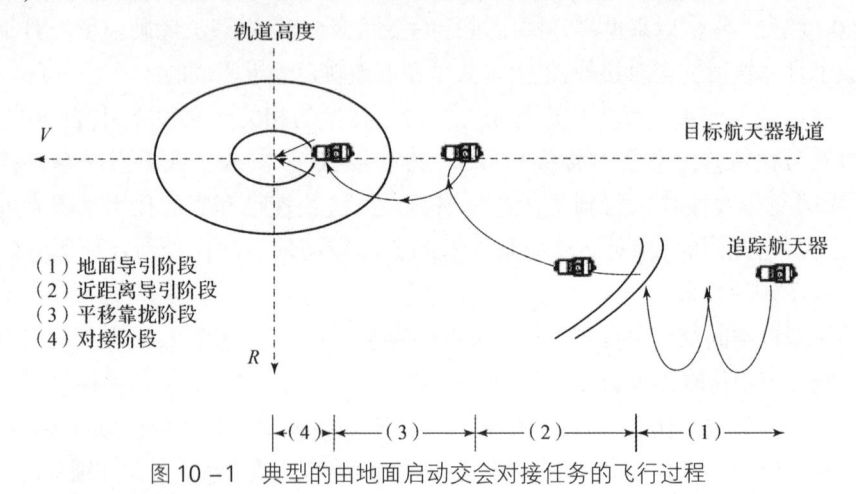

图10-1 典型的由地面启动交会对接任务的飞行过程

1. 地面导引阶段

地面导引阶段是指从追踪航天器入轨点开始到追踪航天器上安装的相对测量敏感器能够捕获目标航天器为止的飞行阶段,在该阶段追踪航天器在地面控制下完成若干次轨道机动,主要任务为初轨修正、相位调整、提升轨道高度及建立相对导航体系,为自主交会提供寻的入口。根据航天器轨道和地面测控系统的制导能力,相对测量的捕获范围为100多千米至几十千米。当追踪航天器捕获到目标航天器,并开始确定测量信息和建立通信联系时,就转入近距离导引阶段。

2. 近距离导引阶段

近距离导引阶段是指从追踪航天器上的相对测量敏感器捕获到目标航天器

开始,到交会控制系统将追踪航天器引导至目标航天器附近某一点(如保持点或接近走廊外一点)为止的飞行阶段。近距离导引段终点通常位于目标航天器轨道平面内,距离目标航天器对接机构的对接口数百米远。

近距离导引阶段通常还可分为两个子阶段:寻的段和接近段。寻的段的主要任务是捕获目标轨道,减少接近速度,其终点通常是一个固定的点,在这个点上追踪航天器能够完成标准的接近和对接操作。寻的段通常从两个航天器相距几十千米开始至相距几千米结束。接近段的任务是进一步减少两个航天器的相对距离,使得在接近段终点,追踪航天器满足合适的位置、速度、角度和角速度条件,以保证平移靠拢阶段的顺利进行。

3. 平移靠拢阶段

平移靠拢阶段是指从追踪航天器进入对接走廊开始,到追踪航天器与目标航天器对接机构开始接触为止的飞行阶段。在该段要求精确调整两个航天器之间的相对位置和相对姿态,使得追踪航天器始终处在对接走廊内,并且在对接机构接触时,两航天器的相对状态要满足对接初始条件的要求。

4. 对接(或操控)阶段

对于以对接为目的的两个航天器,对接阶段是指从两个航天器对接结构接触起到对接机构合拢为止的飞行段。在此阶段内完成两个航天器之间的结构连接、锁紧等。

对于以在轨操控服务为目的的两航天器,操控阶段是指从主动航天器操作结构接触目标航天器开始的飞行阶段。在此阶段内完成主动航天器对被动航天器的消旋、抓捕等。

2017年,"天舟"一号货运飞船在轨验证了我国快速交会对接技术,并以此为基础形成了2h、3.5h、5h、6.5h和多天的多模式全自主交会对接方案。截至目前,我国已完成30余次在轨对接任务,交会对接控制技术体系日趋成熟、完善,支撑了"神舟"载人飞船、"天舟"货运飞船以及"问天""梦天"实验舱的交会对接任务。2022年在"天舟"五号货运飞船飞行任务中,从发射到对接用时仅2h,创造了当时世界自主交会对接最快纪录,标志着我国空间交会对接技术已经实现了从跟跑、并跑到领跑的跨越。

▶ 10.2.2 相对运动控制系统仿真特点及需求

空间交会与操控领域航天器控制系统仿真涉及两个甚至多个航天器模型共同参与[52],模型之间信息交织比较复杂,飞行控制过程流程多、难度大,需要高

321

水平系统仿真技术的支撑用于开展相关技术功能的验证,该领域的系统仿真通常具有以下特点:

(1) 所使用的仿真模型数量多。通常包含两个甚至多个航天器完整闭环仿真,涉及模型种类多(位置、姿态、相对导航),且需要建立航天器之间的交互模型,建模工作量较大。

(2) 工作模式和转换逻辑复杂。正常及应急任务仿真涉及的控制系统工作模式和转换逻辑较为复杂,需要仿真覆盖验证的分支较多,工况管理难度较大。

(3) 存在大量打靶仿真验证需求。影响交会过程和最终对接精度的因素较多,且相关参数大多呈非线性特征,需要大量打靶仿真验证,对仿真速度、数据存储及管理有较高要求。

根据建立模型的性质,空间交会与操控领域的仿真主要分为数学仿真、半物理仿真和全物理仿真三类[53]。

10.3 基于通用数学仿真平台的交会与操控 GNC 数学仿真

10.3.1 交会与操控数学仿真系统体系架构

采用航天器控制系统通用数学仿真平台进行空间交会与操控领域仿真,优势在于[54]:

(1) 统一、规范化的模型有利于多航天器间接口的自动连接。虽然仿真涉及多个航天器,但是规范化模型的采用使得模型级复用成为可能,而且规范化、一致化的接口使模型间的接口连接更为方便,能够大幅减少工作量。

(2) 完善的工况管理有利于提高测试的全覆盖性和可重复性。基于树形节点的工况管理方式,能够无限扩展仿真工况,且能够准确显示仿真工况中仿真条件设置间的关联,适合多分支工况的覆盖,以及多变量因素影响的大批量打靶仿真验证。

(3) 对多平台并行打靶仿真的支持有利于提高验证效率。由于使用了统一规范的模型和仿真框架,平台直接提供不同操作系统下的打靶仿真验证支持,可有效提升仿真验证效率。

空间交会与操控 GNC 仿真系统架构由三层组成:支撑平台层、组件模型层、仿真应用层,如图 10-2 所示。

第10章 空间交会与操控航天器控制系统仿真

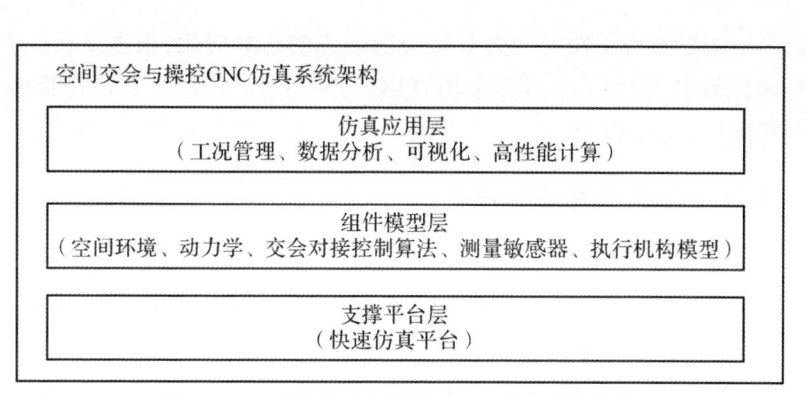

图 10-2 空间交会与操控 GNC 仿真系统架构

支撑平台层采用通用数学仿真平台作为基础,作用在于为建模方法提供统一的方法规范、为数据交互提供统一的接口规范、为模型连接提供统一的调度规范、为系统仿真提供统一的软件平台,保证仿真模型、组织、连接等各要素均在统一架构下完成。

组件模型层提供了符合通用数学仿真平台规范的交会与操控领域各类仿真模型,包括空间环境、姿态轨道动力学、相对运动动力学、交会对接控制算法、测量敏感器、执行机构等各类仿真模型,这些模型组合到一起形成交会与操控领域通用数学仿真平台,如图 10-3 所示。

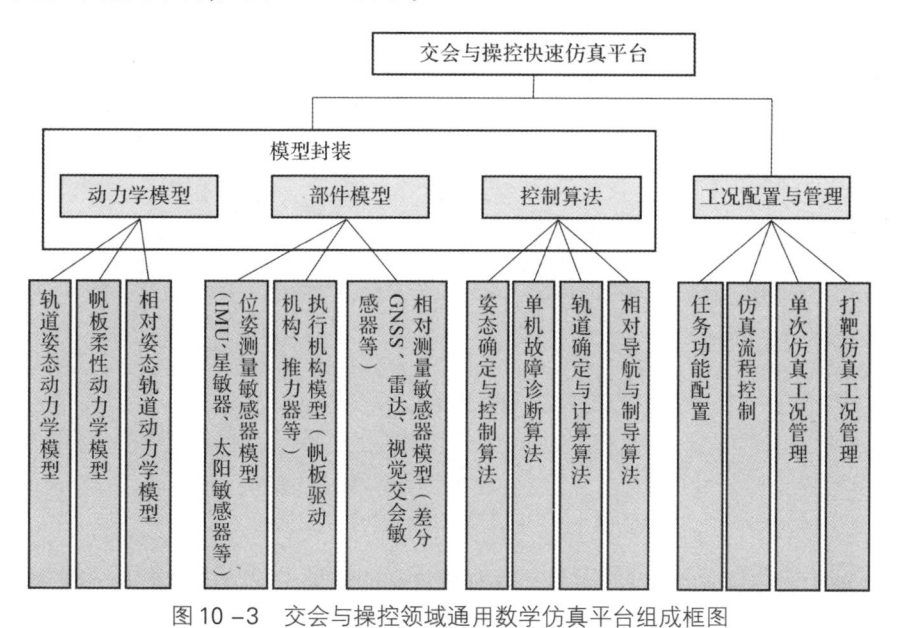

图 10-3 交会与操控领域通用数学仿真平台组成框图

仿真应用层实现了面向交会对接控制任务的仿真应用，根据飞行任务特点和仿真验证需求，构建一个或多个仿真用例，并通过一定的工具进行管理，从而更好地开展仿真验证工作。

10.3.2 数学仿真系统建立

1. 仿真模型构建

由于涉及两个航天器，需要先分别针对追踪航天器和目标航天器进行单体航天器的建模，然后将两个模型联合建立交会对接仿真模型[55]。

下面以两个航天器典型交会对接任务过程为例对建模过程进行说明。

1) 追踪航天器模型

追踪航天器闭环仿真模型的搭建以典型的空间站交会对接任务为应用背景，追踪航天器搭载的敏感器种类较为丰富，涉及的仿真模型种类相对较多，如图 10-4 所示。

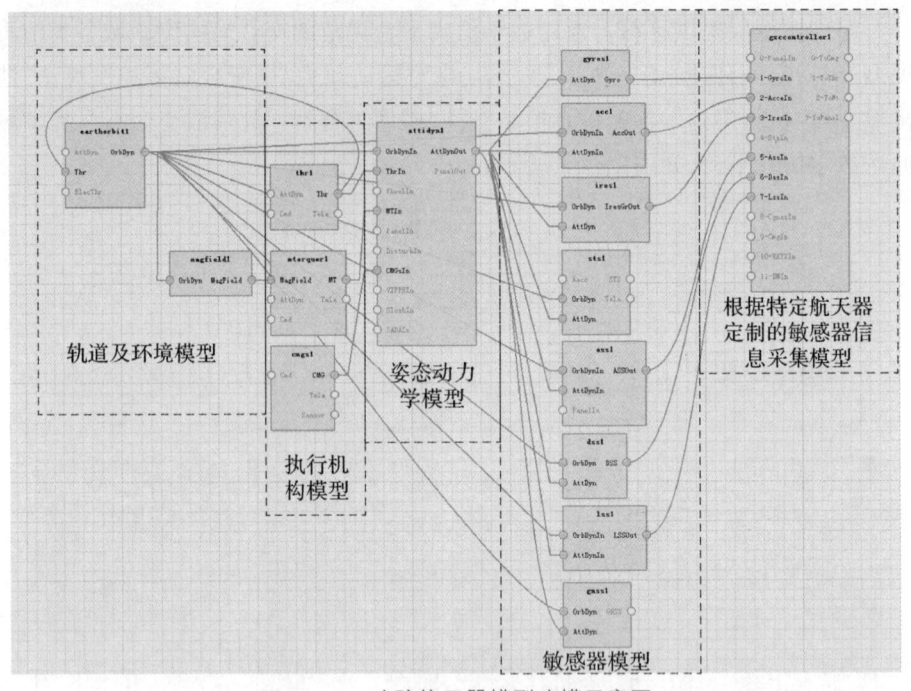

图 10-4 追踪航天器模型建模示意图

对于追踪航天器而言，用于交会对接仿真的模型主要分为轨道及环境模型、执行机构模型、姿态动力学模型、敏感器模型，以及根据特定航天器定制的敏感

第 10 章　空间交会与操控航天器控制系统仿真

器信息采集模型,这些模型的有机连接构成了描述交会对接任务中追踪航天器特性的模型整体[56]。

上述追踪航天器使用的模型均为符合通用数学仿真平台模型规范的标准模型,在通用数学仿真平台中均以模型组件的可视化方式进行表达和应用,模型间采用连线代表数据通信,连线两端的数据结构符合性由通用数学仿真平台自动保证。

描述追踪航天器的整体模型再和控制算法仿真模型连接后形成追踪航天器闭环仿真模型,连接关系如图 10 – 5 所示。

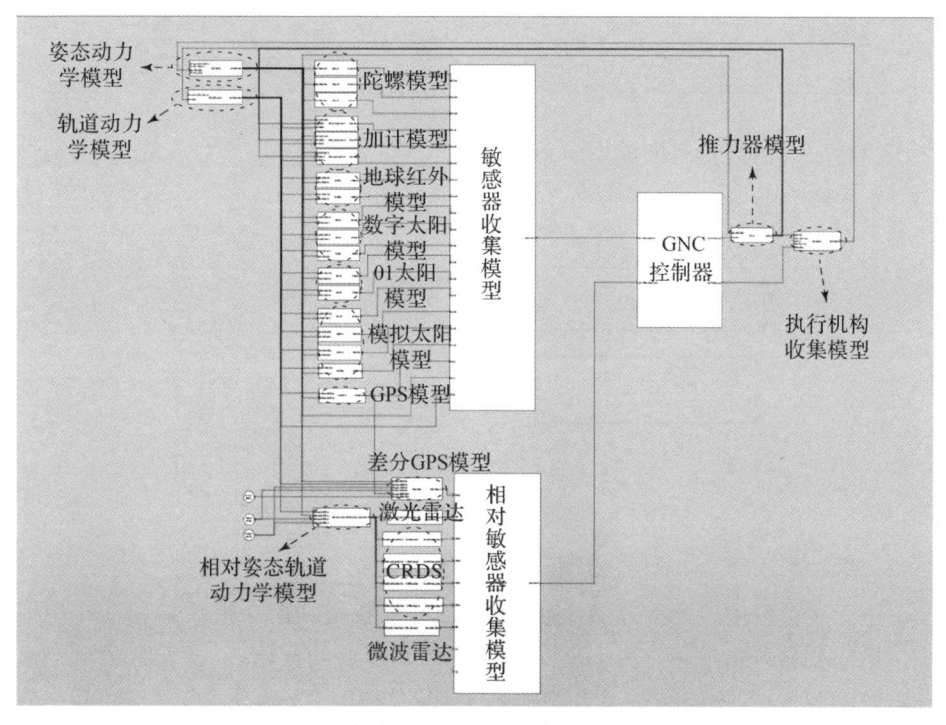

图 10 –5　追踪航天器闭环仿真模型建模示意图

为实现模型的通用性,交会对接仿真中用到的各类仿真模型均采用初始化参数设置的方式进行定制化配置,从而实现根据不同交会对接飞行任务下以及不同航天器组成特征情况下的特例化仿真应用。

2) 目标航天器模型

一般在交会与操控任务仿真中,目标航天器可视为姿态控制稳定的被动航天器,不再进行航天器姿态控制的验证,其仿真仅需向追踪航天器的相对测量敏感器提供轨道及姿态信息,配置相对简单,如表10-1和图10-6所示。当然,目标航天器也可以建成相对完整的控制系统仿真,建模过程和追踪航天器一致。

目标航天器仿真模型种类如表10-1所列。

表10-1 目标航天器仿真模型种类

模型类别	模型代号	模型名称
敏感器	ABSGPS	绝对GPS模型
动力学	OrbitDeter	轨道动力学模型
	AttiDyn	姿态动力学模型

目标航天器仿真模型关系示意图如图10-6所示。

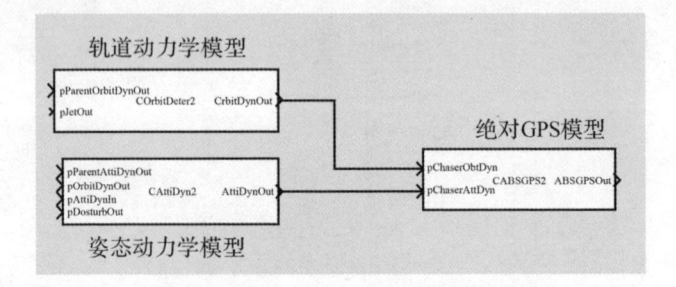

图10-6 目标航天器仿真模型关系示意图

3) 两个航天器交会对接模型组装

由于交会对接过程涉及两个航天器,因此需要搭建两个航天器相互作用模型以适应交会对接过程。两个航天器闭环仿真模型的搭建:以搭建好的单个航天器模型为基础,增加相对动力学及测量敏感器模型,可得到更高层级的两个航天器闭环仿真模型,如图10-7所示。

其中追踪航天器和目标航天器的闭环模型已经在前序章节中进行过介绍,在这两个闭环仿真模型外围还需要搭建表征和描述两个航天器相对运动及相对测量的模型,包括相对姿态轨道动力学以及相对测量敏感器模型等,这些模型同样在通用数学仿真平台的标准接口规范下封装完成,并且同样以图形化的形式在通用数学仿真平台中进行表达,并通过连线的形式完成模型的组装。

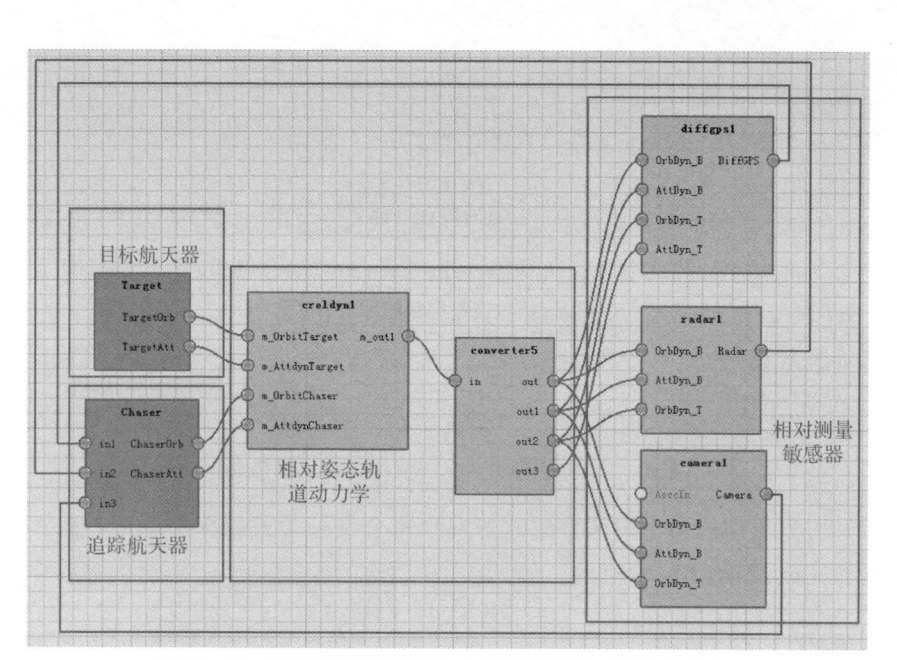

第10章 空间交会与操控航天器控制系统仿真

图10-7 两个航天器闭环仿真模型示意图(彩图见书末)

2. 控制算法模型

采用基于模型的星上控制算法建模方法,搭建追踪航天器控制器模型,能够自动生成符合通用数学仿真平台的模型接口,便于和通用数学仿真平台中其他模型快速形成闭环仿真系统。

1)工作模式的图形化建模

在交会对接控制算法中,主要以交会对接飞行过程为基线进行设计,不同的飞行阶段搭配不同的控制算法以实现该阶段的控制任务,以工作模式为载体进行控制算法的模型设计。工作模式设计分为两级:第一级主要描述不同相对距离下的工作模式设计,和交会对接飞行过程相匹配,根据飞行距离和交会路径分为不同的工作模式;第二级为某个一级工作模式下为实现特定的功能(如前进、撤退、姿态机动等)所涉及的子工作模式。

上述两级工作模式在进行模型化设计的时候均以图形化显示和组装来实现,其中第一级工作模式包含本级工作模式下的各个子工作模式,模式间的转换均在子工作模式间完成,由两个子工作模式间的有方向连线完成。

2)控制算法模型封装

在各个工作模式下,存在各个不同控制算法的有机组合,串联形成算法调用流程,如图10-8所示。

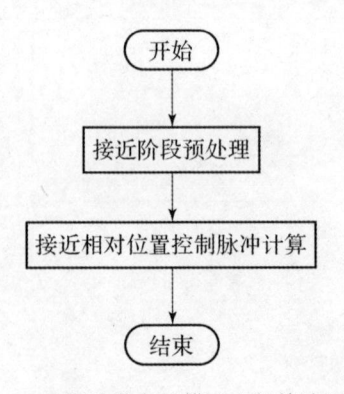

图10-8 接近阶段各子模式内部算法调用流程

针对流程中的每个内部算法的实现和每个飞行模式的算法调用类似，由流程框图完成，如图10-9所示。

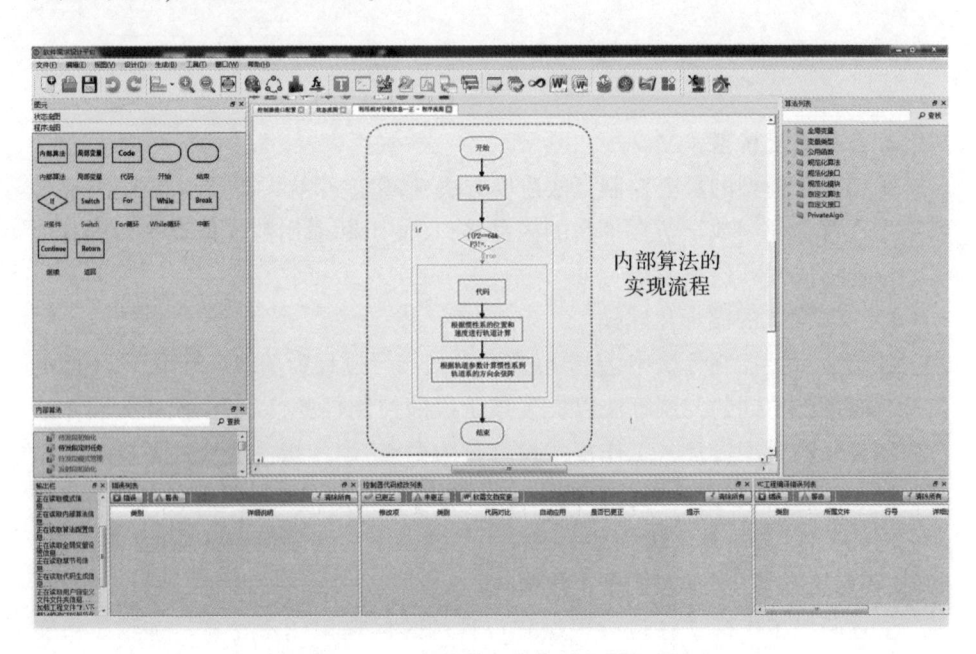

图10-9 内部算法的实现流程举例

3) 控制算法模型代码的自动生成

控制器模型在完成图形化建模后，需要生成功能层级的代码，从而形成闭环仿真模型中的一个重要节点，通过控制器代码自动生成技术，可由仿真系统直接完成，如图10-10所示。

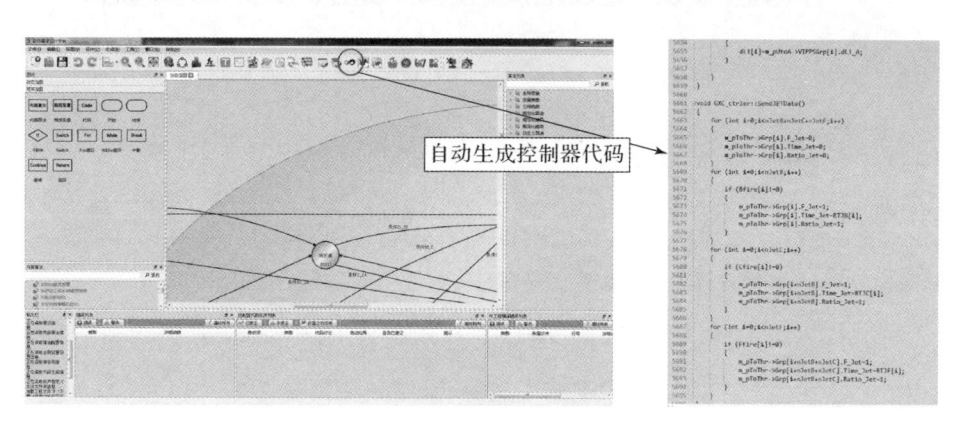

图 10 – 10　控制算法模型代码的自动生成

10.3.3　交会与操控数学仿真系统功能

1. 基于工具的仿真工况管理

交会与操控领域仿真任务由于其飞行过程的不确定性，结果对于仿真初始条件的敏感性及仿真模型参数的复杂性，为全面考核交会与操控控制方案的正确性及合理性，通常面临海量的仿真工况。相较于手动管理的方式，利用工况管理工具对复杂大量的仿真工况进行统一化管理更加科学规范，同时具备更优的可继承性和可追溯性。

利用工况管理工具对交会与操控领域仿真模型和任务进行管理，如图 10 – 11 所示。

2. 基于高性能平台的打靶仿真

在已生成的仿真模型的基础上，添加基于文件形式的打靶遍历触发机制，配合带有初始条件设置的多个工况文件，可以实现基于高性能平台的分布式打靶仿真，如图 10 – 12 所示。

3. 仿真报告自动生成

海量仿真工况将产生海量的仿真数据，需要借助数据自动分析和报告自动生成工具进行自动化处理，如图 10 – 13 所示，同样以空间站交会对接任务为例，通常一份仿真报告共 650 页，其中自动生成 630 页，以往全部人工编写的仿真报告至少需要几天甚至一周多的时间，现在通过程序自动生成仿真报告耗时半天即可。

图 10 –11　基于工况管理工具的仿真工况管理

图 10 –12　基于高性能平台的分布式打靶仿真

第 10 章　空间交会与操控航天器控制系统仿真

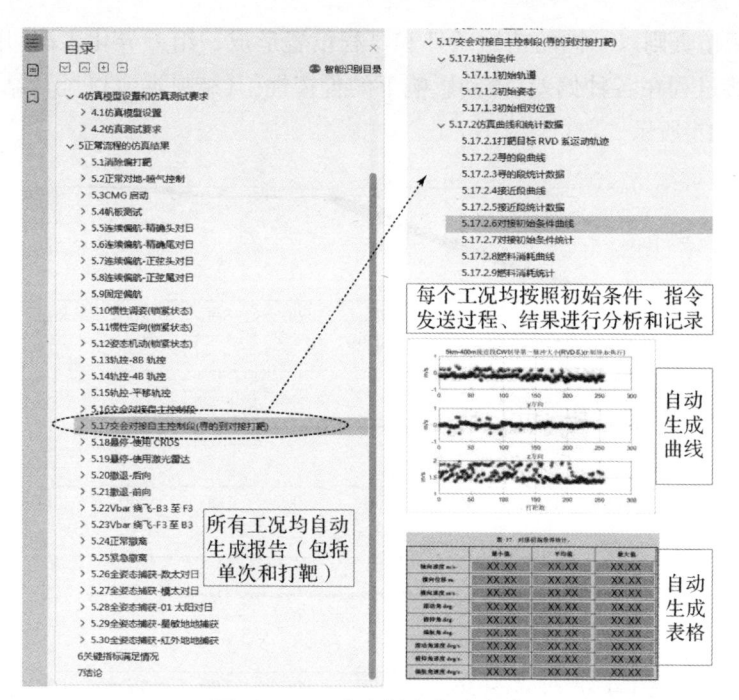

图 10 –13　仿真报告自动生成

10.3.4　典型交会对接制导导航与控制数学仿真应用

以某大型航天器作为目标航天器的交会对接仿真工况为例，图 10 – 14 给出了整个交会对接过程在轨道平面内的相对运动轨迹。

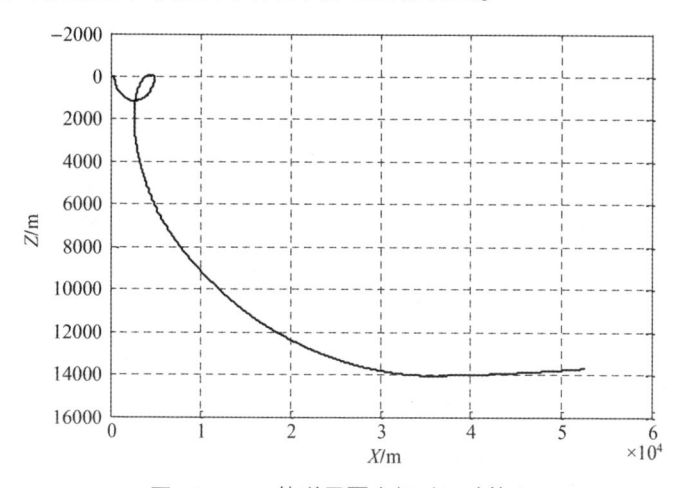

图 10 –14　轨道平面内相对运动轨迹

331

打靶仿真则以不同的初始条件和过程设置形成一组差异化工况,用于考核交会对接过程在各种偏差、摄动影响下的鲁棒性,其结果通常以统计结果给出,如图 10-15 所示。

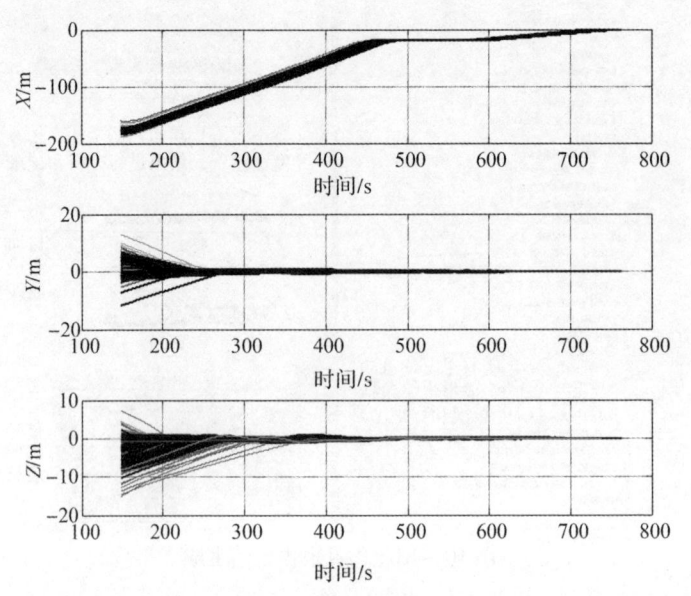

图 10-15 最后平移靠拢段相对位置打靶轨迹

10.4 九自由度交会对接半物理仿真试验系统

▶ 10.4.1 概述

为了设计高精度和高可靠性的交会与操控控制系统,不仅在设计和研制阶段需要通过大量数学仿真进行控制逻辑和算法上的相关验证,更需要一套能够逼真模拟追踪航天器与目标航天器在轨运行状态的地面物理仿真试验系统,对控制策略的正确性和参数设计的合理性进行大量、严格的地面仿真试验验证,考查控制系统设计的有效性和鲁棒性。

交会与操控地面物理仿真试验系统分为全物理仿真试验系统[57]以及半物理仿真试验系统。半物理仿真试验系统以多自由度运动模拟器为基础[58],并在此基础上搭载用于交会控制的近距离光学测量敏感器等关键设备,利用仿真计算机内的数学模型实现对航天器平动/转动动力学、推力器和常用敏感器的仿真模拟,并实时驱动多自由度运动模拟器进行连续动态模拟[59]。半物理仿真试验系统兼顾了物理仿真与数学仿真的优点,具有较高的可信度,与全物理仿真相比具有仿真过程可精确复现和结构简单易于实现等特点,常用于开展地面交会对接试验,是目前国内外近距离合作目标交会控制系统应用最广泛的一种地面半物理仿真验证方式[60]。

10.4.2 系统基本原理

目前国内较为成熟的交会对接半物理仿真系统为北京控制工程研究所建立的一套采用3+6形式(目标模拟器3个自由度,追踪模拟器6个自由度)具有9个模拟自由度的近距离合作目标交会控制半物理仿真试验系统(以下简称九自由度半物理仿真试验系统),由目标航天器运动模拟器、追踪航天器运动模拟器、星载控制计算机和仿真计算机等组成[61]。该试验系统主要用于最后平移靠拢阶段两个航天器从相距60m到对接机构接触为止过程的控制系统半物理闭路仿真试验和近距离光学测量敏感器性能半物理仿真验证试验。

九自由度半物理仿真试验系统的目标航天器运动模拟器为一台固定在地面具有3个转动模拟自由度的立式机械转台,用于对合作目标在轨三轴绝对转动运动进行模拟。追踪航天器运动模拟器为一台安装在直线导轨上的立式机械转台,具有3个转动模拟自由度和3个平动模拟自由度,用于对追踪航天器在轨三轴绝对转动运动和追踪航天器与合作目标在轨三轴相对平动运动进行模拟。两个运动模拟器各设计设备负载面,用于近距离光学测量敏感器及配套合作目标标志器的安装。星载控制计算机可使用工程设计的真实设备,也可使用一台高性能计算机替代,用于合作目标交会控制算法的解算。仿真计算机为一台高性能计算机,用于对合作目标和追踪航天器在轨平动/转动动力学、追踪航天器推进执行机构和追踪航天器常用敏感器的数字仿真模拟和运动模拟器驱动数据的实时解算。目标运动模拟器、追踪运动模拟器和仿真计算机各配有光纤反射内存卡,仿真计算机通过光纤网络实现在目标运动模拟器和追踪运动模拟器之间驱动数据和运行监控数据的实时交互。

我国利用该试验系统对自主研制的近距离光学测量敏感器、交会对接控制策略的方案进行了大量的地面仿真验证。图10-16和图10-17分别为我国九自由度半物理仿真试验系统的结构示意图和运动模拟器实物图。

图 10-16　九自由度半物理仿真试验系统的结构示意图

图 10-17　九自由度半物理仿真试验系统的运动模拟器实物图（彩图见书末）

▶ 10.4.3　系统技术方案

在交会对接 GNC 半物理仿真试验中利用交会对接敏感器、动力学模型、姿态测量敏感器或敏感器模型、执行机构模型及控制器模拟追踪航天器 GNC 分系统交会对接的制导、导航和控制过程。模拟的追踪航天器 GNC 分系统对追踪运动模拟器进行控制，完成追踪运动模拟器向目标运动模拟器从相距 60m 到对接这段距离内的交会对接控制仿真任务。

▶ 10.4.4　试验系统组成

九自由度交会对接半物理仿真试验系统由硬件和软件两部分组成。其中，硬件由九自由度运动模拟器、仿真计算机、太阳模拟器、地面试验设备和参试的敏感器共同组成；软件由九自由度交会对接半物理仿真试验系统控制软件、地面

第 10 章　空间交会与操控航天器控制系统仿真

动力学软件、交会对接控制控制软件、地面设备应用软件和辅助软件共同组成。九自由度交会对接半物理仿真试验系统的数据流程如图 10－18 所示。

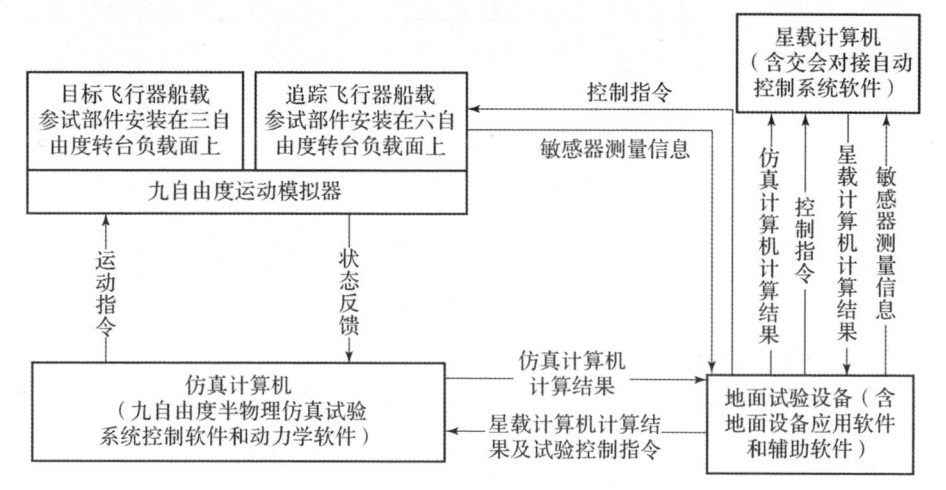

图 10－18　九自由度交会对接半物理仿真试验系统数据流程图

1. 九自由度运动模拟器

九自由度运动模拟器主要由一个固定在地面的具有三轴姿态自由度的转台、一个具有三轴姿态自由度和三轴平动自由度的转台及附属设备组成。三自由度转台用于模拟目标航天器的在轨三轴绝对姿态运动,其俯仰轴、偏航轴以及滚动轴均能够独立提供一定的姿态运动范围。六自由度转台用于模拟追踪航天器的在轨三轴转动和三轴平动运动,其三轴姿态运动范围与三自由度转台设计相同,纵向位置轴运动范围为 0～140m,竖向位置轴运动范围为 ±2m,横向位置轴运动范围为 ±4m。利用九自由度运动模拟器,可模拟目标航天器与追踪航天器在轨相距 140m 范围内的相对运动过程。三自由度转台和六自由度转台均设计为立式转台且具有各自的安装负载面,负载面用于安装验证试验必需的设备。九自由度运动模拟器结构示意图如图 10－19 所示。

2. 仿真计算机

九自由度交会对接半物理仿真试验系统控制软件和动力学软件安装在仿真计算机内。仿真计算机主要进行追踪航天器和目标航天器的轨道和姿态动力学的实时计算,并依据计算结果实时控制九自由度运动模拟器运动。为提高交会对接九自由度半物理仿真试验系统的实时性,在系统能够稳定运行的基础上,仿真计算机设定的仿真步长应尽可能小。

335

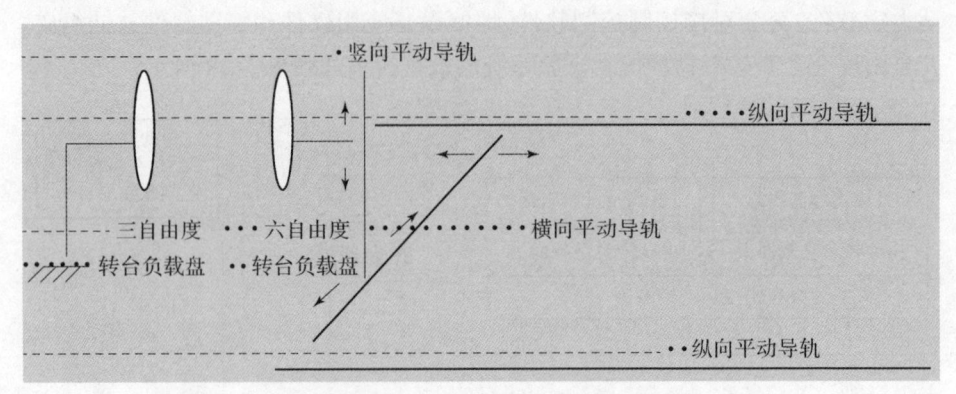

图 10-19　九自由度运动模拟器结构示意图(彩图见书末)

3. 太阳模拟器

九自由度交会对接半物理仿真试验系统配备了两台先进的太阳模拟器用于光学敏感器单机的太阳光抑制角性能试验验证。为满足敏感器单机工作的空间环境阳光强度要求，两台太阳模拟器均设计在 4m 之内，光强照度为 1 个太阳常数，口径分别为 300mm 和 600mm。

4. 地面试验设备

地面试验应用软件和辅助软件安装在地面试验设备内，主要包括试验控制子系统、外系统模拟子系统、敏感器模拟子系统、数据处理子系统和接口处理子系统。其中，试验控制子系统用于完成对试验过程的控制，如试验开始、试验正常停止和试验紧急停止等；外系统模拟子系统主要模拟追踪航天器的测控分系统、数管分系统、推进分系统和仪表分系统的功能；敏感器模拟子系统主要模拟太阳敏感器和地球敏感器等敏感器的功能；数据处理子系统主要完成对试验过程中数据的显示和存储功能；接口处理子系统主要完成仿真计算机与参试试验设备及参试试验设备之间的数据交互和控制指令交互的传输功能。

5. 相对测量敏感器

追踪航天器上通常安装光学成像敏感器、激光雷达等常见的用于相对测量的真实单机产品实物，配合光学成像敏感器测量的合作目标和激光雷达测量的角反射器安装在目标航天器上。除上述设备外，其余测量敏感器一般使用数学模型替代。

6. 动力学模型

作为九自由度交会对接半物理仿真验证系统内的主要仿真软件，航天器轨道/姿态动力学模型仿真软件运行于仿真计算机，实时解算两个航天器轨道和姿

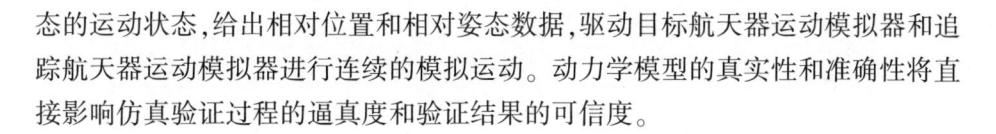

态的运动状态,给出相对位置和相对姿态数据,驱动目标航天器运动模拟器和追踪航天器运动模拟器进行连续的模拟运动。动力学模型的真实性和准确性将直接影响仿真验证过程的逼真度和验证结果的可信度。

▶ 10.4.5 系统工作流程

仿真验证回路中的交会对接控制系统关键设备加电进入正常工作状态后,仿真计算机依据试验初始条件,解算目标航天器运动模拟器和追踪航天器运动模拟器的初始化数据。目标航天器运动模拟器和追踪航天器运动模拟器在仿真计算机同时控制下运动到试验初始化位置,实时将运行状态数据返回仿真计算机。仿真计算机判断目标航天器运动模拟器和追踪航天器运动模拟器同时到达试验初始化状态时,启动航天器轨道/姿态动力学模型开始解算,试验以交会对接自动控制模式正式开始。

目标航天器运动模拟器和追踪航天器运动模拟器在仿真计算机数据驱动下,进行连续模拟运动的同时,交会对接控制计算机在采样周期内接收光学成像敏感器和激光雷达的实时测量信息、仿真计算机依据追踪航天器轨道/姿态动力学模型解算模拟生成的常规敏感器测量信息,解算推力器自动控制指令。仿真计算机通过地面接口模拟器接收推进器自动控制指令,解算追踪航天器和目标航天器轨道和姿态变化数据,更新常规敏感器测量信息,生成目标航天器运动模拟器和追踪航天器运动模拟器驱动数据。更新的常规敏感器测量信息通过地面接口模拟器回传给交会对接控制计算机,与光学成像敏感器和激光雷达实时测量数据一同作为下一时刻推力器自动控制指令解算的输入数据。

仿真计算机依据动力学模型解算数据,判断目标航天器运动模拟器和追踪航天器运动模拟器之间相对运动状态满足试验结束条件时,停止动力学模型解算,并控制目标航天器运动模拟器和追踪航天器运动模拟器减速运动直至静止,验证试验结束。数据服务器中存储的数据可作为对交会对接控制系统设计进行评估的依据。

▶ 10.4.6 典型交会对接半物理试验应用

交会对接半物理仿真系统可对交会对接控制系统设计的正确性、合理性和有效性进行验证。图10-20和图10-21给出了一组典型工况下自控交会对接的仿真验证曲线。

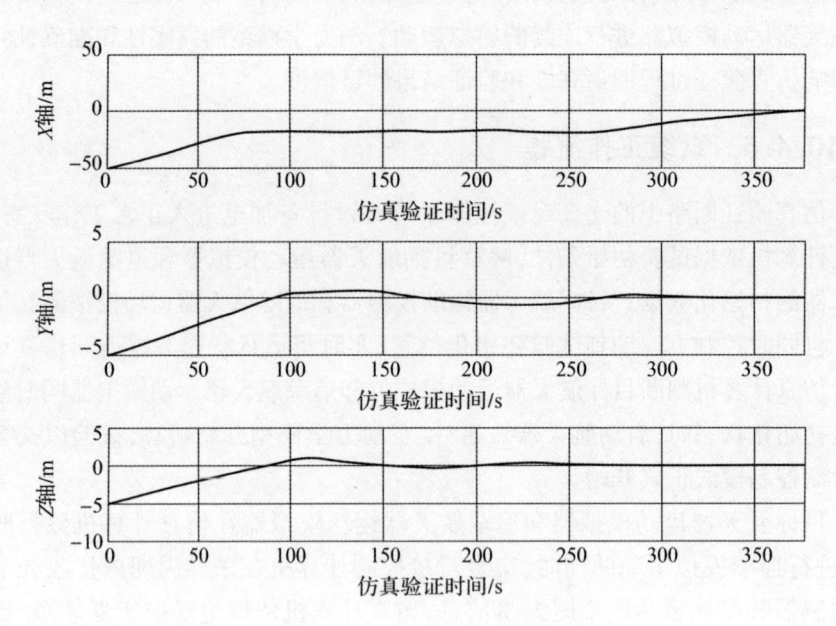

图 10-20 自控相对位置曲线

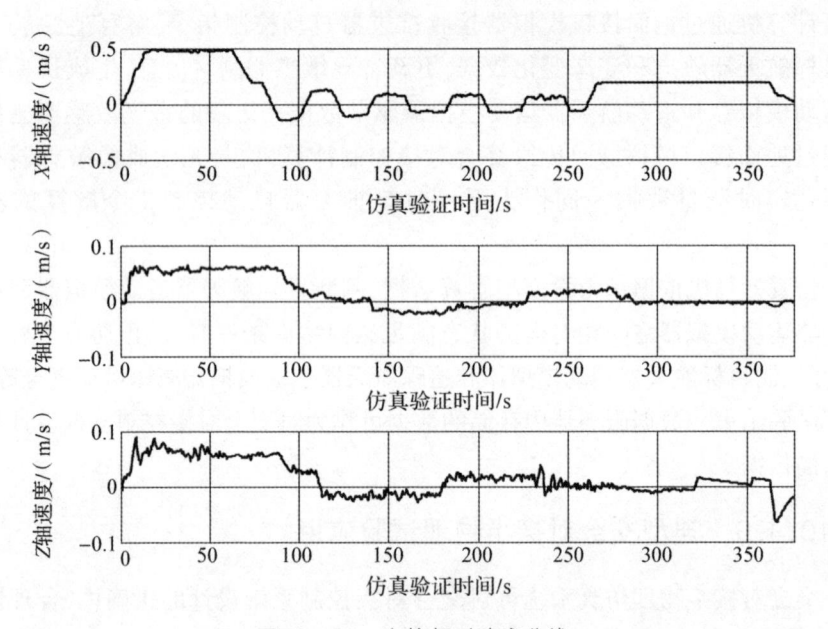

图 10-21 自控相对速度曲线

10.5 基于气浮平台的超近相对运动控制全物理仿真系统

10.5.1 概述

空间交会与操控领域相对运动全物理仿真区别于半物理仿真的典型特点是两个航天器间的远距离相对运动动力学、近距离对接或操控的接触碰撞动力学不用数学模型代替[62]，而是采用如气浮平台的运动装置进行模拟，能够更为真实地反映动力学特性。另外，光学成像敏感器和激光雷达等相对测量设备以及对接机构或空间操作用的机械臂等实物直接接入仿真系统，参与对追踪航天器和目标航天器运动模拟气浮平台之间的相对运动导航和控制，可有效验证控制系统设计和上述部件实际产品在更为真实动力学条件下的工作有效性。

由于交会与操控涉及两个航天器之间的相对运动，因此大范围的平动运动成为必须具备的试验条件，而且操控过程中涉及两个航天器之间的控制力和力矩的相互作用过程，试验系统需要对上述控制过程进行完整的动力学响应，因此 10.4 节中介绍的九自由度半物理仿真系统并不适用，需要构建两个航天器均具备独立六自由度运动能力的试验验证系统，从而保证在进行近距离接触控制过程中两个航天器运动模拟器均具有独立的控制响应能力。但是由于试验场地无法还原真实在轨运动范围的限制，追踪航天器和目标航天器的运动模拟器、执行机构一般需要采用等效缩比模型，其试验方法、试验结果的置信度、评价体系将是全物理仿真的重点和难点。

10.5.2 系统基本原理

首先采用地面纯平平面条件提供两个自由度的平动运动范围，另一个垂向的平动自由度及三轴转动自由度则由两个航天器运动模拟器独立提供，形成总计 12 个自由度的综合运动模拟系统，整个运动状态的模拟如图 10-22 所示。

动力学在具有足够的自由度进行真实运动过程的模拟之后，还需要将部分相对运动导航和控制设备搭载到相应的运动模拟平台上，以使这些设备能够直接参与到试验过程中。根据不同的全物理试验任务，对于合作目标类的试验验证项目，需要将设备的主机端和目标端分别安装在各自的航天器模拟平台上。而对于非合作类的试验项目，则一般需要对非合作目标的外形尽可能还原，以提供图像类导航敏感器更为真实的测量对象和环境，对于部分需要接触操作的航天器结构,还要考虑其材质和接触特性,为主动航天器端的操控类设备提供更为真实的操作对象模拟条件。

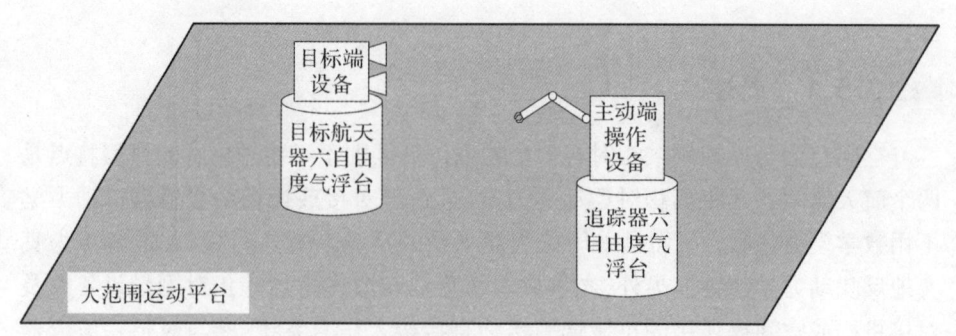

图 10-22　交会对接与操控全物理仿真系统原理示意图

10.5.3　系统技术方案

1. 整体技术方案

空间交会与操控的全物理仿真需要模拟在轨卫星进行交会与操控飞行任务时常见的任务模式,包括相对较近距离条件下的相对导航、自主接近控制、操作机构接触抓捕和组合体控制等几个飞行阶段。该类物理仿真试验的重点在于任务末期,即操纵机构抓捕和稳定连接阶段。由于近距离操纵机构的抓捕操作试验涉及两个航天器局部结构的接触碰撞过程,而该部分运动相对复杂,采用数学模型进行动力学模拟相对来说比较困难,效果较差,因此上述任务的仿真验证逐渐从半物理仿真转向了全物理仿真,以获得更为准确的试验验证效果。基于当前航天器全物理仿真技术的发展水平,一般通过使用气浮平台的方式,验证力和力矩闭环控制、阻抗控制等接触力闭环控制策略。而气浮平台从简单的气垫气浮平台发展到平动转动耦合气浮平台,运动自由度也从三自由度逐渐发展到五自由度,甚至六自由度,而且操控设备通常具有多个运动自由度,空间交会与操控全物理仿真的趋势是向全自由度仿真方向发展。

2. 相对运动模拟

由于两个航天器之间相对运动最多涉及 12 个自由度的运动控制过程,采用基于气浮平台组建相对运动全物理仿真系统是较为可行的解决方案,气浮平台依靠压缩空气在气浮轴承与轴承座之间形成气膜,使模拟台体浮起,从而实现近似无摩擦的相对运动条件,利用气浮平台上述平动和转动的特性可以模拟航天器在外层空间的无阻尼运动[63],这也是与半物理仿真最大的区别,即全物理仿真中航天器动力学和运动学的仿真完全由气浮平台来实现。以气浮平台为核心设备的全物理仿真系统实现起来有较大难度,作为运动仿真器的气浮平台,由于设计上需要具备模拟多个不同种类航天器运动特性的通用性,往往给模拟航天器动力学的气浮平台设计带来很大困难,在质量特性模拟、运动控制精度、搭载设备的安装接口、供电和通信的传输通道等方面均要做到通用化以满足不同的试验验证需求。

采用气浮平台的形式模拟航天器的运动过程,需要准确或等比例还原真实航天器的质量和惯量特性,并在气浮平台上配备动量轮、控制力矩陀螺、冷气推力器组件等常见的航天器执行机构,通过力和力矩的直接输出或角动量交换的方式,驱动气浮平台产生平动或转动运动,从而模拟航天器的姿态和位置运动过程。采用上述方式进行全物理仿真具备模拟逼真度高,控制系统完整闭环的还原度高等优势,但通常面临系统形式复杂的问题从而导致实现技术难度较大,对试验环境要求高,进行试验过程复杂,无法完全复现相同的工况,需要在综合考虑试验目的和试验条件后确定适合的试验系统和试验方案。

根据前面介绍的试验原理,大范围二维平动运动模拟的关键在于需要一个相对较平的地面试验场地,利用花岗岩平台平整度较高的优势,和两个或多个平动转动气浮平台搭配,可以开展数十米内的近距离交会与操控物理仿真试验。

3. 控制闭环模拟

为了完成整个试验过程的闭环控制,需要采用一定的技术方案对控制闭环的关键环节进行试验模拟或等效模拟,具体包括:

(1)星上控制计算机采用工控机和接口箱代替;

(2)执行机构采用冷气推力器和动量轮;

(3)姿态敏感器采用陀螺和非合作目标相对测量敏感器。

将上述设备安装于所属航天器(追踪航天器或目标航天器)的气浮平台上。多自由度的操纵设备作为抓捕操作工具,安装于空间操控气浮平台的两侧,其上配置末端对接机构或抓捕工具,以及相应的手眼系统等末端测量和操作工具。此外,在大型花岗岩平台外通常还配备室内全球定位系统(GPS)(一种应用于室内的坐标测量系统)或光学动作捕捉系统(用于监视设备运动过程),用于测量两个气浮平台姿态和位置的准确信息。

在完整的控制系统闭环中,设备协同工作和信息流转过程如下:

(1)通过台上陀螺和光学相对测量敏感器,测量气浮平台的自身姿态信息、相对姿态和位置信息;

(2) 工控机采集处理测量数据,运行姿态控制方案中的控制算法并将控制指令输出到执行机构;

(3) 执行机构产生的控制力和力矩作用到气浮平台上,驱动气浮平台产生连续的运动过程。

以空间交会与操控领域典型的机械臂抓捕任务为例,整个闭环控制系统如图 10 – 23 所示。当两航天器运动到距离足够近之后,除了上述大的控制闭环外,还需要增加操纵机构的抓捕动作控制闭环。通过对非合作目标典型部位的辨识和测量,运行机械臂抓捕轨迹规划算法,输出控制量驱动机械臂实现抓捕和操作控制。

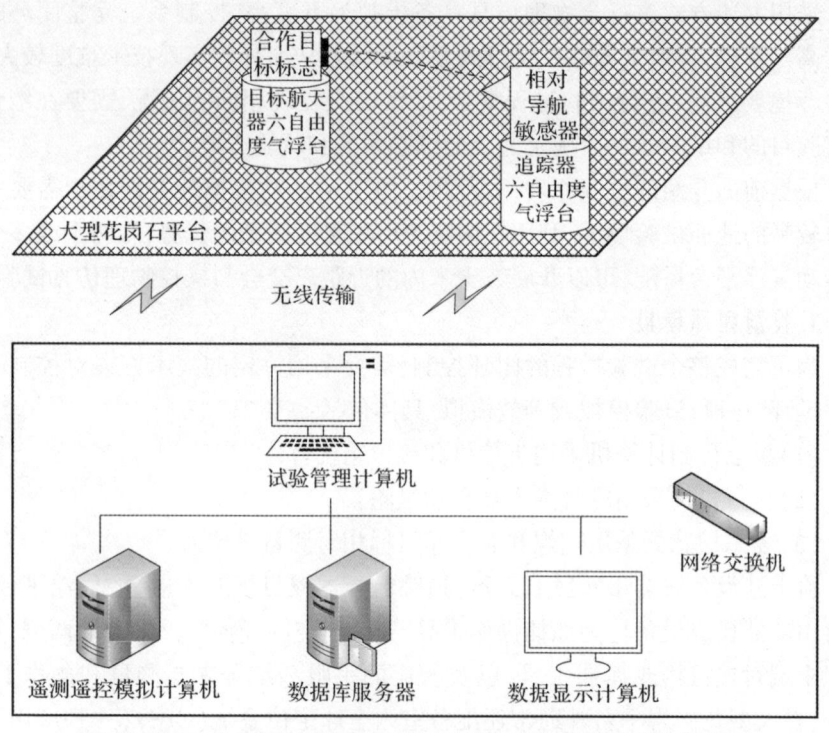

图 10 –23 基于气浮平台的相对运动全物理仿真试验系统示意图

10.5.4 试验系统组成

基于气浮平台的相对运动全物理仿真试验系统由制导导航与控制(GNC)模拟子系统、大型超平支撑平台、追踪航天器气浮平台、目标航天器气浮平台、外部测量系统以及地面监视系统与地面测控系统等组成。

1. GNC 模拟子系统

制导导航与控制模拟子系统负责对 GNC 进行闭环控制过程的主要环节进行模拟,主要由控制系统、执行机构、相对运动动力学、位置与姿态测量等环节组成,如图 10 - 24 所示。

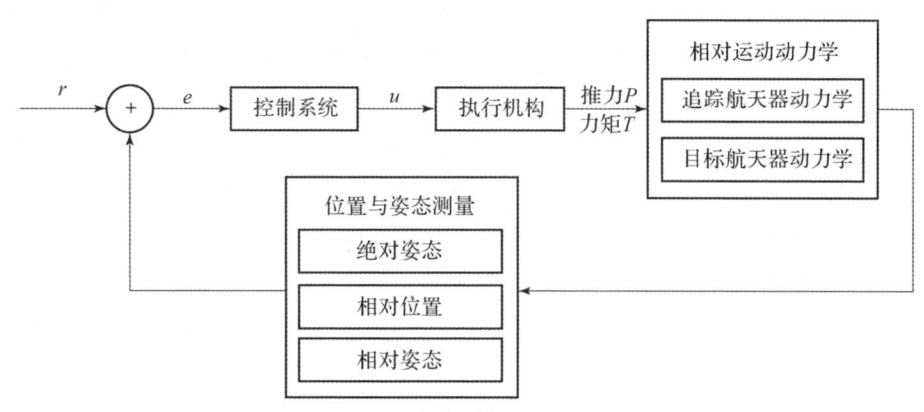

图 10 - 24 GNC 子系统组成示意图

各个环节的实现方法如下。

1) 相对运动动力学模拟

通过气浮在大型超平支撑平台上的两台六自由度气浮平台,模拟微重力环境下追踪航天器与目标航天器的相对位置与姿态运动。在试验过程中,目标航天器置于大理石平台的一端,由于目标航天器在飞行任务中一般不主动进行轨道机动,因此一般采用动量轮对其进行姿态稳定控制,以模拟目标航天器对目标天体的定向过程;而追踪航天器相对复杂,需要通过 GNC 模拟子系统实施姿态和轨道的同步控制并逐步接近目标航天器,以模拟二者之间的在轨相对运动。

2) 控制系统

为了达到真实模拟和验证控制器控制效果与性能的目的,试验中追踪航天器端一般均采用真实的星载控制器作为基础硬件,并采用 GNC 软件执行星上控制算法的解算。对于 GNC 与其他分系统的接口模拟则采用工控机模拟地面与星载控制器之间的指令和数据转发及其他功能。目标航天器端由于控制算法相对简单,从实现简易的角度一般采用工控机来同时模拟星载控制器和地面指令以及数据转发功能,用于完成相对简单的目标航天器闭环控制过程。

3) 执行机构

根据飞行任务中运动控制特点，追踪航天器气浮平台采用冷气推力器模拟实现控制力和控制力矩，目标航天器气浮平台则采用动量轮实现姿态控制。

4) 相对位置与相对姿态测量方法

从相对运动测量体制上说，国内外一般采用视觉交会相机和激光雷达组合的形式作为相对导航测量系统。视觉交会相机可以进行相对位置和相对姿态的测量，能够为控制系统相对位姿六自由度控制提供完备的测量信息；而激光雷达往往仅能够测量距离和方位信息，可转换得出相对位置信息，无法直接给出相对姿态角测量。对于三轴姿态稳定控制且精度较高的目标航天器，可以假设其姿态为零，使用追踪航天器的姿态进行相对姿态控制。

5) 惯性姿态测量方法

为了获取高精度姿态信息，真实在轨任务中追踪航天器一般采用星敏感器+陀螺定姿算法估计航天器本体相对惯性系的姿态，而真实试验条件一般不具备星敏感器直接测量的环境，因此试验中利用高精度 IMU 测量进行近似替代，经初始对准和姿态外推计算得到气浮台台体姿态，据此精度较高的姿态测量信息模拟星敏感器测量，供星载控制器定姿算法使用，具体步骤为：

首先，采用安装在追踪航天器和目标航天器上的 IMU 进行初始对准，获得追踪航天器和目标航天器相对于基准系的初始姿态；其次，利用 IMU 中的陀螺数据外推得到实时姿态；最后，追踪航天器地面模拟设备将该姿态值转换为星敏测量模拟值，并通过星敏感器模拟接口发送给星载控制器用于星上定姿算法解算，目标航天器则简化处理，直接利用激光 IMU 确定的姿态进行姿态控制。

2. 大型超平支撑平台

大型超平支撑平台是多个六自由度气浮平台平面运动的共同基准平面和承载平面，对有效使用面积、负载能力、表面粗糙度、拼缝均匀一致性及拼缝之间的高度差均有很高的要求，是确保气浮平台下气垫正常工作和星间相对轨道和姿态运动精确模拟的关键。

3. 追踪航天器气浮平台

追踪航天器气浮平台主要模拟追踪航天器的六自由度运动[64]，包括 3 个平动自由度和 3 个转动自由度。结构形式上分为上平台和下平台两部分，通过可升降圆柱形支撑连接。下平台由 3 个气垫支撑，浮于大型超平支撑平台上，可以自由漂移,气垫供气由下平台安装的4个独立高压气瓶提供。上平台采用球轴承桌面构型,搭载控制系统所需的各类真实部件,同时安装喷气控制所使用的推力器组件和高压气瓶,以及移动式测量设备。气浮球轴承负责将上台面与其余部分隔离,实现三自由度转动与平动的隔离,避免产生运动耦合。圆柱形支撑采用可升降机构设计形式,模拟除大型超平支撑平台外的另一个自由度方向上的相对位置变化,如图10-25所示。

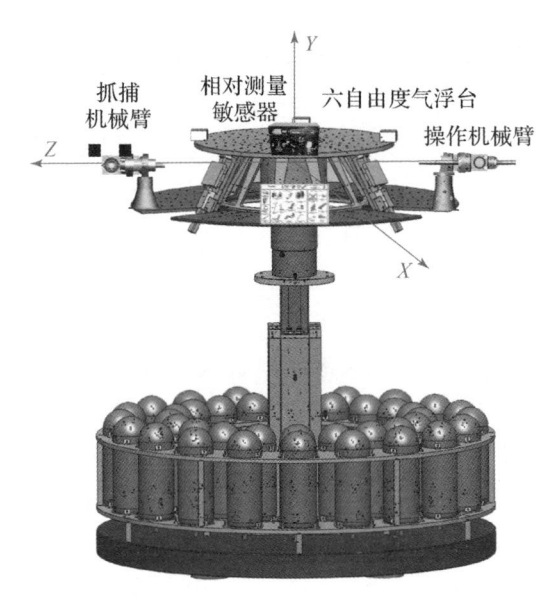

图10-25 追踪航天器运动模拟气浮平台示意图(彩图见书末)

4. 目标航天器气浮平台

用于模拟目标航天器的六自由度运动,由于目标航天器飞行过程相对简单,因此采用等比模拟方式,在气浮平台的侧面按照真实尺寸比例配置真实的对接或操控被动端面,用于搭载相关导航敏感器或操纵对象的合作或非合作部件,能够真实模拟目标航天器在交会对接以及操控过程中的全自由度空间运动动力学过程。

基于无阻尼气缸技术研制而成的六自由度气浮平台(目标航天器),使用垂直气缸和气垫获得三个方向上的位置移动自由度,使用气浮球轴承获得三个方向的转动自由度,模拟航天器重力方向运动气浮轴承干扰较小,对平面外运动模拟将使相对运动过程控制试验更为真实、拉偏试验更为全面。用六自由度气浮平台精确模拟目标航天器的空间动力学状态,能够真实模拟组合体在交会与操控过程中的空间运动全自由度动力学过程,为精确验证自主交会与操控方案提供了更为完备和坚实的试验条件。

5. 外部测量系统

为了准确获取两个气浮台单独的运动状态及相对运动状态,用于评估控制系统控制性能和进度,一般需要借助外部测量系统进行辅助测量。室内 GPS 或光学动作捕捉系统是全物理仿真系统常见的外部测量系统,主要用途包括:

(1)确定追踪航天器和目标航天器相对超平支撑平台的绝对位置和绝对姿态;

(2)确定追踪航天器和目标航天器之间的相对位置与相对姿态;

(3)高精度外测确定的模拟器位置和姿态可通过地面总控台实时发送给模拟器自身,用于模拟地面导引或遥控;

(4)对自主交会与操控控制系统综合试验仿真结果进行评估和标定。

6. 地面监视系统与地面测控系统

地面监视系统提供地面对试验系统运行状态的观察视角,主要用来测量两个气浮平台相对于花岗岩平台的位置,以便对控制效果进行监视和评价。地面监视系统一般采用基于视觉成像的测量体制,其基本组成包括监视相机、图像卡、同步盒、图像处理计算机、特征色标及相关软件等。其中,监视相机安装在实验室天花板及两个气浮平台上。

地面测控系统构成气浮平台上相关设备和试验总控制台间的上下行通信链路,用于完成气浮平台及台上各部件(陀螺、动量轮等)的遥测数据采集,以及采用分时方式得到每个气浮平台的工控机信息,并通过人机界面实现遥控指令的发送及实时数据和曲线的显示。

地面监视系统与地面测控系统一般由如下设备组成:

(1)由带无线网卡的高性能服务器等组成的总控制台;

(2)曲线显示计算机;

(3)数据存储计算机;

(4)遥测遥控模拟器计算机;

(5)相关地面设备的控制计算机。

10.5.5 典型系统工作流程

基于气浮平台的相对运动全物理仿真试验系统主要由追踪航天器气浮平

台、目标航天器气浮平台以及地面总控系统等辅助设备组成。其中,目标航天器气浮平台在超平支撑平台上以一定速度平动和绕自身转动,其运动状态在一次试验的过程中一般不产生变化,相对比较稳定,因此主要的试验过程基本围绕追踪航天器气浮平台开展,通常由以下步骤组成。

(1)气浮平台状态初始化:对气浮平台自身及其上装载的各类设备加电,待设备均工作在正常状态后,对惯性测量设备进行零偏标定,之后消除气浮过程中带来的姿态初始干扰,完成产生干扰所在轴的角速度阻尼和转角稳定工作。

(2)自主目标搜索和锁定:在追踪航天器气浮平台自身姿态保持稳定的情况下,启动相对测量敏感器主机端,大范围扫描安装在目标航天器气浮平台上的合作目标,搜索到目标后进行锁定,用于确定目标航天器气浮平台的相对位置。

(3)自主逼近:追踪航天器气浮平台根据初始状态(位置、速度和姿态)和目标航天器气浮平台的位置,以及其他约束条件,通过星上控制算法自主开展接近路径规划,并通过自主控制实现沿期望轨迹向目标航天器气浮平台逼近,逼近过程中保持自身姿态维持对目标定向的状态。

(4)自主对接/抓捕:当相对位置和姿态满足对接/抓捕系统工作要求时,在手眼系统或其他相对测量的基础上,继续实施对接,或自主规划机械臂轨迹驱动机械臂抓捕典型部位并操作。

(5)分离撤离:完成对接或操作任务后,操作机械臂位形归零,抓捕机械臂释放抓捕目标,抓捕机械臂位形归零,目标航天器气浮平台姿态稳定控制,操控追踪航天器气浮平台撤离到距离目标航天器气浮平台足够安全距离处,并保持姿态稳定,试验完成。

10.5.6 月球轨道交会对接 GNC 全物理试验应用

基于气浮平台的相对运动全物理仿真系统已成功应用于以月球轨道交会对接为代表的多项航天器在轨飞行任务的验证工作。本节以月球轨道交会对接过程为例给出利用本试验系统进行 GNC 闭环全物理仿真验证的试验结果。图 10 - 26 和图 10 - 27 分别显示了试验过程中的相对位置和相对速度随时间的变化曲线,由数据分析可知,试验过程准确模拟了在轨飞行任务特点,且对接精度满足任务要求。

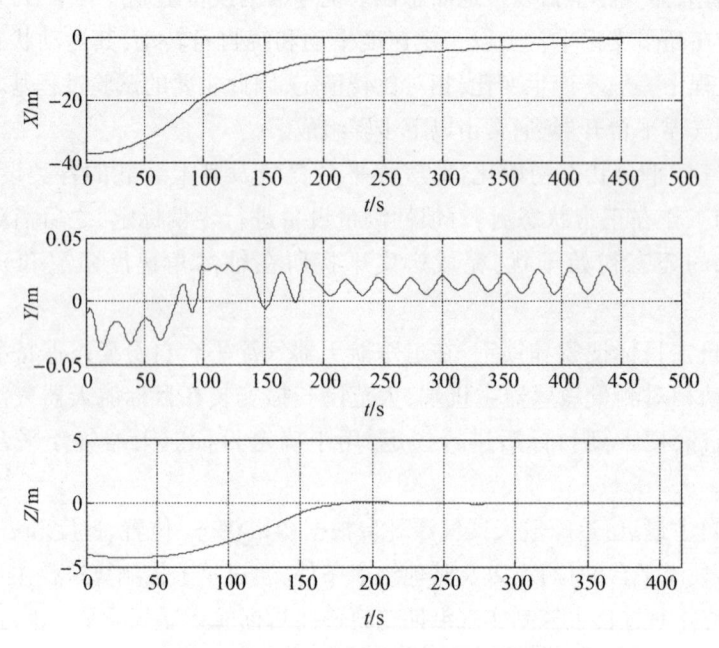

图 10 -26 相对位置随时间的变化曲线

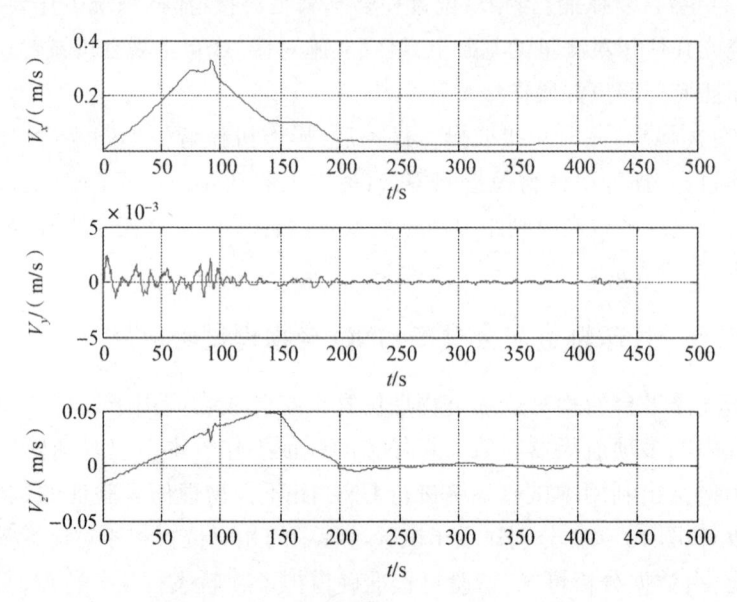

图 10 -27 相对速度随时间的变化曲线

10.6 本章小结

针对交会与操控领域控制系统仿真验证的需求,本章分别介绍了该领域航天器任务特点和飞行过程,并详细描述了相对运动控制数学仿真系统、九自由度交会对接半物理仿真系统及基于气浮平台的超近相对运动控制全物理仿真系统,并给出了典型型号应用实例,验证了仿真方法的有效性。

第11章 深空探测航天器控制系统仿真

11.1 概 述

深空探测主要指针对月球、火星、小行星等地外天体的无人或载人航天器探测活动,包括接近、绕飞、着陆、巡视、原位探测、采样返回以及建立无人和有人值守基地等。深空探测航天器控制系统,主要实现地外天体探测的软着陆、巡视和采样返回等关键过程的控制,具体任务需求包括:

针对地外天体软着陆,控制系统主要实现无人或载人航天器深空飞行轨道和姿态的控制,准确捕获并有效制动接近地外天体,进而控制航天器安全、准确着陆到天体表面。

针对地外天体表面巡视探测,控制系统主要实现巡视探测器的自主或遥操作的规划导航与控制,使其安全、准确到达高价值目标区域附近,便于后续开展采样或原位探测。

针对地外天体采样返回,控制系统主要实现样品采集后航天器自天体表面开始的起飞上升、深空交会对接、样品转移以及返回再入地球等关键过程的制导导航与控制。

与近地卫星一样,深空探测航天器控制系统也由敏感器、执行机构和控制器等组成。敏感器除常规配置的惯性测量单元(IMU)、太阳敏感器、星敏感器等之外,还包括用于天体表面相对测量和特征识别的相对导航敏感器,如光学导航敏感器、激光避障雷达、微波测距测速雷达等。执行机构除常规配置的动量轮和姿态轨道控制推力器外,还配置用于地外天体制动减速和起飞上升的可变推力发动机或矢量发动机等。控制器除常规配置的控制计算机外,还配置专门用于障碍识别和图像导航的图像处理单元等。

深空探测航天器控制系统仿真验证贯穿航天器的整个研制过程,本章重点阐述深空探测领域航天器控制仿真需求,介绍基于通用数学仿真平台的深空制导导航与控制(GNC)数字仿真系统、地外天体软着陆 GNC 半物理试验系统和小天体接近附着 GNC 半物理试验系统,并给出了典型半物理试验应用。

11.2 深空探测航天器控制仿真需求

11.2.1 深空探测航天器控制系统传统数学仿真

深空探测航天器控制系统传统数学仿真通常搭建基于动力学模型和部件功能模型的闭环数学模型系统,采用 Matlab 或 C 语言程序,在单台计算机上进行控制系统闭环数学仿真,以此验证制导、导航与控制算法设计的正确性和有效性。其中,动力学模型和部件模型如下。

1. 动力学模型

根据型号阶段和论证需求的不同,动力学模型可采用简化的轨道姿态动力学刚体模型、中心刚体+柔性附件模型及较为精细的刚体+柔性+液体晃动动力学模型。对于有大气覆盖的地外天体如火星的表面着陆,还需要建立空气动力模型。

对于深空探测来说,通常要采用更大的发动机和更多的并联贮箱来实现地外天体附近制动、表面着陆和上升,因此其液体晃动影响较为突出,液体晃动模型通常采用单摆形式。

2. 部件模型

部件模型主要包括敏感器和执行机构仿真模型。

敏感器功能模型,除常规的惯性测量单元、太阳敏感器和星敏感器等模型外,一些新研制的、针对地外星体表面进行相对测量的敏感器,如测距测速类敏感器、可见光成像以及激光三维成像敏感器等,也采用动力学参数+误差的功能模型表示。针对可见光与激光三维成像敏感器的障碍识别需求,则直接以图像或三维点云障碍识别后的安全着陆点矢量作为敏感器输出。

执行机构功能模型,主要包括动量轮和推力器两类。除常规的动量轮和姿态轨道控制推力器外,深空探测领域航天器还会采用一些大型发动机如 7500N 变推力发动机等,用于地外天体着陆起飞。这些发动机的仿真模型,还需要考虑

351

发动机的变推力特性、启动和终止特性 T90 与 T10,以及推力脉动特性等。

11.2.2 深空探测航天器控制系统仿真新需求

1. 基于场景的仿真新需求

无人/载人月球探测以及火星探测等深空探测任务对地外天体软着陆及精准定点着陆的新需求,使基于图像或三维点云的障碍识别和闭环精确导航技术成为必需手段,这就要求控制系统具备面向地外天体表面场景的系统级数字和物理闭环仿真能力,进而对基于测量原理的敏感器数字单机模型和不同层级不同分辨率要求的天体表面数字地形环境构建提出新要求。

2. 标准化通用化仿真新需求

为提高深空探测航天器控制系统仿真效率和仿真质量,需要具备基于标准化的动力学模型、部件模型和制导导航与控制算法模型的通用化闭环数学仿真验证能力。

3. 新技术新单机物理验证需求

深空探测控制领域在软着陆控制、自主障碍识别、图像匹配导航等方面的新方法新策略的有效性,以及各类相对测量和成像敏感器新研单机的测量性能,都需要通过仿真尤其是物理试验加以充分验证。

11.3 基于通用数学仿真平台的深空 GNC 数字仿真系统

11.3.1 仿真系统总体方案

1. 国外基于场景的航天数字仿真平台 Dshell

美国航空航天局(NASA)推出一款基于数字仿真场景,可用于天体着陆、表面移动探测及机器人操作的高置信度先进仿真系统——Dshell[65]。其数字仿真场景包括天体表面着陆地形、移动探测地形、数字仪表仿真等,如图 11-1 所示。该仿真系统在"好奇号"火星探测任务进入、下降和着陆(EDL)过程的应用实例如图 11-2 所示。

2. 面向场景的深空 GNC 数字仿真系统

1) 系统总体方案

针对深空探测控制仿真新需求,结合国外 Dshell 等先进的数字仿真系统,在通用数学仿真平台基础上,构建我国面向场景的深空 GNC 数字仿真系统。

第 11 章　深空探测航天器控制系统仿真

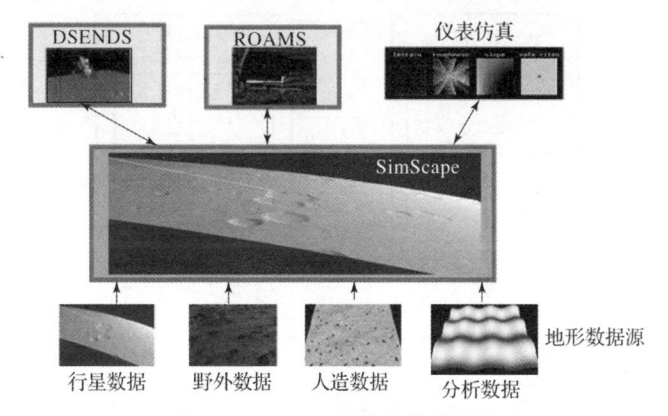

图 11 -1　Dshell 数字仿真场景

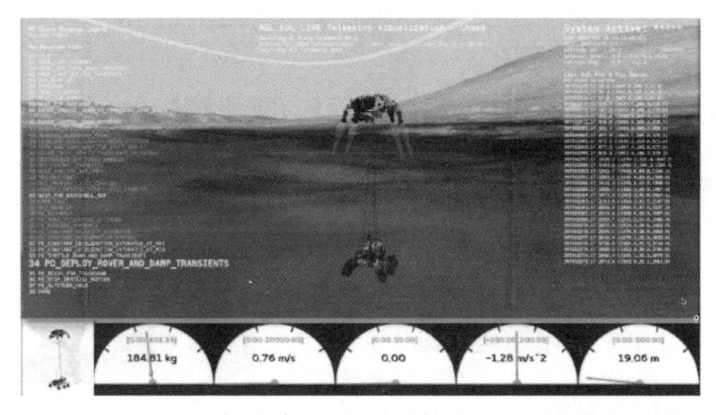

图 11 -2　Dshell 在"好奇号"火星探测任务 EDL 过程的应用实例

仿真平台充分利用北京控制工程研究所具有自主知识产权的 AOCS(通用数学仿真平台)基础仿真环境,在此基础上扩充以数字星表和数字单机为场景的外围仿真环境,从而形成以通用数学仿真平台为基础、外围仿真环境为辅助,有机融合而成的面向场景的深空 GNC 数字仿真系统分布式仿真架构,具备我国深空探测领域交会着陆和星表探测 GNC 闭环数字仿真验证能力。

面向场景的深空 GNC 数字仿真系统包括基础仿真环境(AOCS)、外围仿真环境(数字场景)和仿真总控三部分。该系统总体方案如图 11 -3 所示。

2) 系统功能

面向场景的深空 GNC 数字仿真系统主要功能是满足深空探测领域各类在研型号研制、背景型号论证、关键技术攻关和预先创新研发的系统级数字仿真验证、GNC 方案设计优化需求,包括月球探测、火星探测以及小行星探测等深空探测任务。

航天器控制系统仿真

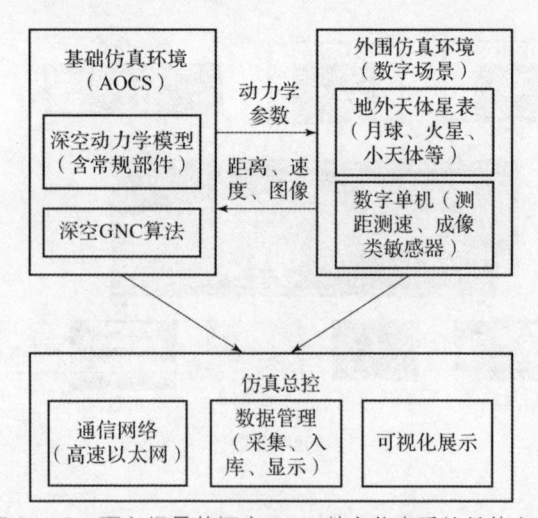

图 11-3 面向场景的深空 GNC 数字仿真系统总体方案

面向场景的深空 GNC 数字仿真系统任务功能图如图 11-4 所示。

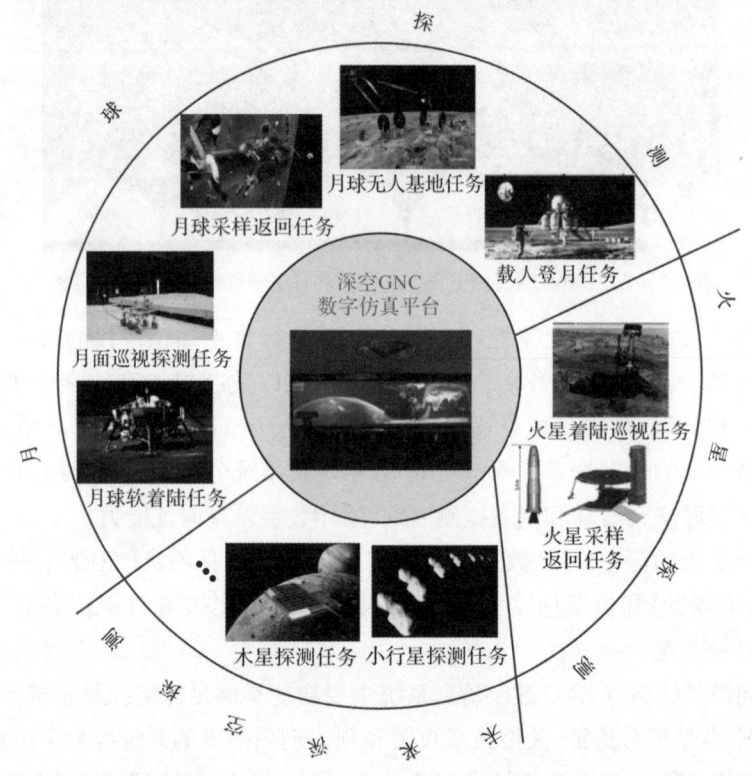

图 11-4 面向场景的深空 GNC 数字仿真系统任务功能图(彩图见书末)

该仿真系统具体实现的功能如下：

(1)地外天体数字星表场景动态仿真；

(2)新型敏感器数字单机动态仿真；

(3)深空探测多任务 GNC 数字仿真验证(月球探测、火星探测、小行星探测、木星探测、月球基地等)；

(4)深空探测任务全阶段、全模式可配置 GNC 数字仿真验证；

(5)深空探测全模型、全环境、全功能可配置 GNC 数字仿真验证；

(6)深空探测 GNC 可视化仿真展示。

3. 系统特点

面向场景的深空 GNC 数字仿真系统具有调度统一、配置灵活的特点。

(1)深空探测型号任务和设计仿真能力的统一调度。

①型号任务统一调度：将现有深空探测各在研和背景型号任务集中统一管理，包括型号管理和关键飞行阶段管理。型号管理如月球探测、火星探测、小行星探测等，具备可扩展性；关键飞行阶段管理包括行星际巡航飞行、行星表面着陆上升、行星轨道交会对接、小行星交会附着等。

②设计仿真统一调度：深空探测任务规划与 GNC 方案设计、GNC 数学仿真验证和可视化仿真演示验证能力统一管理，实现设计、验证和展示能力的统一。

(2)深空探测模型算法和仿真场景的统一配置。

①模型算法统一配置：将深空探测各型号任务的动力学模型、部件模型和 GNC 算法统一做成规范化模型和算法库，纳入 AOCS 通用数学仿真平台和算法平台，实现任意型号的功能层(型号任务和飞行阶段等)配置和实现层(模型库)调用，完成型号数学仿真验证和方案设计优化。

②仿真场景统一配置：将构建的月球、火星、小行星等不同地外天体的数字模型和基于数字天体模型的不同数字单机(如测距测速和成像敏感器)在外围仿真环境中统一入库管理，实现任意型号的功能层(型号任务和飞行阶段等)配置和实现层(场景库)调用。

11.3.2 仿真系统技术实现整体方案

面向场景的深空 GNC 数字仿真系统技术实现框图如图 11-5 所示。该系统以通用数学仿真平台 AOCS 为核心、以外围仿真环境(数字仿真场景)为辅助，通过仿真总控构建的通信网络将二者连成闭环回路，达到深空 GNC 闭环数字仿真验证目的。

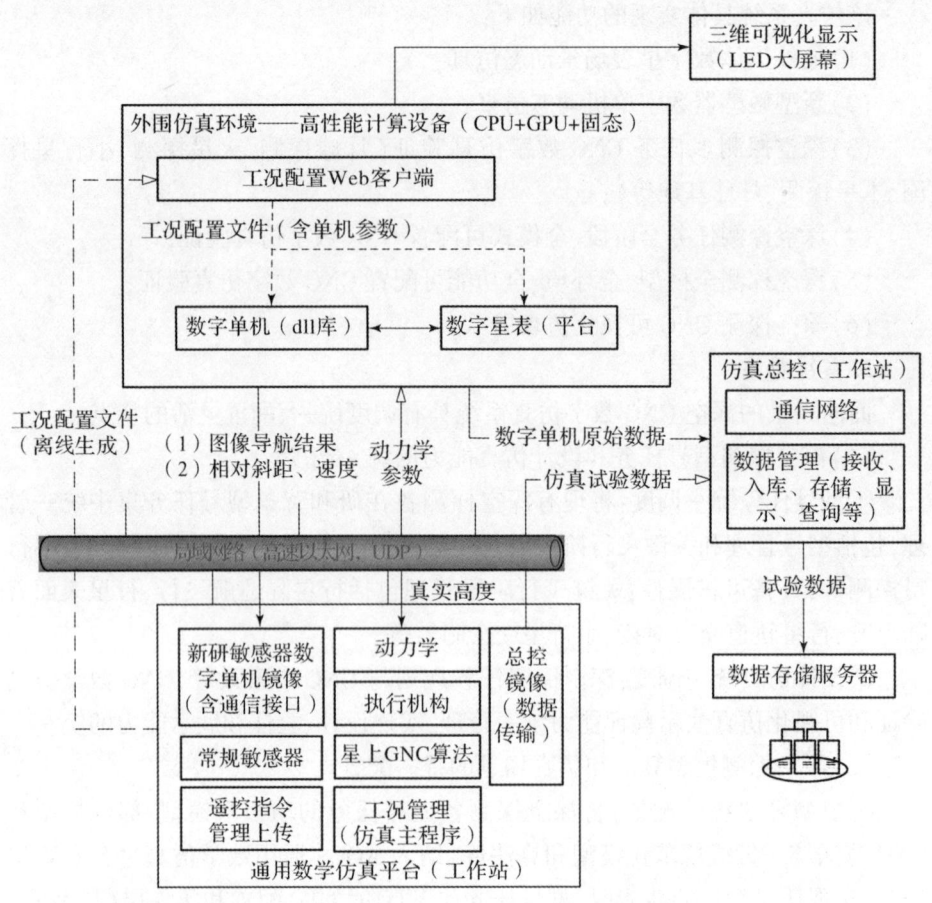

图 11-5 面向场景的深空 GNC 数字仿真系统技术实现框图

下面对该仿真系统实现的主要技术要点作简要说明。

(1) 以通用数学仿真平台为基础。

作为基础和核心,深空通用数学仿真平台主要有两方面功能:一是封装各类深空标准化模型和算法;二是负责整个闭环仿真的工况配置管理和流程控制。

(2) 外围仿真环境。

外围仿真环境主要功能是构建深空探测相关的各类地外天体数字星表场景,并实现基于场景的数字单机测量和输出。

(3) 分布式仿真交互。

仿真系统采用分布式仿真交互模式,通过镜像模型和局域网进行数据与指令交互,解决数字星表渲染和图像模拟处理的仿真效率问题。

(4)统一数据管理。

由仿真总控统一进行数据管理,包括数据接收、入库、存储、显示、查询和可视化展示等。

11.3.3 深空探测 GNC 通用数学仿真系统体系架构

深空探测 GNC 通用数学仿真系统以北京控制工程研究所自主研发的通用数学仿真平台 AOCS 为基础架构,在此基础上扩充封装和运行刚体、柔性和液体晃动等各类轨道姿态动力学模型、IMU、星敏感器、动量轮、发动机等部件模型以及各类深空探测 GNC 算法,形成标准的模型库和算法库。此外,通用数学仿真平台 AOCS 在整个闭环仿真中还负责仿真的功能层配置、仿真流程管理和控制,如仿真初始化、仿真任务和工况管理等。

深空 GNC 通用数学仿真系统按功能组成,如图 11-6 所示。

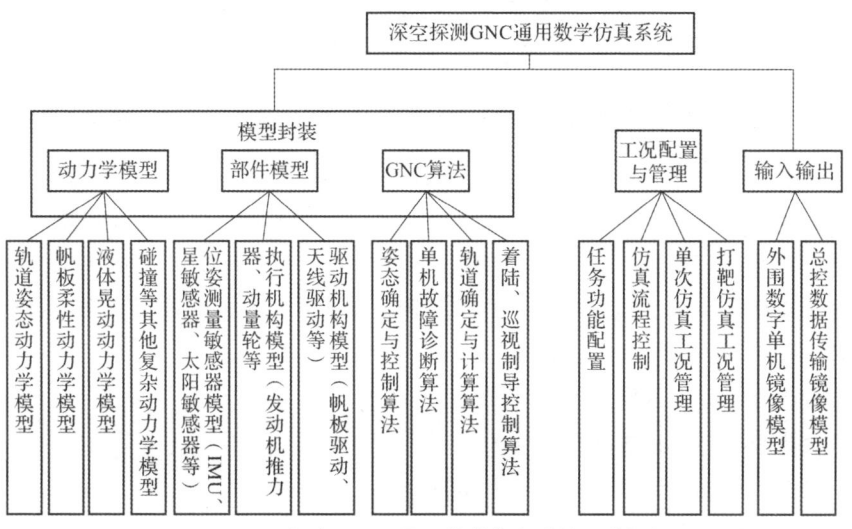

图 11-6 深空 GNC 通用数学仿真系统组成框图

深空 GNC 通用数学仿真系统在月球软着陆任务中的闭环仿真应用实例如图 11-7 所示。

11.3.4 深空数字星表

深空数字星表是外围仿真环境的构建基础及重要组成部分之一,深空领域新型测距测速和成像类敏感器数字单机都要基于数字星表进行原理级测量模拟,从而产生距离、速度,以及图像、点云等输出信息。

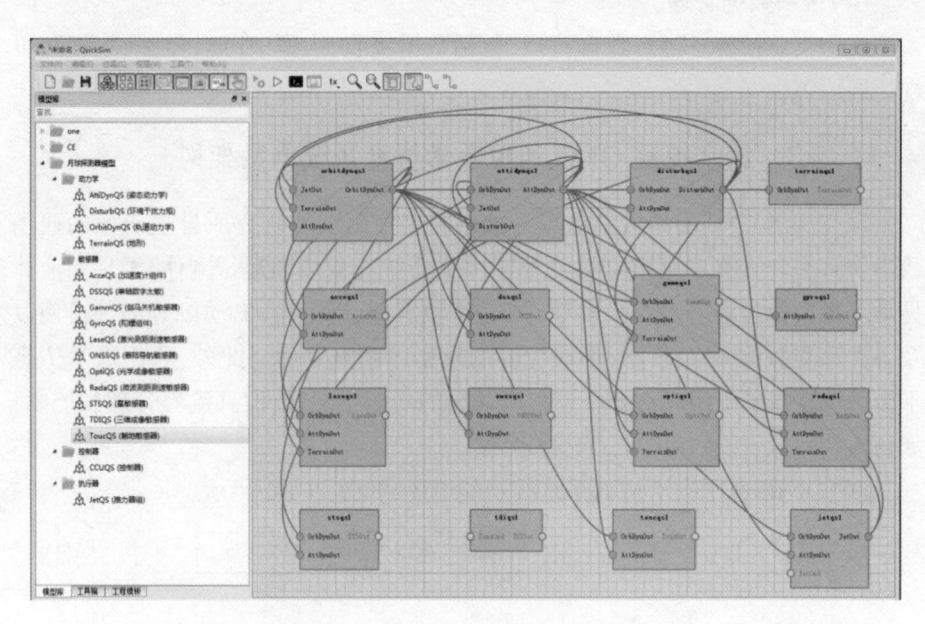

图 11-7　深空 GNC 通用数学仿真系统在月球软着陆任务中的闭环仿真应用实例

根据不同任务需要,数字星表既可实现自远程交会接近开始的点目标模拟,也可实现软着陆过程的面目标模拟,以至近距离下降附着和表面巡视探测过程的精细三维点云和地形渲染模拟,即数字星表构建的各类地外天体数字模型可根据任务需要实现不同分辨率下的动态分层加载。其实现方式为真实星表地形数据和数学插值手段的结合。

深空数字星表包括地形地貌、光照、月尘、大气、星空等。

深空数字星表组成如图 11-8 所示。

构建的月面地形数字星表场景实例如图 11-9 所示。

11.3.5　深空领域新型敏感器数字单机

敏感器数字单机是外围仿真环境的另一大重要组成部分,与数字星表一起构成外围仿真环境。

深空领域面向地外天体整体或局部未知地形的相对测量需要配置多类别新型相对导航敏感器,这些新型敏感器的测量与地外天体表面环境息息相关,用传统的动力学+误差测量模型难以准确表征其测量特性,需要重新构建涵盖这一类相对测量敏感器测量原理的数字单机模型。

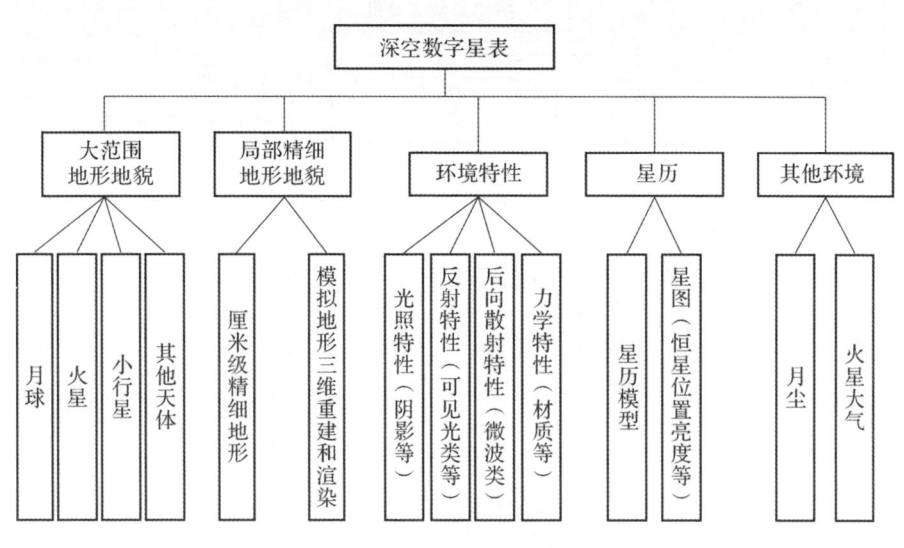

图 11-8 深空数字星表组成

图 11-9 月面地形数字星表场景实例(彩图见书末)

深空探测领域相关数字单机主要包括用于障碍识别和导航的光学成像敏感器和激光三维成像敏感器,以及用于相对测距测速的微波或激光测距测速敏感器等。这些数字单机的输出包括图像、点云、距离、速度、姿态等。此外,考虑到基于深空领域场景的数字仿真的效率,有必要将与图像处理和导航相关的导航算法,如障碍识别、特征匹配等算法与敏感器单机融合运行在一台计算机中。

深空领域敏感器数字单机组成如图 11-10 所示。

359

图 11-10 敏感器数字单机组成

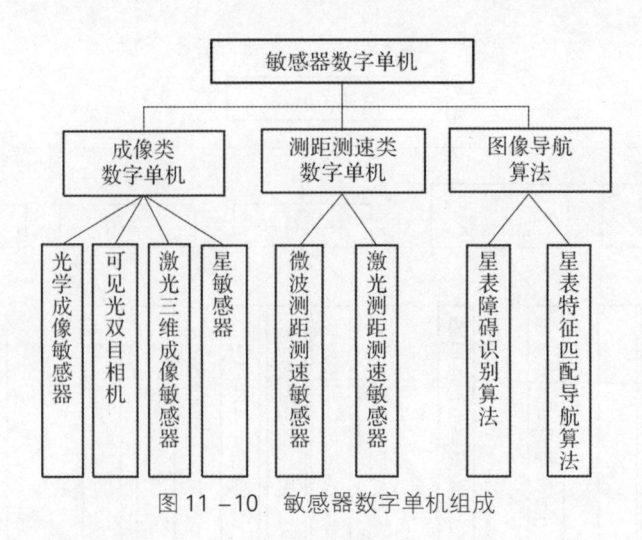

可见光数字单机和激光三维成像敏感器数字单机基于数字星表地形的输出结果如图 11-11 所示。

(a)　　　　　　　　　　　　(b)

图 11-11 敏感器数字单机输出结果(彩图见书末)

其中,图 11-11(a)右上小窗口为可见光数字单机输出,图 11-11(b)为激光三维成像敏感器数字单机输出。

11.3.6　仿真总控

仿真总控的主要功能包括两方面:一是构建局部通信网络,连接基础和外围仿真环境,从而实现控制系统闭环仿真验证;二是对仿真平台进行数据的统一管理,包括数据接收、入库、存储、显示、查询和可视化展示等。

11.3.7 典型深空探测制导导航与控制数学仿真应用

1. 月球软着陆仿真

1)面向场景的外围可视化仿真结果

深空探测 GNC 通用数学仿真系统在月球软着陆中的可视化仿真应用实例如图 11-12 所示。

图 11-12 月球软着陆仿真应用实例

2)软着陆 GNC 闭环仿真

图 11-13 ~ 图 11-17 给出了利用深空探测 GNC 通用数学仿真系统进行软着陆动力下降全过程 GNC 仿真验证的六自由度参数变化曲线。该过程利用光学成像敏感器和激光三维成像敏感器进行自主避障。

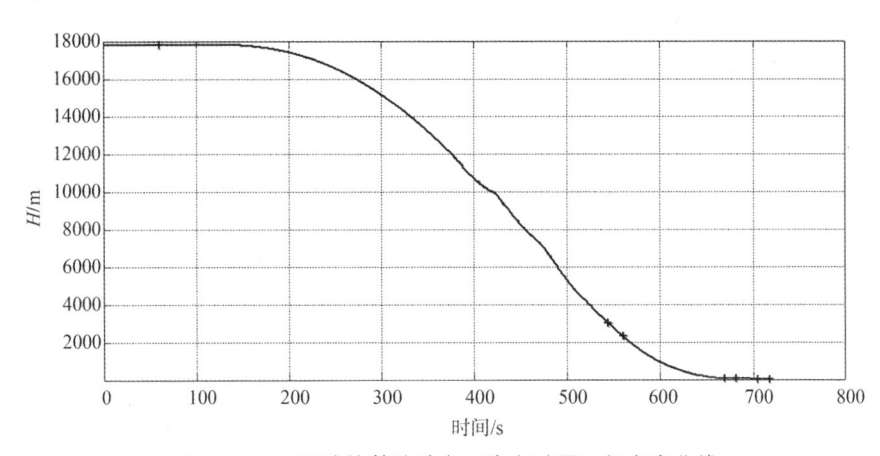

图 11-13 月球软着陆动力下降全过程飞行高度曲线

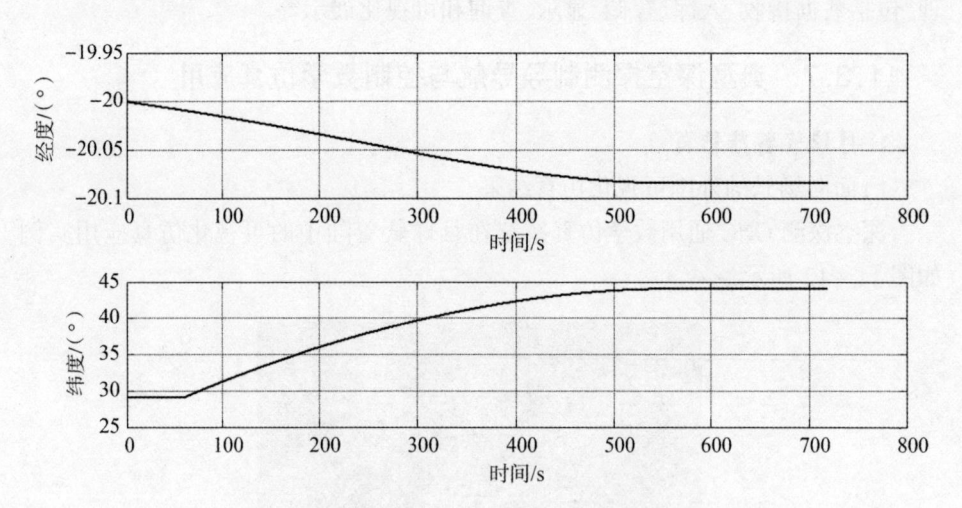

图 11-14 月球软着陆动力下降全过程经纬度变化曲线

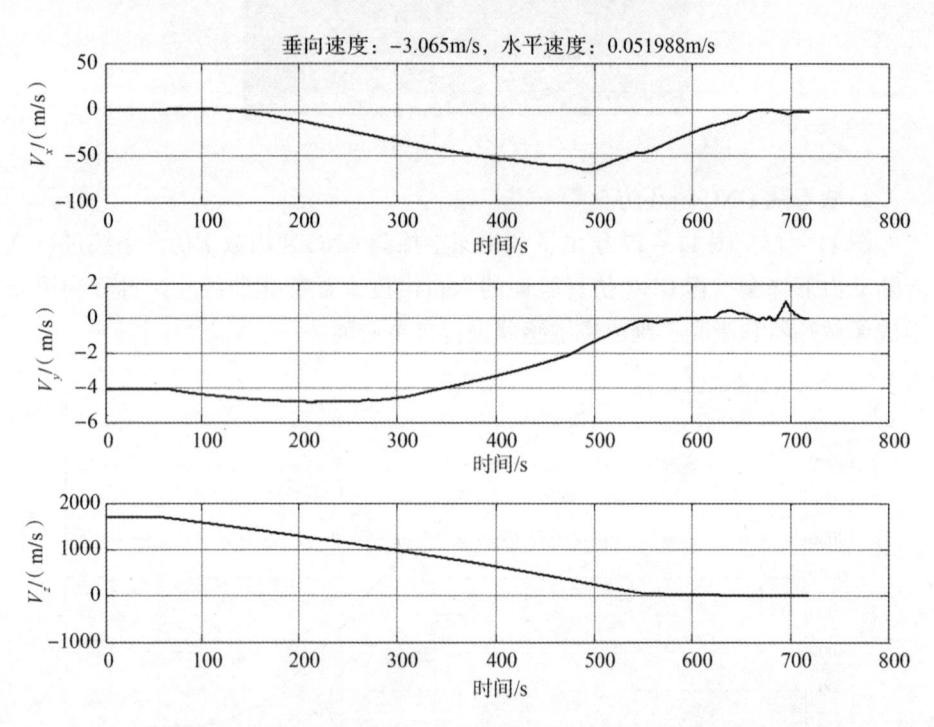

图 11-15 月球软着陆动力下降全过程三维速度变化曲线

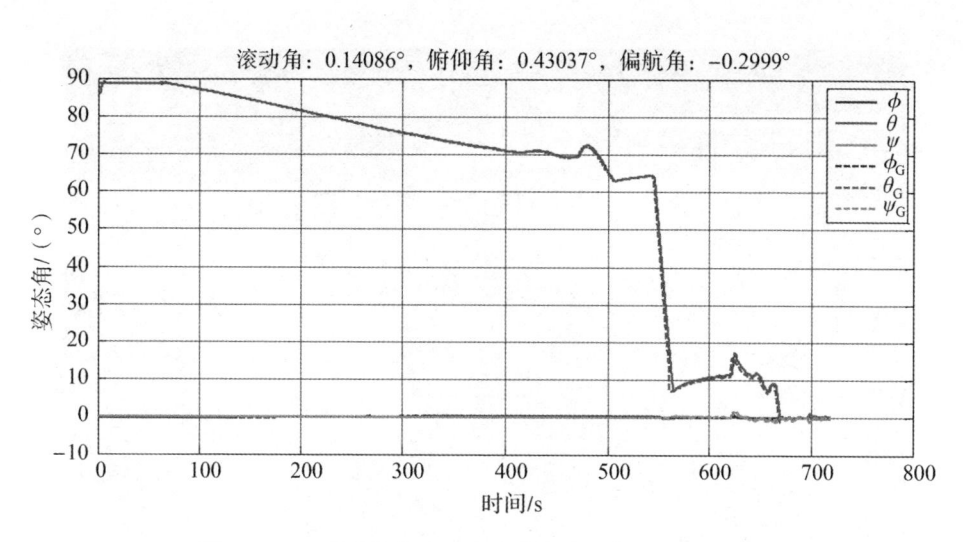

图 11-16　月球软着陆动力下降全过程姿态角变化曲线

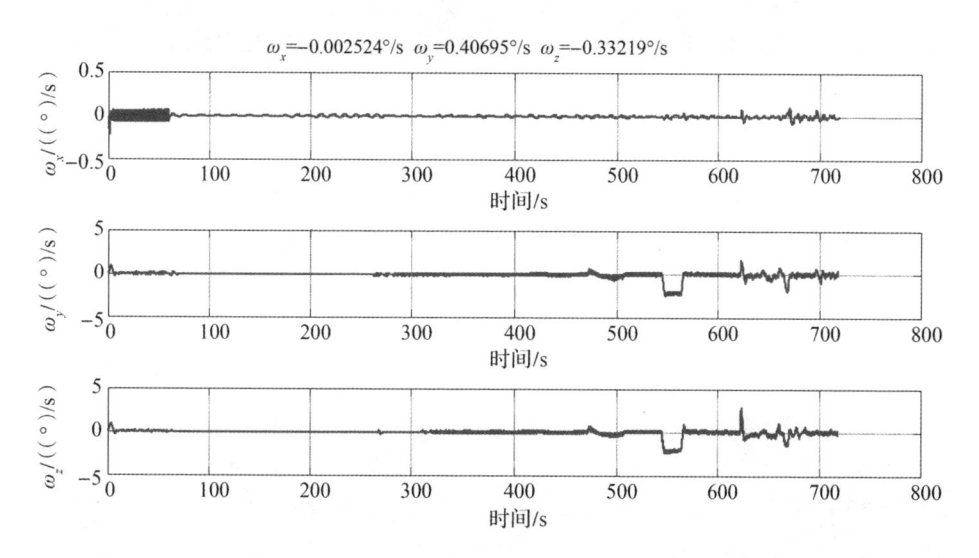

图 11-17　月球软着陆动力下降全过程姿态角速度变化曲线

2. 小天体接近仿真

1）面向场景的外围可视化仿真结果

深空探测 GNC 通用数学仿真系统在小天体接近过程中的可视化仿真应用实例如图 11-18 所示。

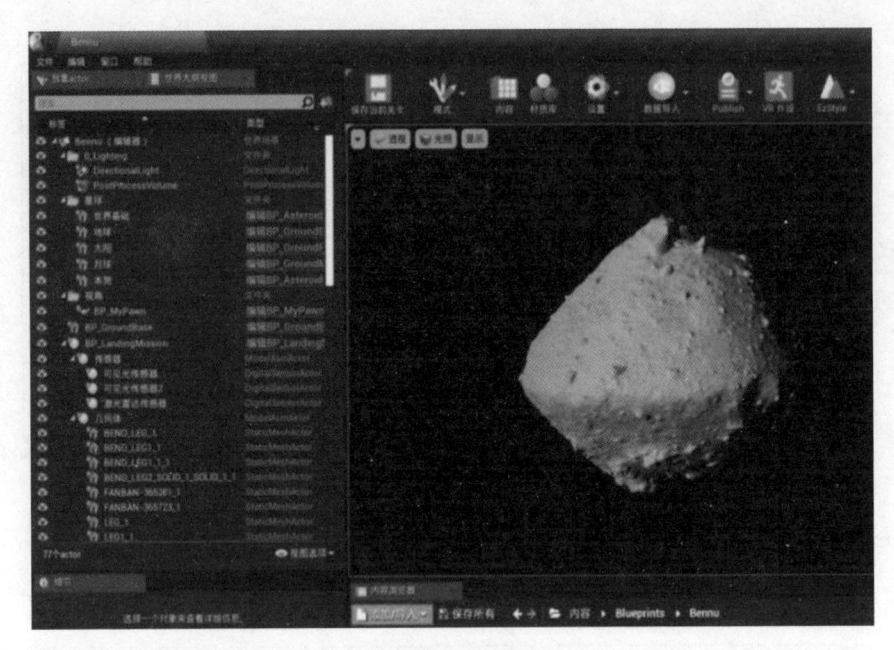

图 11-18 小天体接近过程仿真应用实例(彩图见书末)

2) 近距离接近过程 GNC 闭环仿真

本节利用深空探测 GNC 通用数学仿真系统对近距离小天体接近过程进行相对导航与制导控制算法仿真验证。其中,光学成像敏感器数字单机序列图像采集结果如图 11-19 所示,图 11-20 ~ 图 11-23 分别给出了小天体近距离接近过程的六自由度参数变化曲线。

图 11-19 光学成像敏感器数字单机序列图像采集结果

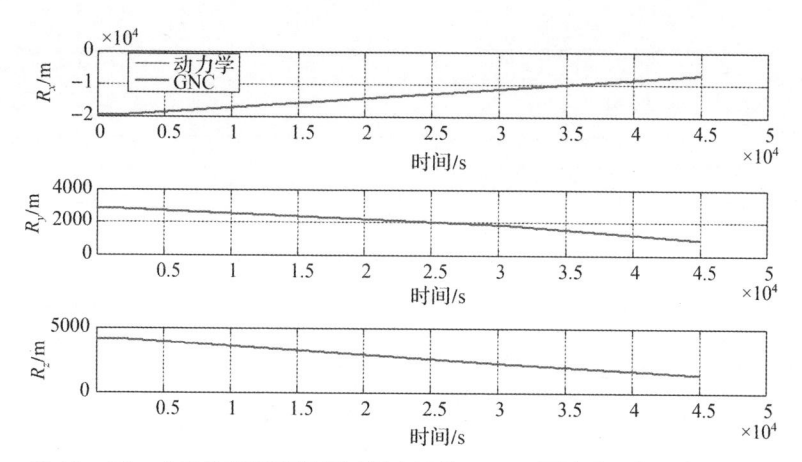

图 11-20 小天体近距离接近过程小天体 J2000 惯性系下位置变化曲线

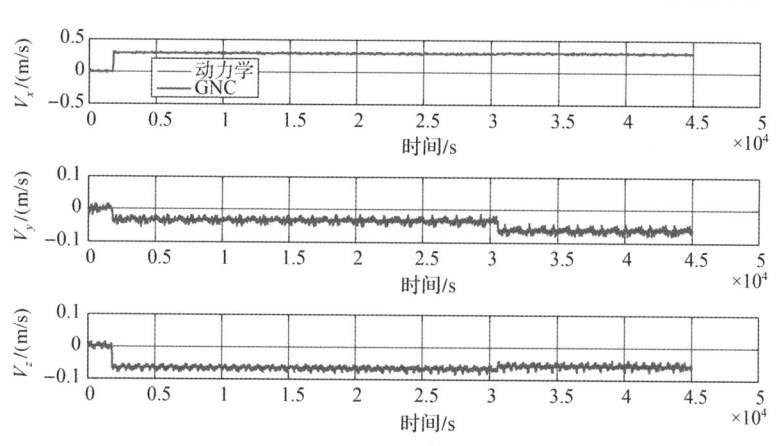

图 11-21 小天体近距离接近过程小天体 J2000 惯性系下速度变化曲线

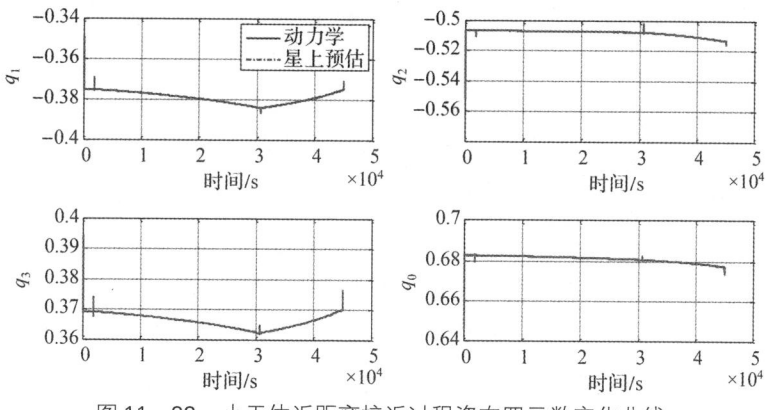

图 11-22 小天体近距离接近过程姿态四元数变化曲线

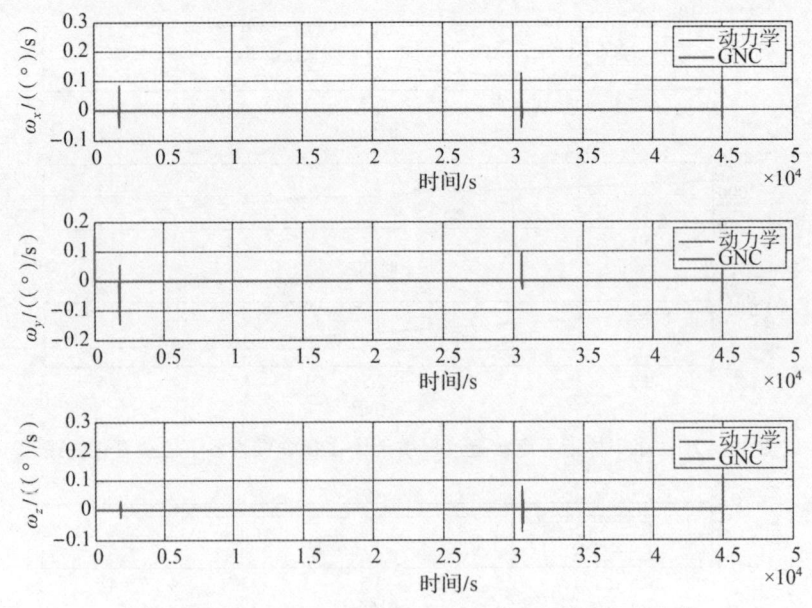

图 11-23　小天体近距离接近过程姿态角速度变化曲线

11.4　地外天体软着陆 GNC 半物理试验系统

▶ **11.4.1　概述**

我国探月工程从嫦娥三号开始实现月球表面软着陆。由于月球存在引力（约为地球的 1/6），因此，月球软着陆关键的动力下降过程主要目的是制动，即消除环月轨道较大的初始速度，使着陆器缓慢、安全地降落到月面指定区域。

动力下降过程主要包括主减速段、接近段、悬停避障段和最终缓速下降段。其中，前面两个阶段属于远距离接近过程，主要目的是制动和调整姿态，为近距离软着陆做准备；后面两个阶段属于近距离软着陆过程，主要目的是避障和缓速下降，保证安全着陆，包括悬停避障和缓速下降段。近距离软着陆过程涉及的避障和导航新型敏感器最多（激光三维成像敏感器、光学成像敏感器、测距测速敏感器等），这些新研敏感器自身的工作特性难以完全通过数学仿真进行精细刻画。采用这些新型敏感器进行月面精确障碍识别以完成自主避障和制导的控制系统方案，其正确性和有效性单纯通过数学仿真难以充分验证。因此，有必要在地面上构建物理试验环境,对新研敏感器单机在回路的近距离软着陆过程制导导航与控制方案进行闭环物理仿真验证。

其他深空探测领域如火星、木星等较大地外天体软着陆过程与月球软着陆类似:地外天体都有较大的引力场,软着陆的主要目的都是制动减速,然后在近距离通过自主障碍识别和避障,安全平稳地着陆到天体表面。

由于月球等地外天体近距离软着陆过程,控制系统物理仿真重点是验证新研敏感器的动态测量性能,以及敏感器在回路的 GNC 方案闭环控制性能,而着陆过程的动力学特性较为成熟,不在物理验证之列。因此,地外天体软着陆试验通常采用半物理方式。

为满足我国深空探测领域近距离软着陆 GNC 方案和新研敏感器的地面试验验证与测试需求,构建了一套地外天体软着陆 GNC 半物理试验系统[66-67]。

11.4.2 系统基本原理

1. 技术思路

地外天体软着陆 GNC 半物理试验系统的首要任务是真实模拟着陆器近距离软着陆过程中的六自由度运动特性,从而为新研敏感器单机创造与在轨一致的动态测量和成像环境。考虑到在地面上构建大范围三维平动模拟条件的空间限制,尤其是高度方向的限制,拟通过"躺着"着陆的方式实现竖向维度的着陆运动模拟,即在地面上铺设纵向导轨,通过在纵向导轨上运行的横梁实现竖直向着陆;水平面内的二维平动运动通过横向和竖向导轨来模拟;而着陆器的三轴转动运动则通过安装在竖轨上的飞行转动平台(三轴机械转台)来实现。此外,用于新研敏感器真实测量的模拟月面,则通过在地面上竖直固定安装的高仿真月面模拟沙盘屏来实现。

于是,在实验室内构建的地外天体软着陆 GNC 半物理试验系统的技术实施思路如图 11-24 所示。

如图 11-24 所示,地外天体软着陆 GNC 半物理试验系统主要由软着陆运动模拟装置(包括三维平动平台和飞行转动平台两部分)、月面模拟沙盘屏以及地面仿真控制等几部分组成。坐标系 $OXYZ$ 既是软着陆运动模拟装置的参考系,也代表着陆器机械坐标系。月面模拟沙盘屏竖直固定在实验室一端,飞行转动平台上安装新研制的着陆导航敏感器,其在纵向导轨上沿 X 轴接近月面沙盘屏的运动即模拟着陆器在竖直方向接近月面的下降运动。横向二维避障运动则通过横向导轨和竖向导轨来实现。

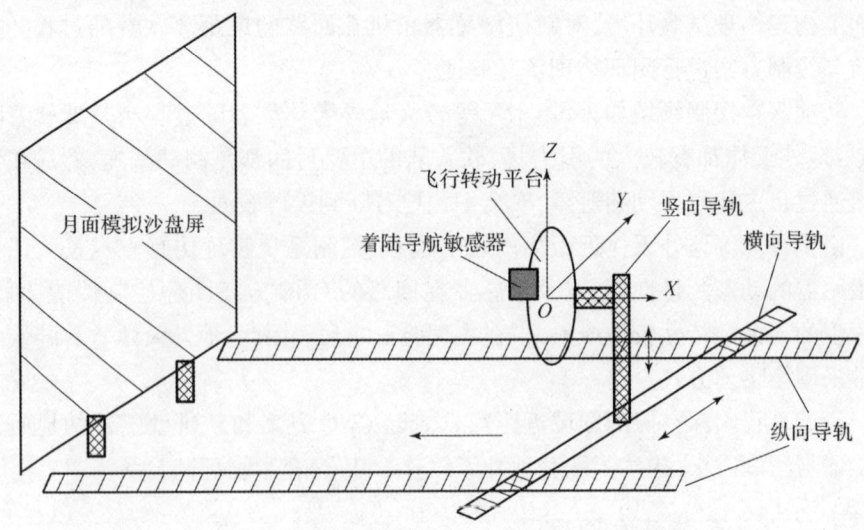

图 11-24 地外天体软着陆 GNC 半物理试验系统的技术实施思路

2. 工作原理

地外天体软着陆 GNC 半物理试验系统的基本工作原理是：

利用软着陆运动模拟装置的三维平动平台和飞行转动平台分别模拟着陆器近距离着陆过程的三维质心平动和三轴姿态运动；将真实的着陆导航敏感器新研单机（如激光三维成像敏感器、光学成像敏感器、测距测速敏感器等）按照在轨指向安装固定在飞行转动平台负载盘上，并引入控制回路中；竖直固定在地面上的月面模拟沙盘屏为着陆导航敏感器单机提供较为真实的相对测量和成像目标；着陆器的动力学和执行机构等用数学模型代替。

通过着陆导航敏感器相对于月面模拟沙盘屏的动态测量、GNC 控制计算机的控制算法解算以及地面仿真控制计算机中动力学与运动学实时计算，更新的六自由度动力参数再次驱动软着陆运动模拟装置按指令持续运动。如此反复，从而构成近距离软着陆过程闭环 GNC 半物理试验系统，对地外天体软着陆悬停、避障和缓速下降段的障碍识别和避障制导控制方案和算法有效性进行物理验证，并对新研敏感器的测量功能和性能进行动态测试。

11.4.3 系统技术方案

1. 整体技术方案

地外天体软着陆 GNC 半物理试验系统的整体技术方案框图如图 11-25 所示。

第 11 章　深空探测航天器控制系统仿真

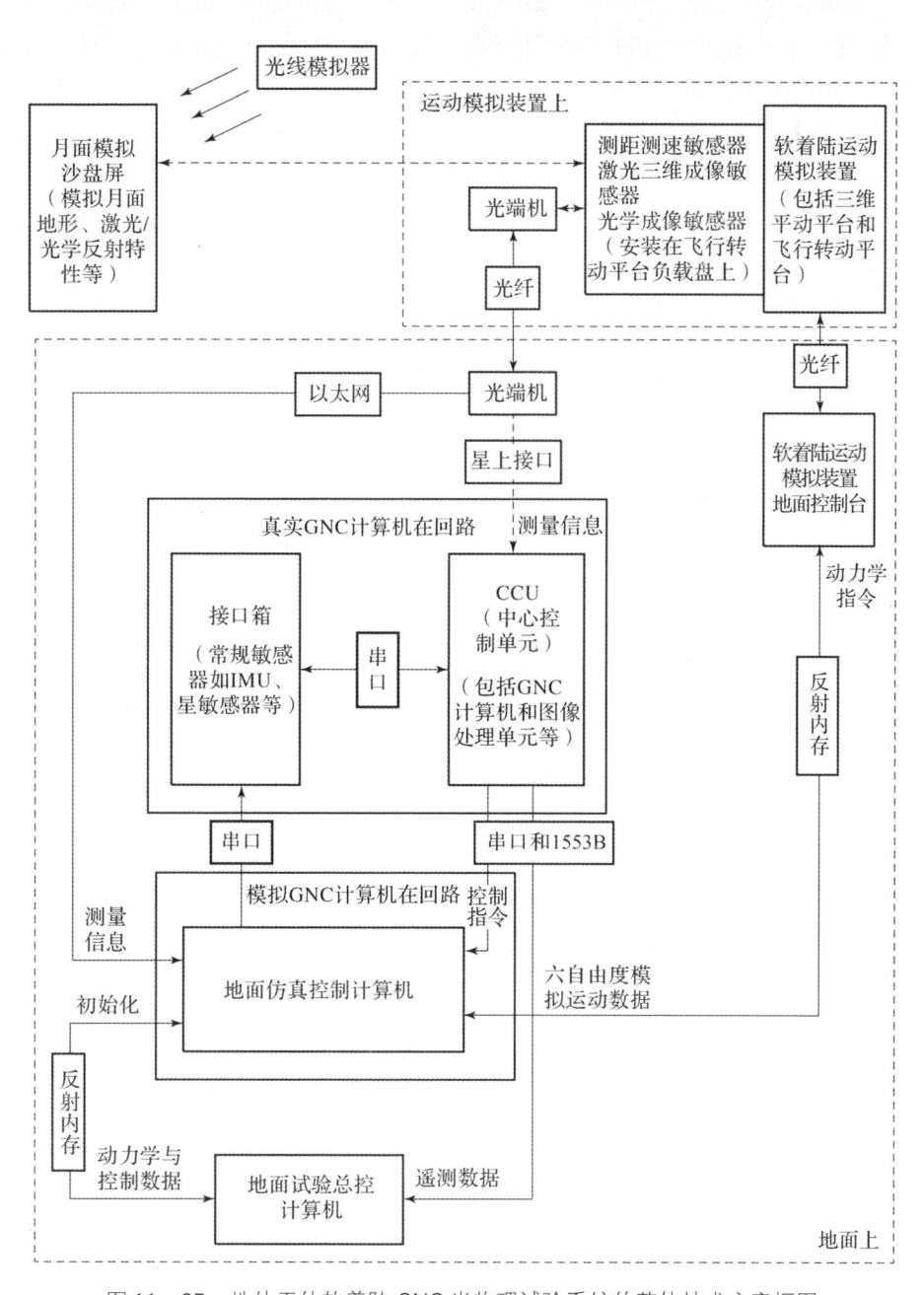

图 11-25　地外天体软着陆 GNC 半物理试验系统的整体技术方案框图

地外天体软着陆 GNC 半物理试验系统由软着陆运动模拟装置、月面模拟沙盘屏、光线模拟器、地面仿真控制计算机、星上 GNC 产品、地面试验总控计算机、接口箱以及通信网络等组成。

2. GNCC 闭环试验模式

如图 11-25 所示,根据闭环试验是否采用真实 GNC 计算机,该试验系统可分为真实 GNC 计算机在回路和模拟 GNC 计算机在回路两种试验模式。两种试验方式最大的不同是,前者的 GNC 算法和动力学模型分别在 GNC 计算机和地面仿真控制计算机中,后者则都在地面仿真控制计算机中。下面分别对两种试验模式的工作原理进行阐述。

1) 真实 GNC 计算机在回路的试验模式

由 GNC 计算机直接从光端机中实时获取新研敏感器产品的测量信息,并结合接口箱模拟的 IMU、星敏感器等常规部件测量信息进行制导导航与控制算法解算,得到的控制指令实时发送给地面仿真控制计算机,用于动力学计算和更新,进而生成六自由度动力学参数驱动指令,驱动软着陆运动模拟装置实现着陆器六自由度运动模拟。

2) 模拟 GNC 计算机在回路的试验模式

由地面仿真控制计算机直接从光端机中实时获取新研敏感器产品的测量信息,同时结合地面仿真控制计算机中 IMU、星敏感器等常规部件测量模型的计算输出,进行制导导航与控制算法解算和动力学实时计算更新,得到的六自由度动力学参数作为驱动指令实时发送给软着陆运动模拟装置,驱动其实现着陆器六自由度运动模拟。

▶ 11.4.4 软着陆运动模拟装置

软着陆运动模拟装置是地外天体软着陆 GNC 半物理试验系统的核心设备,负责着陆器六自由度运动模拟,为新研着陆导航敏感器产品的真实测量提供较为真实的动态环境。

软着陆运动模拟装置包括三维平动平台和飞行转动平台两部分。其中,新研着陆导航敏感器产品安装在飞行转动平台负载盘上,由飞行转动平台模拟着陆器三轴姿态运动。同时,飞行转动平台安装在三维平动平台立柱上,通过飞行转动平台沿立柱和竖向导轨的竖直运动,飞行转动平台和立柱组合体在横梁和横向导轨上的横向运动以及整个横梁在纵向导轨上的水平运动,分别模拟着陆器相对于月面的水平二维避障和竖向下降着陆三维平动运动。

软着陆运动模拟装置采用直线导轨导向、齿轮齿条驱动和伺服电机控制方式,在实验室内可实现35m以下软着陆三维平动和三轴转动等比模拟,位置和速度跟踪控制精度分别达5mm和5mm/s。软着陆运动模拟装置的三维平动和三轴转动均可单独上电,通过统一的地面控制台进行六自由度控制;既可实现地面控制台的本地控制,也可由地面仿真控制计算机通过反射内存网络实时发送动力学参数驱动指令给地面控制台,实现远程控制。

软着陆运动模拟装置及其飞行转动平台实物图分别如图11-26和图11-27所示。

图11-26 软着陆运动模拟装置实物图(彩图见书末)

图11-27 软着陆运动模拟装置飞行转动平台实物图

11.4.5 月面模拟沙盘屏

月面模拟沙盘屏是地外天体软着陆GNC半物理试验系统的另一个核心设

备,主要负责为新研制的着陆导航敏感器产品提供较为真实的月面测量和成像目标,包括模拟月面地貌特征和不同体制敏感器的反射/散射特性。

月面模拟沙盘屏在实验室内竖直安装固定,确保敏感器光轴与沙盘屏表面的相对关系与在轨一致。该设备主要包括月面模拟沙盘屏模块组件和竖直支撑机构。实验室内的月面模拟沙盘屏尺寸为 $18m \times 10m$(宽 × 高),包含 30 个 $3m \times 2m$ 的月面模拟沙盘屏模块组件。月面模拟沙盘屏通过各模块组件之间的拼接以及在竖直支撑机构上的安装固定和最终的接缝喷涂,实现大面积月面模拟沙盘屏的整体化效果。反射特性和散射特性通过沙石材质表面喷涂不同颜色的真石漆进行模拟。

月面模拟沙盘屏实物图如图 11 – 28 所示。

图 11 – 28 月面模拟沙盘屏实物图(彩图见书末)

▶ 11.4.6 光线模拟器

光线模拟器主要用于模拟月球表面的太阳光,为新研光学导航敏感器成像提供月面光照条件。

鉴于光线模拟器需对沙盘屏局部区域进行照明,并在可见光谱段具备一定辐照度和平行度,因此,该光线模拟器采用光学系统照明方式,根据照明范围、辐照度、平行度等要求,确定光学系统的相对孔径、焦距、工作距离等参数。光线模拟器主要由氙灯、光学系统和电源等组成。

光线模拟器实物图如图 11 – 29 所示。

第 11 章 深空探测航天器控制系统仿真

图 11-29 光线模拟器实物图

11.4.7 地面仿真控制计算机

地面仿真控制计算机是地外天体软着陆 GNC 半物理试验系统的重要设备。其主要功能包括如下四个方面：

(1) 负责着陆器轨道姿态动力学实时计算更新，并实现 IMU、星敏感器等常规敏感器测量模型和动量轮、推进系统等执行机构数学模型的实时计算。

(2) 负责向软着陆运动模拟装置实时发送动力学参数指令，驱动后者实现着陆器六自由度运动的高精度实时跟踪模拟。

(3) 在真实 GNC 计算机在回路试验模式中，负责：①向接口箱实时发送常规敏感器的测量输出参数，用于硬件的真实输出模拟；②采集真实 GNC 计算机生成的推进系统控制指令，用于动力学实时计算更新。

(4) 在模拟 GNC 计算机在回路试验模式中，负责：①新研敏感器产品的数据采集；②GNC 算法的实时解算。

地面仿真控制计算机主要由计算机硬件和接口板卡、Windows + RTX 实时操作系统及运行在计算机上的动力学与控制仿真软件组成。

11.4.8 星上 GNC 产品

星上 GNC 产品主要包括 GNC 控制计算机和新研着陆导航敏感器产品，后者包括光学成像敏感器、激光三维成像敏感器、测距测速敏感器等。将这些星上

GNC 产品引入闭环，一方面要通过真实的物理环境测试其工作性能，另一方面在真实敏感器测量和控制计算机真实时序与轻量化运行环境下，对近距离软着陆过程的障碍识别与避障控制以及下降过程的 GNC 方案算法有效性进行闭环物理验证。

▶ 11.4.9 地面试验总控计算机

地面试验总控计算机主要用于软着陆半物理仿真试验的流程控制和数据管理，具体功能包括：
(1) 试验初始化；
(2) 试验启动和终止控制；
(3) 试验工况管理；
(4) 试验状态监控；
(5) 试验数据接收、存储、显示和可视化展示；
(6) 遥控遥测。

地面试验总控计算机包括计算机硬件和接口板卡及总控管理软件。

▶ 11.4.10 接口箱

接口箱主要用于真实 GNC 计算机在回路的试验模式，功能是实时获取地面仿真控制计算机中常规敏感器部件如惯性测量单元、太阳敏感器、星敏感器等的模型计算参数，在此基础上通过硬件模拟上述部件的真实输出，为真实 GNC 计算机实时提供敏感器测量信息，用于 GNC 算法解算。

接口箱主要包括模拟常规敏感器输出的串口板卡等硬件设备以及通信协议软件等。

▶ 11.4.11 通信网络

通信网络是实现地外天体软着陆 GNC 半物理试验系统各设备连接和数据交互、构成闭环仿真系统的重要一环。本试验系统中的通信网络包括光端机和光纤网络、反射内存网络、串口网络、以太网络以及星上专用接口网络等。

▶ 11.4.12 系统工作流程

1. 一般工作流程

地外天体软着陆 GNC 半物理试验系统闭环试验的一般工作流程如图 11 - 30 所示。

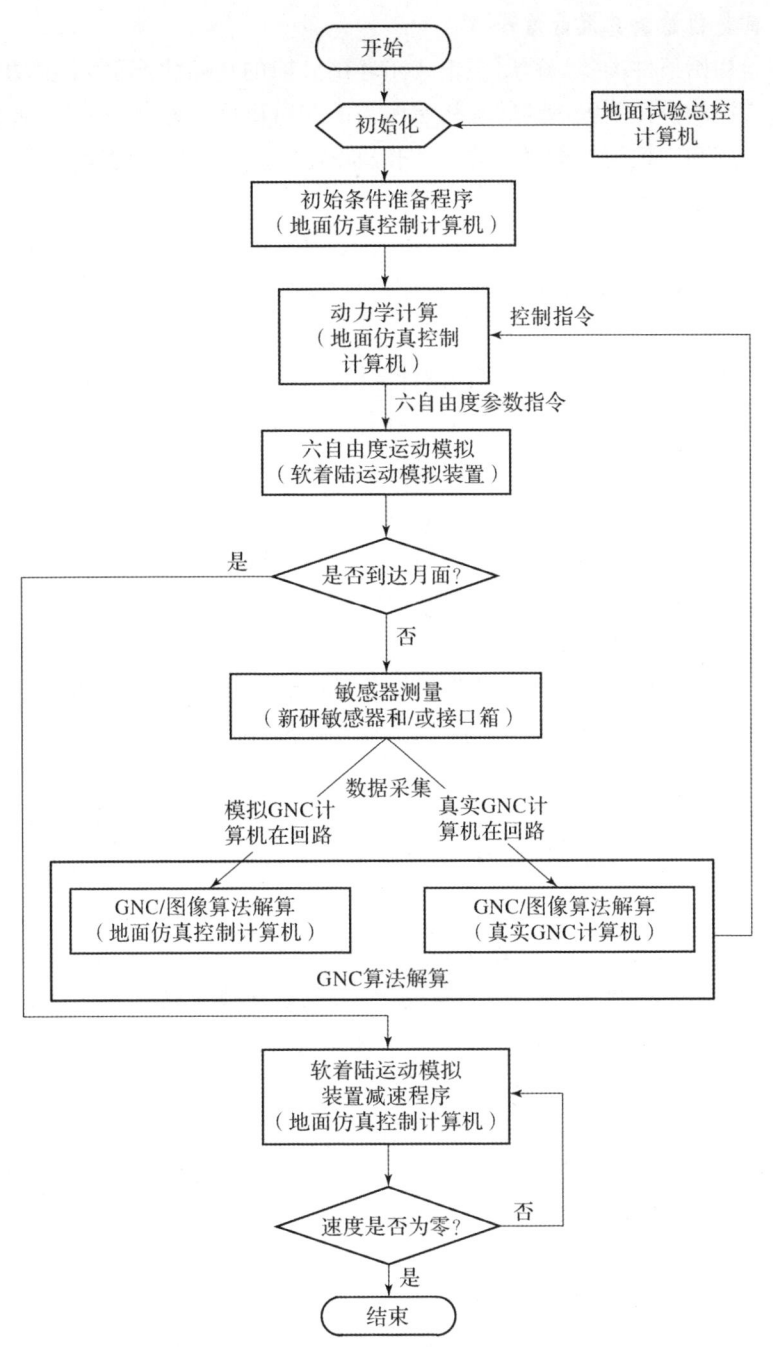

图 11-30　地外天体软着陆 GNC 半物理试验系统闭环试验的一般工作流程图

2. 试验初始条件准备流程

试验初始条件准备流程属于正式闭环试验前的初始化流程,主要功能是驱动软着陆运动模拟装置达到试验初始所需的六自由度动态条件要求,通常指三维初始速度和三轴初始角速度动态要求,如悬停过程的初始动态要求。

试验初始条件准备流程设计如下:

(1)试验初始化。试验总控计算机对地面仿真控制计算机进行初始化。

(2)初始条件准备程序启动。地面仿真控制计算机启动试验初始条件准备程序。

(3)动力学计算。地面仿真控制计算机进行动力学计算和更新。

(4)软着陆运动模拟装置驱动。地面仿真控制计算机将每个计算周期的六自由度动力学参数实时发送给软着陆运动模拟装置地面控制台,驱动三维平动运动装置和飞行转动平台按指令运动,为负载盘上的敏感器提供动态测量环境。

(5)初始条件判断。由地面仿真控制计算机判断当前时刻的动力学参数是否达到了软着陆试验初始条件(如满足悬停的初始速度要求)。若不满足,则继续执行步骤(3)~步骤(5)。

(6)若条件满足,转入闭环试验。若当前时刻动力学参数满足试验初始条件要求(主要是速度等动态要求),则退出试验初始条件准备程序,进入正式闭环试验。

3. 设备减速与试验结束流程

设备减速与试验结束流程属于正式闭环试验后的流程。在轨软着陆时,着陆器将以一定的初速度撞击天体表面,而在地面软着陆半物理试验时并不模拟真实着陆的碰撞接触动力学特性,因此在动力学判断接触月面后即表示正式闭环试验结束,而此时软着陆运动模拟装置尚需一个减速程序制动后才能停止运动。本流程主要功能即在正式闭环试验结束后启动减速程序,将软着陆运动模拟装置的三维速度和角速度减小至零,从而实现整体试验的结束。

设备减速和试验结束流程设计如下:

(1)着陆条件判断。在正式闭环试验过程中,地面仿真控制计算机在每个控制周期实时判断是否满足着陆条件。若满足,则正式闭环试验结束,启动软着陆运动模拟装置减速程序。

(2)启动设备减速程序。启动软着陆运动模拟装置减速程序,按事先规划的制动轨迹,以设备最大加速度尽快完成减速制动。

(3)整体试验结束。软着陆运动模拟装置六自由度皆处于停止状态,整体试验结束。

11.4.13 典型软着陆半物理试验应用

地外天体软着陆 GNC 半物理试验系统已应用于我国探月二期(嫦娥三号)[68]、探月三期(嫦娥五号)以及首次火星探测[69-70]等型号任务。本节以月球软着陆近距离悬停避障缓速下降过程为例给出利用本试验系统进行 GNC 闭环半物理仿真验证的试验结果。

1. 悬停段软着陆运动模拟装置动态跟踪结果

在试验中,激光三维成像敏感器、着陆图像导航敏感器等在悬停段相对于月面沙盘屏进行成像。首先需要考察软着陆运动模拟装置在悬停成像过程是否精确模拟了与在轨一致的动态环境,如图 11-31~图 11-33 所示。

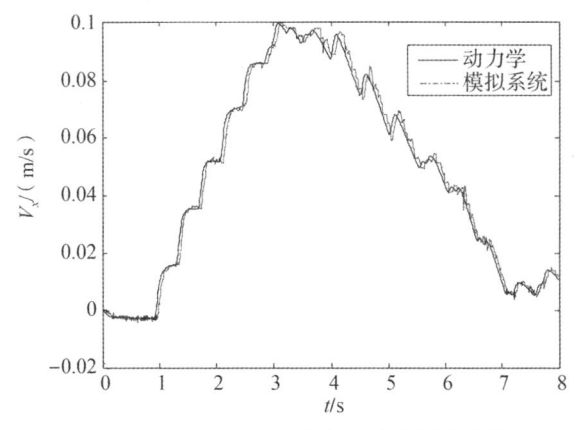

图 11-31 悬停段竖直方向速度跟踪比较

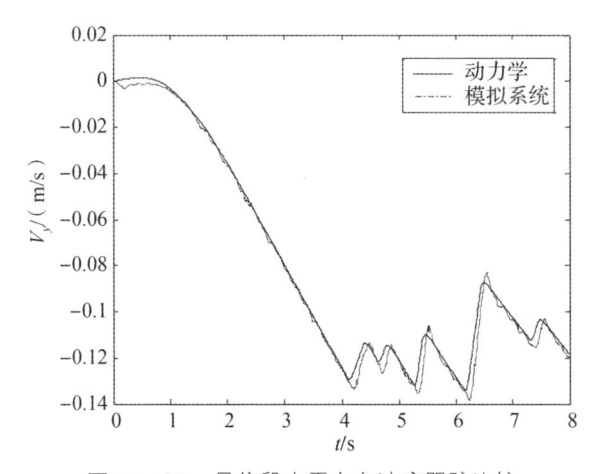

图 11-32 悬停段水平东向速度跟踪比较

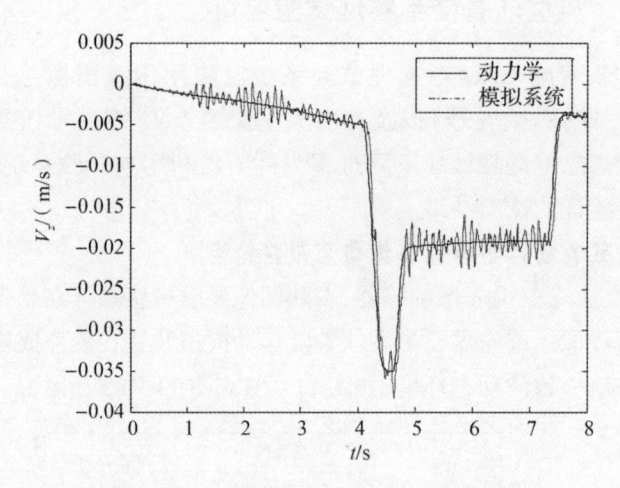

图 11-33　悬停段水平北向速度跟踪比较

2. 缓速下降段水平二维避障试验结果

在悬停段经过激光三维成像敏感器成像和精确障碍识别后,经 GNC 控制计算机中的障碍识别算法实时解算,给出了月面沙盘屏模拟地形中的安全区水平二维坐标(4.2m, -1.8m)。

根据获取的安全着陆区位置矢量,图 11-34 给出了缓速下降段水平二维避障控制过程的轨迹变化。

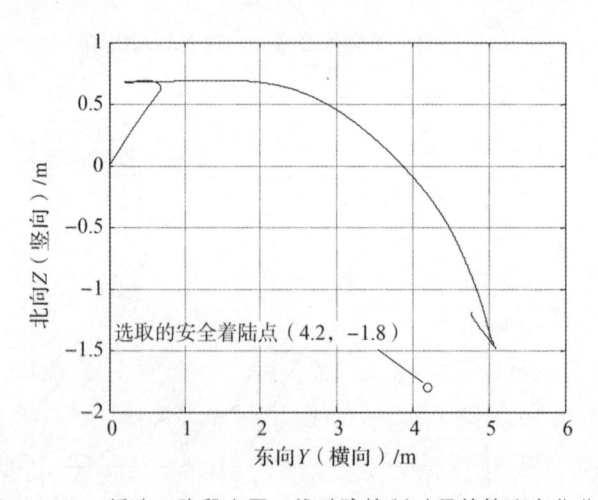

图 11-34　缓速下降段水平二维避障控制过程的轨迹变化曲线

3. 悬停和缓速下降段制导控制结果

由图 11-35~图 11-39 试验结果可以看出,悬停段敏感器成像和障碍识别过程,软着陆运动模拟装置的垂向速度跟踪精度优于 2mm/s,横向二维速度跟踪精度优于 5mm/s,完全满足模拟装置的动态跟踪指标要求。

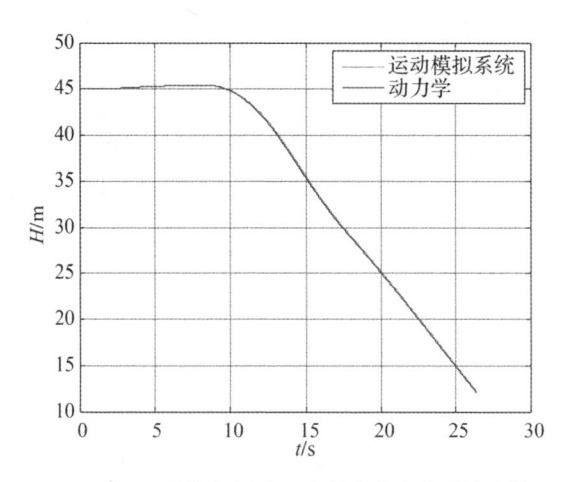

图 11-35　悬停和缓速下降段高度变化曲线比较

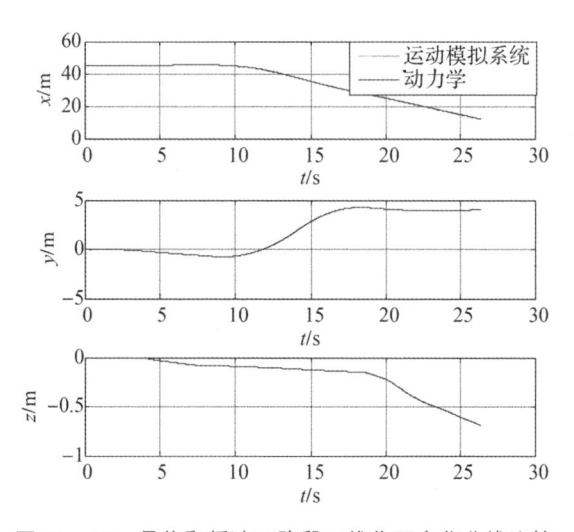

图 11-36　悬停和缓速下降段三维位置变化曲线比较

在悬停和缓速下降全过程闭环试验中,软着陆运动模拟装置很好地响应地面仿真控制计算机的动力学参数远程控制指令,位置速度动态变化的跟踪效果良好,保证了软着陆 GNC 地面试验的顺利实施。

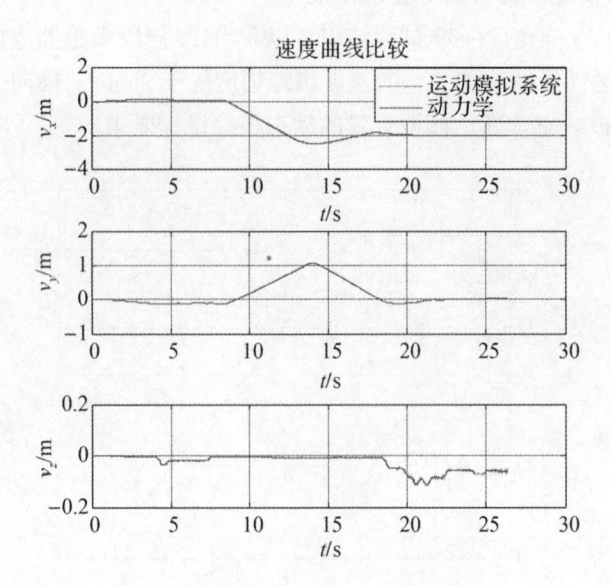

图 11-37 悬停和缓速下降段三维速度变化曲线比较

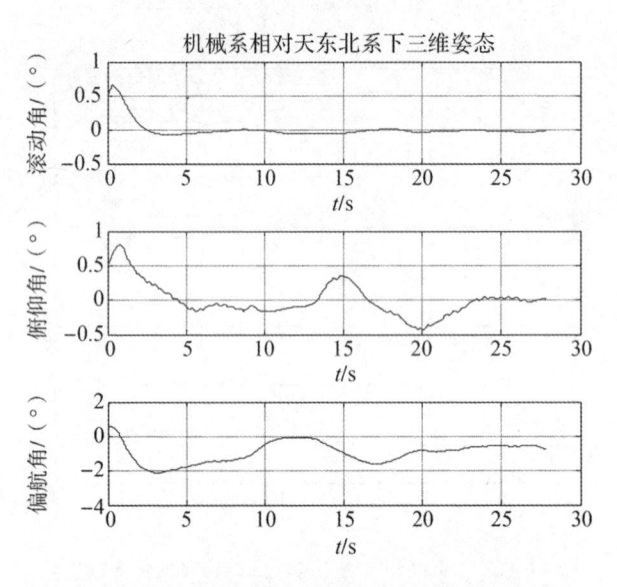

图 11-38 悬停和缓速下降段三轴姿态变化曲线

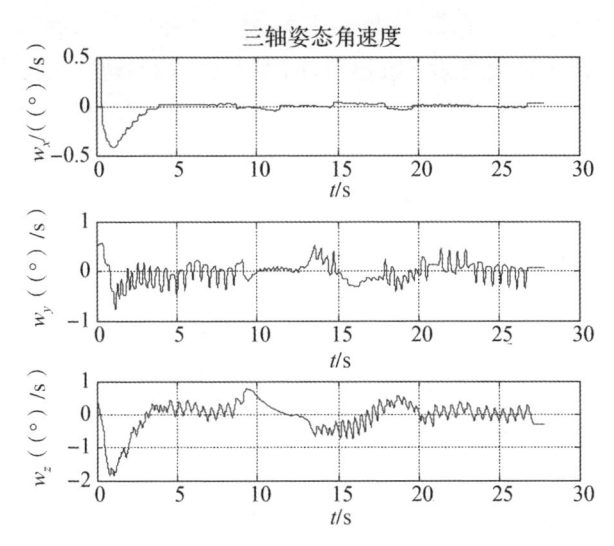

图 11-39　悬停和缓速下降段三轴角速度变化曲线

11.5　小天体接近附着 GNC 半物理试验系统

11.5.1　概述

除地外大天体软着陆外,深空探测领域另一类较为典型的 GNC 技术是小天体接近附着技术。

对于地外大天体软着陆,其探测目标如月球、火星等都有明确的中心引力场,而小天体接近附着的探测目标——小天体的引力场通常都很微弱($10^{-5} \sim 10^{-3}\,\mathrm{m/s^2}$ 量级),因此,控制系统难以以小天体引力方向作为接近附着的制导参考方向,需要建立新的基准。此外,目标小天体通常具有较大的自旋角速度,其自旋周期可达几十分钟;而且小天体目标的外形结构、反射特性等物理特性具有很大的不确定性,需要到达目标附近长期观察后才能准确确定。

针对小天体探测任务的特点,GNC 系统面临的关键点和难点之一是弱引力下近距离接近附着过程的自主导航与控制问题。目标小天体如此微弱的引力作用,几乎可以等同于干扰,较小的碰撞就可能令探测器"逃走",而其碰撞反弹的姿态和速度方向等都存在较大的不确定性。要保证探测器与小天体表面接触时的反弹力尽量小甚至不反弹,就要在近距离接近下降过程中具备三个条件:参考准、测得精、控得稳。"参考准"指的是要利用光学导航敏感器在尽可能短的时间内(小天体自转速度较快,无法进行长时间凝视)精确建立探测器相对于小天体表面特征点的局部区域参考基准,以便探测器沿当地法线方向准确下降。"测得精"是指测距测速敏感器能实时给出精确的相对位置和速度信息,三维成像敏感器能精确获得适合着陆附着的区域,这是精确控制的前提。"控得稳"是指控制系统能在高精度测量和导航下准确、平稳地控制探测器到达指定着陆区,并在反推发动机作用下与固定机构密切配合,同时结合着陆后的姿态测量和控制,确保附着和采样成功。

针对弱引力小天体高度100m以下的近距离接近下降和附着过程面临的问题和难点,需要研发行之有效的自主导航方法和制导控制方案,同时研制适应小天体特点的相对导航敏感器产品。而这些新研GNC方案和新研敏感器产品的正确性和有效性单纯通过数学仿真难以充分验证。因此,有必要在地面上通过物理试验加以验证。

为满足我国深空探测领域弱引力小天体接近附着GNC方案和新研敏感器的地面试验验证与测试需求,北京控制工程研究所构建了一套小天体接近附着GNC半物理试验系统[71]。

11.5.2 系统基本原理

1. 技术思路

与地外天体软着陆GNC半物理试验系统相比,小天体接近附着GNC半物理试验系统的典型特点是在模拟探测器位置姿态六自由度运动的同时,还要模拟小天体的自旋运动,即模拟探测器相对于小天体的运动特性,从而为新研的接近附着敏感器提供与在轨一致的动态测量成像环境。其中,探测器与小天体二者的轨道运动可通过建立在小天体质心坐标系上的相对平动来模拟,而二者的姿态运动各自进行模拟。于是,本试验系统可采用六自由度运动模拟装置和小天体转动模拟装置融合的九自由度运动模拟系统来实现探测器与小天体的相对运动模拟。其中,六自由度运动模拟装置模拟探测器的姿态运动和探测器相对于小天体的轨道运动;小天体转动模拟装置则模拟小天体的三轴姿态运动(主要是自旋运动),具体通过固定在地面上的三轴机械转台来实现。

在实验室内构建的小天体接近附着GNC半物理试验系统的技术实施思路如图11-40所示。

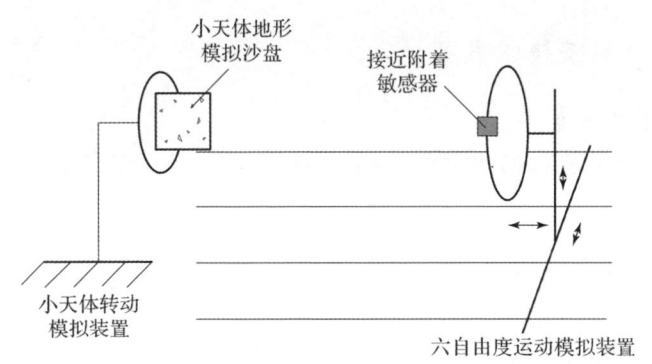

图 11 -40 小天体接近附着 GNC 半物理试验系统的技术实施思路

如图 11 -40 所示,小天体接近附着 GNC 半物理试验系统主要由六自由度运动模拟装置、小天体转动模拟装置、小天体地形模拟沙盘以及接近附着敏感器等几部分组成。小天体地形模拟沙盘固定在小天体转动模拟装置(三轴机械转台)负载盘上,模拟小天体表面局部地形并与后者配合模拟小天体的自旋运动,接近附着敏感器固定安装在六自由度运动模拟装置负载盘上,通过后者相对于小天体地形模拟沙盘的位置姿态六自由度运动来实现探测器相对于小天体的轨道和姿态运动。

2. 工作原理

小天体接近附着 GNC 半物理试验系统的基本工作原理是:

利用六自由度运动模拟装置分别模拟探测器相对于小天体的三维相对位置运动和三轴姿态转动;利用小天体转动模拟装置和固定在其上的小天体地形模拟沙盘绕竖直轴的转动来模拟小天体局部地形及其自身的自旋运动;将接近附着敏感器新研单机安装固定在六自由度运动模拟装置负载盘上,相对于小天体地形模拟沙盘进行实时动态测量和成像,并引入控制回路中;探测器的动力学和执行机构等用数学模型代替。

通过小天体地形模拟沙盘的自旋运动模拟、接近附着敏感器相对于小天体地形模拟沙盘的实时动态测量和成像、GNC 计算机中控制算法解算以及地面仿真控制计算机中动力学与运动学实时计算,获得更新的探测器六自由度动力学参数和小天体三轴姿态运动参数(主要是自旋运动),接着分别驱动六自由度运动模拟装置和小天体转动模拟装置按指令持续运动。如此反复,从而构成小天体接近附着 GNC 半物理试验系统,对小天体接近附着过程特征匹配、初始对准及全过程制导控制方案和算法的有效性进行物理验证,并对新研敏感器的测量功能和性能进行动态测试。

11.5.3 系统技术方案

1. 整体技术方案

小天体接近附着 GNC 半物理试验系统的整体技术方案框图如图 11-41 所示。

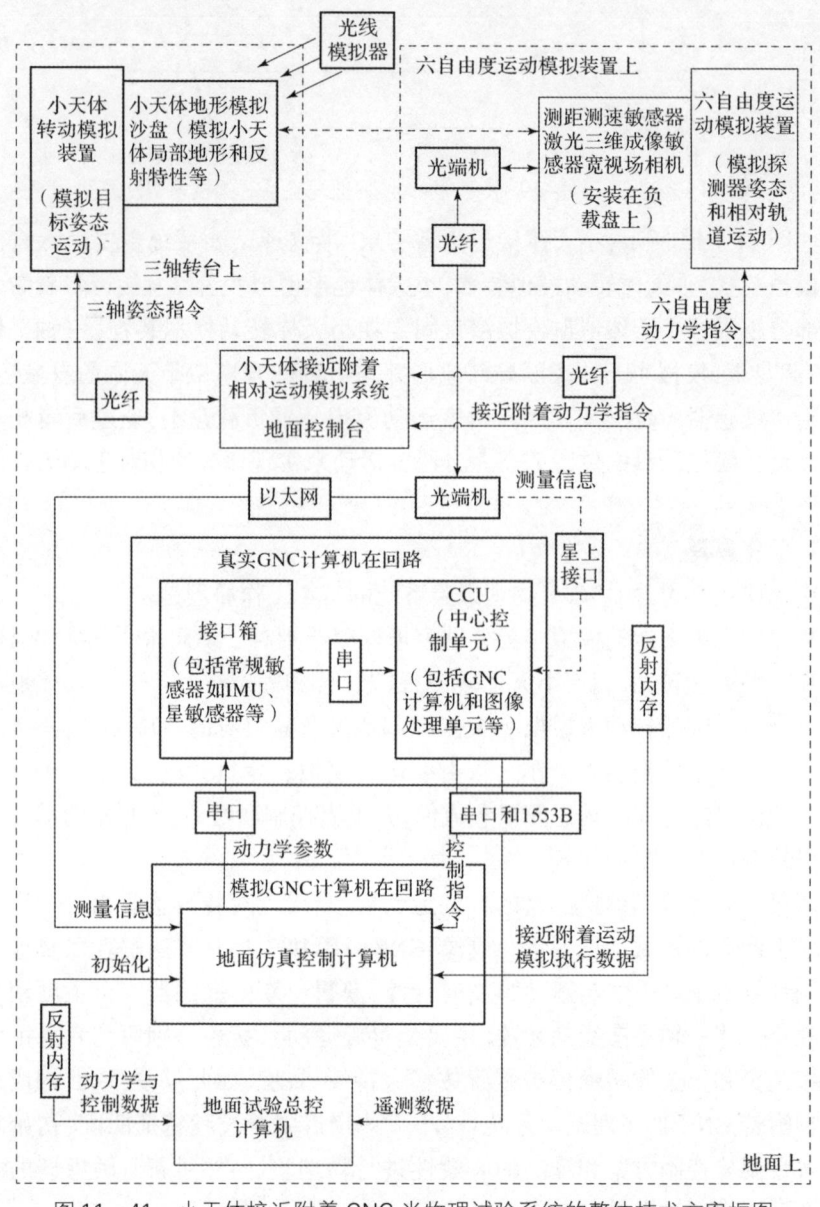

图 11-41 小天体接近附着 GNC 半物理试验系统的整体技术方案框图

如图 11-41 所示，小天体接近附着 GNC 半物理试验系统由接近附着相对运动模拟系统（包括探测器六自由度运动模拟装置和小天体转动模拟装置）、小天体地形模拟沙盘、光线模拟器、地面仿真控制计算机、星上 GNC 产品、地面试验总控计算机、接口箱以及通信网络等组成。

小天体接近附着 GNC 半物理试验系统建成后的实物图如图 11-42 所示。

图 11-42　小天体接近附着 GNC 半物理试验系统建成后的实物图（彩图见书末）

2. 接近附着相对运动模拟

小天体接近附着 GNC 半物理试验系统与地外天体软着陆 GNC 半物理试验系统的最大区别是，前者采用一套九自由度运动模拟系统（包括小天体转动模拟装置和六自由度运动模拟装置两套独立的运动模拟设备）来分别模拟目标小天体自身转动和探测器相对小天体的六自由度运动，从而实现小天体接近附着过程的全自由度运动模拟。其中，探测器和小天体各自的姿态运动分别由两套装置单独模拟，而二者的轨道运动通过建立在小天体质心参考系上的三维相对平动运动来模拟，即由模拟探测器平动运动的六自由度运动模拟装置来具体实现二者的相对轨道运动模拟。

3. GNC 计算机闭环试验模式

与地外天体软着陆 GNC 半物理试验系统类似，小天体接近附着 GNC 半物理试验系统针对是否将真实 GNC 计算机引入闭环回路，将闭环试验分为真实 GNC 计算机在回路和模拟 GNC 计算机在回路两种试验模式。

真实 GNC 计算机在回路的试验模式下，通过接口箱模拟 IMU、星敏感器等常规敏感器测量的硬件输出，与真实接近附着敏感器产品一起为真实 GNC 计算机提供测量输入信息，并通过运行在真实 GNC 计算机中的控制算法解算得到控制指令,用于地面仿真控制计算机中的动力学计算和更新。

模拟 GNC 计算机在回路的试验模式下,真实相对导航敏感器的测量信息采集、控制算法运行与解算、常规敏感器测量模拟以及动力学计算和更新皆由地面仿真控制计算机来完成。

11.5.4 探测器六自由度运动模拟装置

六自由度运动模拟装置是小天体接近附着 GNC 半物理试验系统的核心设备之一,与小天体转动模拟装置共同组成小天体接近附着相对运动模拟系统。其主要作用是模拟探测器接近附着过程的三轴姿态运动以及相对于小天体的三维轨道运动。

在地面试验中,将小天体近距离接近附着过程中采用的接近附着敏感器产品,如宽视场相机、激光三维成像敏感器和激光测距测速敏感器等,固定安装在六自由度运动模拟装置负载盘上。由于小天体接近附着过程要求敏感器相对测量精度很高,因此六自由度运动模拟装置可实现的位置和速度跟踪精度可分别达 1mm 和 1mm/s。此外,该试验系统可实现接近附着方向最大 35m 的运动空间模拟。

六自由度运动模拟装置的三维平动和三轴转动均可单独上电,通过统一的相对运动模拟系统地面控制台进行六自由度控制。这样既可实现地面控制台的本地控制,也可由地面仿真控制计算机通过反射内存网络实时发送动力学参数驱动指令给地面控制台,实现远程控制。

六自由度运动模拟装置实物图如图 11-42 右侧部分所示。

11.5.5 小天体转动模拟装置

小天体转动模拟装置是小天体接近附着 GNC 半物理试验系统的核心设备之一,与探测器六自由度运动模拟装置共同组成小天体接近附着相对运动模拟系统。该装置主要作用是模拟小天体在惯性空间的三轴姿态运动,具体通过固定在地面上的三轴机械转台来实现。

小天体转动模拟装置固定在地面上,其负载盘与六自由度运动模拟装置负载盘相对。小天体地形模拟沙盘安装固定在装置负载盘上,随负载盘绕竖直轴以一定角速度旋转,以此模拟小天体绕自旋轴的自旋运动。小天体转动模拟装置和小天体地形模拟沙盘共同构成小天体自旋目标模拟装置,可实现的最大自旋角速度不小于 10°/s。

小天体转动模拟装置可单独上电,通过小天体相对运动模拟系统地面控制台进行三轴转动控制。这样既可实现地面控制台的本地控制,也可由地面仿真控制计算机通过反射内存网络实时发送动力学参数驱动指令给地面控制台,实现远程控制。

小天体转动模拟装置以及其与小天体地形模拟沙盘共同组成的小天体自旋目标模拟装置实物图如图11-42左侧部分。

11.5.6 小天体地形模拟沙盘

小天体地形模拟沙盘主要用于模拟小天体表面局部区域的地形起伏以及光学类敏感器的反射特性等,为接近附着敏感器产品提供测量和成像目标。

小天体地形模拟沙盘需要与小天体转动模拟装置固定安装并共同构成小天体自旋目标模拟装置,实现自旋运动小天体的地形模拟。因此,在该设备研制过程中,需要考虑设备支撑结构的刚度以及自身的振动频率等,避免其与小天体转动模拟装置产生共振风险,以及由自旋引起设备自身结构的破坏。

小天体地形模拟沙盘实物图如图11-43所示。

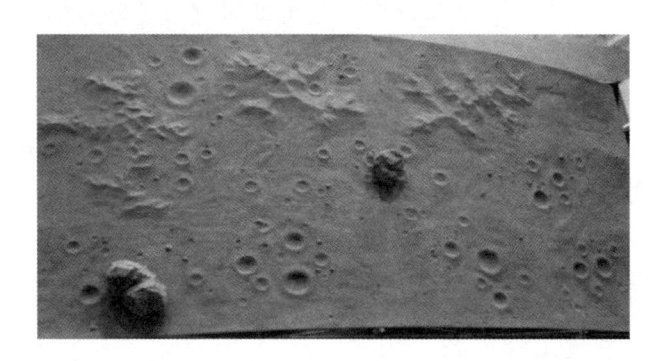

图11-43 小天体地形模拟沙盘实物图(彩图见书末)

11.5.7 其他地面支持设备

小天体接近附着GNC半物理试验系统除接近附着相对运动模拟系统和小天体地形模拟沙盘外,其他地面支持设备如光线模拟器、地面仿真控制计算机、地面试验总控计算机、接口箱、通信网络等都属于深空探测领域地面物理试验的通用设备,与地外天体软着陆GNC半物理试验系统的技术实现方式类似,将统一在本节加以说明。

1. 光线模拟器

由于小天体接近附着 GNC 半物理试验系统和地外天体软着陆 GNC 半物理试验系统中的光线模拟器都是为光学类敏感器产品对目标天体的测量和成像提供光照条件，因此在相应指标满足实际需要的前提下，可采用同一设备。

2. 地面仿真总控综合系统

将组成地面半物理试验系统的一般通用设备如地面仿真控制计算机、地面试验总控计算机、接口箱和通信网络等统一称为地面仿真总控综合系统。小天体接近附着 GNC 半物理试验系统与地外天体软着陆 GNC 半物理试验系统的地面仿真总控综合系统在组成、通信链路、试验模式和运行方式上都非常相似，因此，可将二者合二为一。地面仿真总控综合系统各组成部分的主要技术方案可参考 11.4 节地外天体软着陆 GNC 半物理试验系统相关内容。本节主要叙述两套半物理试验系统在地面仿真总控综合系统中的不同点，体现在地面仿真控制计算机中的动力学仿真和控制指令生成方面。一般情况下：

地外天体软着陆 GNC 半物理试验系统的动力学可采用着陆器相对于地外大天体的二体动力学模型，通过实时计算生成的是着陆器的位置和姿态等六自由度运动指令，由一套软着陆运动模拟装置即可完成着陆器的六自由度运动模拟。

小天体接近附着 GNC 半物理试验系统的动力学表征的是探测器与弱引力小天体的相对运动，其动力学采用的是建立在小天体参考系下的相对动力学模型，通过实时计算生成的是探测器相对于小天体的相对轨道三维平动和各自的三轴姿态转动等九自由度相对运动指令，分别由一套六自由度运动模拟装置和一套三轴转台来共同实现小天体接近附着的相对运动模拟。

▶ 11.5.8　系统工作流程

小天体接近附着 GNC 半物理试验系统的工作流程包括一般工作流程、初始条件准备流程及设备减速与试验结束流程。后面两个流程与地外天体软着陆 GNC 半物理试验系统类似，这里不再赘述。本节给出小天体接近附着 GNC 半物理试验系统闭环试验的一般工作流程，如图 11-44 所示。

▶ 11.5.9　小天体接近附着半物理试验应用

本节以小天体近距离接近附着过程为例给出利用本试验系统进行 GNC 闭环半物理仿真验证的试验结果。

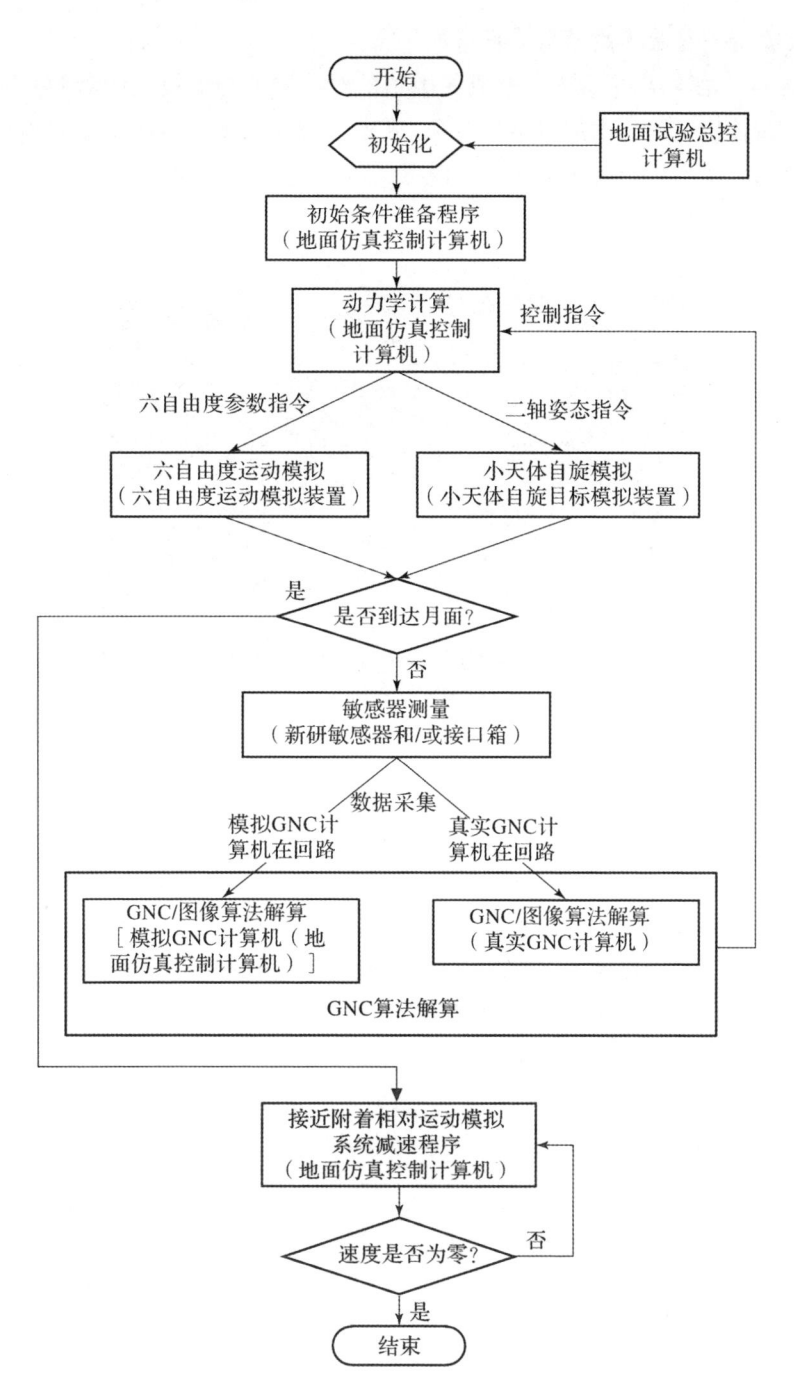

第 11 章　深空探测航天器控制系统仿真

图 11−44　小天体接近附着 GNC 半物理试验系统闭环试验的一般工作流程

1. 激光三维成像敏感器成像结果

图 11-45 给出了激光三维成像敏感器对小天体地形模拟沙盘的真实三维点云成像输出结果。由成像结果可见,激光三维成像敏感器在实验室内存在环境干扰的情况下仍可对小天体地形模拟沙盘局部待着陆区域进行三维成像。其图像中的噪点可以通过设置阈值消除。

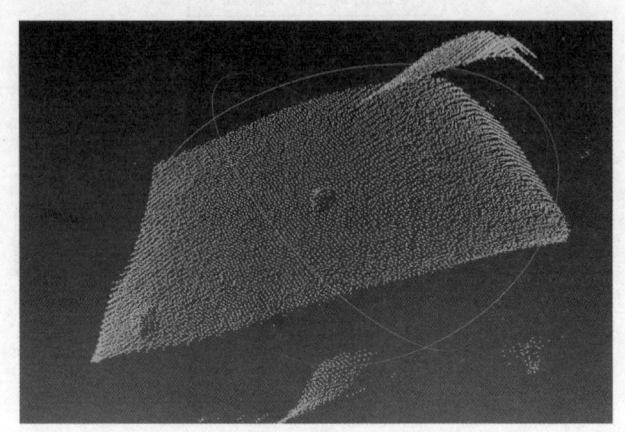

图 11-45 激光三维成像敏感器针对小天体地形模拟沙盘的
真实三维点云成像输出结果(彩图见书末)

2. 初始对准建立试验结果

在闭环试验中,通过对激光三维成像敏感器获取的图 11-45 所示的成像结果进行图像处理,可获得相机测量坐标系下的安全着陆区法线方向,标志点位于小天体地形模拟沙盘中心。根据此法线方向,即可建立小天体近距离下降过程的相对参考基准坐标系。试验结果表明,通过激光三维成像敏感器解算的着陆区法线方向正确,相对参考基准有效建立。

下面对近距离接近的初始对准过程进行仿真分析。

假设小天体地形模拟沙盘绕竖直轴以 $0.1°/s$ 自旋,初始时刻探测器相对于小天体表面标志点系的三轴初始姿态角分别为 $[0.196°, -5.579°, -3.847°]$,图 11-46~图 11-49 分别给出了初始对准过程中探测器本体系相对于小天体表面标志点参考系的姿态角、姿态角速度、相对位置和速度的闭环试验结果。

由图 11-46 和图 11-47 可知,在初始对准过程中,三轴相对姿态被控制到零附近,即探测器本体系与小天体表面标志点参考系基本一致,实现了二者的初始对准。

图 11-48 和图 11-49 的曲线结果表明,在初始对准过程中,由于先进行姿

态对准再进行位置对准,在小天体自旋状态下,探测器的姿态和位置都处于动态跟踪过程中,因此探测器的相对位置和速度都发生了一定的变化。

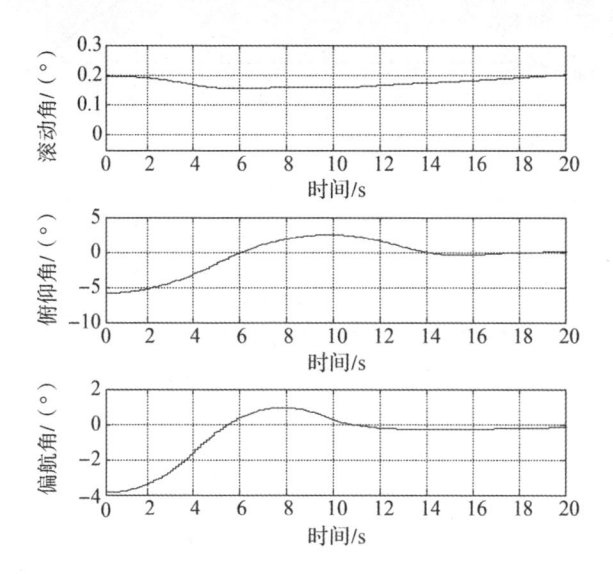

图 11-46 初始对准过程姿态角变化曲线

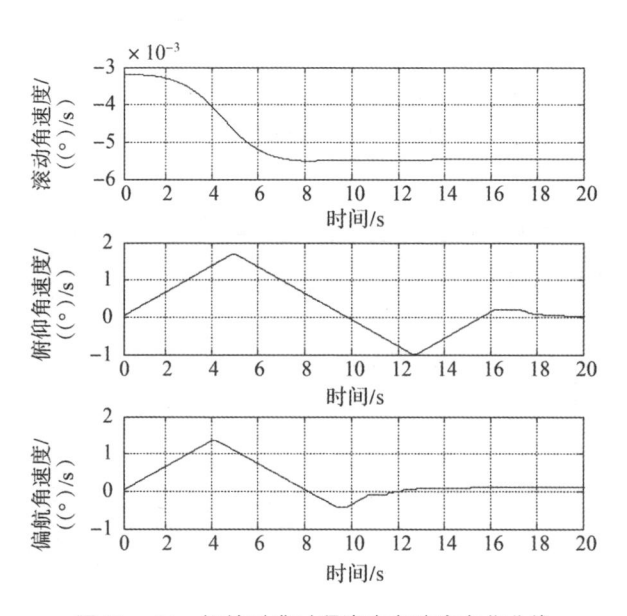

图 11-47 初始对准过程姿态角速度变化曲线

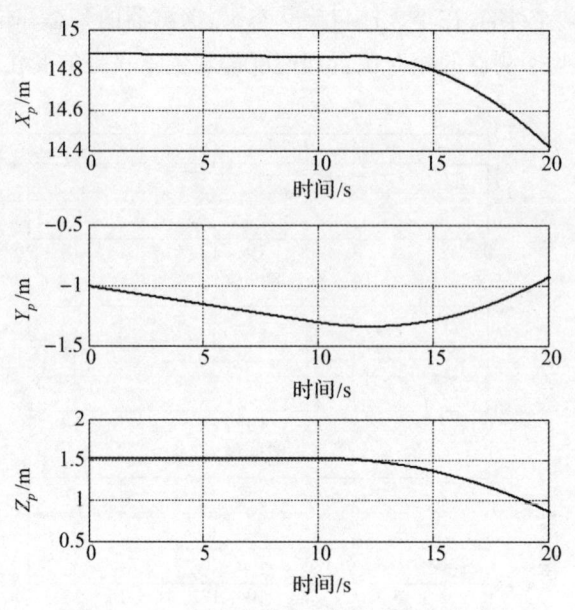

图 11-48 初始对准过程相对位置变化曲线

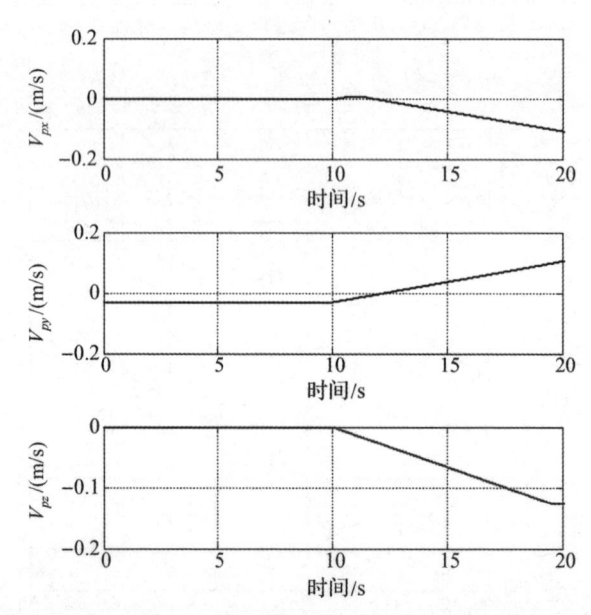

图 11-49 初始对准过程相对速度变化曲线

3. 接近附着过程试验结果

下面对小天体近距离接近附着过程进行仿真分析。

假设小天体地形模拟沙盘绕竖直轴以 0.1°/s 自旋,初始时刻探测器相对于小天体表面标志点参考系的三轴初始姿态角分别为[0.196°, -5.579°, -3.847°],附着过程障碍识别后的安全着陆点横向坐标为(2, -2)m,图 11-50 ~ 图 11-53 分别给出了接近附着过程探测器本体系相对于小天体表面标志点参考系的相对位置、速度、姿态和姿态角速度的闭环试验结果。

由图 11-50 可见,在悬停避障阶段,探测器相对标志点参考系的横向位置被成功控制到了(2, -2)m 的安全着陆点附近,控制精度优于 1m。

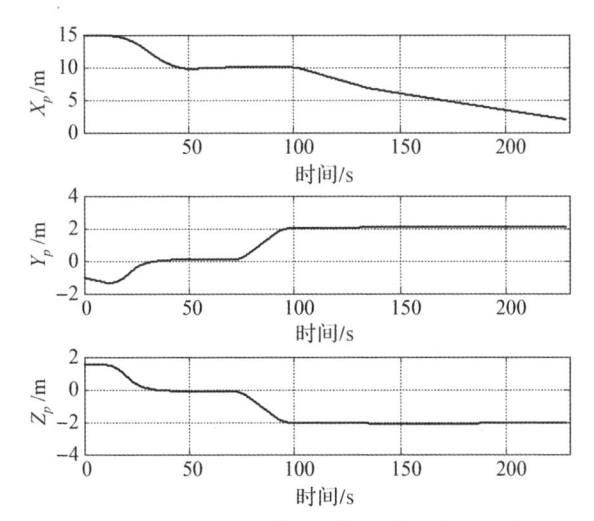

图 11-50 接近附着过程相对位置变化曲线

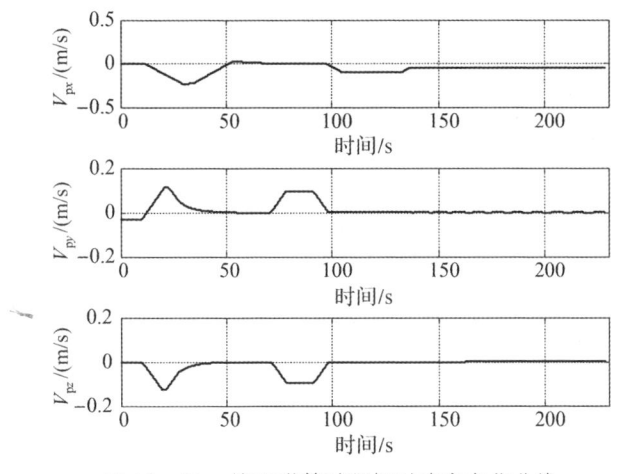

图 11-51 接近附着过程相对速度变化曲线

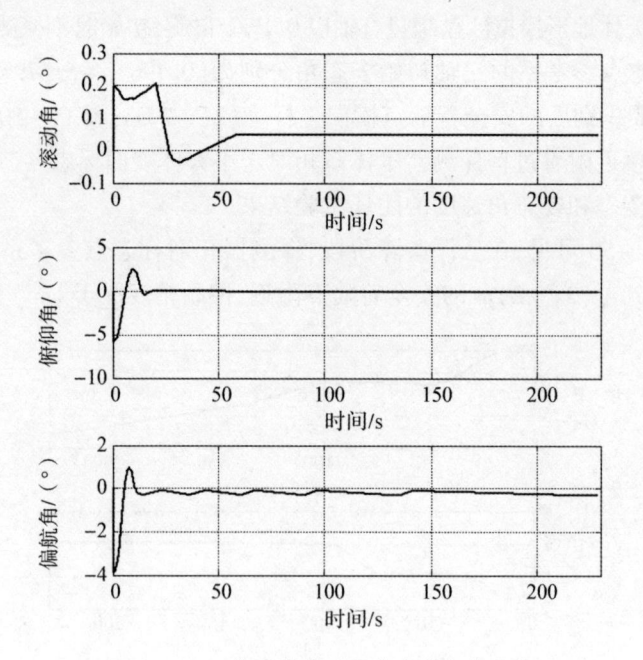

图 11-52 接近附着过程姿态角变化曲线

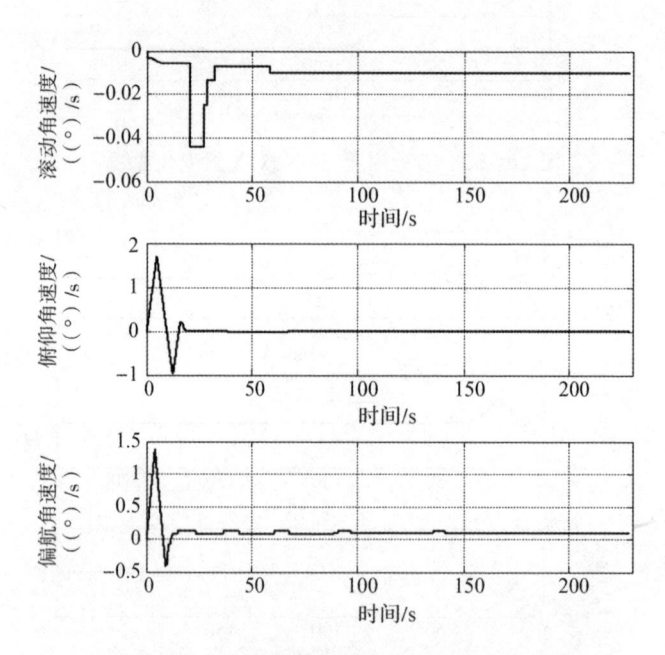

图 11-53 接近附着过程姿态角速度变化曲线

11.6　本章小结

针对深空探测领域控制系统仿真验证的新需求,本章分别从数字仿真和物理试验两个维度提出了"1+2"解决方案,即构建了一个数字仿真系统和2个半物理试验系统,分别是基于通用数学仿真平台AOCS且面向场景的深空GNC数学仿真系统、地外天体软着陆GNC半物理试验系统和小天体接近附着GNC半物理试验系统,并详细叙述了深空领域三套仿真试验系统的技术实施方案和典型型号应用实例,具有较强的针对性和工程实用价值。

第12章 智能航天器控制系统仿真初步研究

12.1 概　　述

近年来,人工智能技术的快速发展,为智能自主控制技术注入了新的活力,应用人工智能技术可有效改善不同领域需要自主系统的性能表现。自2017年起,美国、法国和日本等国先后发布了和人工智能相关的倡议或战略,均确立了人工智能技术为航天产业未来发展方向。中国在2017年也发布了《新一代人工智能发展规划》,首次将人工智能技术的发展提高到国家战略层面。

文献[72]认为在自适应控制、模糊控制和神经网络控制等方法中引入人工智能技术,特别是自学习、自主推理决策和自组织等智能特征的技术时方可称为智能控制。

由于空间探测面临环境未知或者局部信息未知的情况,以及星上资源受限等客观条件,杨嘉墀先生早在1995年就指出大力发展空间智能自主控制技术的必要性。智能航天器控制系统研究以近地轨道航天器、在轨维护与服务机器人、深空探测器等为对象,围绕空间态势感知、在轨服务、地外巡视探测等任务需求,通过人工智能技术实现理解任务、观察环境、自主决策和自主执行。2021年,面向航天器未来的发展需求,有学者提出由航天器实现"感知—演化—决策—执行"(observation、evolution、decision、action,OEDA)的控制思路[72],以提升航天器对复杂任务场景高层次理解、角色演化和自主决策等思维能力。

智能航天器控制系统的学习训练"赋能"和推理验证离不开仿真。在人工智能领域有许多优秀的学习框架和训练平台,大多是以开源的形式提供。如国外的 tensorflow、pytorch 等,国产有百度公司的飞桨(padlepadle)等。这些学习框架在模型的构建方法、开发和调试的便利性、模型的部署难度、学习训练效率上各有特点。智能学习框架或训练平台种类繁多,但框架本身提供的功能、实现思路和核心技术有一定的趋同性。

本章针对智能航天器控制系统仿真需求,给出智能学习训练平台总体方案,对空间场景学习训练样本的仿真模拟进行说明,介绍空间目标智能感知学习初步研究,同时阐述基于通用数学仿真平台的学习训练及智能模型闭环方法。

12.2 智能航天器控制系统仿真需求

智能航天器将由程控自动化逐步实现在轨智能推理和自主思考能力。如图 12-1 所示,与传统航天器一样,智能航天器控制系统也由敏感器、执行机构和控制器等组成。智能航天器一般配置光学相机、激光雷达等新型感知类敏感器,首先通过这类敏感器对空间环境和目标进行测量;其次利用人工智能方法自主感知航天器的运动,识别判断目标的表面结构,分析确定当前的态势;最后自主决策和执行任务动作,即航天器具备自主感知、推理、决策和执行的"思维"能力,又称"智能航天器"。

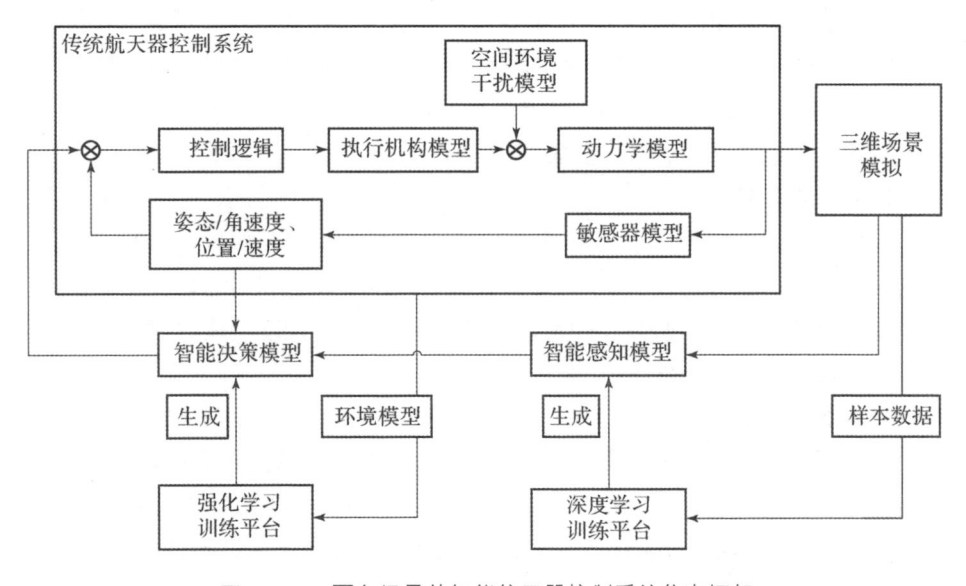

图 12-1 面向场景的智能航天器控制系统仿真框架

控制系统是实现航天器智能的主要系统之一。为逐步进化得到适合任务需求、自身能力和环境特点的行为模式,即模仿人类对未知环境的适应过程和对未知事物的认识过程,航天器控制系统要具备感知和决策学习能力。从系统闭环仿真角度来说,智能航天器控制系统需要在传统仿真系统的基础上增加智能感知模型和智能决策模型。前者一般是通过深度学习方法构建的神经网络模型,后者则是通过强化学习方法构建的记忆学习模型。智能感知模型和智能决策模型分别由深度学习训练平台和强化学习训练平台生成,前者基于含有关键特征的真实图像或模拟图像进行"理解"和"辨识",其训练获得的模型参数用于生成智能感知模型;后者具有与传统航天器控制系统形成闭环仿真的强化学习能力,利用大量不同场景的训练迭代和决策结果评估,通过训练生成智能决策模型。

智能学习算法需要足够多的学习训练样本,航天器因其特殊性,真实图片样本少,需要通过空间场景模拟和视觉类成像式数字单机模型仿真模拟生成。另外,强化学习需要大量的闭环仿真验证训练迭代,要求平台具备大规模并行计算能力,用以实现从数据预处理到离线/在线训练再到智能水平评估的航天器智能赋能设计和仿真验证,支撑航天器自主感知决策执行一体化控制。

12.3　智能学习训练平台总体方案

智能感知模型和智能决策模型都要通过智能学习方法进行大量训练获得,实现智能体训练的平台称为智能学习训练平台。该平台通常包括硬件算力层、计算平台层、智能引擎层、算法训练层、仿真环境及用户编程接口层,如图12-2所示。

智能学习训练平台各部分主要功能如下。

1. 硬件算力层

底层硬件算力层多采用CPU和GPU服务器异构部署的服务器集群,通过万兆网络互联。各服务器按功能可分为总控设备、运管设备和训练管理设备,分别用于运行部署训练管理监控软件及数据模型管理软件、调度层软件、智能训练学习算法及其管理评估软件等。

2. 计算平台层

对已有硬件资源合理调度,为智能学习的稳定训练提供算力保障。其主要功能包括硬件资源容器化,弹性管理资源;建立设备间的虚拟连接,高速传输数据;海量数据的大规模分布式存储与使用;高效、合理调度底层硬件资源及高速网络等。

第 12 章　智能航天器控制系统仿真初步研究

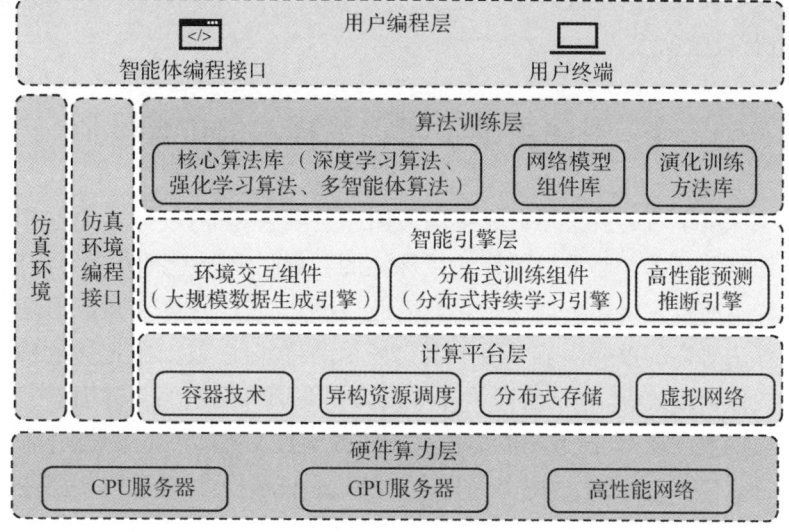

图 12-2　智能学习训练平台架构（彩图见书末）

3. 智能引擎层

智能引擎层具备高效优化的资源管理与调度能力，按功能分为三部分：大规模数据生成引擎、分布式持续学习引擎和高性能预测推断引擎。大规模数据生成引擎主要用于智能体与仿真环境交互，基于 CPU 集群生成高质量海量样本数据；分布式持续学习引擎通过持续消费样本数据，以及调用算法训练层的库，持续稳定输出多层神经网络，生成针对特定任务的优化智能体；高性能预测推断引擎基于当前环境的状态信息，神经网络做前向推断，输出决策序列。

4. 算法训练层

算法训练层负责智能体模型的构建、最优解的寻找及智能体的演化训练。算法训练层主要由三个模块组成：网络模型组件库、核心算法库和演化训练方法库。网络模型组件库是为特定与复杂决策问题构建的神经网络；核心算法库主要包含深度学习算法和强化学习算法等；演化训练方法库提供高效的训练策略。

5. 仿真环境及用户编程接口层

仿真环境用于运行航天器的姿态轨道动力学、测量部件及执行部件等的仿真模拟程序，以及三维场景模拟程序。用户编程接口层，允许用户对智能体进行状态设置和仿真控制。在每局的仿真过程中，被训练的智能体定期从仿真环境获取最新状态，计算需要执行的指令，敏感器给出最新测量图像输出。仿真进程

399

可并行启动数百份甚至数万份,产生的样本接入智能引擎层的大规模数据生成引擎,进行模型训练。

12.4　空间场景学习训练样本的仿真模拟

基于深度学习的航天器智能感知应用于空间目标捕获、目标关键部件特征提取与识别等任务。监督学习算法以标注的数据辅助模型训练,参与的样本数据量和样本质量直接影响训练结果。因此,获取大量图像样本和数据是支撑人工智能算法研究的重要环节。由于太空场景的特殊性,航天器光学敏感器观测的真实图像资源较少,有限的训练样本成为制约训练质量的关键因素。因此通过仿真模拟生成样本,最大限度模拟真实任务场景及关键单机采集的图像数据,并根据特定任务目标,生成对应的样本和测试验证数据,以弥补真实图像样本的不足。

空间场景学习训练样本的仿真模拟生成包括三维场景模拟、航天器及典型部件模型模拟、感知成像敏感器模拟和感知识别样本数据库等重要环节,如图12-3所示。

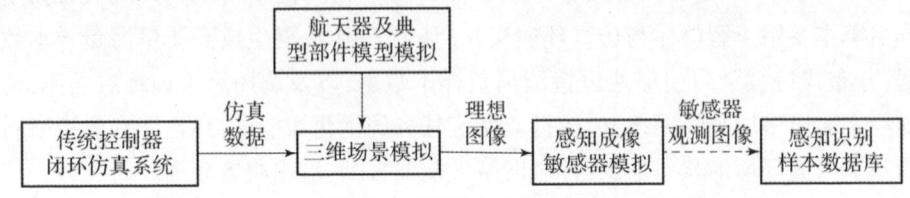

图12-3　空间场景学习训练样本的仿真模拟生成过程示意图

12.4.1　三维场景模拟

空间三维场景模拟引擎能接受仿真数据驱动,实时模拟航天器在轨运行时的状态以及太阳、月亮、星空、辐射、大气等空间环境。在学习训练阶段用来生成大量的在轨航天器样本数据,在闭环仿真阶段为智能感知识别算法的在线验证提供接近真实的数据源。三维场景应能够模拟和真实物理场景中一致的模型材质及反射特性等,建立星空背景,同时具备各种光照条件模拟功能。

1. 模型材质及反射

为模拟逼真的太空场景,应具备多种不同材质的反射特性模拟功能,能够满足多体制感知和辅助决策的需求。为实现材质渲染的高保真度,应对光照条件、材质表面的几何结构及材质表面的反射特性进行精确的描述。

2. 星空背景模拟

建立恒星时空模型,通过空间索引判别恒星可见性,并依据恒星亮度等级模拟航天器所在空间区域的星空背景。恒星模型是根据真实时空数据推演生成的,并且在每颗恒星的数据模型中都包含其亮度、温度、光谱、辐射度等相关数据。

3. 光照条件模拟

三维场景能够根据日月星历计算并模拟场景中的光照,主要包括:根据太阳光谱、亮度、距离实时计算太阳光照射到目标模型表面及反射的效果;不发光的天体将太阳辐射反射回宇宙空间;太阳辐射通过大气时的散射现象,如地球外围光晕;其他非恒星和行星光照等。三维场景能设置光源类型、光照朝向方位、光照强度值、光源颜色、投射阴影、间接光照强度、阴影偏差、光源角度等相关属性。

4. 多相机视角设置

三维场景中可创建多种类型的虚拟相机视角。相机机制包含了多项基础参数设置,比如可根据目标器上所安装相机的位置信息和视场朝向大小等参数对虚拟相机进行设置,通过参数设置让各类相机拍摄效果达到和物理世界中的相机成像效果基本一致。

12.4.2 航天器及其典型部件三维数字建模

航天器一般由多种部件构成,典型部件是指任务重点关注的对航天器在轨正常工作具有重要作用,且在图像上具有明显图形特征和纹理的可观测的空间目标局部构件。其主要包括航天器本体、太阳电池阵、热控材料、天线、光学传感器、对接机构等,与航天器本体几何尺寸具有可比性的构件主要为太阳帆板、天线、光学相机等。智能感知样本仿真模拟的基础是对目标及环境的图像模拟,因此需要对航天器及其典型部件进行三维数字建模,结合三维场景模拟,仿真生成敏感器测量拍摄的图像。

为实现卫星典型部件的识别,对包括帆板、天线和光学敏感器等的卫星典型部件及卫星本体进行三维建模,即采用主流三维建模软件建立典型卫星的模型,保证航天器星体与典型部件几何外形符合真实尺寸比例,并为典型部件选择合适的材质属性和纹理贴图,使其对光照敏感以产生更加逼真的模拟效果。

12.4.3 可见光成像敏感器数字单机

详见第 2 章新型数字单机模型。

12.4.4 图像标注与感知样本集生成

将建好的航天器三维数字模型导入空间三维场景模拟引擎,设置虚拟数字相机(相机安装位置、指向、视场角等),通过仿真数据驱动,模拟目标航天器不同的拍摄距离、角度、环境光照、典型部件的反射效果,进行不同条件下的成像,从而形成丰富的目标航天器外观特征样本。这种传感器观测数字图像模拟方法生成速度快,可以生成大量样本图片[73]。对于航天器及典型部件,样本图像要涵盖不同光照下的航天器及典型部件图像。

针对航天器控制系统在轨真实小样本图像感知任务的特点,传感器观测数字图像模拟方法生成样本图片或/和在轨真实拍照采集小样本图像后,进一步通过样本增广,即利用裁剪、位移、缩放、翻转、颜色与亮度的调整等方法,增加训练样本的数据量和多样性,提高模型的泛化能力。以地外巡视探测任务感知样本生成流程为例进行说明,示意图如图 12-4 所示。对于火星表面真实图像获取难度较大、各类场景中样本数量有限的客观情况,通过样本增强功能,进行样本数量扩充,支持平坦沙质地形、均匀板岩沙质地形、碎石沙质地形等不同地形场景。同时,从材质粒度上分,可以实现粗沙、细沙的样本增广。

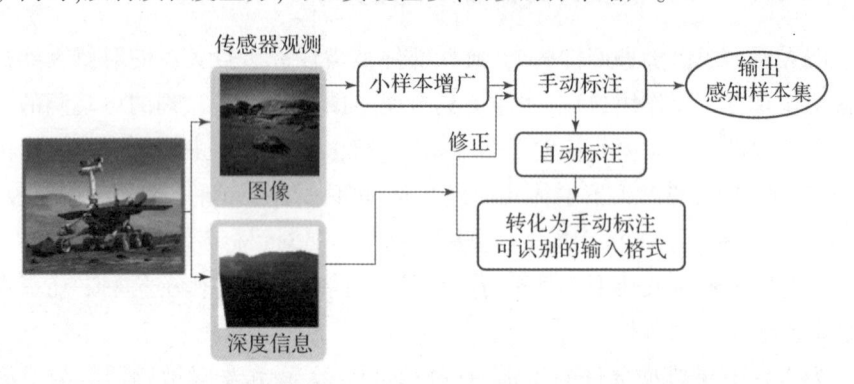

图 12-4 地外巡视探测任务感知样本生成流程示意图(彩图见书末)

数据标注是让机器实现类似人类的认知功能所进行训练的前提。数据标注通过为机器提供标注过的数据,使其能够学习并识别物体,这是实现航天器太空自动驾驶智能系统的基础数据处理工作。对于在轨航天器,感知环节的核心任务是让航天器智能感知系统了解航天器的构件,正确识别帆板、天线等典型部件,因此需要对部件模型进行标注;对于地外巡视探测任务,感知环节的核心任务是让航天器智能感知系统了解周围环境,包括识别平坦沙质地形、均匀板岩沙质地形、碎石沙质地形、山脊地形等场景,因此需要对岩石、沙砾、斜坡、平地等典型地形地貌场景进行目标检测、语义分割、实例分割的结果标注。

样本标注一般分为手动标注和自动标注两种方法,从仿真软件功能实现的角度,样本标注软件功能模块如下。

(1)手动样本标注功能模块:标注的质量将对自主识别网络的训练起到非常重要的作用,人工标注相对精细,但是工作量大,人工成本高。需要参照业内通用的样本标注格式,对航天器在轨真实敏感器获取图像、地面物理试验敏感器获取图像或航天器地面仿真图像,支持对单张图片或多张图片的批量标注,可完成目标检测、语义分割、实例分割的标注,结果存储为 json 文件,可转化为其他通用格式,生成样本集,进行样本数据管理和训练集生成。仿真软件功能通常包括但不限于:

①具备友好且直观的图形交互界面,能让用户直观地了解各项功能;
②支持选择待标注图片所在路径,或选择待批量标注的文件夹;
③在批量标注时支持切换至上一张、下一张图片;
④支持切换多边形标注或矩形框标注,支持删除某一标注多边形;
⑤支持选择标注结果存储路径;
⑥支持展示已标注结果,可以修改或删除已完成的标注结果;
⑦支持自定义标签类别;
⑧手动标注功能可读取自动标注结果和人工辅助标注信息,进行结果修正。

(2)自动样本标注功能模块:自动标注有两种实现方式。方式 1 为基于真实几何模型的自动标注,即航天器及典型部件、地外巡视探测表面环境进行三维建模时,每个部件是独立几何模型,事先对典型部件进行标签命名,在图像样本生成输出的时候进行自动标注;方式 2 为基于深度神经网络模型的感知学习训练与数据集生成,即利用手动标注生成的感知样本进行学习训练,再基于训练好的神经网络对真实航天器或地外星表的更多图像进行智能感知推理标注,高效生成感知数据集。仿真软件功能除了手动样本标注功能要求外,主要体现在支持单张图片或多张图片批量标注,可完成目标检测、语义分割、实例分割的标注,结果可存储为 COCO 格式的 json 文件,可转化为其他通用格式,支持转化为手动标注功能所需输入格式。

12.5 空间目标智能感知学习初步实现

空间目标智能感知的主要功能是通过深度学习—判断—识别过程,提供目标和结构特征的识别结果,提升智能航天器系统对目标和任务环境的理解水平,从而为轨道态势感知、任务规划和集群决策等任务提供决策和执行依据。空间目标智能感知模块有 4 个子模块,分别是航天器身份识别子模块、航天器目标检测子模块、航天器局部特征分割子模块和航天器相对姿态估计子模块,下面逐一进行介绍其实现情况。

12.5.1 航天器身份识别

航天器身份识别子模块用于实现航天器身份类别的识别。该子模块使用 ConvNeXt 作为识别算法,并使用空间物体特征样本数据池中的单颗航天器分类数据集对 ConvNeXt 网络模型进行训练,最终实现对航天器类别的准确识别。经过训练,该子模块生成的身份识别模型具有较好的鲁棒性,可以对不同光照条件、不同姿态的航天器在轨数据和基于空间场景生成的仿真图片进行准确识别。针对不同的空间任务,该子模块支持自定义神经网络 batch – size、learning – rate 等参数进行定制化训练,生成任务定制模型并进行算法的闭环仿真验证。

1. 算法模型:ConvNeXt

ConvNeXt 是卷积神经网络模型在图像识别领域的最新进展之一。ConvNeXt 模型由 FAIR 和伯克利大学的研究人员提出,在 ImageNet 22K 数据集上仅使用卷积结构实现了 87.8% 的准确率,受到了学术界和工业界的广泛关注。ConvNeXt 模型的构建理念是从 ResNet 出发,倾向于 Swin Transformer 的设计,最终在相同计算量下超越了 Swin Transformer 的性能。

ConvNeXt 在激活函数和归一化方面对 CNN 层的微观设计进行了以下改进和优化:

(1)将 ReLU 替换为 GELU;
(2)减少激活函数的数量;
(3)减少归一化层的数量;
(4)将 BN 替换为 LN;
(5)单独的下采样层。

最终的 ConvNeXt 模型在相同计算量下的准确率高于 Swin Transformer。

ConvNeXt 模型是一个纯卷积神经网络模型,比 Transformer 模型更简单;而且 ConvNeXt 和 Vision Transformer 一样,具有相似的可扩展性,模型的性能可以随着数据量和模型规模的增加而成比例地提高。

2. 算法性能仿真验证

在开源网站下载 100 多种带有身份标注的航天器,然后在身份识别模块中,输入一张航天器图像,便可以检测显示其航天器的名称。身份识别测试结果如图 12 - 5 所示,支持实时检测,可以检测 30 帧/s 以上的图像。

测试图片	航天器身份识别结果
	Starlink
	SkyTerra

图 12 - 5 航天器身份识别测试结果(彩图见书末)

12.5.2 航天器目标检测

航天器目标检测子模块实现的功能为将包含待检测的目标航天器 2D 视图作为输入对象,实现对输入图片中目标航天器位置的检测,同时识别目标航天器的身份信息。在结果可视化显示方面,采用文本和检测框相结合的方式,直接将目标航天器的检测结果展示供用户查看。为了保证系统检测目标航天器位置和识别目标航天器身份的精度和鲁棒性,航天器检测模块规定输入视图分辨率不低于 1024 × 1024。针对不同的空间任务,该子模块支持自定义神经网络 batch - size、learning - rate 等参数进行定制化训练,生成任务定制模型并进行算法的闭环仿真验证。

1. 算法模型:yolov5

yolo 系列检测算法属于单阶段目标检测算法,该算法模型将目标识别重新架构成了一个回归问题，直接对图像进行计算，产生物体的类别概率和位置坐标值，经过单次检测即可直接得到最终的检测结果，检测速度快，检测精度高。目前，yolo系列算法已经迭代了5个版本，航天器检测模块在检测功能实现上，采用了2022年检测性能较为优秀的yolo系列最新模型yolov5，yolov5版本结构比前几代更小，仅为yolov4的1/9。其中yolov5s是网络深度最小、特征图宽度最小的网络，从降低部署成本及使网络更加轻量级的角度，选择yolov5s进行训练。

2. 算法性能仿真验证

针对本模块中航天器目标检测的任务，选择yolov5s模型。该模型参数量（param）为21.2M，浮点运算数（FLOP）为4.9G。在性能指标方面，对于该航天器目标检测子功能模块的性能评估采用Top1准确率（Top1 accuracy）指标。

在实际应用中，yolov5s网络在航天器检测数据集中包含80万张航天器图片的训练集上进行训练，并在包含20万张航天器图像的测试集上进行性能测试，训练的yolov5s网络模型在测试集上识别Top1准确率平均不低于93.7%。航天器目标检测效果如图12-6所示。

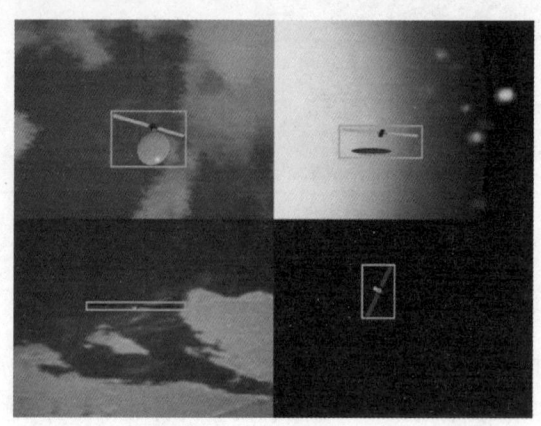

图12-6 航天器目标检测结果（彩图见书末）

12.5.3 航天器局部特征分割

航天器局部特征分割子模块实现的功能为：对于视图中仅有单颗航天器的2D图片输入对象，该模块实现对于图片中单颗航天器的特定部位特征，例如太阳帆板、对接环、喷管的检测识别，并且采用标注检测框等方法将图片中航天器等局部特征进行可视化显示。

在稳定性要求方面，该子模块的航天器局部特征检测功能需要对空间光照条件具有一定鲁棒性,能在光照发生变化的情况下保持一定的检测准确性。为了保证模块的检测准确性,限定单颗航天器的图像输入分辨率不低于224pi×224pi。针对不同的空间任务,支持自定义神经网络 batch – size、learning – rate 等参数进行定制化训练,生成任务定制模型并进行算法的闭环仿真验证。

1. 算法模型:Deeplab v3 +

为了实现单航天器局部特征检测,即在单航天器场景下对航天器局部特征进行检测识别的功能,采用的技术方案为 Deeplab v3 +,采用该方案的主要优势:Deeplab v3 + 通过添加一个简单而有效的解码器模块,专门改进了对象边界的分割结果。进一步改进了 Xception 模型,并将深度可分离卷积应用于空洞空间金字塔池和解码器模块,形成一个更快、更强大的编码器解码器网络。

2. 算法性能仿真验证

在性能指标方面,经过测试该模块精度达到 97.3%。在实际应用中,Deeplab v3 + 网络在航天器检测数据集包含的 80 万张航天器图像的训练集上进行训练,并在包含 20 万张航天器图像的测试集上进行性能测试。训练后的网络模型在测试集上的 Top1 准确率不低于 98.3%。检测效果如图 12 – 7 所示。

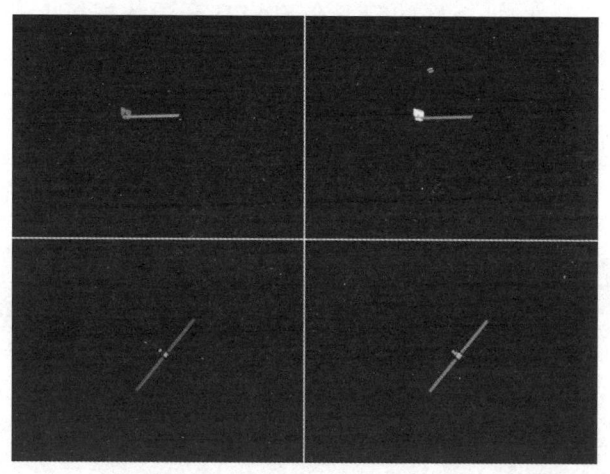

图12 –7 航天器局部特征分割子模块检测结果(彩图见书末)

▶ 12.5.4 航天器相对姿态估计

航天器相对姿态估计子模块的功能是能够实现以单张目标航天器 RGB 图像为输入,估计目标航天器的三轴姿态信息。针对不同的空间任务,支持自定义神经网络 batch – size、learning – rate 等参数进行定制化训练,生成任务定制模型。

1. 算法模型：HRNet

HRNet 并行多个不同分辨率的子分支,子分支间持续进行信息融合,从而使得网络在学习过程中全程保持高分辨率。而姿态信息对于分辨率较为敏感,因而,高分辨网络有助于提升姿态信息估计的精准度。HRNet 整体网络结构可分为生成新分支和分支信息交互两部分。前者对不同子分支的特征信息进行融合;后者生成一个新的下采样分支,不同子分支间的信息交互在高分辨率分支融合低分辨率分支特征时,先用 1×1 卷积核匹配通道数,然后采取最近邻插值进行上采样。对于同一分辨率的子分支,通过恒等映射进行融合。高分辨率下采样时,采用步长为 2 的 3×3 卷积核进行卷积操作。最后,HRNet 各分支逐渐升维融合,在升维过程中,普通卷积的上采样通过补零得到大的特征尺寸图,不会增大感受野的大小。然而,空间目标姿态一直处于变化中,且太空环境复杂,捕捉到的空间目标图像很容易产生一些遮挡区域,影响对姿态的精准预估。因此,图像的感受也尤为重要。针对该问题,HRNet 采用空洞卷积 HDC 模块取代各分支融合过程中的普通卷积,在不引入额外参数时提高特征图的感受野,从全局推断被遮挡部分信息。

2. 算法性能仿真验证

在性能指标方面,训练好的模型在 SPEED 开源数据集上进行测试,选取 2000 张图片,姿态估计值与 SPEED 数据集标注真值平均误差小于 2 度,航天器相对姿态估计求解结果如图 12-8 所示。目前,在空间非合作目标测量领域的公开文献数据中,本模型测量精度达到了领先水平。

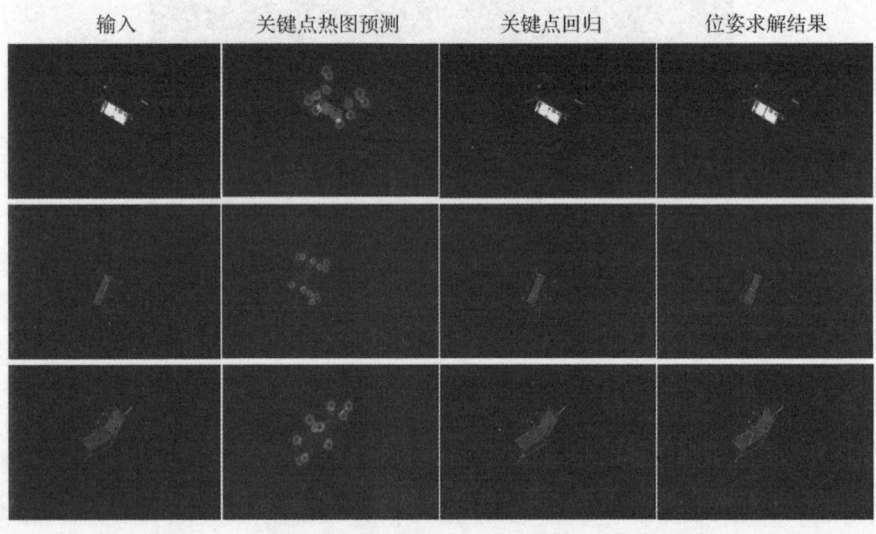

图 12-8　航天器相对姿态估计求解结果(彩图见书末)

12.6　基于通用数学仿真平台的学习训练及智能模型闭环方法

12.6.1　C语言仿真环境和算法训练层的编程接口

在图12-2智能体训练平台架构图中,仿真环境和算法训练层之间需要编程接口相连。目前,几乎所有的学习训练平台都使用Python作为首选编程语言,而且绝大多数学习算法通常也只提供Python调用接口。但传统航天器控制系统仿真的仿真模型和星上控制算法多采用C语言编程。为了使C语言编写的仿真模型能够被Python语言的学习训练算法调用,通用数学仿真平台AOCS提供了接口自动转化的组件。该组件是标准的pyd组件,可以被Python代码直接调用。当使用Python代码调用该组件时,它能够将传入的Python数据类型自动翻译成C数据类型,并把该调用转发给对应的通用仿真平台模型,然后将通用仿真平台模型解算输出的C数据类型自动翻译成Python数据类型返回给调用方,如图12-9所示。

实现这种在不同语言之间自动转换数据的类型,是基于通用仿真平台模型接口的类型反射机制,反射机制允许在运行时动态地操作C/C++数据类型,而Python数据类型本身就是动态的,所以能够实现两种类型之间的自动转换。

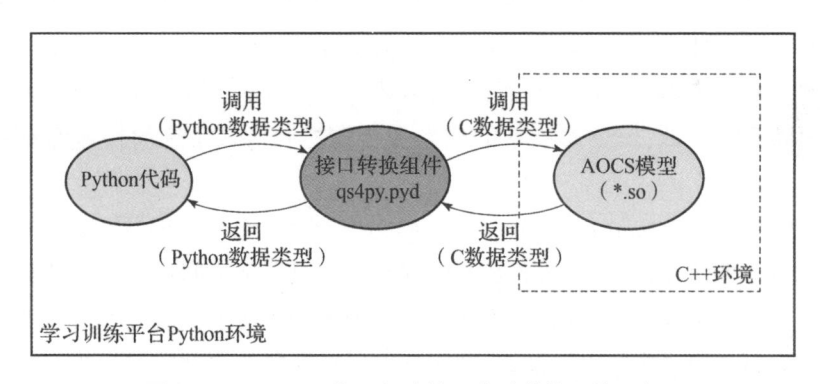

图12-9　Python和C语言接口自动转换组件示意图

这种转换过程对Python用户完全透明。基于该组件,能够在学习训练中使用原有高可靠的通用数学仿真模型,从而将传统数学仿真已有模型与机器学习相结合,开展学习训练,如图12-10所示。

```
import qs4py as qs

dll = qs.loadModelDll("dyn_orb_att.dll")    # 加载 dll
mod = dll.createModelByIndex(0)              # 创建模型

#--- 模型初始化 ---
init_arg = {
    "UTC": { "year": 2022, ... },
    "a": 42164170.0, "e": 0.0, "i": 5.0,
    "Omega": 270.0, "w": 0.0, "M": 28.2735,
    "airdragarea": 20.0, "lightarea": 103.69,
    "degree": 10, "Perturbation": 250, "ap": 15.0,
    "mcPos": [0.0, 0.0, 1.94], "Ic": [...],
    "MatrixSequence": 312, ...
}
mod.init("default", init_arg)

#--- 解算循环 ---
# 输入 [{THR_IN}, {CMG_IN}], 输出 [{ORB_OUT}, {ATT_OUT}]
inputs = [
    {
        'Grp': [],
        'Force': [0, 0, 0],
        'Torque': [100, 0, 0],
        'massdot': 0
    },
    {
        'Grp': [],
        'HwOut': [0, 0, 0],
        'dHwOut': [0, 0, 0]
    }
]
outputs = []

time = 0
for i in range(40):
    outputs = mod.solve(time, 0.1, inputs);    # solve( {时刻}, {步长}, {输入} )
    time = time + 0.1
    print(time, outputs[1]['RealAtt'])
```

图 12-10 使用 Python 代码调用 AOCS 仿真模型

▶ 12.6.2 智能模型在通用数学仿真平台 AOCS 上的闭环方法

以空间目标智能感知模型为代表的智能模型在学习训练完成后,为验证其有效性和泛化能力,考核其是否能对未知的训练集之外的测试数据或实际运行中遇到的新数据做出合理的预期响应,需要将其嵌入航天器控制系统仿真进行闭环和推理。因此,需要解决智能模型和传统控制仿真系统的快速闭环验证问题。

ONNX(open neural network exchange)是由微软和 Facebook 共同提出的一种开放的神经网络交换格式,用于在不同的深度学习框架之间进行模型的转换和交流。图 12-11 所示为 ONNX 中间表示在训练和运行之间的转换示意图。它的设计目标是提供中间表示格式,使用户可以在不同的深度学习训练和推理框架之间无缝地转换模型。用户可以使用不同的深度学习框架(如 PyTorch/TensorFlow/Paddle 等)进行模型的训练和定义,然后将模型导出为 ONNX 格式,导出后的 ONNX 模型包含了模型的结构和权重参数等信息。一旦模型导出为 ONNX 格式,就可以使用支持 ONNX 的推理引擎来进行推理,或者使用其他支持

ONNX 的框架将模型转换为目标设备所支持的模型格式。这样,用户就可以在不同的设备上部署和运行模型,无须重新训练模型。

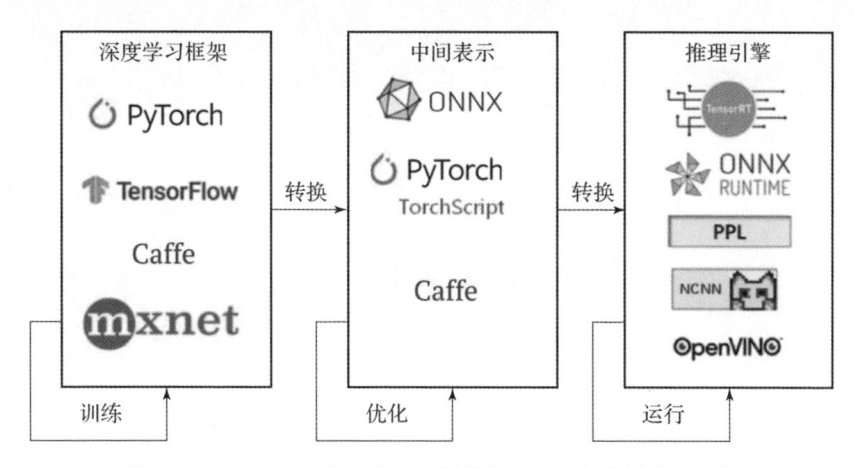

图 12-11　ONNX 中间表示在训练和运行之间的转换示意图

常见的推理引擎有:

ONNX Runtime:C++编写的开源推理引擎,它可以直接加载 ONNX 模型进行推理,也支持将 ONNX 模型转换成多种框架支持的格式,如 TensorFlow、TensorRT、Core ML 等。

TensorRT:TensorRT 是英伟达(NVIDIA)的推理加速库,专为深度学习推理而设计。它支持将 ONNX 模型转换为针对 NVIDIA GPU 进行优化的 TensorRT 模型。

OpenVINO(open visual inference & neural network optimization):OpenVINO 是英特尔(Intel)的深度学习推理引擎,旨在提供针对英特尔硬件的高性能推理。它支持将 ONNX 模型转换为适用于英特尔 CPU、VPU、GPU 等硬件设备的 OpenVINO 模型。

OpenCV(open source computer vision library):开源的跨平台计算机视觉库,它实现了图像处理和计算机视觉方面的很多通用算法,已成为计算机视觉领域最有力的研究工具。OpenCV DNN 模块支持主流的深度学习框架生成和导出模型的加载和推理,如 ONNX、Tensorflow 等。

为了提高推理速度,大多数推理引擎都使用 C++语言编写,并且以开源形式分发,如 ONNX Runtime、OpenCV,这些推理引擎可以方便地封装成仿真模型,同其他传统仿真模型一起快速构建闭环仿真程序(图 12-12)。

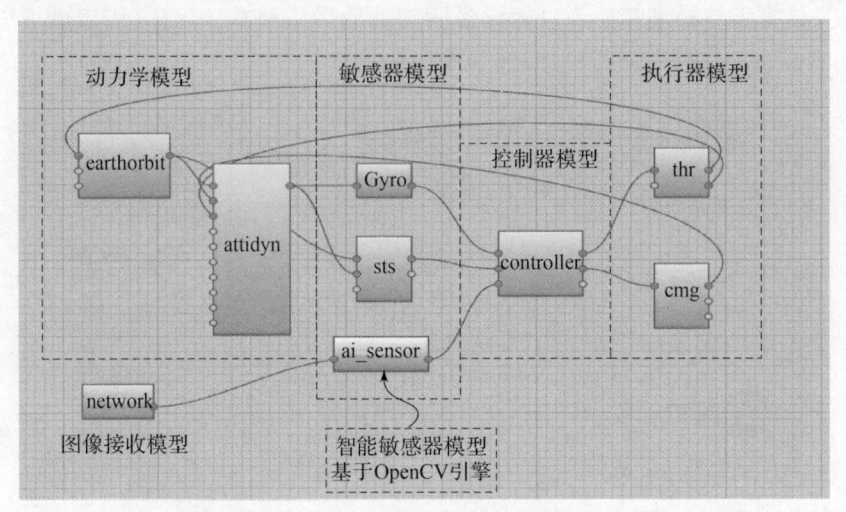

图 12-12　基于通用数学仿真平台 AOCS 的 OpenCV 推理引擎闭环示例(彩图见书末)

12.7　本章小结

　　本章描述了智能航天器控制系统学习训练的仿真需求,包括图像类输入数据样本集作为训练信息的深度学习,也包括需要与真实系统形成闭环仿真并进行大量场景训练迭代的强化学习。本章基于已有的初步研究结果,针对智能航天器控制系统仿真需求,给出了智能学习训练平台总体方案,明确了空间场景学习训练样本的仿真模拟方法,介绍了空间目标智能感知学习初步实现,详细说明了基于通用数学仿真平台的学习训练及智能模型闭环方法。

　　未来,随着计算机视觉、自然语言处理、知识体系工程的发展,智能技术将会让人的"自主思维"转移到航天器无人系统机器表达,使航天器逐步具备高度智能自主能力。任重道远,仿真技术在智能控制的发展中必将发挥重要作用。

参 考 文 献

[1] 李怡勇,邵琼玲,李小将.航天器有效载荷[M].北京:国防工业出版社,2013.
[2] 刘良栋,刘慎钊,孙承启,等.卫星控制系统仿真技术[M].北京:中国宇航出版社,2003.
[3] 包为民.对航天器仿真技术发展趋势的思考[J].航天控制,2013,31(2):4-8.
[4] 张新邦,索旭华.卫星控制系统故障仿真技术研究[J].航天控制,2002(1):51-56.
[5] 章仁为.卫星轨道姿态动力学与控制[M].北京:北京航空航天大学出版社,1998.
[6] 钱振业.航天技术概论[M].北京:中国宇航出版社,1991.
[7] 戚发轫,朱仁璋,李颐黎,等.载人航天器技术[M].北京:国防工业出版社,2003.
[8] 陈求发.航天入门必读[M].北京:中国宇航出版社,1998.
[9] 屠善澄.卫星姿态动力学与控制[M].北京:中国宇航出版社,2001.
[10] 周文艳,杨维廉.月球星历的计算方法及比较[J].航天器工程,2022,11(4):22-26.
[11] 刘延柱,潘振宽,戈新生.多体系统动力学[M].2版.北京:高等教育出版社,2014.
[12] 李庆扬,王能超,易大义.数值分析[M].4版.北京:清华大学出版社,2001.
[13] 张晓丹,郑连存,丁军,等.应用计算方法教程[M].2版.北京:机械工业出版社,2015.
[14] 颜庆津.数值分析[M].3版.北京:北京航空航天大学出版社,2006.
[15] 胡海霞,涂俊峰,曾海波,等.基于组态建模的航天器姿轨控数学仿真系统[J].空间控制技术与应用,2011(1):11-15.
[16] 张一,胡海霞,曾海波,等.基于模型可重用可组合的航天器分布式仿真系统研究:第二十届系统仿真技术及其应用学术年会论文集[C].乌鲁木齐:中国自动化学会系统仿真专业委员会,2019.
[17] HU H X,TU J F,LIU J,et al.Model-based simulated work-case generation and management platform for spacecraft control:International Conference on Signal and Information Processing,Networking and Computers[C].Cheng du:Springer,2023.
[18] 林瀚峥,胡海霞,汤亮.航天器控制系统方案设计平台[J].计算机仿真,2016,33(2):73-77.
[19] 胡海霞,林瀚峥,董文强,等.基于模型的航天器控制系统协同设计平台研究:第三十一届中国仿真大会[C].成都:中国仿真学会,2019.
[20] 胡海霞,汤亮,石恒,等.航天器GNC系统数学仿真技术研究现状及展望[J].空间控制技术与应用,2016,42(3):1-8.
[21] COLEMAN M,PENG C Y,SMITH K S.Test verification of the Cassini spacecraft dynamic model:1997 IEEE Aerospace Conference[C].Snowmass,CO:IEEE,1997.
[22] KODIYALAM S,KAO P J,WANG G.Analysis and test correlation of spacecraft strucutres using dynamic parameter sensitivies:In Proceedings of the AIAA Aerospace Sciences Meeting[C].Princeton,New Jersey:

[s.n.],1994.
[23] 丁继锋,韩增尧,马兴瑞.大型复杂航天器结构有限元模型的验证策略研究[J].宇航学报,2010,31(2):547-555.
[24] 朱跃,张令弥,郭勤涛.基于分层思想对复杂工程结构的有限元模型修正技术研究[J].振动与冲击,2011,30(12):175-180.
[25] 洪良友,贾亮,吴艳红,等.航天结构动力学模型修正方法研究[J].强度与环境,2015,42(1):23-30.
[26] ABRAMSON H N. The dynamic behavior of liquids in moving containers[R]. NASA SP-106,1966.
[27] OPPENHEIM B W,RUBIN S. Advanced Pogo stability analysis for liquid rockets[J]. Journal of Spacecraft and Rockets,1993,30(3):360-373.
[28] IBRAHIM R A. Liquid sloshing dynamics:theory and applications[M]. New York:Cambridge University Press,2005.
[29] 王照林,刘延柱.充液系统动力学[M].北京:科学出版社,2002.
[30] 李青.充液挠性系统动力学分析及在航天工程中的应用研究[D].北京:清华大学,2010.
[31] 苗楠.微重环境复杂激励下液体晃动等效建模研究[D].北京:清华大学,2016.
[32] FALTINSEN M O,TIMOKHA A N. Sloshing[M]. New York:Cambridge University Press,2009.
[33] TANG Y,YUE B. Simulation of large-amplitude three-dimensional liquid sloshing in spherical tanks[J]. AIAA Journal,2017,55(6):1-8.
[34] Flow Science Inc. Flow-3D[EB/OL].[2020-03-30]. https://www.flow3d.com.
[35] Sgi Corp. OpenFoam[EB/OL].[2020-03-30]. https://www.openfoam.com.
[36] LIU M B,LIU G R. Smoothed particle hydrodynamics:A meshfree particle method[M]. Singapore:World Scientic,2003.
[37] MONAGHAN J J. Simulating free surface flows with SPH[J]. Journal of Computational Physics,1994,110(2):399-406.
[38] 齐乃明,张文辉,高九州,等.空间微重力环境地面模拟试验方法综述[J].航天控制,2011,29(3):95-100.
[39] 庄保堂,李永,潘海林,等.微重力环境下导流叶片流体传输速度的试验研究[J].空间控制技术与应用,2012(6):1-5.
[40] ZHANG Y J,ZHANG Y R,DAI X W,et al. Workspace analysis of a novel 6-dof cable-driven parallel robot:2009 IEEE International Conference on Robotics and Biomimetics[C]. Guilin:IEEE,2009.
[41] 索旭华,张新邦.全天球实时恒星模拟器技术[J].计算机仿真,2001(5):152-154.
[42] 刘晓川,王海涛,顾浩.高效的半实物仿真系统平台:Windows NT(2000)+RTX[J].计算机仿真,2003,20(2):46-50.
[43] 徐林,姚益平,蒋志文.基于RTX扩展的Windows 2000/XP系统实时性分析:2008系统仿真技术及应用学术会议[C].合肥:中国自动化学会,2008.
[44] 张新邦.航天器半物理仿真应用研究[J].航天控制,2015(1):77-83.
[45] 袁利,程铭.面向深空探测任务的飞控仿真与支持系统研究[J].空间控制技术与应用,2009(6):13-18.

[46] 孙亚楠,涂歆滢,向开恒,等.航天器仿真与测试一体化系统[J].航天器工程,2009(1):73-78.

[47] 张新邦,曾海波,张锦江,等.航天器全物理仿真技术[J].航天控制,2015(5):72-78.

[48] 吴宏鑫,胡海霞.自主交会对接若干问题[J].宇航学报,2003,24(2):132-137,143.

[49] 林来兴.空间交会对接技术[M].北京:国防工业出版社,1995.

[50] TAKAHASHI R,ISE H,SATO D,et al. Hybrid simulation of a dual-arm space robot colliding with a floating object:2008 IEEE International Conference on Robotics and Automation[C]. Pasadena,CA:IEEE,2008.

[51] 王志勇.交会对接关键技术研究[D].长沙:国防科技大学,2000:16-18.

[52] SCHWARTZ J L,PECK M A,HALL C D. Historical review of spacecraft simulator[J]. Advances in the Astronautical Sciences,2003,114:405-423.

[53] 朱战霞,袁建平,等.航天器操作的微重力环境构建[M].北京:中国宇航出版社,2013.

[54] 胡海霞,刘洁,涂俊峰.基于代码自动生成的空间交会GNC系统仿真平台[J].空间控制技术与应用,2012,38(4):19-25.

[55] 王华,唐国金.交会对接仿真系统的设计策略研究[J].系统仿真学报,2002,14(9):1239-1242.

[56] 尤超蓝,洪嘉振.空间交会对接过程的动力学模型与仿真[J].动力学与控制学报,2004(2):23-28.

[57] AKIMA T,TARAO S,UCHIYAMA M. Hybrid micro-gravity simulator consisting of a high-speed parallel robot:Proceedings 1999 IEEE International Conference on Robotics and Automation[C]. Detroit,MI:IEEE,1999.

[58] YOSHIDA K,NAKANISHI H,UENO H,et al. Dynamics,control and impedance matching for robotic capture of a non-cooperative satellite[J]. Advanced Robotics,2004,18(2):175-198.

[59] STOLL E,WALTER U,ARTIGAS J,et al. Ground verification of the feasibility of telepresent on-orbit servicing[J]. Journal of Field Robotics,2009,26(3):287-307.

[60] 郭永.交会对接地面仿真系统控制方法研究与实现[D].哈尔滨:哈尔滨工业大学,2011.

[61] 刘慎钊,张新邦.载人飞船交会对接半物理仿真试验环境研究[J].计算机仿真,2005(s1):208-212.

[62] 李季苏,牟小刚,张锦江.卫星控制系统全物理仿真[J].航天控制,2004,22(2):37-41.

[63] 刘慎钊.卫星控制系统仿真[J].系统仿真学报,1995,7(2):23.

[64] 许剑,杨庆俊,包钢,等.多自由度气浮仿真试验台的研究与发展[J].航天控制,2009,27(6):96-101.

[65] LIM C,JAIN A. Dshell++:A component based,reusable space system simulation framework:2009 Third IEEE International Conference on Space Mission Challenges for Information Technology[C]. Pasadena,CA:IEEE,2009.

[66] 张锦江,王鹏基,关轶峰,等.月球软着陆制导、导航与控制半物理仿真试验系统:ZL200710121319.X[P].2009-06-03.

[67] 王鹏基,张晓文,贾永,等.一种软着陆避障模拟试验系统:ZL201410127206.0[P].2015-05-27.

[68] 黄翔宇,张洪华,王大轶,等."嫦娥三号"探测器软着陆自主导航与制导技术[J].深空探测学报,2014,1(3):52-59.

[69] XU C,HUANG X Y,GUO M W,et al. End-to-End mars entry,descent,and landing modeling and simulations for tianwen-1 guidance,navigation,and control system[J]. Astrodynamics,Astrodynamics,

2022,6(1):53-67.

[70] HUANG X Y,XU C,HU J C,et al. Powered-descent landing GNC system design and flight results for Tianwen-1 mission[J]. Astrodynamics,Astrodynamics,2022,6(1):3-16.

[71] 王鹏基,周亮,胡锦昌,等. 一种小天体着陆初始对准方法、其相对导航基准确定方法及装置: ZL201811280749.0[P]. 2019-03-22.

[72] 吴宏鑫,胡军,解永春. 基于特征模型的智能自适应控制[M]. 北京:中国科学技术出版社,2009.

[73] DU H,HU H,ZHANG H B,et al. Research on intelligent collaborative perception of space non-cooperative targets based on AOCS platform:Chinese Conference on Swarm Intelligence and Cooperative Control[C]. Nanjing:Chinese Institute of Command and Control,2023.

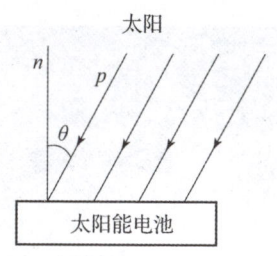

图 3-1 模拟式太阳敏感器

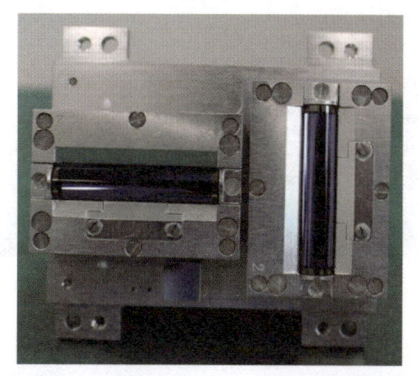

图 3-2 码盘式一体化数字太阳敏感器

图 3-3 圆锥扫描式地球敏感器　　图 3-4 摆动式地球敏感器

图 3-6 静态红外地球敏感器

彩 1

图3-7 甚高精度星敏感器

图3-9 三浮陀螺

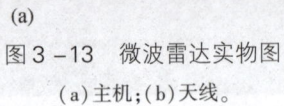

(a) (b)

图3-13 微波雷达实物图

(a)主机;(b)天线。

图3-17 激光雷达实物图

图3-19 光学成像相对位姿敏感器 A/B 型相机实物图

图3-21 飞轮

图3-22 200N·m·s控制力矩陀螺

图3-25 双组元10N推力器

图3-26 电推进推力器

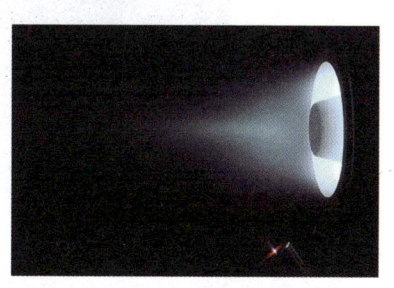

图3-27 电推进器放电图像

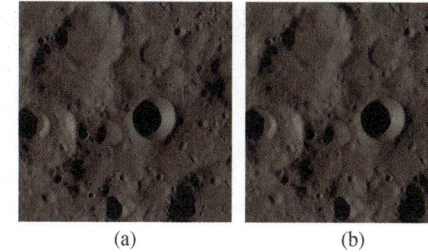

(a)　　　　　　(b)　　　　　　(c)

图3-29 可见光成像敏感器数字单机图像退化模拟输出结果

彩3

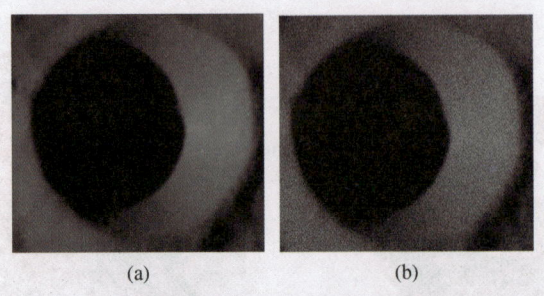

图 3-30 可见光成像敏感器数字单机退化图像噪声模拟输出结果

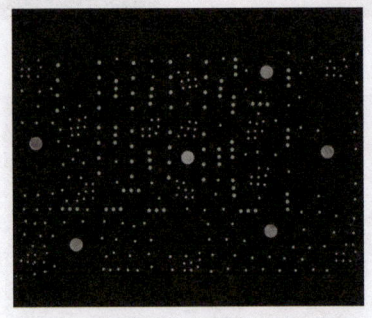

图 3-31 可见光成像敏感器数字单机空间关系正确性静态验证

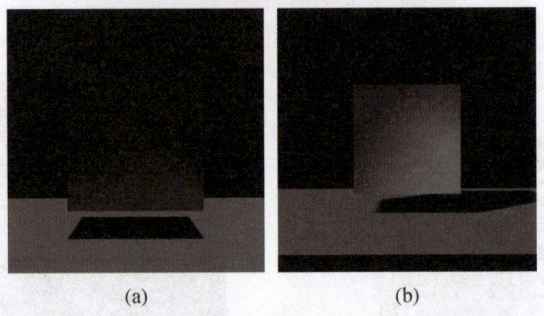

图 3-32 可见光成像敏感器数字单机光学系统正确性静态验证
(a)正上方加光照;(b)左前方加光照。

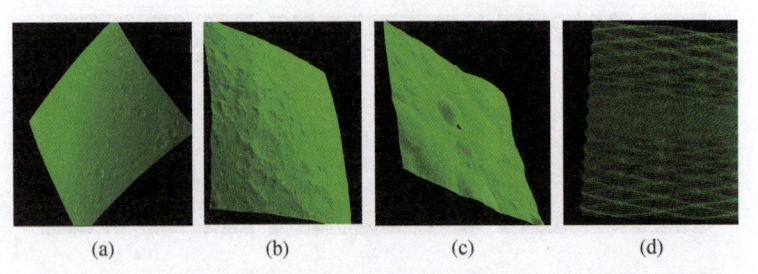

图 3-34 激光三维成像敏感器数字单机模型的点云图像输出结果

(a)   (b)

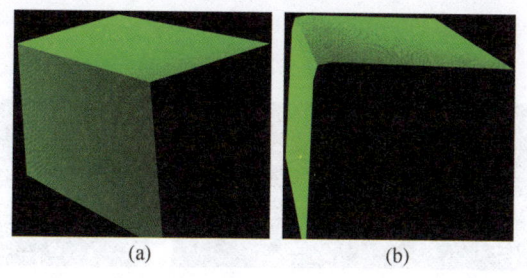

图3-35 激光三维成像数字单机可信性数字评估结果

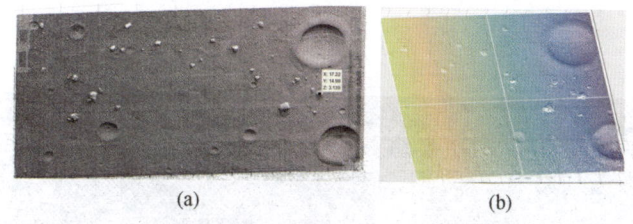

(a)   (b)

图3-36 真实地形模拟沙盘(a)和数字单机成像输出结果(b)

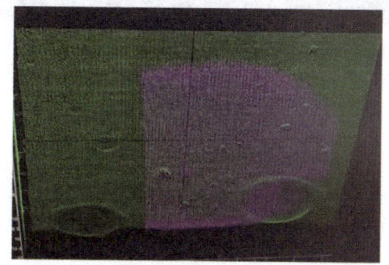

图3-37 激光三维成像敏感器物理单机(绿色)与数字单机(紫色)输出图像

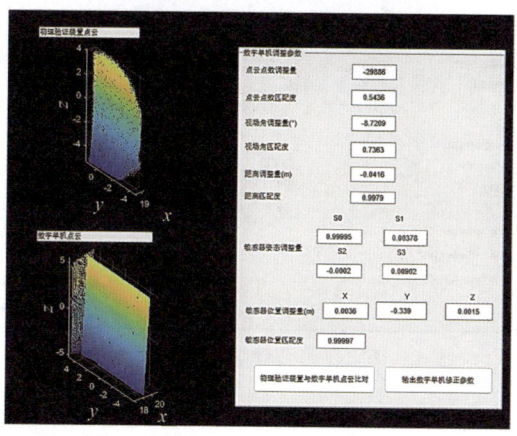

图3-38 激光三维成像敏感器物理单机与数字单机成像结果量化比较

彩5

图3-40 电路效应仿真模块参数设置及信噪比影响结果

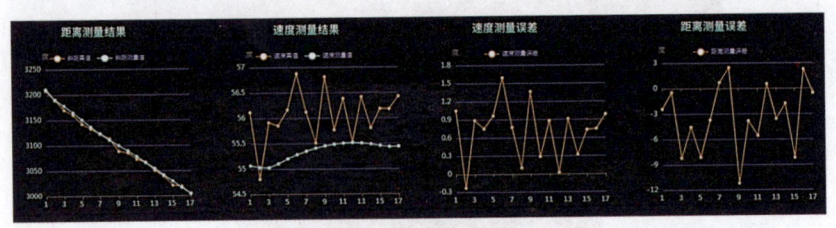

图3-41 微波测距测速敏感器数字单机波束距离和速度输出结果

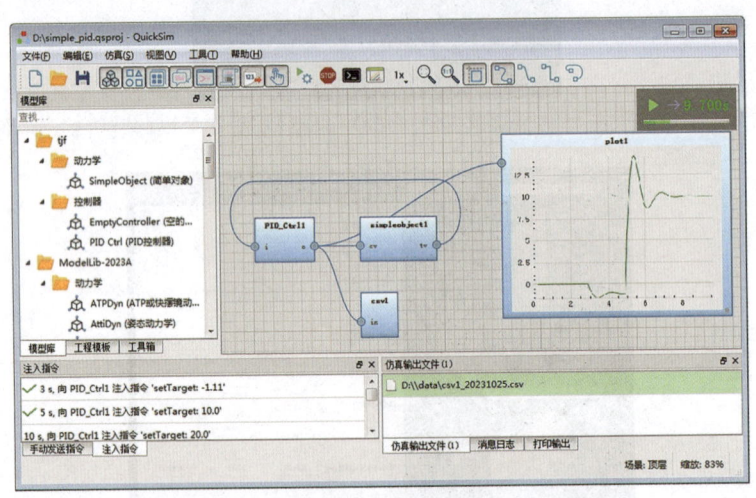

图4-15 图形化建模工具的使用界面

彩6

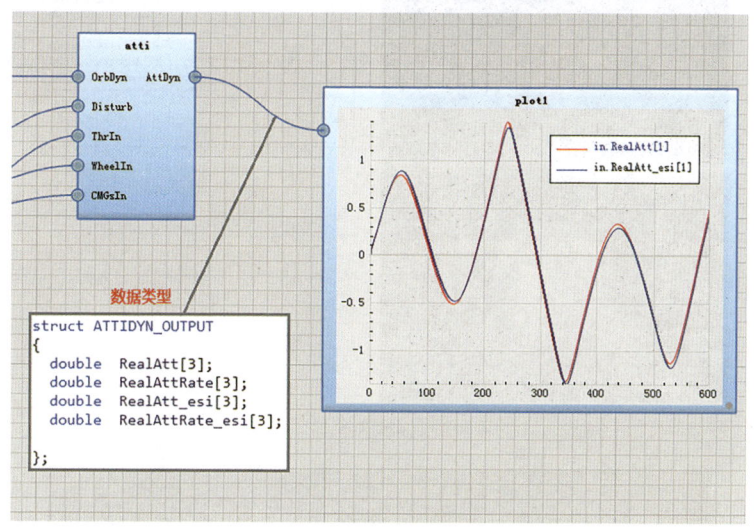

图 4-18 可监视任意连线数据

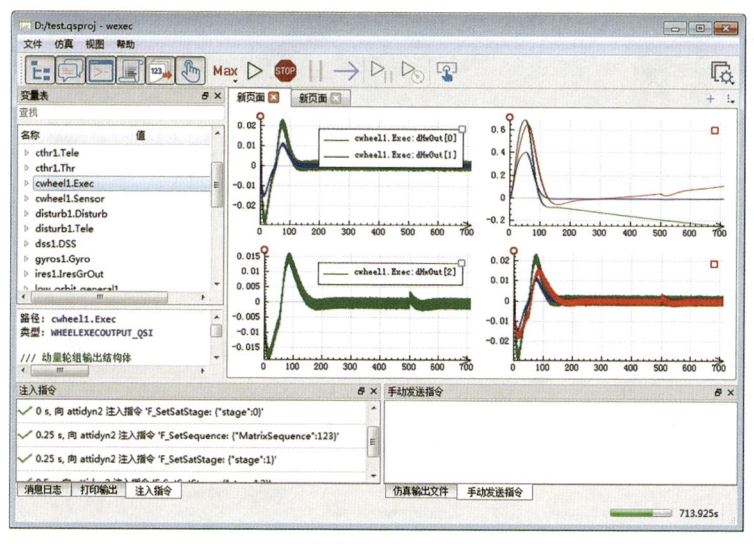

图 4-25 仿真运行控制工具的界面

彩 7

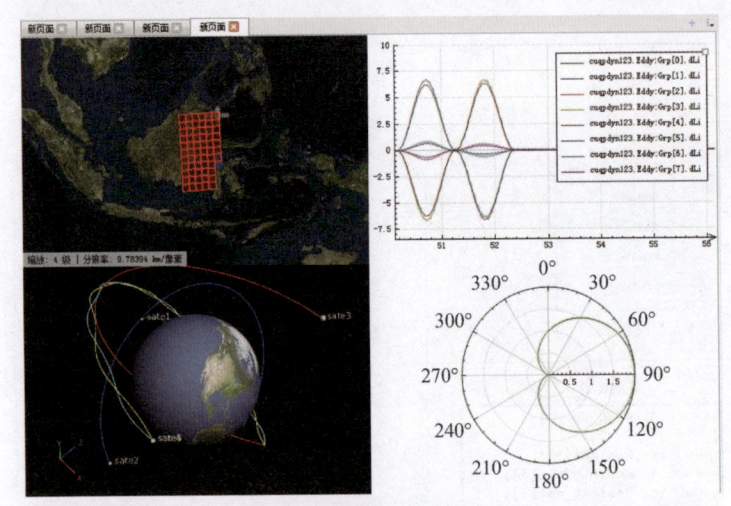

图4-32 丰富的显示控件

图4-35 三维场景管理界面

图4-36 三维模型库管理

彩8

图4-38 工况管理工具的界面

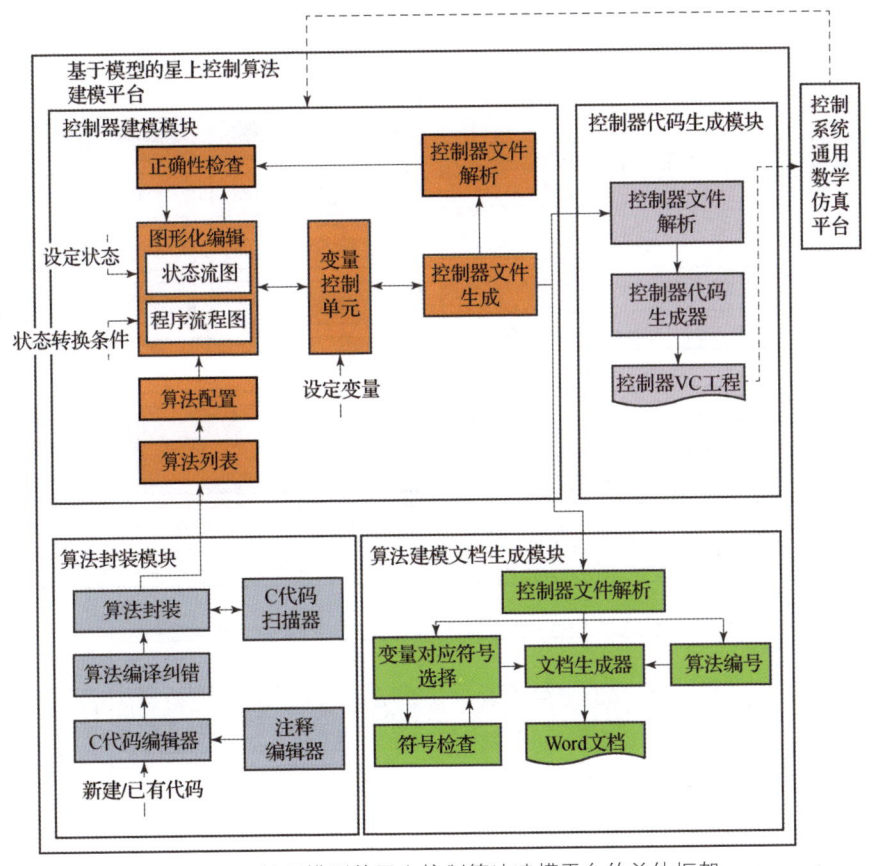

图5-1 基于模型的星上控制算法建模平台的总体框架

彩9

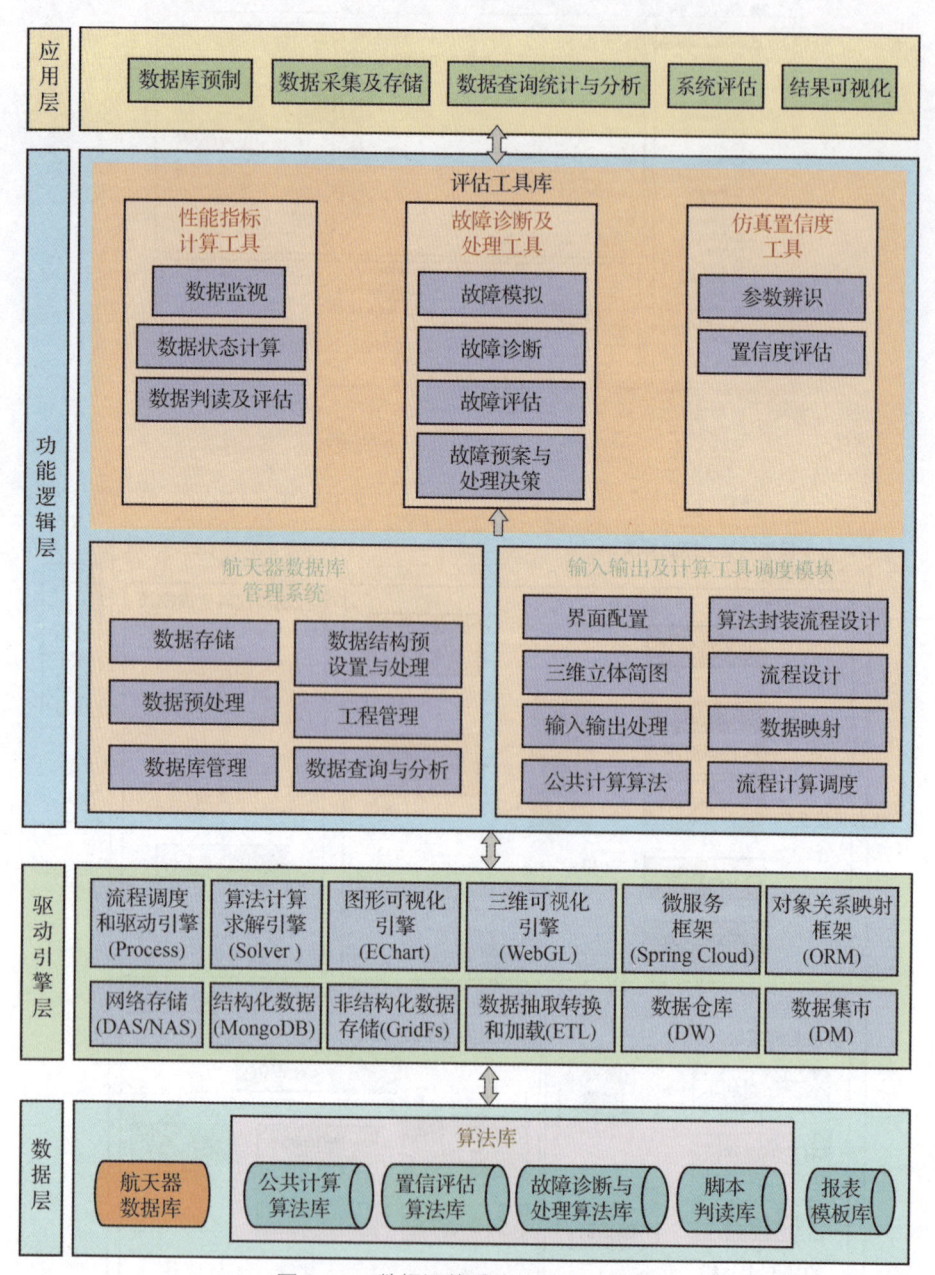

图6-3 数据评估系统软件运行框架

彩10

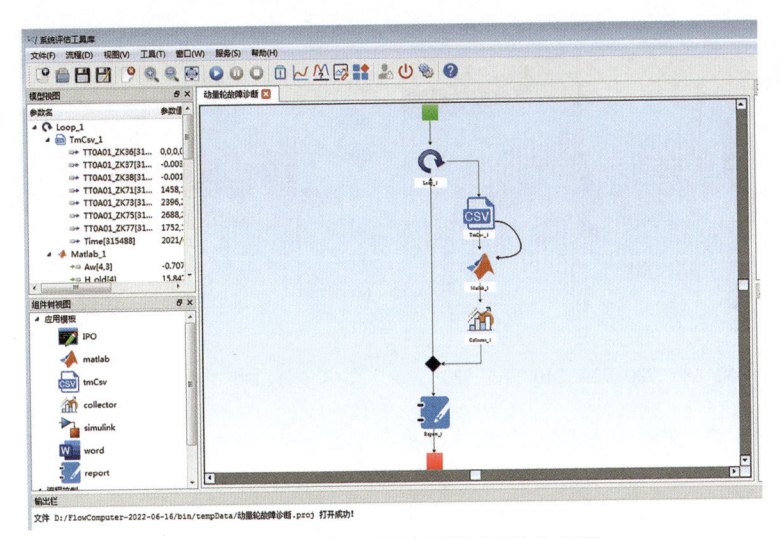

图 6-6 评估工具设计环境可视化界面

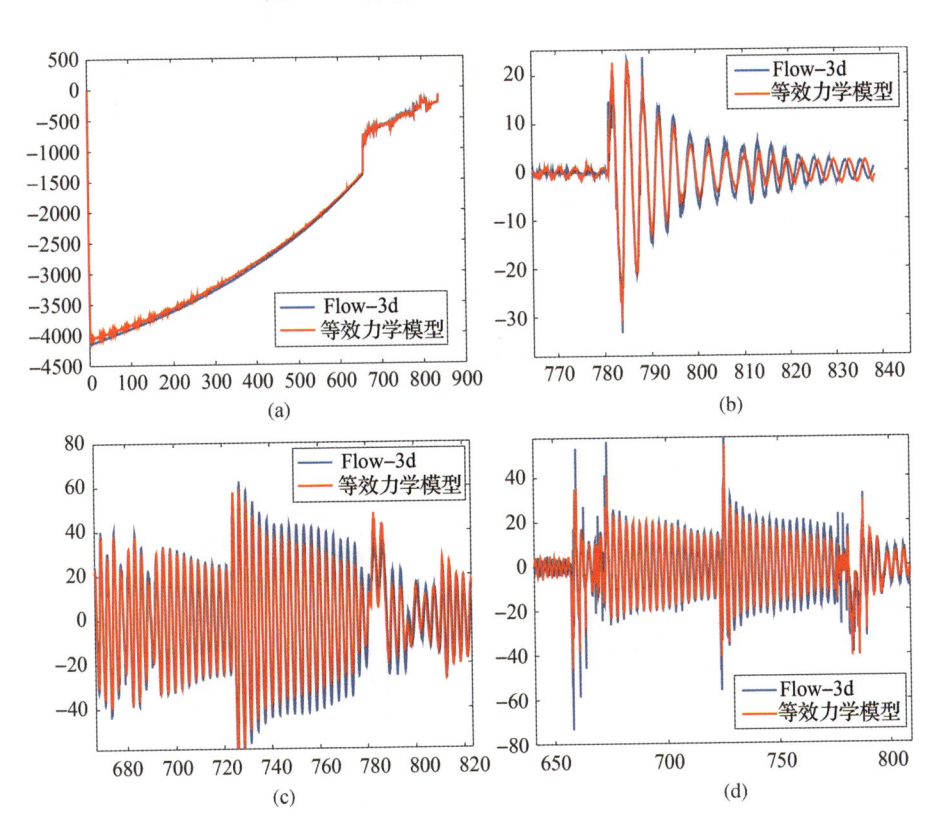

(a)

(b)

(c)

(d)

彩 11

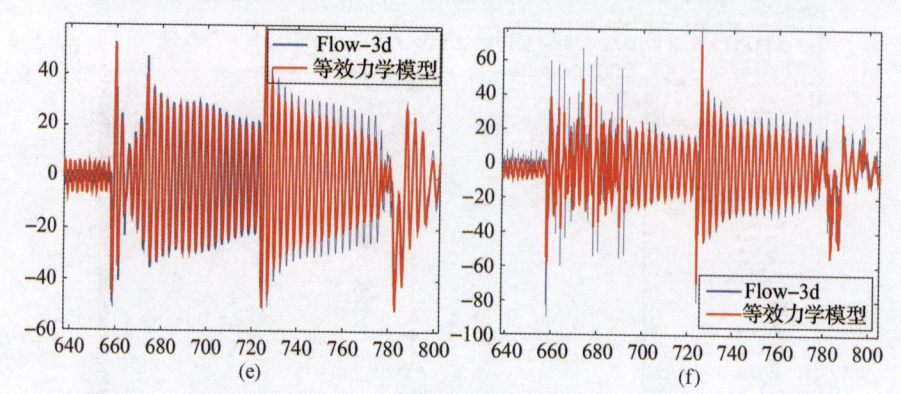

图 7-5 变质量液体晃动等效力学模型作用力及力矩与 Flow-3d 对比曲线

(a)x 方向作用力；(b)x 方向作用力矩；(c)y 方向作用力；
(d)y 方向作用力矩；(e)z 方向作用力；(f)z 方向作用力矩。

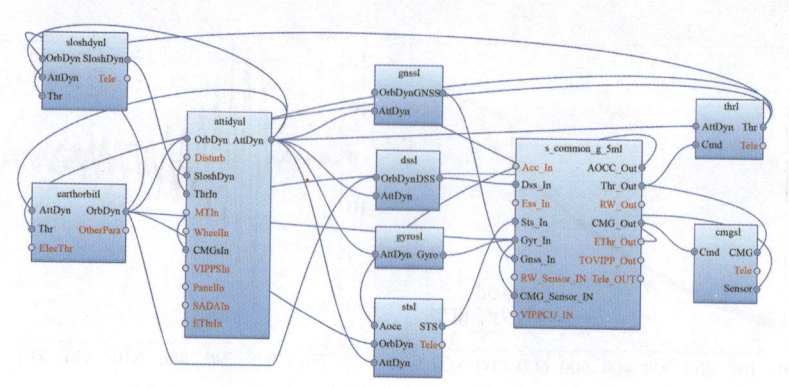

图 7-6 基于液体等效模型的姿态控制闭环仿真验证系统

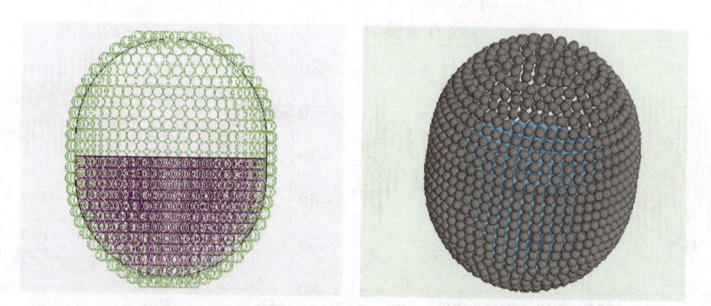

图 7-13 Cassini 贮箱粒子初始分布图(间距 0.05m)

彩 12

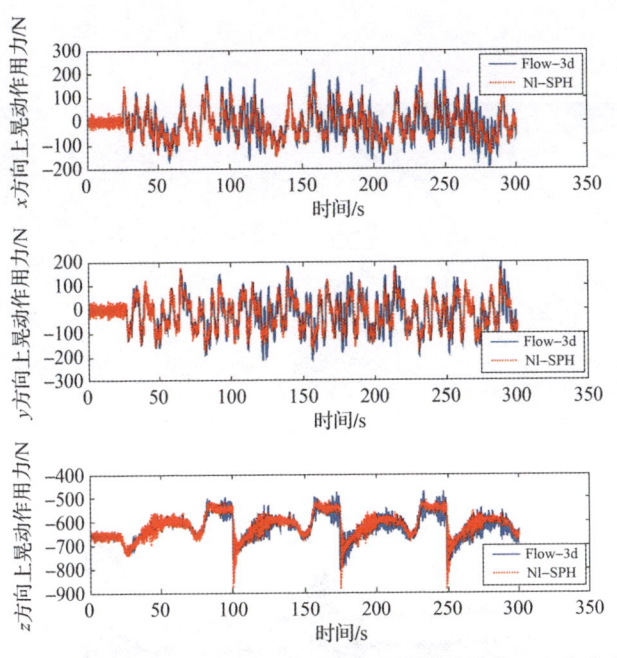

图 7-16 真实复杂激励下 Cassini 贮箱内液体晃动作用力变化曲线

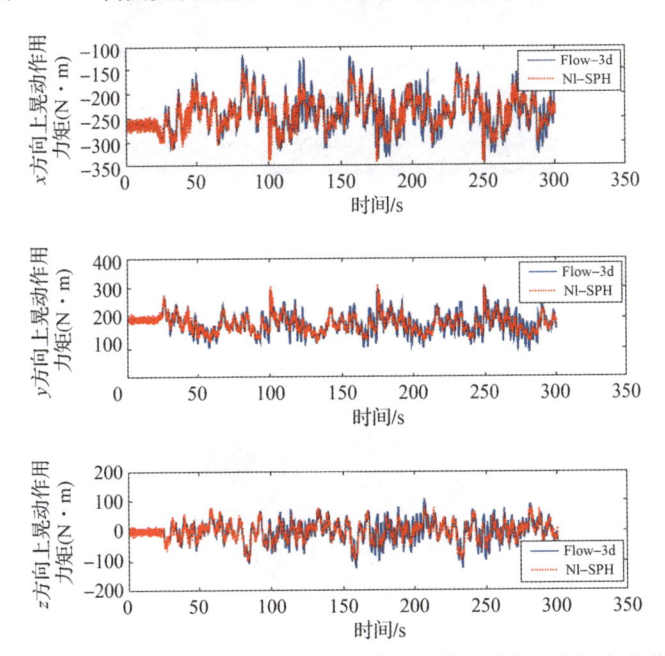

图 7-17 真实复杂激励下 Cassini 贮箱内液体晃动作用力矩变化曲线

图 8-2 抛物飞行法示意图

图 8-8 串联形式的六自由度运动模拟装置实物图

图 8-17 三自由度气浮平台结构示意图

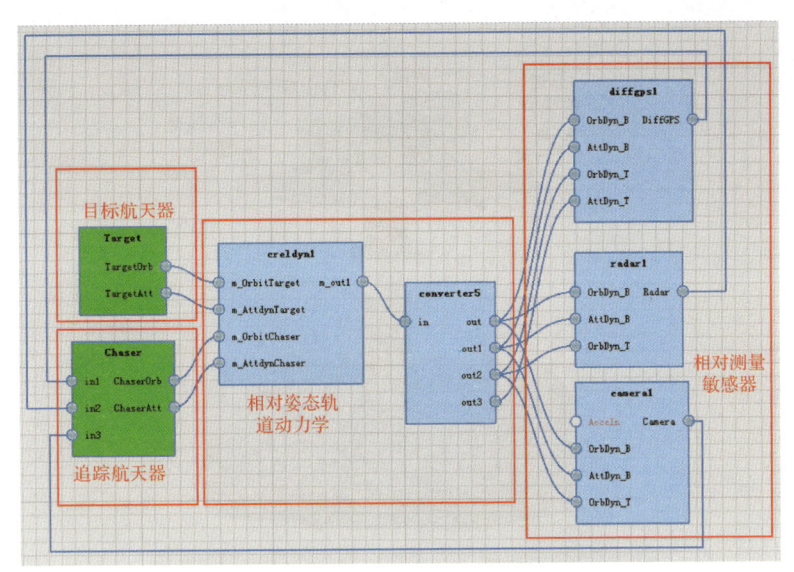

图 10−7　两个航天器闭环仿真模型示意图

图 10−17　九自由度半物理仿真试验系统的运动模拟器实物图

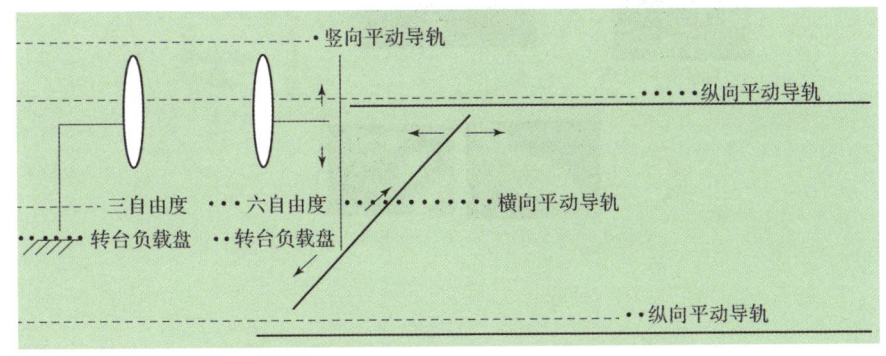

图 10−19　九自由度运动模拟器结构示意图

彩 15

图 10-25 追踪航天器运动模拟气浮平台示意图

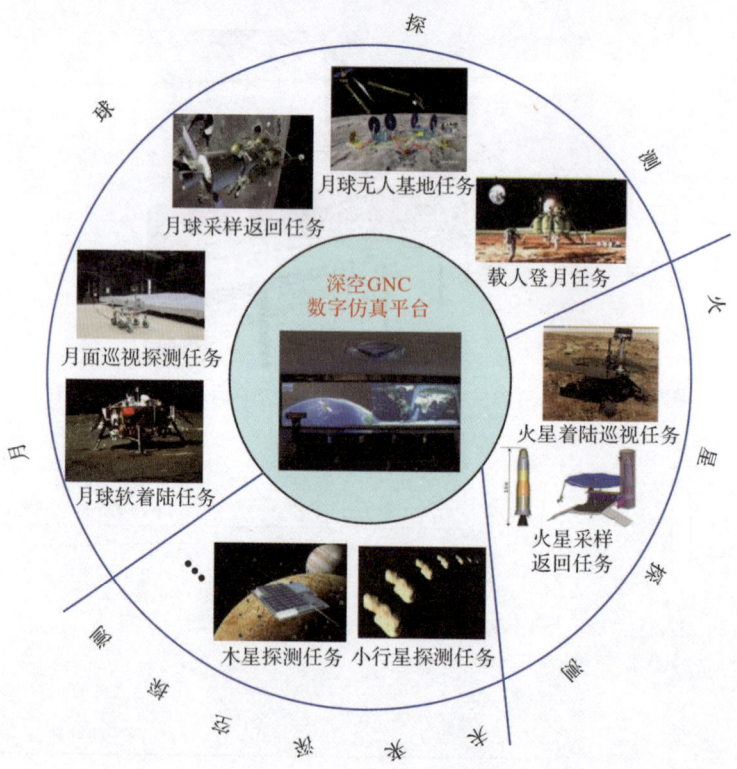

图 11-4 面向场景的深空 GNC 数字仿真系统任务功能图

彩 16

图 11-9 月面地形数字星表场景实例

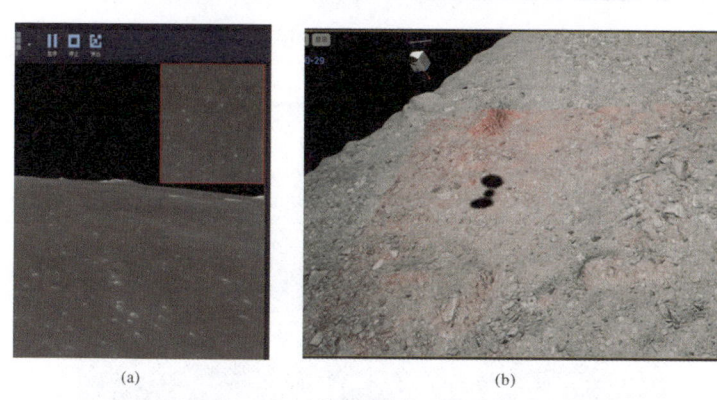

图 11-11 敏感器数字单机输出结果

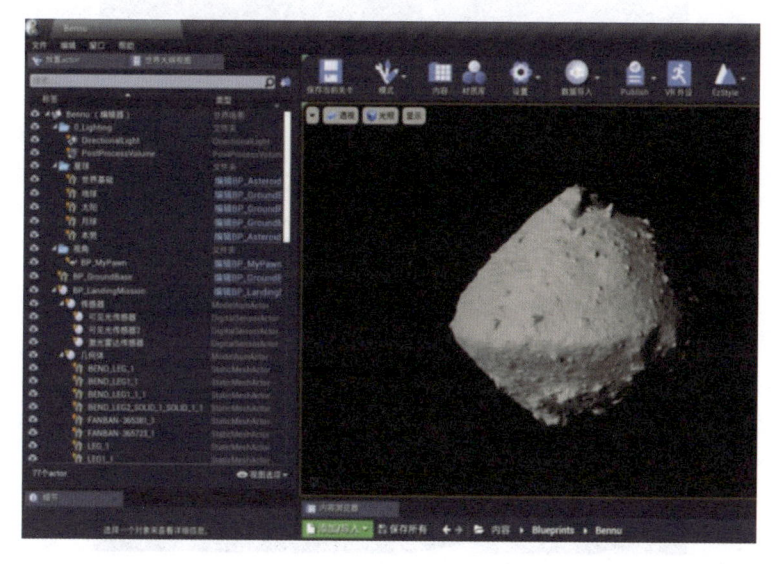

图 11-18 小天体接近过程仿真应用实例

彩 17

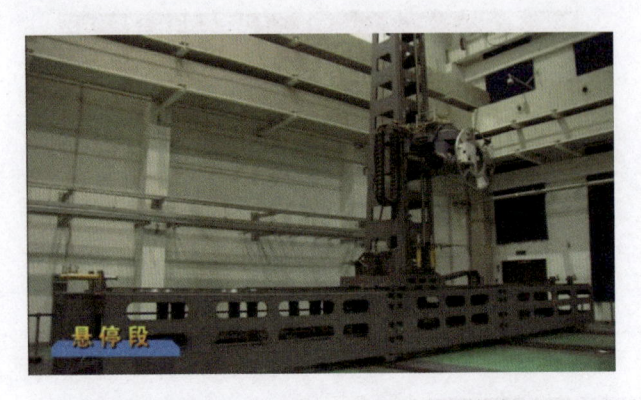

图 11-26 软着陆运动模拟装置实物图

图 11-28 月面模拟沙盘屏实物图

图 11-42 小天体接近附着 GNC 半物理试验系统建成后的实物图

图 11-43　小天体地形模拟沙盘实物图

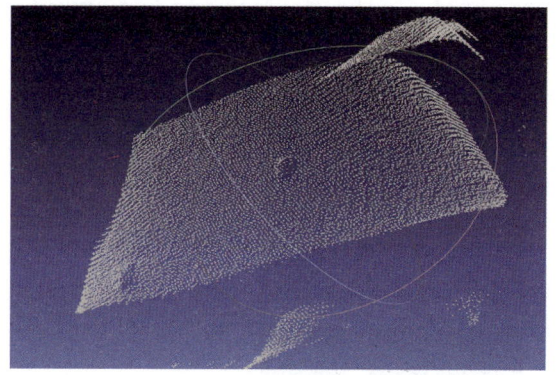

图 11-45　激光三维成像敏感器针对小天体地形模拟沙盘的真实三维点云成像输出结果

图 12-2　智能学习训练平台架构

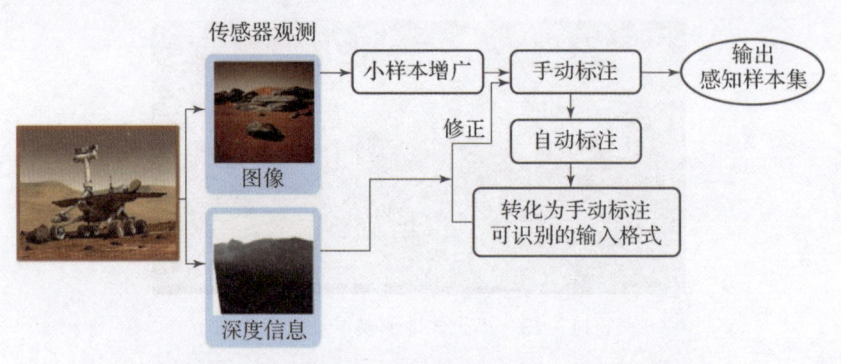

图 12-4 地外巡视探测任务感知样本生成流程示意图

图 12-5 航天器身份识别测试结果

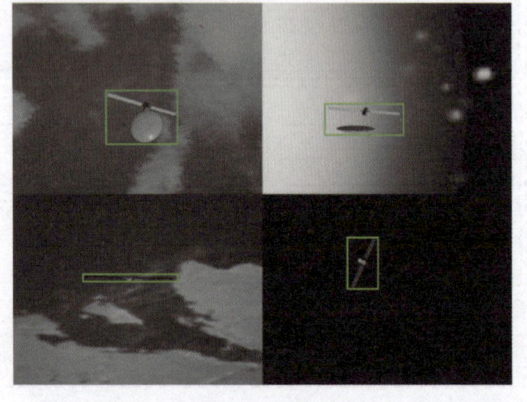

图 12-6 航天器目标检测结果

彩 20

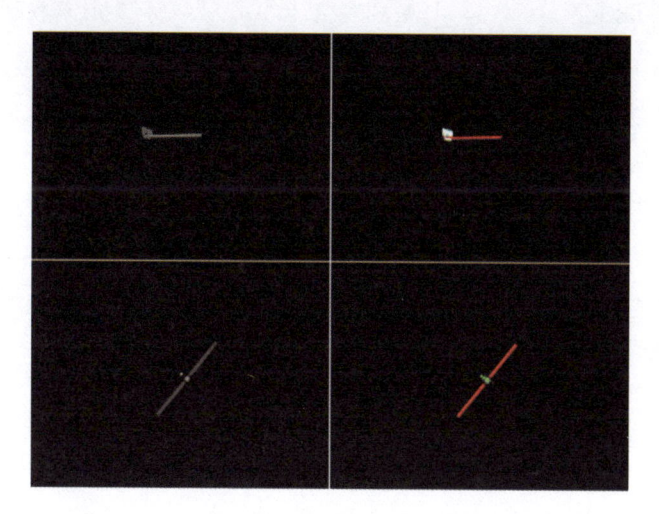

图 12 –7 航天器局部特征分割子模块检测结果

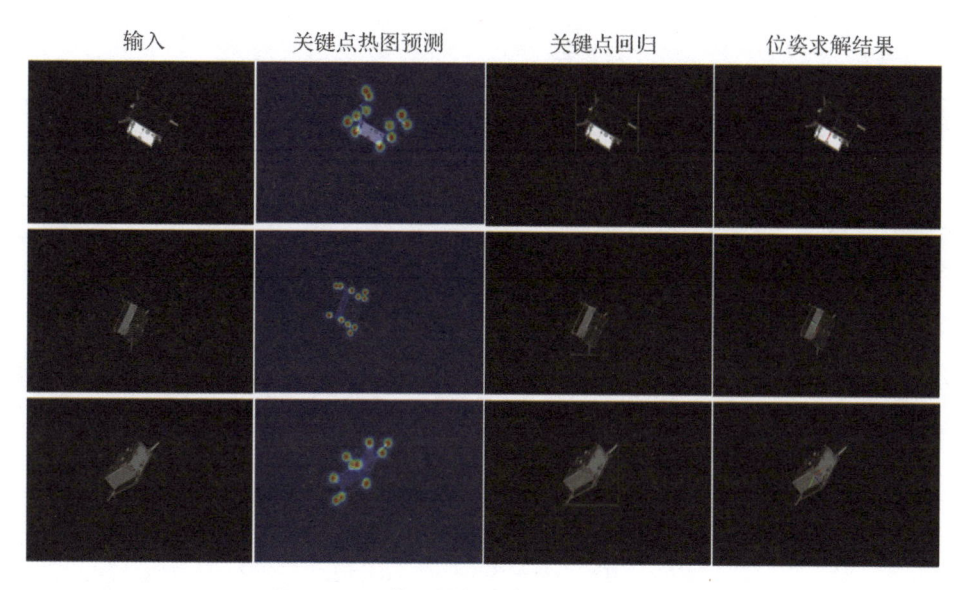

输入　　　　关键点热图预测　　　　关键点回归　　　　位姿求解结果

图 12 –8 航天器相对姿态估计求解结果

彩 21

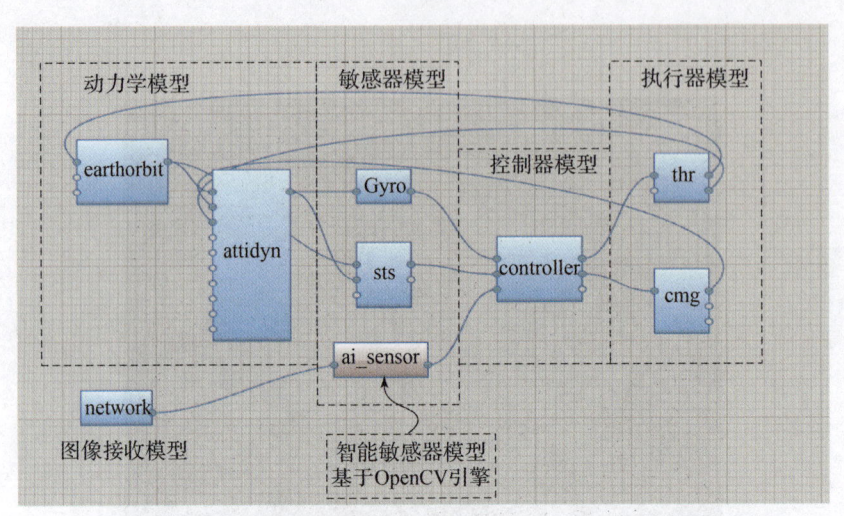

图 12-12 基于通用数学仿真平台 AOCS 的 OpenCV 推理引擎闭环示例